有機金属化学
基礎から触媒反応まで

山本明夫 著

東京化学同人

まえがき

"有機金属化学"という化学の一領域は，本書の前身にあたる『有機金属化学 基礎と応用』を裳華房から刊行した1982年にはまだ確立されてはいなかった．私はその本の原稿を書きながら，新しい知見を取込み，手探りで章立てを考え，全体像を模索したものであった．その時代には類書もあまりなかったためか，幸いにしてこの本は長い間かなり多くの方に読んでいただいた．当時の有機金属化学という分野には，各論的な解説を除いては，参考書的な本がなかったためであろう．また，1986年に私はWiley Interscience社から，『Organotransition Metal Chemistry: Fundamental Concepts and Applications』という英文書を刊行した．そのころまでの有機金属化学については，その本にまとめたつもりであった．

しかし，有機金属化学はその後も進歩を続け，新しい概念が次々と生まれており，その進歩には目を見張るものがある．私は以前，"有機金属化学，三日やったらやめられない"と言っていた．その思いは今も変わらない．本書では，前著の内容を書き改め，その後の有機金属化学の進歩を盛込んで，現時点における有機金属化学について紹介することにした．たとえば，きわめて短命な有機化合物カルベンが，遷移金属と結合すると安定した形となり，これまでと全く異なった反応の触媒作用を発現するようになった．これにより，合成化学が大きく発展した．本書は，錯体の挙動に関する化学を整理し，有機合成への応用に関連した基礎的情報を提供することを目的としている．また本書は，有機金属化学に関する簡便なハンドブックとして，必要なときに参照する利用法も考えられる．そのため，これから有機金属化学関係の研究を始めようとしている学生や研究者のためにも，内容をわかりやすく記述するよう心がけた．また，前著において好評だった"Intermezzo"と題したエッセイを，メインコースの間の箸休めとして今回も載せることにした．

本書の執筆にあたっては，多くの研究者から貴重なご意見をいただいた．特に，辻 二郎，山崎博史，伊藤 卓，小宮三四郎，持田邦夫，碇屋隆雄，小澤文幸，小坂田耕太郎，長澤和夫，榧木啓人の諸氏にはお世話になった．と

ころがようやく完成に近づいたとき，転倒による怪我が加わって体調を崩してしまった．幸い碇屋隆雄氏の全面的な協力を得て最後の6章が完結し，本書の完成にこぎつけた．お世話になった方々に，心より御礼申し上げたい．出版にあたって，これまで一方ならぬお世話になった，東京化学同人の橋本純子，木村直子両氏に心から感謝したい．

 2015年7月

山　本　明　夫

目　　次

1. 序　論 ···1
1・1　有機金属化合物の定義 ···1
1・2　有機金属化学の歴史 ···3

　Intermezzo　もしかしたらオレだって !? ·····························6
　Intermezzo　Frankland の最も実り多い失敗 ·······················9

2. 有機金属化合物の構造と結合様式 ·······························11
2・1　分子軌道法を取入れた考え方 ·································11
2・2　原子価結合法を取入れた考え方 ·····························18
2・3　金属－アルキル σ 結合の形成とその性質 ···············26
2・4　金属－炭素 π 結合の形成とその性質 ·······················36

　Intermezzo　あせらず，たゆまず ······································23
　Intermezzo　金属に羽を生やした！ 金属カルボニルの発見物語 ·······50

3. 有機典型元素化合物の合成と性質 ·······························57
3・1　有機典型元素化合物の性質と合成法 ·····················57
3・2　1 族元素の有機金属化合物 ····································60
3・3　2 族元素の有機金属化合物 ····································64
3・4　12 族元素の有機金属化合物 ··································67
3・5　13 族元素の有機金属化合物 ··································72
3・6　14 族元素の有機金属化合物 ··································81
3・7　15 族元素の有機元素化合物 ··································94

　Intermezzo　反骨の化学者 W.J. Schlenk ·······························59
　Intermezzo　的中した Mendeleev の予言 ·····························81
　Intermezzo　シリコンとシリコーンの違い ·························84
　Intermezzo　日本人有機ケイ素化学研究者の奮闘 ···············89

4. 有機遷移金属錯体の合成と性質 …99
- 4・1 有機遷移金属錯体の合成 …99
- 4・2 有機遷移金属錯体の構造と性質 …119
- 4・3 遷移金属錯体の構造変換, 異性化 …127
- 4・4 11族元素の有機金属化合物 …132

  Intermezzo 負けず嫌いは研究者の条件 …125
  Intermezzo ハゲにならない方法をご存じだろうか …135

5. 遷移金属錯体の関与する素反応 …139
- 5・1 中心金属への配位子の配位と金属からの解離 …140
- 5・2 酸化的付加反応と還元的脱離反応 …149
- 5・3 挿入反応と逆挿入反応 …187
- 5・4 遷移金属に結合した配位子の反応 …205
- 5・5 メタセシス反応 …214

  Intermezzo 有機金属化学草創期の思い出 …155
  Intermezzo 柳の下にはまだドジョウがいる …186
  Intermezzo OMCOSの父 V. Grignard …221

6. 錯体触媒反応 …229
- 6・1 固体触媒と錯体触媒 …229
- 6・2 触媒サイクルの検討 …230
- 6・3 炭素－炭素結合の生成を伴うカップリング反応 …232
- 6・4 アルケン類を利用する触媒反応 …245
- 6・5 アルキン類を利用する触媒反応 …274
- 6・6 ジエンの重合 …280
- 6・7 一酸化炭素を利用する触媒反応 …284
- 6・8 配位COへの求核反応を利用する触媒反応 …287

  Intermezzo 千里馬常有 伯楽不常有 …248
  Intermezzo Ziegler触媒の秘密はどのようにしてドイツからイタリアに
  　　　　　　伝えられたのか …277

本書全般にわたる参考書 …296
索　　　引 …297
人 名 索 引 …303

1

序　論

　有機金属化学は，過去半世紀あまりの間に目覚ましい進歩を遂げた．それ以前には，有機金属化学という言葉もなかったくらい，化学の領域における認知度は低かったが，近年，この分野の研究者は年を追って増加し，非常に多くの論文が発表され，有機金属化学で見いだされた原理を応用した研究が行われている．わが国でも有機金属化学関係の研究者の層は厚く，国際的に一流の業績を上げている．

　なぜ，そのように注目されるようになったのか．それは**有機金属化学の研究がおもしろい**からであり，**有機金属化学が役に立つ**からである．

　研究がおもしろいかどうかは，やっている当人の主観的な問題である．しかし，過去半世紀この分野の研究に従事してきた筆者にとって，有機金属化学の研究は常におもしろく，飽きることは全くなかった．

　その一つの理由は，有機金属化学の研究では，しばしば予想もしていなかった現象や発見に遭遇する意外性があるためである．また有機金属化学では，いろいろな金属が関係し，いろいろな有機の基（グループ）が関係するので，きわめて多様性に富んでいる．しかも，そこで得られた結果が有機合成の反応剤として，あるいは触媒として用いられる可能性が高いので，自分がやっている研究がいずれは役に立つということを実感できる．

　本書では，その意外性と多様性，そして有用性を読者に知ってほしいと思う．

1・1　有機金属化合物の定義

　最近は有機金属化合物に関する認識もかなり高くなってきたので，誤解は少なくなってきたが，まだ一部ではまちがった使い方がされているので，念のため定義を確認しておきたい．

　有機金属化合物（organometallic compound）とは，**金属と炭素が直接結合した化合物**である．したがって，金属と炭素の間にほかの元素，たとえば酸素や窒素，あるいは硫黄などの原子が入った有機化合物は有機金属化合物とはよばない．"有機的な"という意味の

organicではなく，organo-metallicとoの字が入っていることに注意して欲しい．酸素が有機基と金属の間に挟まった化合物，たとえば$Ti(OC_2H_5)_4$はチタン酸$Ti(OH)_4$のテトラエトキシドであり，$Ti[N(CH_3)_2]_4$はアミドであり，有機金属化合物ではない．

　金属と一口にいっても，その種類は多く，性質もさまざまである．裏表紙内側にある，周期表を見てほしい．この周期表は国際純正および応用化学連合（International Union of Pure and Applied Chemistry: IUPAC）の方式により，族の番号が1族から18族まで付けてある．以前使われていたIA族とか，IB族というようなよび方は，米国式とヨーロッパ式が違っていたりして紛らわしく，このIUPAC方式の方が合理的である．水素およびアルカリ金属は1族に属し，金，銀，銅は11族金属である．ハロゲン元素は17族に，貴ガスは18族に属する．炭素は4族だったのが，この命名法では14族とよばれ，古いよび方に慣れた人は多少違和感を覚えるであろう．しかし，このよび方なら，AかBのどちらかを使うかという問題が存在しないし，後述するように，遷移金属の電子数を数える際にはずっと便利である．

　金属には典型元素（または非遷移金属元素）と遷移元素がある．典型元素ではs軌道とp軌道を考えればいい．一方，遷移元素の場合には結合形成に金属のd軌道が関係するため，遷移元素を含む化合物（通常遷移金属錯体とよぶ）の構造や性質がもう少し複雑になる．いい方をかえれば多様性が増す．

　遷移元素には希土類元素のようにf軌道をもつ元素もある．ただし，希土類といっても，これらの元素の地球上における存在量はそれほど少ないわけではない．周期表の3族イットリウムYの下に，ランタノイドLaとアクチノイドAcが位置している．希土類元素は性質が似ているため，周期表でLaとAcの入っている場所にまとめて収容してある．立体的な周期表を考えるなら，周期表のLaとAcのある場所から直角に突き出した場所に収容する必要がある．希土類元素の錯体は，特に磁気的および光化学的挙動においておもしろい性質を示すものが多い．たとえば，テレビのブラウン管の発光体には希土類化合物が用いられている．そのほかにも希土類元素を含む化合物は未発見の有用な性質を示すものがあると思われるが，本書ではほとんど扱わない．

　周期表で右の方にある，P, As, Se, Te, Atなどは，金属と非金属の境界に属する元素である．メタロイド（metalloid, 半金属semi-metalともいう）といわれる．

　有機金属化合物は，金属と有機基が直接結合した化合物をさす，という定義では少し具合が悪い場合もある．たとえば，一酸化炭素COは通常は有機物とはみなされていない．しかし，L. Mondが1890年に発見した$Ni(CO)_4$などの金属カルボニル錯体は金属と炭素の直接結合を有する．多くのカルボニル錯体は有機溶媒にとけ，有機化合物に似た化学的挙動を示すので，金属カルボニル錯体は有機金属化合物として取扱う．

　H_2とCOの混合物は，人造石油はじめ，いろいろな有機化合物の合成原料となるため，合成ガスとか，シンガス（syngas）とよばれている．H_2とCO_2の混合物は次式に示すよ

うに，触媒の存在下で H_2O と CO の混合物と平衡関係にあり，水性ガス（water gas）ともよばれる．一酸化炭素と二酸化炭素は互いに変換可能である．

$$H_2 + CO_2 \rightleftharpoons H_2O + CO \qquad (1\cdot1)$$

このような関係があるので，一酸化炭素が金属と金属−炭素の直接結合により結び付いた錯体は有機金属化合物の仲間に入れておく方が便利である．

似たような理由で金属に水素が直接結合した化合物も有機金属化合物の仲間入りさせておく方が具合がよい．金属に直接結合した水素はヒドリド（hydride）とよばれる．金属と水素の結合は水素の方に電子が偏っているとみなして，水素原子は形式的に負に帯電しているようにみなす．ただし，後述するように，ヒドリドのなかには，たとえば $CoH(CO)_4$ のように，強いプロトン酸としての反応性を示すものがあることに注意する必要がある．後で水反応のところで述べるように，金属ヒドリドのなかには，エチレンのようなアルケンと反応して，アルキル化合物に変換されるものがある．このようなヒドリド錯体の示す化学的性質も，ヒドリドを有機金属化合物のなかに入れておいた方が具合のよい理由である．

1・2 有機金属化学の歴史

有機金属化学の歴史は意外な発見の歴史であるといってよい．有機金属化学が急速に発展し，注目を浴びるようになったのは半世紀以上も前である．まず，シクロペンタジエニル基が鉄に結合した新しい化合物フェロセン（**1**）が二つのグループによって 1951 年に初めて合成された．

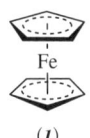

(**1**)

S. A. Miller らは，鉄粉とシクロペンタジエンを加熱していて，$Fe(C_5H_5)_2$ の組成を有するオレンジ色の化合物を見いだした[1]．一方，P. L. Pauson らは，（1・2）式に示すような経路でフルバレンという化合物を合成しようとしていて，$Fe(C_5H_5)_2$ の組成をもつ非常に安定な化合物を得た[2]．

$$\text{シクロペンタジエニル}-Mg-X \xrightarrow[?]{Fe^{2+}} \text{フルバレン} \qquad (1\cdot2)$$

シクロペンタジエニル基を含む Grignard（グリニャール）反応剤と $FeCl_2$ の反応により得られたこの新しい化合物に対して，Pauson らは（1・3）式のように，2 個のシクロペンタ

ジエニル基が σ(シグマ)結合により鉄原子に結合した構造を想定して，Nature 誌に発表した．

$$\text{C}_5\text{H}_5\text{-Fe-C}_5\text{H}_5 \rightleftharpoons \text{C}_5\text{H}_5\text{-H} \quad \text{Fe}^{2+} \quad \text{H-C}_5\text{H}_5 \quad (1\cdot 3)$$

この新しい錯体の構造は，ただちに米国ハーバード大学の R. B. Woodward, G. Wilkinson らおよびドイツミュンヘン大学の E. O. Fischer ら，二つのグループの注目をひき，鉄原子が二つの平面状シクロペンタジエニル基に挟まれた (I) のようなサンドイッチ型の立体的な構造が提案された．フェロセンの誕生である．サンドイッチ型の構造に象徴される新規な化合物の出現は，いわば二次元から三次元への飛躍であった．

フェロセンの発見にすぐ続いて，1953 年に四塩化チタンとトリエチルアルミニウムの反応により生成する新種の触媒によるエチレンの重合反応が K. Ziegler らによって発見された[3]〔(1・4) 式〕．

$$n\ \text{CH}_2=\text{CH}_2 \xrightarrow{\text{TiCl}_4,\ \text{Al}(\text{C}_2\text{H}_5)_3} \ \{\text{CH}_2\text{CH}_2\}_n \quad (1\cdot 4)$$

それまで，エチレンは高温，高圧下でないと重合しないと思われていたので，常温，常圧でもエチレンが簡単に重合する，という事実は大きなニュースになった．この新しい触媒に関する情報はイタリアの G. Natta に伝えられ，その後 Natta のグループはプロピレン，ブタジエンをはじめ，各種のアルケン類がこの型の触媒によって重合することを見いだした．特にプロピレンの立体特異的重合が見いだされたことは高分子化学における大きなブレークスルーであり，一連の発見によって高分子関連工業が躍進する端緒となった．

Ziegler と Natta は 1963 年に，Wilkinson と Fischer は 1973 年にノーベル化学賞を受賞している．

フェロセンのような新規な構造をもつ錯体の発見と，Ziegler-Natta(チーグラー・ナッタ)触媒にみられるような，応用面での有用性が引金となって，有機金属化合物の研究は急速に発展した．大学でも企業でも，研究者が増え，高分子化合物に限らず，有機金属化合物を用いる応用研究が盛んに行われた．

有機金属化合物が大きな注目をひくようになったのは，このように半世紀あまり前であるが，有機金属化合物が最初に合成されたのは，有機化学自身がまだはっきりと確立されていなかった時代までさかのぼる．表 1・1 に有機金属化学における初期の発見について簡単な歴史的経過を示す．

最も古い有機金属化合物は，1827 年にデンマークの化学者 W. C. Zeise によって合成された白金にエチレンが結合した化合物である[4]．Zeise は，塩化白金 ($PtCl_2$ と $PtCl_4$ の混合物だったと考えられる) と KCl の混合物をエタノール中で煮沸することによって，偶

表 1・1　有機金属化学初期の発見と発展

1827	Zeise 塩の発見（W. C. Zeise）
1837	最初の有機ヒ素化合物の発見（R. Bunsen）
1849	アルキル亜鉛化合物の発見（E. Frankland）
1859	最初の有機アルミニウム化合物合成（W. Hallwachs; A. Schaferik; A. Cahours）
1863	最初の有機ケイ素化合物合成（C. Friedel, J. M. Crafts）
1869	D. I. Mendeleev 元素の周期表を発表
1890	Ni(CO)$_4$ 合成（L. Mond, 展開: 金属ニッケル精製法発明）
1900	Grignard 反応剤の発見（V. Grignard, 展開: P. A. Barbier の in situ 反応）
1907	最初のアルキル白金錯体合成（W. J. Pope, S. J. Peachey）
1917	有機アルカリ化合物の合成（W. Schlenk, J. Holtz）
1919	Hein 錯体の発見（1954 年 π-アレーン-クロム錯体と判明, 筒井 稔, H. H. Zeiss）
1921	テトラエチル鉛のアンチノック作用発見（T. Midgeley, T. A. Boyd）
1925	Fischer-Tropsch 法発見
1930	有機リチウム直接合成法発見（K. Ziegler, H. Colonius）
1931	最初の遷移金属ヒドリド錯体 FeH$_2$(CO)$_4$ 合成（W. Hieber）
1938	Oxo 法（ヒドロホルミル化）発見（O. Roelen） Kharasch 反応の発見
1938	Reppe 反応の発見
1939	ロジウム錯体触媒による均一水素化反応発見（井口基成; S. Winstein, H. J. Lucas）
1944	有機ケイ素化合物直接合成法発見（E. G. Rochow）
1951	フェロセンの発見（T. J. Kealey, P. L. Pauson; S. A. Miller, J. A. Tebboth, J. F. Tremain）
1951	アルケン-金属 π 結合理論の提案（M. J. S. Dewar, 1951; J. Chatt, L. A. Duncanson, 1953）
1952	最初のフェニルチタン化合物合成（D. F. Herrman, W. K. Nelson）
1953	Ziegler 触媒発見（K. Ziegler）
1954	電子不足結合理論提案（G. H. Lewis, R. E. Rundle）
1954	Wittig 反応発見
1955	動的挙動を示す有機金属錯体発見（P. S. Piper, G. Wilkinson）
1956	ヒドロホウ素化発見（H. C. Brown）
1957	ヒドロケイ素化発見（J. L. Speier） Wacker 法発見（J. Smidt）
1958	ブタジエン低重合反応発見（G. Wilke）
1961	Vaska 錯体 IrCl(CO)[P(C$_6$H$_5$)$_3$]$_2$ 発見（L. Vaska） ビタミン B$_{12}$ の X 線構造解析（D. Crawfoot-Hodgkin）
1963	第 1 回有機金属化学国際会議（米国, シンシナティ） J. Organomet. Chem. 発刊
1964	遷移金属化合物による窒素固定発見（M. E. Vol'pin） 窒素分子配位錯体 CoH(N$_2$)[P(C$_6$H$_5$)$_3$] の発見（山本明夫） カルベン錯体発見（E. O. Fischer） アルケンメタセシス反応発見（R. J. Banks）
1965	Wilkinson 錯体 RhCl[P(C$_6$H$_5$)$_3$]$_3$ 発見（G. Wilkinson, R. S. Koffey） 最初の N$_2$ 配位錯体発見（A. D. Allen, C. V. Senoff）
1965	パラジウム錯体触媒による最初の C-C カップリング反応発見（辻 二郎, B. M. Trost）
1969	Metal-vapor 法による遷移金属錯体合成（P. I. Timms）
1969	Reppe 合成発展
1972	ニッケル錯体触媒による C-C カップリング反応発見（玉尾皓平, 熊田 誠, R. J. Corriu）

Intermezzo　もしかしたらオレだって!?

　1954 年のことである．その当時新着の *Angew. Chem.* 誌には，K. Ziegler が，どのようにして Ziegler 触媒の発見に至ったかを述べた総説が掲載されていた．そのころの *Angew. Chem.* 誌にはドイツ語版しかなかったので辞書をひきひき読んだのだが，それは，発明の当事者自身が述べている，わくわくするような発見物語であった．Ziegler は有機リチウム化合物の研究から始めて，有機アルミニウム化合物の性質の研究に対象を拡大し，トリエチルアルミニウム $Al(C_2H_5)_3$ とエチレンの反応でアルミニウムとエチル基の間にエチレンが挿入する事実を見いつけた．その研究の過程において Ziegler らは，微量のニッケルが存在するとエチレンの二量体であるブテンが生成することを見いだした．そこで Ziegler は考えた．なぜニッケルがあるとエチレンが二量化した段階で反応が止まってしまうのだろうか．ニッケルは遷移金属である．ひとつ，遷移金属の影響を調べてみよう．彼らは，研究所の薬品貯蔵庫にある遷移金属化合物を片端から反応系に加えてその影響を調べる実験に取掛かった．何回かの試行錯誤の後に，チタン化合物を加えたときにエチレンが二量化ではなく，常圧でも重合することを見いだした．

　それはすばらしい発明・発見物語だった．不純分のニッケルの効果を見いだしたら，次にその理由を明らかにするため，対象をほかの金属に広げてその影響を調べ，すばらしい発見に到達した，という Ziegler のやり方は，化学者としての推理に基づいて研究を展開する見本を示している．

　しかし，と私は思った．確かに Ziegler はすごいが，それはある程度の研究能力をもった研究者なら，思いつく程度のひらめきではないか．A. Einstein の研究などになると，天才の仕事という感じで真似すらできそうもないが，Ziegler の発見は，ふつうの能力をもった，やる気のある研究者ならば思いつくかもしれない程度のアイデアである．"ひょっとしたら，オレだって" という考えが頭をよぎった．

　その後，私は多少回り道をした後，有機遷移金属錯体の研究を始めた．これは実におもしろい研究分野であった．この分野は新しい分野だっただけに，何をやっても新しいことだらけだった．おかげで，私程度の才能でも比較的簡単にそれまで知られていなかった錯体を合成し，その錯体の反応性を研究することにより新しい事実を見いだすことができた．"有機金属化学，3 日やったらやめられない" というのが，それ以来，私の口癖になった．

　意外性のある実験結果には，何度となくぶつかった．応用に広げる態度と勉強が不足していたためのくやしい見逃しもあった．しかし，私は自分の選択を一度も後悔したことはない．有機遷移金属錯体の化学は，私にとって，半世紀以上にわたり，意外性に富み，私を楽しませてくれる研究分野であり続けた．

然この化合物を得た．彼がこの化合物に対して提案した化学式は $PtCl_2(C_2H_4)\cdot KCl\cdot H_2O$ であった．その時代は，ヨーロッパでもまだ化学そのものが混沌としており，有機化合物と無機化合物の区別がようやく行われるようになったところだった．有機化合物をつくるには自然の力が必要で，人間には合成できないのではないか，と考えられていたころである．Zeise 塩と今日よばれるこの化合物が見いだされた 1827 年は，F. Wöhler が尿素を偶然合成した 1828 年より 1 年前である．今のわれわれが考えても，Zeise がなぜそんな研究をしていて，この化合物にこのような化学式を与えたのか，不思議なくらいである．まして当時では非常に奇妙な感じを与えたであろう．

この化合物に対して提案された構造は有機化学の父ともよばれる J. Liebig によって激しく攻撃され，想像上の産物に過ぎないとまで決めつけられた[5]．Liebig は今日まで用いられている有機物の燃焼法による分析法の考案者であり，農芸化学にも重要な貢献をしていた化学者で，当時有機化学の第一人者であった．元素分析に問題があるに違いないから私が分析法を教えてやろう，とまで Liebig にいわれたこの化合物の組成は，その後の分析でも正しいことが確立された．しかし，金属原子の白金に，どうして常温では気体のエチレンが結合しているのか，一体どのような形で結合しているのか，なぜそのような結合が可能なのか，という問題は長く解明されずに残された．最終的にこの問題は分子軌道法的考え方により，金属にエチレンが π 結合により結合していることが理解されるようになったが，それは 1 世紀以上もたった，1950 年代に入ってからであった（§2・4 参照）．

一方，**最も古いアルキル金属化合物**である有機ヒ素化合物が R. Bunsen によって合成されたのは，Zeise 塩の発見より 10 年後の 1837 年であり，典型元素である亜鉛の付いた有機亜鉛化合物が Bunsen の弟子である E. Frankland によりこれも偶然発見されたのは 1849 年のことである．Bunsen は，ブンゼンバーナーにその名が残っているが，彼は今日でもわれわれが実験で使っている多くの化学実験用道具の考案者でもある．

Wöhler, Liebig, Bunsen らの活躍した 19 世紀前半は，有機化合物のラジカル（radical）が存在するのかどうかが，議論されていた時代である．ここでいうラジカルは今日われわれが考えるフリーラジカルのことではなく，有機化合物の基（group，たとえばエチル基，ベンゾイル基等），または無機化合物の根（たとえば硫酸根）のような，ひとかたまりの原子の集まりを意味する．Frankland は通常の科学史では，太陽光中のスペクトルの分光学的研究により，ヘリウムを発見した研究者として名を残しているが，元来化学者であり，当時英国からドイツに留学し，Bunsen の研究室で学位を得た後，有機基（当時の言葉ではラジカル）が存在するかどうか証明しようとしていた．そのために彼が考えたのは，ヨウ化エチルを金属亜鉛と反応させてヨウ素を引き抜いたらエチルラジカルができるのではないか，という方法だった〔(1・5) 式〕．

$$C_2H_5I \ + \ Zn \ \longrightarrow \ C_2H_5 \ ? \qquad (1\cdot 5)$$

そこで，ヨウ化エチルと亜鉛を加熱したところ，揮発性の無色の液体を得て，その元素分析をしたところ，確かに"C_2H_5"の組成を有する物質が得られた[6]．Frankland は最初エチルラジカルの存在が証明できたと考えて喜んだが，分子量測定の結果，この物質はブタンだということがわかった．次の反応により生成したエチル亜鉛化合物が加熱により分解してブタンが生成したのである．

$$C_2H_5I + Zn \longrightarrow [C_2H_5ZnI] \xrightarrow{-1/2\,ZnI_2} 1/2\,Zn(C_2H_5)_2 \longrightarrow 1/2\,C_4H_{10}$$

(1・6)

エチル亜鉛化合物は，空気中で発火するきわめて反応性に富んだ化合物であり，Grignard 反応剤が後に V. Grignard により合成される[7]まで，有機化合物にアルキル基を導入するのに用いられた．この Frankland の研究により金属にアルキル基などの有機基の付いた化合物が存在するということがわかり，さらにこれらのアルキル金属化合物はケトン，アルデヒドのような有機カルボニル化合物に対して高い反応性をもつことが明らかになった．Frankland の実験は，最も実り多い失敗とよばれた．

これらの偶然合成された有機金属化合物に続いて，もう一つの，猛毒だが有用な有機金属化合物が 1890 年に英国の化学者 L. Mond によってこれも偶然合成された[8]．Mond が最初に合成したニッケルカルボニル化合物 $Ni(CO)_4$ は，金属が含まれているのに常温で気体であり，一酸化炭素が金属に π 結合によって結び付いた化合物の最初の例である（§2・4・7 参照）．アルキル亜鉛化合物，アルキルマグネシウム化合物のような，金属と有機基が σ 結合で結び付いた化合物を含めて，19 世紀前半に代表的有機金属化合物があらかた出そろった．この時代には，炭素が四面体構造をとることもわかっていなかったし，ベンゼンの平面構造を S. Kekulé が提案した時期よりも前である．また，D. I. Mendeleev の周期表が提案されたのは 1869 年（明治 2 年）のことである．19 世紀半ばには化学はまだまだ未熟な段階にあった．

この後も，有機金属化学の進歩は継続的に起こっていたものの，有機金属化学は比較的地味な分野にとどまっていた．それが突如注目されるようになったのが，先に述べたように，1950 年代初頭のフェロセンの発見と Ziegler 触媒の発見である．この時期を有機金属元年とよんでもいいかもしれない．

この時代はまた，近代的な分析機器が続々と登場したときでもあり，理論化学が進歩した時期でもあった．IR，NMR，X 線結晶構造解析，質量分析の急速な進歩が続き，電子計算機の進歩に助けられて，理論計算の長足の進歩が実現した．有機金属化学の研究は，周辺で起こったこれらの科学と科学機器の進歩に促進され，目覚ましい発達を遂げた．今や，有機金属化学に関する基礎的知識なしでは，現代化学を理解しているとはいえないし，有機金属化学で蓄積している情報を活用しなければ，研究開発において遅れをとる恐れがある．

 **Frankland の最も実り多い失敗**

E. Frankland（1825～1899）は，R. Bunsen（1811～1899）の弟子であり，また Kolbe（コルベ）反応で有名な H. Kolbe の友人であった．有機ヒ素化合物の研究を行っていた Bunsen の影響で，Kolbe と Frankland はアルキルラジカルの存在を証明しようとして研究を行っていた．当時はフリーラジカルの概念もなかったので，アルキル基が安定に単離できるのではないか，という意図の下にハロゲン化アルキルをナトリウムやカリウムを加えて処理し，アルキル"ラジカル"を発生させようという研究が行われていたのである．ナトリウムやカリウムを用いた反応は激しすぎてうまくいかなかったので，Frankland は亜鉛を用いてヨウ化エチルからエチルラジカルを得ようとした．封管中で加熱した試料から蒸留で分離した液体は "C_2H_5" の組成をもっていたので，Frankland は最初エチルラジカルを単離したと思った．それは実は C_2H_5ZnI が不均化してできた $Zn(C_2H_5)_2$ の熱分解で生成した $C_2H_5-C_2H_5$，つまりブタンだったのである〔(1・6) 式〕．全く意図していなかった結果は思いがけなく $Zn(C_2H_5)_2$ という有機亜鉛化合物の合成という成果になって結実し，Frankland は初めてアルキル金属化合物を合成した研究者として名を残した．

この発見を機に，アルキル亜鉛化合物をアルキル化剤として用い，ほかのアルキル金属化合物を合成しようという国際的競争が始まった．Frankland はその競争においてもほかをリードし，有機スズ，アンチモン，ホウ素化合物の合成などに成功している．有機金属化合物に対して organometallic compound という名称を提案したのも Frankland である．実験設備が不備なこの時代に発火性の有機金属化合物を取扱うのは大変な仕事だった．実験操作は**水素ガスの気流中**で行っていた．メチル亜鉛化合物を分析しようとして，試料に一滴水を加えたら，緑色の炎が吹上げ，実験室には悪臭が立ち込めた．多くの危険と隣り合わせの実験だった．

Frankland の貢献は有機金属化合物にとどまらない．彼が提案した原子価説は D. I. Mendeleev が周期表を考えるときに重要な鍵を提供し，師の Bunsen の考案による分光計を用いて，太陽スペクトルのなかにヘリウムを発見した研究者としても彼は名前を連ねている．さらに，工場排水の分析から発展した水分析は塩素殺菌による水道水の浄化に重要な技術となった．

文　献

1) S. A. Miller, J. A. Tebboth, J. F. Tremaine, *J. Chem. Soc.,* 632 (1952).
2) T. J. Kealy, P. L. Pauson, *Nature,* **168**, 1039 (1951).
3) K. Ziegler, E. Holzkampf, H. Breil, H. Martin, *Angew. Chem.,* **67**, 543 (1955).
4) W. C. Zeise, *Pogg. Ann.,* **9**, 632 (1827). ラテン語で発表された論文；W. C. Zeise, *Pogg. Ann.,* **21**, 497 (1831). ドイツ語で発表された論文．

5) J. Liebig, *Ann.*, **23**, 12 (1837). なお，雑誌の略号 *Ann.* は Liebig の創刊した，*Justus von Liebigs Annalen* のことで，昔のドイツ語の化学文献では，単に *A.* とだけ書いてあることもある．そのころ *B.* は *Berichte* のことを意味していた．情報が氾濫している現在と違って，雑誌の名称がきわめて簡単な符丁でわかった時代である．*Berichte* は後に *Chemische Berichte* と改称され，現在はヨーロッパのほかの雑誌と統合され，*European Journal of Chemistry* になった．*Annalen* は現在 *European Journal of Organic Chemistry* になっている．
6) E. Frankland, *Ann.*, **71**, 171 (1849).
7) V. Grignard, *Compt. Rend.*, **130**, 1322 (1900).
8) L. Mond, C. Langer, J. F. Quincke, *J. Chem. Soc.*, **57**, 749 (1890).

2

有機金属化合物の構造と結合様式

　有機金属化合物はさまざまな形（configuration, 立体配置）をとる．しかも多くの化合物は溶液中で，あるいは反応の際に形（conformation, 立体配座）をかえる．すなわち動的な性質を示す．動的な挙動を示すことの少ない Werner（ウェルナー）型の無機錯体とはこの点において異なっている．

　無機遷移金属錯体の構造や，電子スペクトルを定性的に説明するには，結晶場理論が有効であった．しかし結晶場理論のような静電的反発を重視した単純な理論では，有機金属錯体のように，さまざまな形をとり，中心金属と配位子の結合様式も多様で，変化しやすい錯体に対しては不十分である．さらに錯体の構造や反応性や錯体の化学結合様式を説明するために配位子場理論が発展した．最近は，電子計算機の長足の進歩と相まって，理論化学の進歩は著しく，かなり複雑な有機金属錯体でも分子軌道法（MO 法）による構造計算が可能になっている．これまでに DFT（density functional theory）法を初めとして，ONIOM 法や，QM/MM 法など，各種の計算化学的手法が開発されており[1〜4]，実験結果との比較が行われている．目的にあった計算法を用いることにより，有機金属化合物の構造，反応性，触媒反応機構に関する，かなり信頼性の高い重要な情報が得られるようになっている[5]．構造に関する計算の最近の結果は，基底状態にある錯体の原子間距離，結合角度等に関し，X 線結晶構造解析による実測結果とよい一致を示すようになっている．さらに反応の遷移状態に関しても，かなり信頼できる結果が得られている．

　したがって本書では，分子軌道法による最近の研究の進歩を考慮に入れながら，なるべくわかりやすい形で，配位子場理論的な考え方による有機金属化合物の構造，金属−炭素結合の性質，溶液中における動的挙動，反応性を支配する因子などを考察する．

2・1　分子軌道法を取入れた考え方
2・1・1　原子軌道とエネルギー

　本節の説明は，一般化学の教科書に出てくるような基本的な事項の復習である．原子が共有結合により結合して分子を形成する場合には，原子核とそれを取巻く電子の分布によ

り分子の性質が決まる．原子核のまわりを飛び回っている電子は量子化された（連続でなく，とびとびの値の）エネルギーをもっており，s, p, d, f …などのいずれかの軌道に入る．ただし，ここでいう軌道とは，惑星が太陽のまわりを回るときの軌道のような，一定の軌跡をもった"orbit"ではない．電子は原子核のまわりを飛び回っていて，居場所と速度を同時に規定することはできないが，**電子の挙動を波動関数 ψ によって記述することはできる．波動関数を2乗した値 ψ^2 が，電子をある単位体積内に見いだす確率にあたる．このような波動関数を orbital**（オービタル）とよぶ．"軌道もどき"あるいは"軌道のようなもの"である．しかし，orbit も orbital も日本語では区別せずに，軌道という言葉で片付けられている．図2・1にそのような**原子軌道**（atomic orbital: AO）の形を示す．

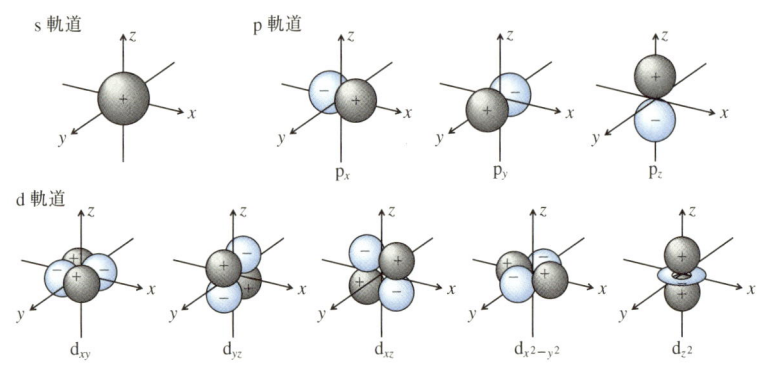

図2・1 s軌道，p軌道，d軌道の形

雲の境界線がはっきりしないように，オービタルの境界線もはっきりしたものではない．原子核からかなり離れた地点での電子密度も0ではないが，図2・1には原子軌道の形を電子密度の最も高い部分が含まれるような境界線で図示してある．軌道関数には＋と－の符号を付けてあるが，これはそれぞれの波動関数が，その空間領域においてとる符号である．＋と－の符号は，軌道の対称性を考察する場合に重要になる．

電子密度そのものは波動関数 ψ の2乗，ψ^2 によって与えられ，常に正となる．s軌道は球対称であるが，p軌道やd軌道は角度依存性があり，それぞれ図に示したような形をしている．p軌道には，等しいエネルギーをもった，p_x, p_y, p_z の三つの独立な軌道がある．p_x 軌道は x 軸に沿って二つのだんごを並べたような形をしている．x 軸に直交する yz 平面では電子の存在確率は0である．この面を**節面**（nodal plane）という．

金属を含まない有機化合物の場合には考えなくてもよかったが，遷移金属錯体を扱う場合に重要になるのが，p軌道より複雑な形をしたd軌道である．d軌道には，図2・1に示したように，五つの独立した軌道がある．そのうち d_{xy}, d_{yz}, d_{xz} 軌道は，それぞれ xy, yz, xz 平面に四つ葉のクローバのように広がった形の軌道関数をもっている．ψ の符号は

p軌道の場合と違い，たとえばd_{xy}の場合に，斜め方向に張り出した軌道部分を＋とすると，それに直交する部分が－になっている．このような対称性は後にZeise(ツァイゼ)塩のようなアルケン錯体の結合様式を考える場合に重要になる．

直角座標の斜め45°の角度に張り出している上記の軌道のほかに，直角座標の軸方向に電子雲 (lobe) が張り出した$d_{x^2-y^2}$, $d_{y^2-z^2}$, $d_{z^2-z^2}$の三つの軌道があるが，d軌道は五つであるという量子化学的制限からこれらの軌道から，二つの独立した軌道を考える必要がある．最初に$d_{x^2-y^2}$を選ぶと，残りの$d_{y^2-z^2}$, $d_{x^2-z^2}$は互いに独立ではなくなる．この二つを混成した$d_{2z^2-x^2-y^2}$をつくると，これは$d_{x^2-y^2}$と独立な軌道である．この軌道は通常略してd_{z^2}軌道とよばれる．このような軌道の混成によりできたd_{z^2}軌道は，z軸上に張り出した＋の符号をもつ軌道と，そのくびれた腰の部分に－の符号をもつゆるいバンドが巻き付いたような形をしている．

節面をもたない球対称のs軌道，節面を一つしかもたないp軌道と異なり，d軌道はそれぞれ二つの節面をもっている．このような軌道関数をもっていることは，遷移金属が有機不飽和化合物や一酸化炭素などと結合を形成し，遷移金属錯体に特有な触媒反応を発現する場合に重要になる．

希土類元素が関与する場合には，節面三つを有するf軌道を考えなければならない．したがって，事情はもっと複雑になるが，本書では希土類元素に関しては最小限しか扱わないので，ここではその軌道についてこれ以上立ち入らない．

2・1・2 分子軌道法による結合生成

分子軌道 (molecular orbital: MO) は，その分子を構成する原子の軌道の組合わせにより形成される．まず，最も簡単なH_2^+分子の場合を考えよう．H_2^+分子は，二つのプロトンと一つの電子からできる．この場合に，プロトンどうしでは反発力のために結合できないが，電子があると，プロトンとの間に電気的な引力が作用するために，電子は二つのプロトンを結び付ける働きをする．たとえてみれば，"(電)子は，(核)家族のかすがい"として働くということである．このようにして結び付けられたH_2^+分子を引き離すには270 kJ mol^{-1}のエネルギーが必要である*．

水素原子2個から水素分子1個ができる場合には，二つのプロトンが二つの電子により結び付けられて，共有結合を生ずる．一つの電子より二つの電子の方が"かすがい"としての働きは強いから，分子としてはさらに安定になり，H_2分子を引き離す結合解離エネルギーは，H_2^+分子の結合解離エネルギーのほぼ2倍の450 kJ mol^{-1}になる．完全に2倍にならないのは，二つの電子の間にクーロン反発が働くからである．

二つの水素原子が結合して，一つの水素分子ができるとき，それぞれの水素原子の原子

---

* 1 cal = 4.184 J, 1 kJ mol^{-1} = 83.59 cm^{-1}

軌道 ϕ にあった電子は,新しい分子軌道 ψ に入る.もとの原子の原子軌道は波動関数により記述され,波動関数には + と − の位相因子があるので,新しくできる分子軌道には,位相の合う場合と位相が合わない場合の 2 通りの組合わせが生ずる.

二つの水素原子にそれぞれ 1, 2 と番号を付ける.球対称性の 1s 原子軌道 ϕ_1 を有する水素原子 1 と,ϕ_2 の原子軌道を有する水素原子 2 が接近してきて水素分子をつくる場合を考えよう.この場合には,図 2・2 のように,二つの原子軌道が正の重なりで結合する場合 $\phi_1 + \phi_2$ と,負の重なりが生ずる場合 $\phi_1 - \phi_2$ の 2 通りの場合が生ずる.正の重なりによって生成する軌道はもとの軌道より安定であるが,負の重なりによって生成する軌道は逆に不安定である.正の重なりにより生じた分子軌道は**結合性分子軌道** ψ_b(bonding molecular orbital,下付き文字 b は bonding を表す),負の重なりによって生じた分子軌道は**反結合性分子軌道** ψ_a(a は antibonding を表す)とよばれる.

図 2・2 水素分子の結合性分子軌道と反結合性分子軌道

結合性分子軌道 ψ_b では,電子は二つの水素原子を結ぶ軸のまわりを飛び回って,二つの水素原子を結び付ける役目をしている.一方,反結合性分子軌道 ψ_a では,二つの原子の間に,電子密度が 0 になる節面が生ずる(図 2・2).電子はそこには存在できず,二つの原子を結ぶ線の外側に追いやられるため,反結合性分子軌道 ψ_a では,電子は二つの原子を引き離す役割をする.結合性分子軌道は**対称的**(symmetric)であり,反結合性分子軌道は**逆対称的**(antisymmetric)であるという.

新しくできた二つの分子軌道 ψ_b と ψ_a は,節面に関して対称と逆対称の違いはあるが,ともに二つの原子を結ぶ線のまわりに円筒状の対称性をもって電子が分布しているので,σ(シグマ)軌道とよぶ.ギリシャ語の σ は,s 軌道に由来する.反結合性軌道は * を付けて σ* 軌道という.

次に,新しくできた分子軌道 ψ_a と ψ_b に,原子軌道にあった電子が入る場合を考える.まず,図 2・3(a) では,図の左右にある原子軌道にあった電子のうち,最初の電子は中央にある安定な分子軌道 ψ_b(σ 軌道)に入る.2 番目の電子は,エネルギーの高い反結合性軌道に入るとしたら二つの原子の間には斥力が働くことになるから,先客がいても結合性の σ 軌道に入る.その場合に二つの電子のスピンは互いに反平行(antiparallel)になって結合性軌道に収容される.二つの電子が対になって入れば,この ψ_b 軌道は満席になる.H_2 分子の場合はこのようにして安定な分子ができる.水素原子 1 個では対になる相手がなくて不安定だった電子は,新しくできた結合性分子軌道に入ることにより安定化する.すなわち,水素分子の共有結合が生成する.

2・1 分子軌道法を取入れた考え方

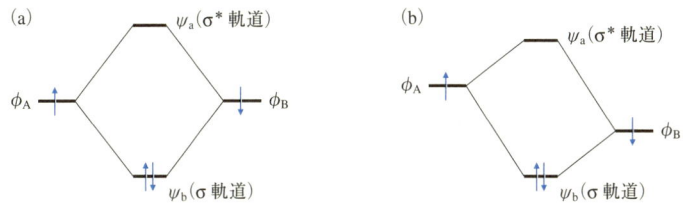

図 2・3 二原子分子のエネルギー準位. 縦軸はエネルギーであり，(a)は両方の原子軌道のエネルギー準位が等しいとき，(b)はエネルギー準位が異なるときの組合わせ.

もし，同じ性質の原子ではなく，異なった性質の原子 A と B の間に分子軌道ができるときは（図2・3b），新しくできる結合性分子軌道 ψ_b は，両方の原子軌道のうち，エネルギーの低い原子軌道 ϕ_B よりも低いところに生じ（σ軌道），反結合性軌道 ψ_a は，エネルギー準位が高い方の原子軌道 ϕ_A の準位よりも高いところにできる（σ*軌道）．量子力学によれば，各原子軌道の準位が互いに近ければ二つの原子間に強い相互作用が働き，新しく生成する結合性分子軌道はより安定になり，反結合性分子軌道のエネルギー準位はより高くなる.

このようにして生ずる分子軌道の軌道エネルギーはシュレーディンガー方程式を解くことによって求めることができる．計算法の詳細については省略する.

化合物の構成原子が水素原子より大きく，1s, 2s, 2p 軌道を有する場合には，原子軌道の対称性により，図2・4のような組合わせで分子軌道が生ずる．新しくできる分子軌道にはエネルギー準位の低い方から順に二つずつ電子が収容される．ここで，(a), (b)は

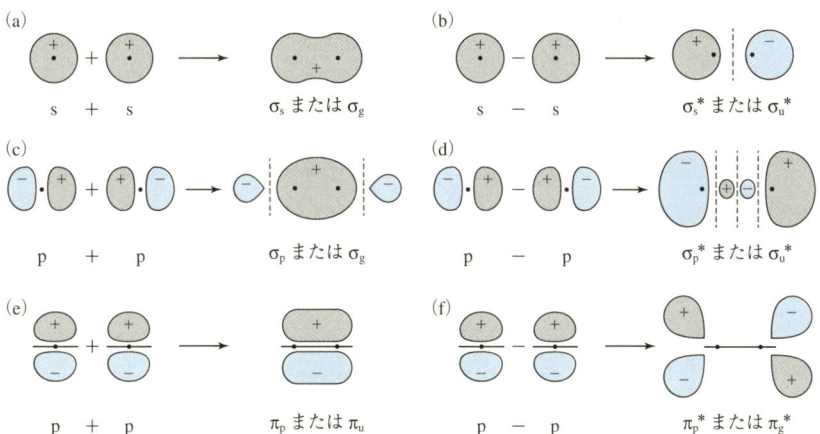

図 2・4 s, p 原子軌道から分子軌道をつくる場合の組合わせと形成される分子軌道の形. (a)〜(d)はσ軌道，(e), (f)はπ軌道のできる組合わせ.

すでに述べたs軌道による組合わせ，(c),(d)はp軌道間でできるσ軌道のできる組合わせ，(e),(f)はπ軌道のできる組合わせである．

図2・4において，2p軌道の組合わせで分子軌道ができる場合には，s軌道の場合より少し複雑になる．p軌道は亜鈴型であるから，結合様式としては図2・4の(c),(d)のように，互いの頭の部分どうしが結合する場合と，(e),(f)のように，p軌道が横に並んでπ結合を形成する場合の2通りが可能である．このほかに，p_x軌道とp_y軌道の組合わせも考えられるが，この場合には重なりが0になるので新たな軌道は生成しない．以上のように，原子軌道の重なりにより分子軌道が生成する場合には，1) 重なりが正の場合（結合性），2) 重なりが負の場合（反結合性），3) 重なりが0の場合（非結合性）の3通りの可能性がある．

2・1・3　分子軌道法による遷移金属錯体の取扱い

遷移金属が各種の配位子（リガンド*）と結合を形成する場合にも，原理的には同じような考え方で分子軌道が形成される．最初に，錯体の金属原子（またはイオン）と配位子の相互作用により八面体錯体が形成される場合を考える．たとえば第一遷移金属系列の金属の場合には，金属側の3d,4s,4p軌道と配位子側の軌道の組合わせにより，図2・5の中央に示すような分子軌道が得られる．金属側と配位子側の軌道の対称性により，分子軌道には，1) 結合性，2) 反結合性，3) 非結合性の三つの組合わせが生ずる．

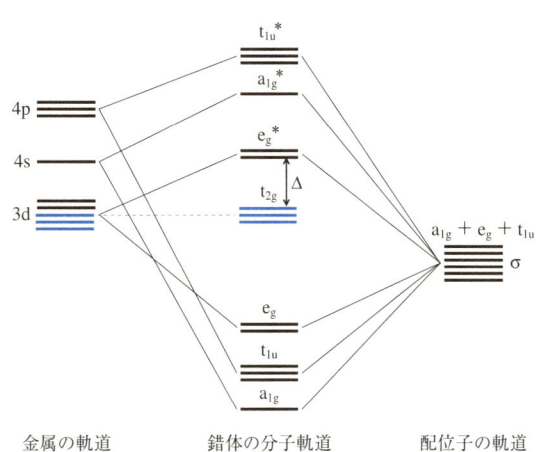

図2・5　八面体錯体の分子軌道の模式的エネルギー準位

---

* リガンドという言葉は，ラテン語で"結び付ける"を意味するligareに由来する言葉である．したがって，リガンドが結合する相手は金属とは限らない．金属に結合したリガンドは**配位子**とよばれる．金属化合物を扱う本書では，リガンドの訳語として配位子を用いる．

図2・5において，軌道の印として用いた$a_{1g}, t_{1u}, e_g, t_{2g}$は群論で使われる記号である．tはエネルギーが三重に縮重している場合を，eは二重に縮重していることを表す．gはドイツ語のgeradeからとった記号で，対称心に関する操作に関して符号がかわらないことを意味し，uはungeradeからとった記号で，反転操作に関して符号がかわることを意味している．$d_{x^2-y^2}$およびd_{z^2}軌道は二重に縮重していて，e_g軌道とよばれる．錯体の軌道の対称性等を論じる場合には，このような群論の用語が用いられるので，覚えておくと便利であるが，差し当たりの議論には，単なる符丁とみなして差し支えない．

図2・5の左側に示されている金属の4s軌道は，右側の配位子の原子軌道a_{1g}, e_gおよびt_{1u}のうち，a_{1g}軌道と結合して，図の中央にあるような，結合性分子軌道a_{1g}および反結合性分子軌道a_{1g}^*を形成する．また，金属のp軌道は配位子のt_{1u}軌道と結合して，結合性の分子軌道t_{1u}および反結合性のt_{1u}^*分子軌道をつくる．金属の3d軌道のうち，e_gの対称性をもつ$d_{x^2-y^2}$およびd_{z^2}は，対称性の合致する配位子のe_g軌道と結合して，e_gおよびe_g^*軌道を形成する．

金属の五つのd軌道のうち，t_{2g}の対称性を有するd_{xy}, d_{yz}, d_{xz}は，対応する対称性をもった配位子の軌道がないので，図2・5に青色で示したように非結合性軌道としてそのまま残る．このようにして得られた分子軌道t_{2g}とその上のe_g^*軌道の間には，エネルギー差が生ずる．このエネルギー差Δは結晶場理論から得られた結晶場分裂エネルギーΔ_0に対応している[6]．

このように軌道の対称性を考慮することによって，結晶場理論では説明できない結合が分子軌道法的考え方では説明できる．それは金属と配位子のπ結合である．有機金属化合物ではそのようなπ結合を有する場合が多いので，分子軌道法の考え方は必須である．

一番簡単なπ結合形成の場合としてpπ軌道を有するCl^-と遷移金属の結合を考える（図2・6）．xy平面上で金属に結合したCl^-のp軌道はx軸より上が＋で，下が－であり，中心金属のd_{xy}軌道と同じ対称性をもっているので，図のようにπ結合を形成する．配位子の軌道とd_{xz}, d_{yz}軌道の間にも同じ関係が成立する．ここにπ結合とは，金属と配位子を結ぶ結合軸のまわりに軌道を180°回転させたときに，＋と－の符号が逆転する（すなわち，節面が一つある）ような結合様式をいう．

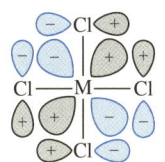

図2・6　d_{xy}軌道と配位子のp軌道の重なりによるπ結合の形成

一酸化炭素，ホスフィン，アルケンのような配位子は，金属のd_{xy}軌道と対称性の一致する軌道を有するため，同様の対称性のπ結合を形成する．

分子軌道法を用いる計算手法は，電子計算機と計算方法の進歩とともに，目覚ましい発

展を遂げ，計算を進めるにあたって経験的なパラメーター等の仮定を入れずに，最初から (ab initio で) 複雑な計算を行うことが可能になってきた．以前と違って，遷移金属を含む，かなり複雑な系の計算もできるようになり，実験結果との対応をつけることができる場合が多くなっている．しかし現時点では，多くの金属を含むクラスター錯体を扱う場合や，金属－金属結合を有する系など，計算のための時間やコストがかかり過ぎる場合もあるから，近似的な方法も有用である．そのような例として，次節では，原子価結合法 (valence bond theory, VB 法) を取入れた考え方を簡単に述べる．

2・2 原子価結合法を取入れた考え方

原子価結合法 (VB 法) は，L. Pauling (1954 年ノーベル化学賞受賞) により提案された理論で，混成軌道を仮定することにより，方向性をもった化学結合の説明などに応用された．本節では，有機金属化学に関係した例について VB 法の適用の仕方を説明する[7]．

2・2・1 混成軌道の形成

最も簡単な例として，ベリリウム原子 1 個と水素原子 2 個から原子価結合法により 3 原子分子 BeH_2 が形成される場合を考えよう (図 2・7)．ベリリウム原子は基底状態において $1s^2 2s^2$ の電子配置を有する．基底状態のままでは 1s 軌道をもった水素原子と結合できない．そこで，2s 軌道にある電子 1 個を 2p 軌道に上げ (昇位させるという)，ほかの原子の軌道と対をつくれるようにする．ベリリウムの 2s 軌道から 2p 軌道に昇位させるためには約 $323\,kJ\,mol^{-1}$ の昇位エネルギーが必要である．次に昇位により生成した $2p_z$ 軌道と 2s 軌道との混成が起きると，sp 混成軌道が生成する．このようにしてできたベリリウムの sp 混成軌道は，図 2・7 に示すように，水素原子の 2s 軌道と重なり合うのに都合のよい軌道の形をしている．

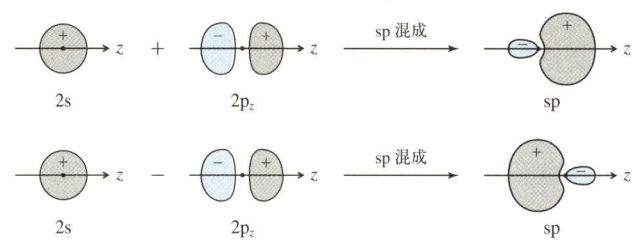

図 2・7　2s 軌道と $2p_z$ 軌道の混成による sp 軌道の生成

2s 軌道と 2p 軌道の混成によりできた二つの sp 混成軌道のおのおのは，z 軸に沿って張り出した軌道をもっており，図 2・8 のように，それぞれが水素原子の 1s 軌道と重なり，

直線状のBeH$_2$分子を形成するのに具合のいい形をしている．このようにして形成された二つのBe−H結合の結合強度は，軌道の混成を行わずにBeの2s軌道とHの1s軌道が結合する場合よりずっと大きく，ベリリウムの2s軌道を2p軌道に昇位させるに要したエネルギーを補って余りがある．

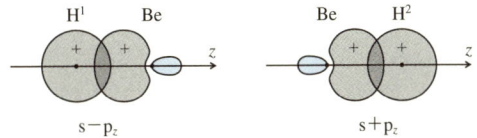

図2・8　ベリリウムのsp軌道と水素原子の1s軌道の重なりによるBeH$_2$分子の形成

sp混成の場合と同様に，sp^{2}混成による3配位平面分子や，sp^{3}混成による四面体分子の構造も説明できる．ホウ素の場合には，基底状態の電子配置は1s^{2}2s^{2}2pである．この場合には2s軌道にある電子1個を昇位させ，2p軌道に入れ，1s^{2}2s2p$_x$2p$_y$の軌道をつくる．s軌道と二つのp軌道を混成することにより，平面上の方向性をもったsp^{2}混成軌道ができる．この三つのsp^{2}混成軌道はxy平面上で互いに120°の角度で中心から三方へ突き出した軌道であり，水素の1s軌道と重なり合うことによってBH$_3$（ボラン borane）ができる．

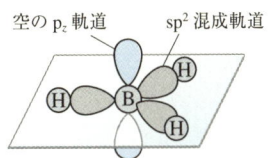

図2・9　sp^{2}混成軌道の形成とBH$_3$の分子軌道

このようにして形成されたsp^{2}混成軌道は，z軸方向に空の2p$_z$軌道も残っているため，単独では不安定で，Lewis（ルイス）塩基（base）と結合してH$_3$B・baseのような付加物を形成して安定化するか，あるいは，図2・10に示すように，もう一つのBH$_3$分子と結合して安定な二量体B$_2$H$_6$（ジボラン diborane）を形成する．

ジボランの分子構造（図2・10a）からわかるように，ジボランの二つのホウ素原子はそれぞれ4個の水素原子と結合している．ホウ素の形はほぼ四面体に近いが，端の位置にある4個の水素原子と二つのホウ素原子を橋架けしている二つの水素原子は等価ではない．橋架けしている水素原子は二つの四面体の一隅を占め，B−H−Bの3原子当たり2個の電子で結合を生成している．このような結合を**三中心2電子結合**〔3-center 2-electron bond，略して（**3c-2e**）**結合**〕とよぶ．通常の化合物では，2個の原子が2個の電子を共有して共有結合を生ずるのに，この場合には3個の原子に対して利用できる電子は

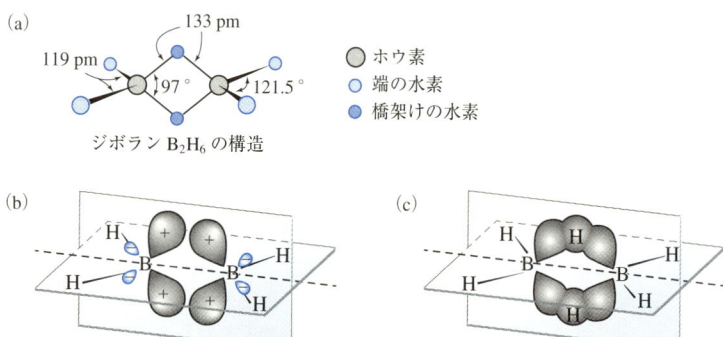

図 2・10　ジボラン多中心結合(3 中心 2 電子結合). (a)B_2H_6 の分子構造. (b)2 組の BH_2 成分の組合わせ. (c)橋架けの水素による B-H-B 結合生成.

2 個しかないので，**電子不足結合**ともよばれる．同様にアルミニウムの場合も，AlH_3 の単量体は電子不足状態にあるため，二量体 Al_2H_6 を形成する傾向がある（§2・3・1 および図 2・20 参照）．

炭素原子の場合も同様に，中心原子の 2s 軌道の電子を基底状態の $1s^2 2s^2 2p^2$ から 2p 軌道に昇位させ，s 軌道の電子と混成させることにより周知の**四面体 sp³ 混成軌道**が得られる．このようにして形成される sp³ 混成軌道では，中心原子から四面体の各頂点に向かって電子雲が突き出しており，四つの水素原子と結合した場合には四面体構造の CH_4 ができる．中心元素がケイ素，ゲルマニウムなどの場合も同様であり，ケイ素が水素と結合したときは SiH_4（シラン silane），ゲルマニウムでは GeH_4（ゲルマン germane）が得られる．

CH_4 から一つの水素原子を除けば CH_3 ラジカルが生成する．CH_3 ラジカルでは四面体の一隅に電子雲が張り出しているから，後述するように金属と結合して金属-メチル共有結合を形成する．

2・2・2　遷移金属錯体の軌道混成

軌道の混成は s 軌道，p 軌道間だけに限らない．金属中心に d 軌道がある場合には，d 軌道も含めて各種の混成軌道が形成される．次に s 軌道，p 軌道，d 軌道の混成により八面体錯体が形成される場合を考察する．金属中心の $d_{x^2-y^2}$ および d_{z^2} が一つの s 軌道および三つの p 軌道と混成軌道をつくると，**d²sp³ 混成軌道**が形成される．このようにしてできた六つの d²sp³ 混成軌道は互いに等価で，その軌道は八面体の角に向かって突き出している．八面体混成軌道では，五つの d 軌道のうち，d_{xy} 軌道，d_{yz} 軌道，および d_{xz} 軌道（t_{2g} 軌道）は，対称性の合致する配位子の軌道がないため，図 2・11 に示すように使われないまま残る．

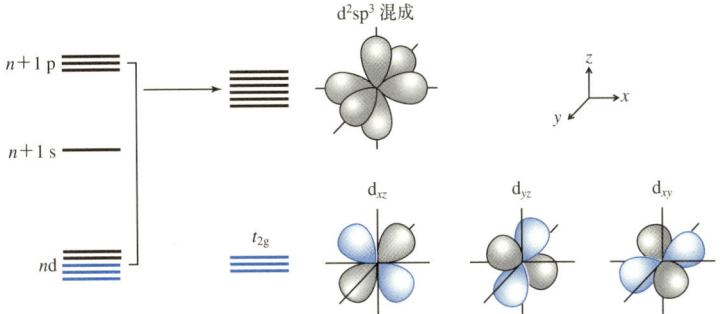

図 2・11　二つの d 軌道，一つの s 軌道，三つの p 軌道の混成による d^2sp^3 混成軌道の形成

このほかに，各種の混成軌道が図 2・12 に示すように形成される．図 2・12 には，5 種類の混成軌道と，それぞれの混成軌道を形成する成分の軌道を示してある．

図 2・12 に示す五つの混成軌道のうち，(a) 八面体 (octahedron, O_h) 型，(b) 平面四角形 (square plane) 型，(c) 四面体 (tetrahedron) 型ではおのおのの混成軌道は等価である．一方，(d) 三方両錐 (trigonal bipyramid) 型および (e) 正方錐 (square pyramid) 型では z 軸方向の軌道とそれ以外の軌道は等価ではない．

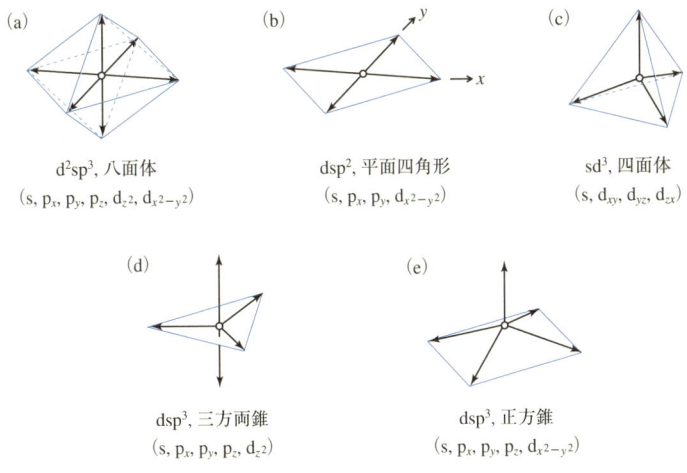

図 2・12　金属の d 軌道が関与する五つの混成軌道

次にこれら各種の混成軌道を有する錯体間の立体配置の変換が起こる場合の相互関係について考えてみよう．図 2・13 のように，八面体構造の錯体 ML_6 (a) から一つの配位子 L を取去ると，四角い底面をもったピラミッド型錯体になる (b)．ピラミッド型錯体 ML_5

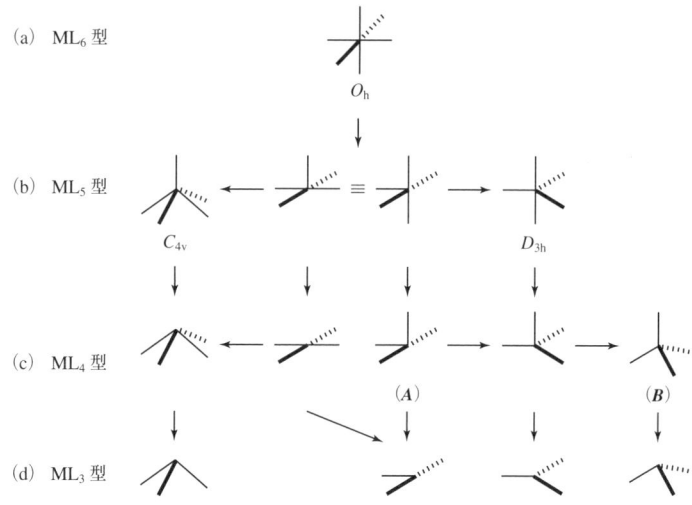

図 2・13 八面体錯体から配位子を順に取去るか移動させた場合の 5 配位,4 配位,3 配位錯体形成の概念図

の底面にある配位子を下に向けて(四角錐の頂点と逆の方向に)押下げてゆくと,C_{4v} の対称性をもった四角錐になる.一方,四角錐の ML_5 型錯体において,紙面の手前と向こう側に突き出した配位子を右側に動かすと,D_{3h} 対称をもつ三方両錐錯体になる.また,C_{4v} 対称を有する ML_5 型錯体の頂点にある配位子を取除くと,(c) に示す ML_4 型の 4 配位錯体になる.ML_4 型錯体(**A**)に関して,配位子を図のように右方向へ移動させると,四面体錯体(**B**)が得られる.このような 4 配位錯体からさらに配位子を 1 個除けば,(d) に示す最下段のような 3 配位錯体になる.

このようなさまざまな形をした錯体は,場合によって単離されるものもあるが,なかには不安定な錯体もある.溶液中における異性化等の分子変換を考えるときには,配位子の解離が起こる場合と解離なしに分子自身の変換により異性化する場合があり,図 2・13 のような錯体間の相互変換の過程を頭に置いておくことは有用である.

2・2・3 遷移金属錯体における結合形成とイソローバル類似

次に遷移金属の混成軌道と配位子の軌道の重なりにより,遷移金属錯体が形成される場合の軌道の組合わせについて考察する.

ML_5 型の四角錐錯体では,図 2・14 に示すように,八面体錯体の 5 本の混成軌道(フラグメント軌道という)と,配位子の 6 本の軌道中 5 本の軌道の重なりによって,図 2・14 の中央の上下に示すように,5 本ずつの結合性軌道および反結合性軌道が形成される.したがって,6 本の d^2sp^3 混成軌道のうち,3 本の t_{2g} 軌道と 1 本の d^2sp^3 混成軌道が中央

2・2 原子価結合法を取入れた考え方

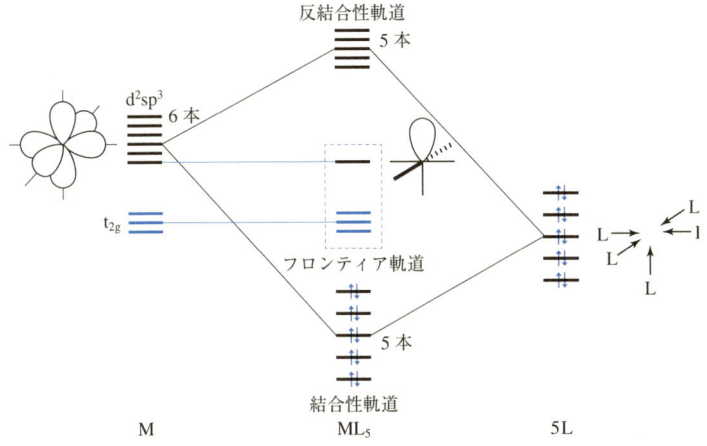

図 2・14 5配位錯体 ML$_5$ のフラグメント軌道形成の概念図

部に破線で囲んだように使われずに残ることになる．これらの四つの軌道はこの錯体の**原子価軌道**，あるいは**フロンティア軌道**とよばれる．金属のd電子はこの軌道に収容され，ほかの配位子と相互作用をもつ．

🎼 *Intermezzo*　あせらず，たゆまず

　この言葉は，私が松永安左衛門記念の奨学助成金を受領したときに松永翁から伺ったものである．そのときの助成金受領者は小田原の松永氏の別邸に招待されて励ましの言葉をいただいた．電力王ともいわれるスケールの大きい事業家がどんなことを言われるのか，と耳を澄ませていたわれわれに言われた言葉は，

"みなさん，あせらず，たゆまず，やってください"

これだけだった．あまりに簡単なので呆気にとられたが，あとで考えてみると，これは若い研究者に贈るにはぴったりの言葉だった．研究者は目標に向かって努力するわけだが，研究は順調に進むとは限らない．むしろうまくいかないときの方が多い．どうしてもあせりの気持ちが出てくる．あせるまいと思うと，逆にたゆんでしまう．"あせらず，たゆまず"は，"あせらず，騒がず"と，"倦まずたゆまず"の絶妙な組合わせであり，研究者心理を見透かした励ましの言葉である．

　それ以来，私はこの言葉を自分でも愛用し，共同研究者を激励するのにも使わせてもらっている．研究が進まなくてあせっているとき，研究にもう一つやる気が出ないとき，そんなときにつぶやいてみてください．効果ありますよ．

ここで M ＝ マンガンの場合にこの ML$_5$ 型フラグメント*と CH$_3$ ラジカルから 6 配位の メチルマンガン錯体 CH$_3$MnL$_5$ ができる場合について考えてみよう．八面体錯体 MnL$_6$ か ら 1 個の配位子 L を除くと MnL$_5$ 型のフラグメントになる．このフラグメントと CH$_3$ ラ ジカルが結合して CH$_3$MnL$_5$ を形成する反応はラジカル的性質の 2 成分が結合してメチル 金属錯体を形成する反応である．ここに L は 2 電子供与配位子とする．0 価のマンガン原 子は 7 個の d 電子をもっており，この 7 個の電子は，図 2・14 中央に破線で囲った 4 本 のフロンティア軌道に入る．その入り方を図 2・15 に示す．この場合には，6 個の電子が 3 本の t$_{2g}$ 軌道に入り，残りの 1 個の電子は，その上にある d^{2}sp^3 軌道の一つに収容される． したがってこの MnL$_5$ 型のフラグメントはラジカル的性質を有する．

このフラグメントと結合できる配位子としては，メチルラジカルが適している．図 2・ 15 の右側にメチルラジカルの軌道とその電子雲の形を示してある．メチルラジカルは， CH$_4$ から水素原子 1 個を除くことにより生成する．メチルラジカルは四面体の一つの角 に軌道が張り出した形をしているから，その形はラジカル的性質を有する MnL$_5$ 型フラグ メントと共有結合を形成するのに適している．配位子 L として CO を有する CH$_3$Mn(CO)$_5$ は安定な錯体として知られている．CO と金属の結合に関しては後で述べる．

R. Hoffmann が MnL$_5$ のフロンティア軌道とメチルラジカルのフロンティア軌道を拡張 ヒュッケル法で計算した結果を図 2・16 に示す．

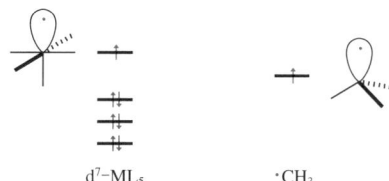

図 2・15　MnL$_5$ 型フラグメントのフロンティア軌道とメチルラジカルの軌道の類似

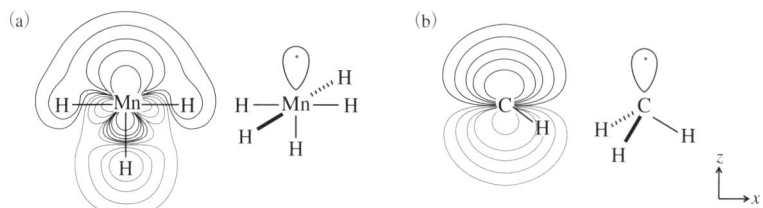

図 2・16　拡張ヒュッケル法で計算した (a) MnH$_5^{5-}$ および (b) CH$_3$ ラジカルのフロンティ ア軌道のエネルギー等高線比較．R. Hoffmann, *Science*, **211**, 995 (1981) より．

---

* 安定な錯体から 1 個の配位子を除いた残りの部分をフラグメントという．

図 2・16(a) は，マンガン原子と 3 個の水素原子を含む錯体断面上のエネルギー等高線を示している．(b) のメチル基の方は，炭素原子と水素原子を含む断面におけるエネルギー等高線である．この図を比較すると，マンガンのフロンティア軌道の電子雲の形と，メチルラジカルの電子雲の形の間に類似性が存在することがわかる．Hoffmann は，二つのフラグメントのフロンティア軌道が，その数，対称性，フロンティア軌道の形において類似性を有するときに**イソローバル**（isolobal）であるとよび，メチルラジカルと MnL$_5$ 間のイソローバル類似性を表すのに次のような記号を用いることを提案した．

$$\cdot CH_3 \xleftrightarrow{\text{イソローバル}} \cdot Mn(CO)_5$$

イソローバル類似性の考え方は，金属クラスターなど，金属が集積して錯体を形成する場合などには，直感的に結合形成の関連を把握するのに役立つ．

以下，最も簡単なイソローバル類似性を示す例を示す．図 2・17 のように，(a) メチル基どうしが結合してエタンを生成する場合と，(b) マンガン錯体フラグメントどうしが結合して Mn−Mn の直接結合を生成する場合，および (c) メチル基とマンガン錯体フラグメントが結合してメチルマンガン錯体が生成する場合の間にはイソローバル類似性がある．

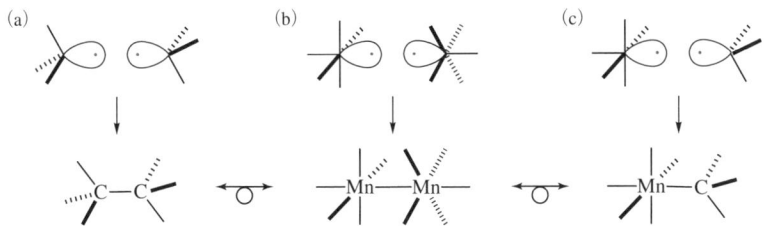

図 2・17 メチルラジカルと ML$_5$ 型フラグメントのイソローバル類似性を示す概念図

次に ML$_5$ 型錯体からさらに配位子を除いた形のフラグメントを考える．図 2・18 に (a) ML$_5$ 型，(b) ML$_4$ 型，(c) ML$_3$ 型フラグメントの軌道の形と数を示す．たとえば，図 2・

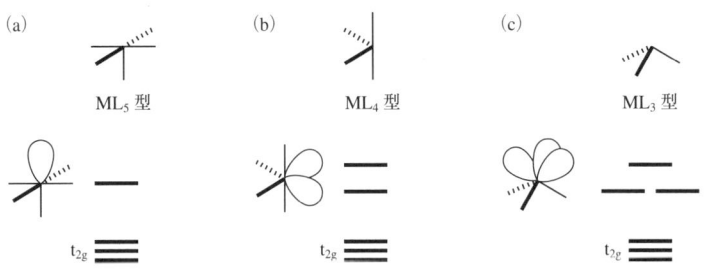

図 2・18 (a)ML$_5$ 型，(b)ML$_4$ 型，(c)ML$_3$ 型フラグメント軌道

18の(b)に示すML₄型フラグメントの例としてはFe(CO)₄が考えられる．このフラグメントとイソローバルな関係にある有機化合物はメチリデンカルベンCH₂： である．またML₃型フラグメントは1価炭素（カルビン）であるメチリジン（methylidyne）とイソローバルな関係にある．カルベン，カルビン錯体およびクラスターについては§4・1・4で述べる．

以上のような比較的よく知られた原子配置をとる錯体のほかに，ヒドリドやメチル遷移金属錯体には，p軌道の関与なしにs軌道とd軌道の混成により形成される錯体が知られており，これらはsd混成軌道により理解されている[8]．たとえば，WH₆（sd⁵混成），ReH₅（sd⁴混成），RuH₄（sd³混成），RuH₃（sd²混成），Pt(CH₃)₂（sd混成）などである．

2・3　金属－アルキル σ 結合の形成とその性質

2・3・1　金属－アルキル σ 結合の考え方

金属とアルキル基が共有結合を形成する場合には，金属原子とアルキルラジカルが互いに電子を1個ずつ出し合って共有結合を形成する（図2・19a）と考えるか，L_nM^+ カチオンとR^- アニオンが分子軌道を形成する（図2・19b）かの2通りの考え方がある．

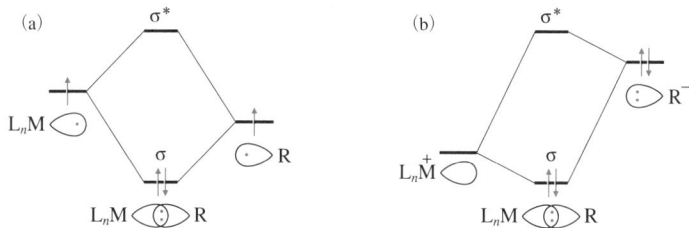

図 2・19　**L_nM と R の金属－炭素結合の形成**．(a)L_nM フラグメントとアルキルラジカル間の分子軌道の形成．(b)L_nM^+ カチオンと R^- アニオン間の分子軌道形成．

図2・19 (a) では金属－アルキル結合の生成過程を，アルキルラジカルと金属フラグメントの不対電子の組合わせとして考えたが，金属－アルキル結合の生成様式を考える場合には，金属カチオンとアルキルアニオン間の分子軌道形成を考えても，結論は同じになる（図2・19b）．この場合にはアルキルアニオンの最初のエネルギー準位はアルキルラジカルのエネルギー準位よりも高く，カチオン部分のL_nM^+のエネルギーはL_nMよりも低いが，結果として生成する分子軌道は同一になる．

金属とアルキル基が結合する場合，金属の種類と，金属に結合している配位子の性質等により，生成する金属－アルキル結合の極性は影響を受ける．しかし，中心金属の**形式的な原子価**（**酸化数**）を考える場合には，電子がアルキル基側に偏って，アルキル基はアニ

オンになっているとみなして酸化数を数える．金属はその分電子をアルキル基側に供給して電子1個を失ったとみなす．たとえば，$CH_3Mn(CO)_5$のマンガンは1価である．酸化数を示す必要があるときには，Mn(I)のように書き表す．

$(BH_3)_2$や$(AlH_3)_2$のような電子不足分子では水素原子が二つのホウ素やアルミニウム原子の間に橋を架ける役割をしていたように，アルキル基も二つの原子の間に介在して二つの原子を結び付ける役を演ずることがある．トリメチルアルミニウムはやはり電子不足分子で$Al(CH_3)_3$が2分子会合して，メチル基で架橋された二量体$Al_2(CH_3)_6$を形成する．その分子構造を図2・20(a)に示す．

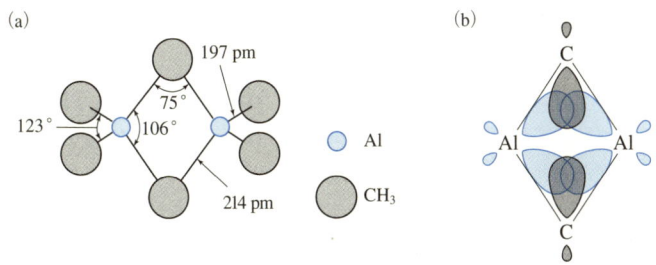

図2・20　(a)$Al_2(CH_3)_6$の分子構造．(b)Al-C-Al結合の軌道の重なり

この二量体分子の構造は$(BH_3)_2$の構造に類似しているが（§2・2・1および図2・10参照），$Al_2(CH_3)_6$の場合は，図2・20(b)に示したように二つのアルミニウムから突き出している二つの電子雲と，メチル基の炭素原子から出ているメチル基の電子雲が重なりあって橋架けをしている．この点が，水素原子自身が橋架けに関与しているB_2H_6の場合との相違点であり，したがって，橋架けしているAl-C-Alの角度は75°で，B_2H_6の場合におけるB-H-Bの角度よりも小さい．

このようにトリメチルアルミニウムは，溶液中および固相で二量体構造を形成しているが，アミン，ホスフィン，スルフィドのような電子供与体Dと反応させると，四面体の4配位化合物を生ずる．すなわち，トリメチルアルミニウムはLewis酸としての性質を有する．

$$Al_2(CH_3)_6 + 2D \rightleftharpoons 2Al(CH_3)_3 \cdot D \qquad (2 \cdot 1)$$

アルミニウム原子に結合したアルキル基の長さが長くなると，次第に会合体を形成しなくなる．Lewis酸性が弱くなり，電子不足の程度が低下するためと，立体的要因のためである．特にt-C_4H_9基のような嵩高いアルキル基がアルミニウムに結合している場合には，ほとんど二量体は生成しない．これは，B_2H_6が常に二量体として存在しているのと対照的である．

2・3・2 金属-アルキルσ結合の性質と結合強度

　金属原子とσ結合を形成する有機基としては，アルキル基，アリール基，ビニル基，アルキニル基等がある[9]．場合によってはこれらをまとめてヒドロカルビル基（hydrocarbyl group）とよぶが，通常はあまり使われていない用語なので，本書ではアルキル基をもって代表させる．金属とこれらの有機基の結合は，金属の性質，金属に結合している配位子の性質，有機基の性質，特に結合している置換基の性質等によって影響される．

　典型元素と有機基の結合では，金属の電気陰性度，金属まわりの配位子に結合した置換基の影響が大きい．電気陰性度には，L. Paulingの提案した電気陰性度と，A. L. AllredとE. G. Rochowの提案した値があり，両者は多少異なっている．裏表紙内側に示した周期表にはオルレッド・ロコウの電気陰性度を示した[10]．ポーリングの電気陰性度よりも多くの元素について算出されているためである．

　いうまでもなく，周期表の左の方にあるアルカリ金属の電気陰性度は最も小さく，1.0程度である．周期が下がるにつれて少し電気陰性度は小さくなるが，0.9程度で大差はない．電気陰性度が大きいということは，電子を引き付ける力が大きいということであり，逆に電気陰性度の小さいアルカリ金属は結合する相手に電子を与えたがっている，といえる．炭素の電気陰性度が2.5であるから，たとえば，メチル基とアルカリ金属が金属-炭素（M-C）結合を形成する場合には，アルカリ金属側からメチル基の方に電子が偏っている．したがって，メチル基などのアルキル基はアニオン的な性質をもち，アルキル基に結合したアルカリ金属はカチオン的性質をもっている．しかし，メチルリチウムなどの場合には，ある程度共有結合的性質もあり，会合する傾向を示す．

　周期表の第2周期の原子に関して，Li, Be, B, C, N, O, Fの順に周期表を右へ移動するに従い，**元素の電気陰性度は約0.5ずつ増加する**．フッ素は電気陰性度が4.1で全元素のうちで最も大きい電気陰性度を有するため，アルキル基のなかでも，フッ素が3原子結合したトリフルオロメチルCF_3基はじめ，フッ素原子がたくさん結合したペルフルオロアルキル基は最も求電子性の高いアルキル基である．

　このように炭素に結合した置換基の種類によってアルキル基の求電子性は変化し，金属との間の分極の程度もかわる．しかし，水素が炭素に結合した通常のアルキル基では，水素の電気陰性度が2.2であり，炭素の2.5とあまり差がないから，金属と炭素の電気陰性度の差を比較すれば，金属アルキル化合物における大体の分極の程度はわかる．

　周期表の金属で比較すれば，13族のホウ素は炭素の電気陰性度2.5に近い2.0の値をもっており，ホウ素-アルキル結合は共有結合性が大きい．アルキルホウ素化合物は酸素と反応しやすいが，水に対しては反応性が低いのは，ホウ素に結合したアルキル基はアニオン的な性質が弱く，プロトンに対して反応性が低いためである．同じ13族の元素でも周期表でホウ素の下に位置するアルミニウムの場合には，電気陰性度はホウ素よりも0.5小さく，アルミニウム-アルキル結合はかなりアルキル基側に電子が偏っており，水と反

応しやすい．14族のケイ素，ゲルマニウム等の元素は炭素と電気陰性度が近く，アルキル基との間の結合は共有結合的であり，一般的に湿気，酸素に対する反応性は低い．

周期表を下がるにつれて，一般に金属原子の電気陰性度が小さくなる．周期表を下がって，第4周期になると遷移金属が登場する．周期表の左の方に存在する遷移元素は early transition metal といわれる．前周期遷移金属の名がこれらの金属に対して提案されているが，周期表の上部の第1，第2周期等の金属を指しているのか多少紛らわしい．本書ではこれらを**前期遷移金属**とよび，late transition metal は**後期遷移金属**とよぶことにする．

周期表の左の方に位置する前期遷移金属に比べて，周期表の右の方に位置する後期遷移金属では，電気陰性度は多少大きい．

2・3・3 有機金属化合物の安定性

有機金属化合物には，不安定なものが多いので取扱いにくい，とよくいわれる．しかし，このようないい方は多少不正確である．その化合物が酸素に対して反応性が高くて，酸化による分解を受けやすいのか，湿気に対して敏感で加水分解を受けやすいのか，それとも熱的に不安定で，温度が上がると分解が進みやすいのか，を区別していないためである．熱的には安定だが，酸素や湿気に対して敏感な化合物の場合は，それなりの実験技術を用いれば取扱うことができる．Schlenk（シュレンク）管といわれるガラス管のなかに入れ，窒素やアルゴンのような不活性気体の気流中で実験操作を行うか，多少場所をとり高価だが不活性ガスで満たしたグローブボックスを用いて，そのなかで実験操作を行えばよい．しかし，熱的に分解しやすい試料の場合には，操作をすべて低温で行う必要がある．

熱力学的および動力学的因子　　化合物の安定性を議論する場合には，先に述べたような熱力学的因子だけでなく動力学的因子について考察する必要がある．ある系が反応する場合に，原系の自由エネルギーが生成系の自由エネルギーよりも大きければ，その系は熱力学的に不安定で，安定な生成系にかわろうとする．しかし，原系と生成系の間に高いエネルギー障壁が存在すれば，その化合物はある条件下では安定に存在できる（動力学的に安定である）．エネルギーの高い状態から低い状態に移る反応において，原系から生成系への反応経路がいくつか存在する場合には，低い活性化エネルギーの経路による分解反応を阻害してやれば，その系はある程度安定に存在しうる．この問題については後にアルキル錯体の分解経路について考察する場合に述べる．

遷移金属にアルキル基が直接結合した化合物は，アルキル白金化合物を例外として，"一般的に不安定"であるとされ，以前は単離された例は非常に少なかった．しかし，実験技術が進歩し，安定性に関する理解が進んだため，かなりの数のアルキル遷移金属化合物が単離され，その性質が研究されるようになった．

アルキル遷移金属錯体が本質的に不安定なのかどうかを知るには，金属とアルキル基の結合強度に関するデータが必要である．そのようなデータは熱化学的測定によって得られ

る．以下，これまでにある程度報告されているデータ[11),12)]に基づいて，金属－炭素結合の安定性と反応性の問題を考察する．

表 2・1 に，金属 M にアルキル基 R が n 個結合した，MR$_n$ 型典型元素化合物の金属－アルキル結合の平均結合解離エネルギーを示す．

結合解離エネルギー（bond dissociation energy，あるいは bond disruption energy）とは，MR$_n$ 型アルキル金属化合物の金属－アルキル結合をラジカル的に解裂させるのに要するエネルギーである．ただ，複数の M－C 結合を有する化合物 MR$_n$ の場合には，その金属アルキル化合物の平均結合解離エネルギー $\bar{D}$(M－R) は，特定の一本の M－R 結合を切断する結合解離エネルギーとは通常異なることに注意する必要がある．

アルキル金属化合物 MR$_n$ が金属およびアルキルラジカルへ分解する（2・2）式のような分解反応を考えよう．

$$\text{MR}_n(\text{g}) \longrightarrow \text{M}(\text{g}) + n\text{R}\cdot(\text{g}) \qquad (2\cdot2)$$

この反応の標準反応熱 $\Delta H°$ は生成系のエンタルピーから原系のエンタルピーを差し引いた値であるから，（2・3）式のように表される．

$$\Delta H° = \Delta H_f°(\text{M, g}) + n\Delta H_f°(\text{R, g}) - \Delta H_f°(\text{MR}_n, \text{g}) \qquad (2\cdot3)$$

ここで $\Delta H_f°(\text{M, g})$，$\Delta H_f°(\text{R, g})$，$\Delta H_f°(\text{MR}_n, \text{g})$ は，それぞれ気体状態の金属，アルキル基，アルキル金属化合物 MR$_n$ の標準生成熱であり，平均結合解離エネルギー $\bar{D}$(M－R) は（2・4）式で表される．

$$\bar{D}(\text{M－R}) = \Delta H°/n \qquad (2\cdot4)$$

表 2・1　MR$_n$ 型典型元素化合物の平均結合解離エネルギー $\bar{D}$[†]

結合	$\bar{D}$/kJ mol^{-1}	結合	$\bar{D}$/kJ mol^{-1}	結合	$\bar{D}$/kJ mol^{-1}
Li－C$_2$H$_5$	209	B－C$_2$H$_5$	342	Pb－CH$_3$	153
Li－C$_4$H$_9$	248	B－C$_4$H$_9$	344	Pb－C$_2$H$_5$	129
Zn－CH$_3$	176	Al－CH$_3$	276	P－CH$_3$	275
Zn－C$_2$H$_5$	145	Al－C$_2$H$_5$	242	P－C$_2$H$_5$	258
Cd－CH$_3$	139	Ga－CH$_3$	247	P－C$_6$H$_5$	301
Cd－C$_2$H$_5$	109	Ge－C$_2$H$_5$	237	As－CH$_3$	229
Hg－CH$_3$	122	Ge－C$_3$H$_7$	238	As－C$_6$H$_5$	267
Hg－C$_2$H$_5$	101	Sn－CH$_3$	218	Sb－CH$_3$	215
Hg－C$_3$H$_7$	103	Sn－C$_2$H$_5$	193	Sb－C$_6$H$_5$	244
Hg－CH(CH$_3$)$_2$	89	Sn－C$_3$H$_7$	197	Bi－CH$_3$	143
Hg－C$_6$H$_5$	136	Sn－C$_4$H$_9$	195	Bi－C$_6$H$_5$	177
B－CH$_3$	363	Sn－C$_6$H$_5$	257	Se－C$_2$H$_5$	242

† H. A. Skinner, *Adv. Organomet. Chem.*, **2**, 49 (1964) による．

2・3 金属-アルキルσ結合の形成とその性質

簡単な有機金属化合物の結合エネルギーについて，ジメチル水銀を例に説明しよう．ジメチル水銀を金属原子 Hg と 2 個のメチルラジカル CH$_3$· に分解するための反応熱 $\Delta H°$ の値は 243 ± 9 kJ mol^{-1} である．したがって，Hg-CH$_3$ 結合の平均結合解離エネルギー $\bar{D}$(Hg-CH$_3$) は 122 kJ mol^{-1} である．しかし，Hg(CH$_3$)$_2$ の 2 本の Hg-CH$_3$ 結合のうち，次式のように最初の 1 本の Hg-CH$_3$ 結合を切断するために要するエネルギーと，残ったもう 1 本の Hg-CH$_3$ 結合の切断に要するエネルギーは同じではない．

$$\text{CH}_3-\text{Hg}-\text{CH}_3 \longrightarrow \text{CH}_3-\text{Hg} + \text{CH}_3\cdot \tag{2・5}$$

それは，2 本の Hg-CH$_3$ 結合中 1 本が切れると，残りの Hg-CH$_3$ は不安定になって，簡単に分解するためである．最初の 1 本の Hg-CH$_3$ 結合を分解するためのエネルギーは Hg(CH$_3$)$_2$ を熱分解する場合の活性化エネルギーから見積もることができる．このようにして求めた値 215.5 ± 8 kJ mol^{-1} に比べて，2 本目の Hg-CH$_3$ 結合の結合解離エネルギーは 29 ± 12 kJ mol^{-1} に過ぎない．したがって，厳密には平均結合解離エネルギーの値からは最初の M-R 結合の切れやすさはわからない．また，アルキル基の種類により分解挙動が異なる場合もある．たとえば，ジメチル水銀の場合には Hg-CH$_3$ 結合の分解は 2 段階で進行するが，ジプロピル水銀では，2 本の Hg-C$_3$H$_7$ 結合が (2・6)式のように同時に切断される．したがって，ジプロピル水銀の Hg-C$_3$H$_7$ 結合切断の活性化エネルギーは $\bar{D}$(Hg-C$_3$H$_7$) の 2 倍になる．

$$\text{C}_3\text{H}_7-\text{Hg}-\text{C}_3\text{H}_7 \longrightarrow \text{C}_3\text{H}_7\cdot + \text{Hg} + \text{C}_3\text{H}_7\cdot \tag{2・6}$$

このように，アルキル金属類の平均結合解離エネルギーを安定性や反応性などの指標として用いる場合には，その限界について注意を払う必要がある．しかし，金属-炭素結合の切れやすさの相対的な目安としては，$\bar{D}$(M-R) は有用な指標である．

基本的物性値である平均結合解離エネルギーの値を求めることは，重要な研究であるが，熱化学的な研究は地味な仕事であり，また分解しやすい有機金属化合物を合成し，その熱分解挙動を研究するには特殊な経験を要する．有機金属化合物の結合エネルギーの測定を行っている研究者は現時点ではおそらく日本にいないし，世界でも非常に少ない．

最も直接的に結合解離エネルギーを測定する方法として，燃焼に伴う熱量発生を測定する方法がある．しかし，金属を含まない有機化合物では有効なこの方法も，有機金属化合物の場合には，きれいに燃焼することがむずかしく，特定の金属-炭素結合の結合解離エネルギーを求めるのは困難な場合が多い．

燃焼法により生成熱の測定ができない場合には，溶液中でその化合物の M-R 基が分解する反応について，その生成熱を測定することにより M-R 結合の結合解離エネルギーを評価する方法が採用される．

たとえば，次の (2・7)式のような，n 個の配位子 L と 1 本の M-R 結合を有する化合

物 L_nMR がハロゲン X_2 と反応して分解する反応の標準反応熱 ΔH_{rxn} は (2・8)式のように表される[13].

$$L_nMR + X_2 \longrightarrow L_nMX + RX \qquad (2・7)$$

$$D(L_nM-R)_{soln} = \Delta H_{rxn} + D(L_nM-X)_{soln} + D(RX)_{soln} - D(X_2)_{soln} \qquad (2・8)$$

(2・7)式の反応熱 ΔH_{rxn} を閉鎖型熱量計を用いて滴定により測定し, 別途溶液中の反応で求められた, L_nM-X, $R-X$ および $X-X$ 結合の既知の解離エネルギー $D(L_nM-X)_{soln}$, $D(RX)_{soln}$, $D(X_2)_{soln}$ を使って, (2・8) 式により M−R 結合の結合解離エネルギー $D(L_nM-R)_{soln}$ を見積もることができる. これまで測定された有機金属化合物の金属−炭素結合の結合解離エネルギーの多くはこのような間接的方法で求めたものである.

このほか, 気化しうるような化合物については質量分析法による測定と組合わせて, 有機金属化合物の金属−炭素あるいは金属−水素結合の結合解離エネルギーが測定されている. 関連した一連の化合物間の結合解離エネルギーを比較する場合には参考になる.

以下, これまでに報告された限られた有機金属化合物の結合解離エネルギーデータを用いて, 金属−炭素結合の結合解離エネルギーに関する傾向について述べる.

支持配位子をもたない MR_n 型の単純なアルキル金属化合物を**ホモレプチック** (homoleptic) アルキルという. ホモレプチックなアルキル金属では, リチウムの場合を除いて, アルキル基が長くなるほど平均結合解離エネルギーが低下する傾向がみられる. 12 族金属および 13 族金属のアルキル金属化合物の平均結合解離エネルギーは周期表を下がるほど, (原子番号の増大とともに) 低下する傾向がみられる (図 2・21).

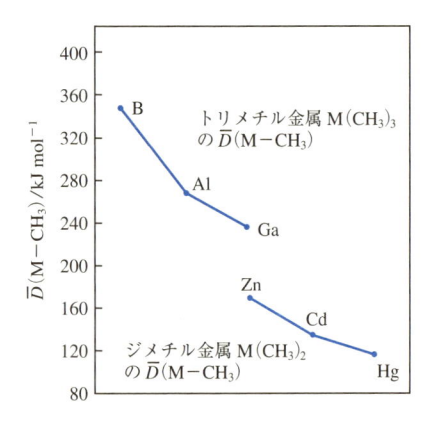

図 2・21 **12 族および 13 族アルキル金属の平均結合解離エネルギー.** H. A Skinner, *Adv. Organomet. Chem.*, **2**, 99 (1964) より.

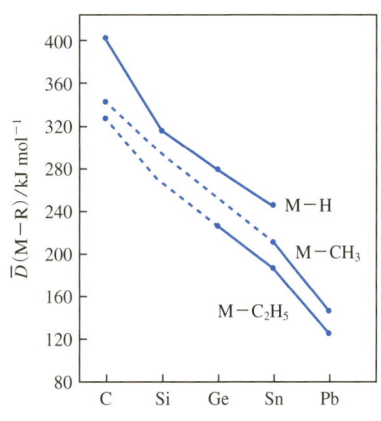

図 2・22 **14 族有機典型元素化合物 MR_4 の M−R 結合の平均結合解離エネルギー.** H. A. Skinner, *Adv. Organomet. Chem.*, **2**, 99 (1964) より.

2・3 金属-アルキルσ結合の形成とその性質

また，同一のアルキル基を有する14族アルキル金属MR₄では，やはり原子番号が増大するほど，平均結合解離エネルギーは低下する．この場合にはまた，アルキル基が大きくなるほど，平均結合解離エネルギーが低下することが認められる（図2・22）．

さらに，表2・1によると，M-C₆H₅結合の平均結合解離エネルギーは $\bar{D}$(M-CH₃) より 20～40 kJ mol⁻¹ 大きいが，図2・22 では $\bar{D}$(M-R) は $\bar{D}$(M-H) より小さい．

有機遷移金属化合物の平均結合解離エネルギーデータに関してはまだデータの蓄積は不十分であるが，これまでに報告されたデータから，金属の種類や，アルキル基の種類により，金属-アルキル結合の強度がどのように変化するのか，一般的な傾向を述べるのに足りるデータが集まっている．

表2・2にアルキル遷移金属化合物の平均結合解離エネルギーを示す．なお参考のため，欄外に有機化合物のC-CおよびC-H結合の結合解離エネルギーを示す．

表 2・2 アルキル遷移金属化合物の平均結合解離エネルギー $\bar{D}$(M-R)[†]

化合物	結合	$\bar{D}$/kJ mol⁻¹	化合物	結合	$\bar{D}$/kJ mol⁻¹
Ti[CH₂C(CH₃)₃]₄	Ti-CH₂R	170	Zr[CH₂C(CH₃)₃]₄	Zr-CH₂R	220
Ti(CH₂C₆H₅)₄	Ti-CH₂R	240	Zr(CH₂C₆H₅)₄	Zr-CH₂R	380
Ti[CH₂Si(CH₃)₃]₄	Ti-CH₂R	250	Zr[CH₂Si(CH₃)₃]₄	Zr-CH₂R	225
Cp₂Ti(CH₃)₂	Ti-CH₃	250	CpPt(CH₃)₃	Pt-CH₃	165
Cp₂Ti(C₆H₅)₂	Ti-C₆H₅	350	Pt(C₆H₅)₂[P(C₂H₅)₃]₂	Pt-C₆H₅	250
MnCH₃(CO)₃	Mn-CH₃	150	Ta(CH₃)₅	Ta-CH₃	260
ReCH₃(CO)₅	Re-CH₃	220	W(CH₃)₆	W-CH₃	160

[†] R. Taube, H. Drevs, D. Steinborn, *Z. Chem.*, **18**, 425 (1978) による．

[参考] 有機化合物の結合解離エネルギー (kJ mol⁻¹)
CH₃-CH₃(C_{sp³}-C_{sp³}), 370 HC≡C-C≡CH(C_{sp}-C_{sp}), 630 C₆H₅-H(C_{sp²}-H), 430
C₆H₅-C₆H₅(C_{sp²}-C_{sp²}), 420 C₂H₅-H(C_{sp³}-H), 410 HC≡C-H(C_{sp}-H), 525

有機遷移金属化合物には分解しやすい化合物が多いため，金属-炭素結合の平均結合解離エネルギーも小さいのではないかと思われやすいが，表2・2に示すアルキル遷移金属化合物の平均結合解離エネルギーの値は，表2・1のアルキル典型元素の化合物の平均結合解離エネルギーとそれほどは違わない．このことは，有機遷移金属化合物が分解する場合に重要なのは，動力学的な因子であることを示唆している．

遷移金属原子に，アルキル基以外の基が結合した場合の平均結合解離エネルギーが，図2・23のように求められている．平均結合解離エネルギー $\bar{D}$ は，M-F > M-OCH₃ > M-Cl > M-N(CH₃)₂ > M-CH₃ の順に減少している．この傾向はタンタルの場合にもタングステンの場合にも共通している[8),9),14)]．全く同様の傾向が Ti, Zr, および Hf の場合に認められる．もし，同じ傾向がほかの遷移金属化合物にも存在するとしたら，金属-

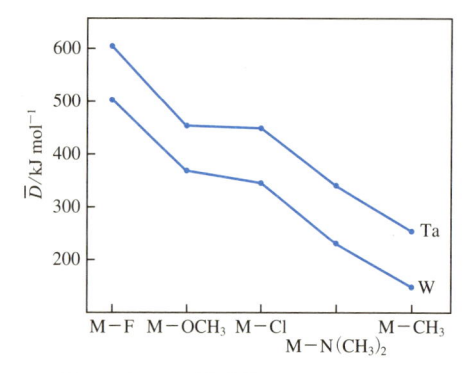

図 2・23 TaX$_5$ 型および WX$_5$ 型化合物の平均結合解離エネルギーの比較.
H. A. Skinner, *J. Chem. Thermodyn.*, **10**, 314 (1978) より.

アルキル結合の測定値がまだ得られていない場合でも，既知の $\bar{D}$ の値から図2・23と同じ傾向を仮定し，金属－アルキル結合に外挿することにより，おおよその $\bar{D}$(M-R) を推定することができる．

たとえば，V-F 結合の平均結合解離エネルギー測定値は 468 kJ mol^{-1} と求められたが，この値は周期表で V の下にある Ta の Ta-F 結合の平均結合解離エネルギー 600 kJ mol^{-1} に比べてかなり小さい値である．したがって，V-CH$_3$ 結合を有する有機バナジウム化合物の V-CH$_3$ 結合の解離エネルギーは，Ta-CH$_3$ 結合の解離エネルギーよりかなり小さいことが予測される．Ta(CH$_3$)$_5$ の反応挙動から類推すると，V(CH$_3$)$_5$ は熱的に不安定で，常温では分解するような化合物であろうと考えられる．現在まで V(CH$_3$)$_5$ は単離されていない．同じような類推をするとすれば，Mo(CH$_3$)$_6$ は同族の W(CH$_3$)$_6$ より不安定であろうと考えられる．

遷移金属－メチル化合物と，典型元素にメチル基が結合した化合物について，平均結合解離エネルギーを比較した結果がある（図2・24）．14族典型元素のテトラメチル化合物の $\bar{D}$(M-CH$_3$) は C > Si > Ge > Sn > Pb のように，原子番号の増加に伴って単調に減少している．一方，4族遷移金属の金属－メチル結合の $\bar{D}$(M-CH$_3$) は，Ti < Zr < Hf のように逆に増加している．しかし，原子番号でなく生成熱 $\Delta H_\mathrm{f}^\circ$ を $\bar{D}$(M, g) に対してプロットすると図2・25が得られ，一見逆のような関係は解消し，$\Delta H_\mathrm{f}^\circ$ が増加するに従い，$\bar{D}$(M-CH$_3$) も増加するという関係になる．

熱化学的研究の結果によれば，M-CH$_3$ 結合の解離エネルギーは M-CO 結合の解離エネルギーとあまり違わない．たとえば，W(CH$_3$)$_6$ の平均結合解離エネルギー $\bar{D}$(W-CH$_3$) は 159±7 kJ mol^{-1} で，$\bar{D}$(W-CO) の 178±2 kJ mol^{-1} に近い．メチル基は CO に比べて立体的に嵩高いということを考慮すれば，W-CH$_3$ の結合強度は W-CO 結合の結合強度とあまり違わないであろう．

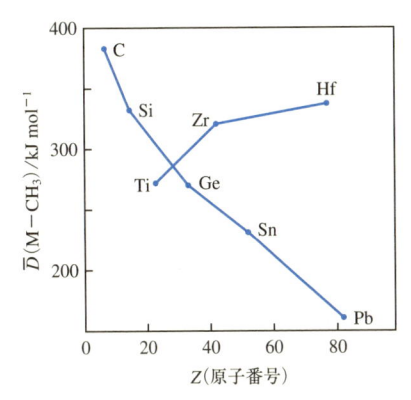

図 2・24 4族および14族のメチル金属化合物に関する平均結合解離エネルギーの原子番号依存性. H. A. Skinner, *J. Chem. Thermodyn.*, **10**, 314 (1978) より.

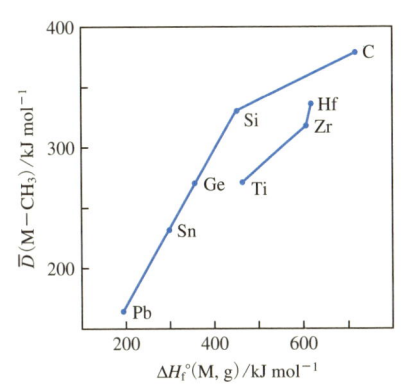

図 2・25 4族および14族のメチル金属化合物の生成熱と平均結合解離エネルギーの関係. H. A. Skinner, *J. Chem. Thermodyn.*, **10**, 314 (1978) より.

金属－アルキル基の結合強度に関して一般的な結論を下すには，なるべく広い範囲の有機金属錯体について結合強度に関するデータが必要である．そのようなデータは少しずつ増加している．たとえば，一連の有機マンガン化合物[15),16)]および有機コバルト化合物[17)]について結合解離エネルギーの測定値が報告されている．表2・3に，一連のアルキルマンガンカルボニル錯体が (2・9) 式のようにラジカル開裂する反応に対して，Mn－R 結合の結合解離エネルギーを (2・10) 式を用いて測定した結果をまとめて示す．

$$\mathrm{Mn(CO)_5-R\,(g)} \longrightarrow \mathrm{Mn(CO)_5\,(g)} + \mathrm{R\cdot(g)} \qquad (2\cdot9)$$

$$\bar{D}[\mathrm{Mn(CO)_5-R}] = \Delta H_f^\circ(\mathrm{R,g}) + \Delta H_f[\mathrm{Mn(CO)_5,g}] - \Delta H_f[(\mathrm{Mn(CO)_5-R}),\mathrm{g}] \qquad (2\cdot10)$$

表 2・3　MnR(CO)₅ 錯体の Mn－R 結合切断反応に対する平均結合解離エネルギー

錯 体	$\bar{D}[\mathrm{Mn(CO)_5-R}]^\dagger$ / kJ mol^{-1}	錯 体	$\bar{D}[\mathrm{Mn(CO)_5-R}]^\dagger$ / kJ mol^{-1}
MnCF₃(CO)₅	172 ± 7	MnCOCF₃(CO)₅	147 ± 11
MnC₆H₅(CO)₅	170 ± 11	MnH(CO)₅	213 ± 10
MnCH₂C₆H₅(CO)₅	87 ± 12	MnI(CO)₅	195 ± 6
MnCH₃(CO)₅	153 ± 5	MnBr(CO)₅	242 ± 6
MnCOCH₃(CO)₅	129 ± 12	MnCl(CO)₅	294 ± 10
MnCOC₆H₅(CO)₅	89 ± 10	Mn₂(CO)₁₀	94

† 基準値：$\bar{D}[(\mathrm{CO})_5\mathrm{Mn-Mn(CO)_5}] = 94\,\mathrm{kJ\,mol^{-1}}$

表 2・3 から，Mn–R 結合の結合解離エネルギーは，H > CF$_3$ ≧ C$_6$H$_5$ > CH$_3$ > CH$_2$C$_6$H$_5$ の順に減少することがわかる．表 2・3 はまた，マンガン－アシル結合の結合解離エネルギーは，対応するアルキル－マンガン結合の解離エネルギーより小さいことを示している．また，トリフルオロメチルマンガンの D(Mn–R) は，アルキルマンガン化合物中で最も大きく，Mn–I 結合よりわずかに小さいこともわかる．一方，Mn–H 結合の解離エネルギーは Mn–I 結合を上回っている．

金属－アルキル結合の強度に関するまとめ　これまでに報告されている金属－アルキル結合の結合解離エネルギーに関するデータはまだ限られているが，これまでの基礎的研究に基づいて現時点で次のようなまとめをすることができる．

1. アルキル遷移金属化合物における金属－アルキル結合は，本質的に弱いわけではない．
2. D(M–R) の値は，アルキル遷移金属化合物では原子番号の増加とともに増大し，典型元素のアルキル化合物では原子番号の増加とともに減少する．
3. メチル金属化合物の D(M–CH$_3$) は D(M–I) に匹敵するくらい大きい．
4. アルキル金属化合物の D(M–R) は D(M–H) > D(M–CF$_3$) > D(M–C$_6$H$_5$) > D(M–CH$_3$) > D(M–C$_2$H$_5$) > D(M–CH$_2$C$_6$H$_5$) の順に小さくなる．

これらの結合エネルギーに関するデータは，アルキル遷移金属化合物化合物が不安定なのは熱力学的要因だけでなく動力学的な理由によることを示唆している．したがって，アルキル遷移金属化合物が熱的に分解する場合に，5 章で述べるように，β脱離や還元的脱離などの低エネルギー分解経路を適当な方法で遮断することができれば，アルキル遷移金属化合物を熱的に安定な化合物として単離する可能性があることを示している．

2・4　金属－炭素 π 結合の形成とその性質

有機金属化学で特徴的なのは，金属－炭素 π 結合を有する化合物の存在とその多様な構造および反応性である．1827 年に Zeise により発見されたエチレンと白金の錯体は最も古いアルケン π 錯体であるが，当初はエチレンが白金に結合していることすら疑問視された．エチレンが白金に結合した錯体であることが確立され，さらに単結晶 X 線構造解析によりエチレンがその分子面を白金に向けて垂直に結合していること，すなわち side-on 型に配位していることがわかってからも，その結合様式をどのように理解すべきかは，長い間謎に包まれたままだった．その結合様式が解明されたのは，1951 年に M. S. Dewar が，銀とアルケンの錯体に対して分子軌道法に基づいて行った解釈[18]を提案し，J. Chatt と L. A. Duncanson がそれを一部修正して提出したとき以来である．これ以来，π 結合の考え方[19]を使えばこの錯体の構造が合理的に理解できることが明らかになり，分子軌道法の有

用性が認識された*．しかし，有機金属化学が強い関心を集めるようになったのは，サンドイッチ型の鉄-π錯体，フェロセンが発見されてからである．

1951年におけるフェロセンの発見をきっかけに，それまであまり日の当たらなかった有機金属化合物の世界が一気に開かれた感があった．実際，フェロセンの構造は，分子軌道法的考え方を用いることによって合理的に理解できることがわかり，分子軌道法がπ錯体だけでなく多くのほかの有機金属化合物の構造を理解する上でもきわめて有力であることがわかった．同時期に発見されたZiegler触媒がエチレン等のアルケンの重合触媒として作用する機構も，エチレンと遷移金属中心とのπ結合の形成とそれに続くエチレンの金属-アルキル結合への挿入反応を仮定すれば理解できることがわかった（図6・14参照）．この場合にも分子軌道法による金属-アルケンのπ結合の重要性が示された．

また，一酸化炭素の応用などにおける反応経路を考える上で，金属カルボニル化合物における，配位したCOと金属の結合形式，および金属に配位することによるCO分子の性質の変化について理解することも重要である．以下，遷移金属とアルケン，一酸化炭素等の不飽和化合物の間に形成されるπ錯体の性質と，π錯体の形成による配位子の反応性の変化について述べる．

2・4・1　η^2-アルケン錯体

エチレンは平面状分子であり，分子面の上下にπ軌道を有する．エチレン分子のπ軌道と2価の白金原子は，図2・26(a)のように，白金のd軌道との間に重なりを生じ相互作用をもつ．しかし，エチレンのπ軌道の電子密度はあまり大きくないので，エチレンからPt(II)の空の軌道への電子供与だけでは，C_2H_4とPt(II)の間に形成される強い結合

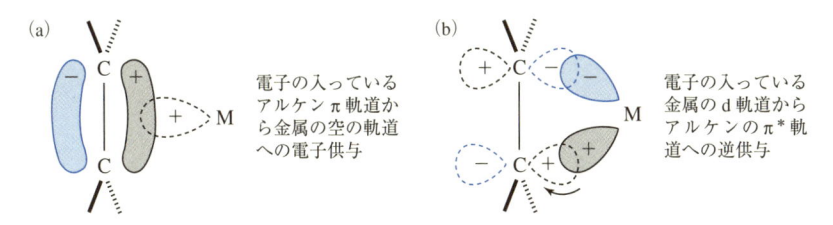

図2・26　エチレンと白金(II)のπ結合の概念図

(a) 電子の入っているアルケンπ軌道から金属の空の軌道への電子供与
(b) 電子の入っている金属のd軌道からアルケンのπ*軌道への逆供与

---

* このπ配位構造は，提案者の名前をとってDewar-Chatt-Duncanson（略してD. C. D）モデルとよばれる．ただ，銀イオンとアルケンの配位形式に関する最初の提案者Dewarは，このようなよび方には不服で，このπ結合理論には，歴史に正確に記録するため，ChattとDuncansonの名は含めるべきではないと主張している〔M. S. Dewar, G. P. Ford, *J. Am. Chem. Soc.*, **101**, 783 (1979)〕．私見では，ChattとDuncansonがDewarの理論を用いてπ結合形成理論を展開したのは確かであるが，銀について提案されたDewarの考えを白金に発展させ，遷移金属-アルケンの配位結合について一般的な考え方に発展させたChattらの貢献は認めるべきであると思う．

を説明するには不十分である．白金(II)-エチレンの強い結合は，エチレンから白金への電子供与とともに，白金の有する d 軌道とエチレンの空の π* 軌道との相互作用による電子の**逆供与**（back donation）を仮定することによって説明できる（図 2・26b）．

遷移金属は五つの d 軌道をもっており，そのうち d_{xy}，d_{yz}，d_{xz} 軌道は斜めに張り出しており，エチレンの π* 軌道と相互作用するのに具合のいい形をしている．このような相互作用が起こると，金属の d 軌道からエチレンの π* 軌道に電子が流れ込む（逆供与が起こる）ことになる．白金の d 軌道とエチレンの π 軌道間にこのような供与と逆供与の，いわば give and take の二重の相互作用が存在するため，白金とエチレンは強い結合を形成することができる．白金の d 軌道からエチレンの反結合性 π* 軌道に電子が逆供与されると，エチレンの C=C 結合の二重結合性は弱められ，炭素-炭素結合は基底状態より長くなる．遊離のエチレンにおける C=C 結合の原子間距離は 134 pm であるが，遷移金属に配位したエチレンでは C-C 単結合の原子間距離に近い 140～147 pm まで伸びている．

遷移金属とアルケンが π 結合を形成すると，アルケンから金属への電子供与と，金属からアルケンへの逆供与の度合いにより，アルケンの化学的性質が影響を受ける．アルケンから金属の空の軌道への電子供与がおもに起こる場合には，金属に π 配位したアルケンの電子密度は遊離の場合に比べて減少し，求核剤による攻撃を受けやすくなる．この性質を利用した触媒反応が，エチレンを触媒的に酸化して，アセトアルデヒドを合成する Hoechst-Wacker（ヘキスト-ワッカー）法である．この反応では，溶液中に存在する Pd(II) にエチレンが配位することにより，配位したエチレン上の電子密度が減少するため，エチレンが水分子により求核攻撃を受けやすくなることを利用している（§6・4・7g 参照）．

遷移金属に配位できるアルケンはエチレンだけではない．適当な条件が満足されれば，プロピレン，ブタジエン，ペンタジエン，シクロペンタジエン，ベンゼンなど，C=C 結合を有する不飽和炭化水素は，遷移金属に配位して π 錯体を形成する．このような場合，金属中心と相互作用をもつアルケンの炭素原子の数を指定する IUPAC 命名法がある[20]．一般に連続した供与原子が金属に結合している場合には，ギリシャ文字 η（イータ）を用い，η の右肩に，金属と相互作用する原子の数，2, 3, 4, 5, 6 等の上付き文字を添えて，$η^2$，$η^3$, $η^4$, $η^5$, $η^6$ などのように書く．よび方はイータ 2，イータ 3 のようによぶか，ギリシャ語の固定するという意味からきたハプト 2，ハプト 3 のようによぶ．なお，この命名法は π 結合に関して提案されたものであり，σ 結合により金属と結合した錯体の場合は，現行の IUPAC 命名法では，κ をつけてよぶことになっている．ただ，配位アルケンと同じように η を用いて記述する方法が便利なので，慣用的には $η^1$ を用いることが多い．本書でもそのような慣用に従う．図 2・27 に σ 結合とあわせて，π 結合の例を示す．

以下，簡単に各種の不飽和有機化合物が遷移金属に π 配位した錯体の例について述べる．アルケンと遷移金属間の結合は，図 2・26 に示すように，アルケンの π 軌道から金属の空の d 軌道への電子供与と，金属の d 軌道からアルケンの空の π* 軌道への逆供与の

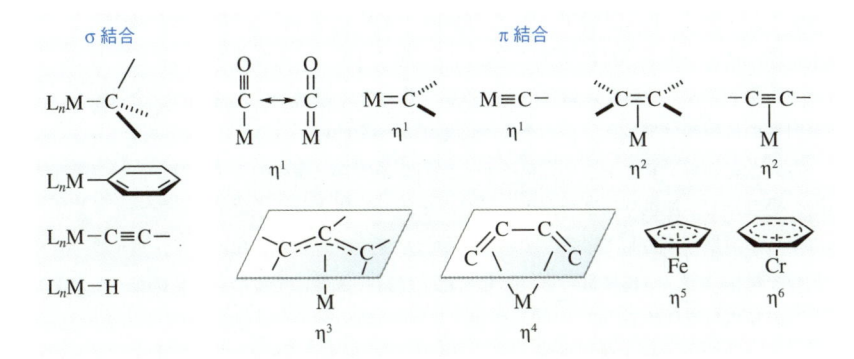

2・4 金属-炭素π結合の形成とその性質

図 2・27 金属-アルケンπ配位錯体，およびσ錯体の例

二つの成分からなっている．したがって，金属-アルケン間の結合強度は金属のフラグメント軌道とアルケン側の軌道の両方の相互作用の大きさによって決まる．

図 2・28(a) は，アルケンから金属への供与性の重なりを示し，(b)は金属のd軌道とアルケンの空のπ*軌道との逆供与関係を示す．この重なりによってできる分子軌道のエネルギー準位を(c)に示す．金属フラグメントとアルケンの供与結合は，金属側の空の最低空軌道（lowest unoccupied molecular orbital: LUMO）エネルギーが低く，アルケン側の最高被占軌道（highest occupied molecular orbital: HOMO）が高いほど，HOMO，LUMO間のエネルギー差が小さく，したがって新しくできる分子軌道はより安定化され，そのエネルギーは低くなる．逆に，図 2・28(b) の逆供与結合では，金属フラグメント側のHOMOが高く，アルケンのLUMOが低いほど，互いの軌道の重なりは大きく，新しくできた分子軌道のエネルギーは低くなる．金属-アルケンπ錯体の安定性はこのような二つの相互作用によって決まる．

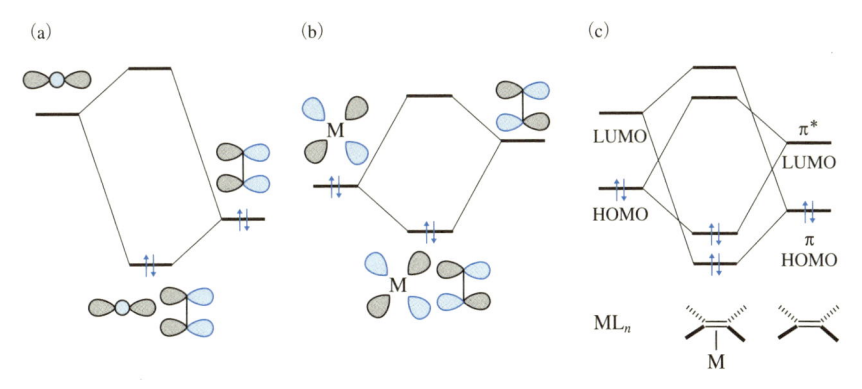

図 2・28 アルケン→金属の電子供与，および金属→アルケンの逆供与のエネルギー相関図

上記の分子軌道論的記述はアルケンから金属への電子供与は，金属の酸化数が大きくて電子密度が低い（電子不足の状態にある）ほど起こりやすいと表現することもできる．また，アルケンのC＝C結合に結合している電子供与性の置換基は金属に電子を供給し，電子求引性の置換基はアルケンから金属への電子供与を妨げる．

一方，金属からアルケンへの逆供与が支配的な系では，金属の電子密度が高い（電子豊富な）場合ほど，逆供与に都合がよい．高原子価の金属より，低原子価の方が電子豊富であるから，逆供与に適している．金属に結合したアルケン以外の配位子は，電子供与性が大きい配位子ほど，金属に電子を供給して電子豊富な状態にするため，金属から配位アルケンへの逆供与を強める．

分子の構造が平面状の錯体にアルケンが配位する場合に，下の(a)のように，アルケンの分子面が錯体の平面に垂直に配位する場合と，(b)のように平行に配位する場合がある．Zeise塩［Pt(C$_2$H$_4$)Cl$_3$］K・H$_2$Oの構造は(a)の型に属することが確認されている[21]．

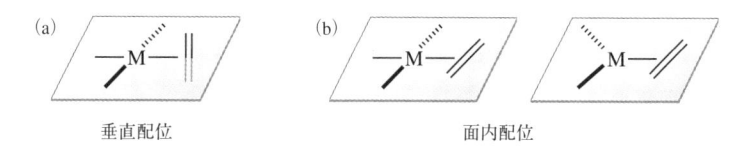

(a) 垂直配位   (b) 面内配位

アルケンが金属とπ錯体を形成する場合に，垂直配位と面内配位のどちらの配位形式が有利なのかは，中心金属とアルケン両者の電子的および立体的性質により決まる．正三角形型エチレン配位錯体では面内（in-plane）配位錯体の方が，垂直に配位した錯体より安定であるという結果が得られている．これは金属からエチレンへの逆供与が大きいためであると考えられている．しかし，Zeise塩のような平面四角形型ではその立体障害から垂直配位が有利である．また，2置換アルケンが白金に配位した場合に，E-アルケン配位錯体の方がZ-アルケンが配位した場合より安定に存在することが観測されている[22]．さらに，遷移金属に配位したアルケンが，C＝C結合の中心と金属を結ぶ線を軸にして回転する場合も観測されている[23]．

金属側からアルケンのπ*軌道への逆供与が大きくなると，配位したアルケンのC＝C結合は伸びて，二重結合性が減少し，単結合に近くなる．同時にアルケンのsp^{2}炭素に結合した置換基は，金属と逆の方向に反り返る形になる．全体としては，炭素がsp^{2}性を失い，sp^{3}構造に近付いたようになる．このような傾向は電子求引性の置換基が多く結合したアルケンの場合ほど顕著である．たとえば，テトラシアノエチレンのように，電子求引性のシアノ基が4個も結合したアルケンが白金やパラジウムなどに結合したπ錯体では，逆供与が非常に強いため，金属は形式的にM^{n+}からM$^{(n+2)+}$に酸化され次に示すような金属の入った3員環メタラサイクル構造に近い形をとっていることが知られている．side-on配位構造とメタラサイクル構造では金属の形式酸化数が異なるが，アルケン錯体では

一般に前者の構造として酸化数を数えるようにしている．また，d 電子数の少ない前期遷移金属より d 電子の多い後期遷移金属の方が逆供与結合を生成しやすい．

side-on 配位構造　　　メタラサイクル構造

同族の Ni, Pd, Pt にアルケンが配位した錯体 $MCl_2(NH_3)(alkene)$ について，分子軌道法計算を行った結果，金属－アルケン結合の強さは Pt > Pd > Ni の順であり，この傾向は金属からアルケンへの逆配位がこの順に増加しているためと解釈されている[24]．

2・4・2　η^2-アルキン錯体

η^2 型錯体としては，アルケンのほか，アルキン類もその π 電子を利用して遷移金属に配位する．また，逆供与結合を形成しやすいようなアルケンやアルキンは低原子価錯体を安定化することも知られている[25]．アルキンの場合には，互いに直交する π 軌道を二つもっているため，4 個の電子が二つの π 結合生成に関与することができる[26]．アルキンが二つの金属にまたがって配位している次のような錯体の例も知られている．

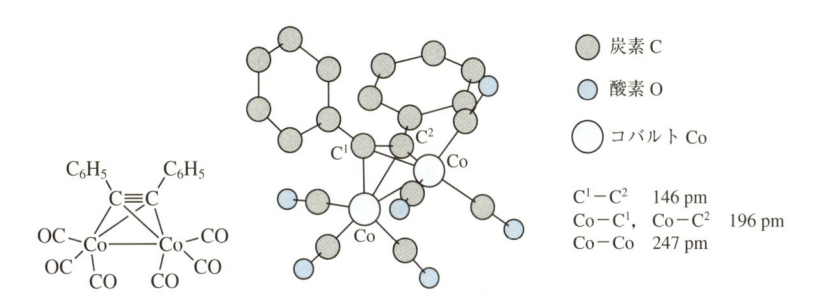

C^1-C^2　146 pm
$Co-C^1$, $Co-C^2$　196 pm
$Co-Co$　247 pm

図 2・29　二核コバルト錯体へのジフェニルアセチレンの配位形式

この錯体では，ジフェニルアセチレンが直交する二つの π 軌道を用いて，それぞれ二つのコバルト原子に配位している．アルキンの二つの炭素原子と二つのコバルト原子は四面体構造を形成している．配位子が複数の金属と結合する場合の命名法として，そのような配位子に μ というギリシャ文字をつけ，下付きの数字で関与する炭素原子を表す．

炭素－炭素三重結合を有するシクロヘキシンは，分子内の歪みが大きく不安定な化合物であるが，次式のようにメチルシクロヘキセニルジルコニウム錯体の脱 CH_4 反応を利用すれば，安定な錯体として単離できる[27]．その理由は，シクロヘキシンの歪みのかかった

三重結合が金属に配位して電子の逆供与を受けることによって結合間距離が伸び、歪みが少なくなりメタラシクロプロペンと表記した方がよい構造をとるためである。

$$(C_5H_5)_2Zr\begin{matrix}\\ H\\ CH_3\end{matrix} \xrightarrow{-CH_4} (C_5H_5)_2Zr \xrightarrow{P(CH_3)_3} (C_5H_5)_2Zr\begin{matrix}\\ \\ P(CH_3)_3\end{matrix} \quad (2\cdot 11)$$

また、ベンゼンの二重結合の一つが三重結合になったベンザインは、分子内歪みのため非常に不安定な化合物であるが、金属に配位することにより安定な錯体として単離されている[28]。

$$(2\cdot 12)$$

2・4・3 η^3-アリル錯体

連続した三つの不飽和炭素原子が遷移金属に配位したη^3型錯体（π-アリル錯体）は、有機合成において3個の炭素単位を増やす増炭反応や、ジエンの重合反応の活性種に関連して重要である。

アリル基は、遷移金属とσ結合を通して次の (2・13) 式のようなη^1型結合することもできるし、また残りのC=C結合が金属に配位したη^1, η^2型の構造をとることもできる。この場合に、アリル基両端の炭素原子が等価であれば、三つの炭素原子が金属とη^3型結合をすることになる。

$$M\text{—}\diagup\hspace{-0.5em}\diagdown \longrightarrow M\cdots\diagup\hspace{-0.5em}\diagdown \longrightarrow M\cdots\triangleleft \quad (2\cdot 13)$$

η^1-アリル　　　　η^1, η^2-アリル　　　　η^3-アリル

たとえば、塩化ニッケルとアリルGrignard反応剤の反応により合成されるビス(η^3-アリル)ニッケル錯体は平面的アリル基に挟まれたサンドイッチ型の構造をしている。

$$NiCl_2 + 2\,CH_2\text{=}CHCH_2MgBr \xrightarrow{-MgBrCl} \quad (2\cdot 14)$$

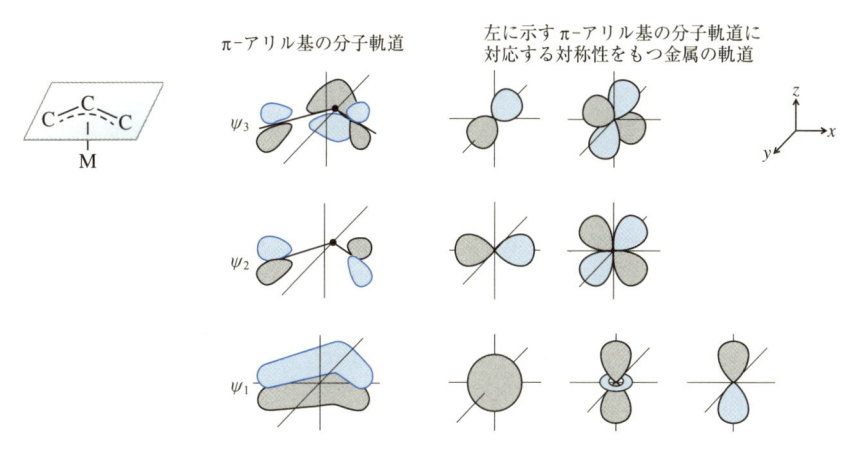

π-アリル錯体のアリル基と中心金属の結合は図2・30に示す分子軌道の重なりによって形成されるものとして説明できる。アリル基において3個の炭素は二等辺三角形をしており,この配置においてアリル基の三つのpπ軌道は,図2・30の左に示すように,ψ_1（結合性）,ψ_2（非結合性）,ψ_3（反結合性）三つの分子軌道を形成する。このそれぞれの軌道に対応する対称性をもつ金属側の軌道が,図2・30の右に示してある。ψ_1（結合性）,ψ_2（非結合性）,ψ_3（反結合性）それぞれの軌道は,対称性の一致する金属混成軌道と混じり合って結合をつくる。金属が混成軌道をつくる場合には,金属のd, s, p軌道がπ-アリル基と重なり合うのに適した軌道をつくり,ψ_1, ψ_2, ψ_3軌道の電子雲と重なるように金属-π-アリル結合を形成する。

図2・30　金属-π-アリル結合の分子軌道法による結合の対称性。アリル基の分子軌道（フラグメント軌道）ψ_1, ψ_2, ψ_3とそれに対応する金属のおもな軌道。

2・4・4　η^4型 C_4 錯体

ジエンが低原子価金属錯体に配位する場合,非共役ジエンか共役ジエンかにより,二つのC=C結合でそれぞれ金属に配位する場合と,共役したC_4単位が配位する場合の2通りの場合がある。

非共役ジエンでは,独立したC=C結合がそれぞれ遷移金属に配位する。環状の1,5-シクロオクタジエンやビシクロアルケンの一つであるノルボルナジエン（ビシクロ[2.2.1]ヘプタ-2,5-ジエン）では,二つの二重結合を通じて金属に配位できる。ニッケル錯体（**1**）では,2個の1,5-シクロオクタジエンが,二つの二重結合を通じてそれぞれ0価のニッケルに配位している。また,ノルボルナジエン-鉄錯体（**2**）では,ノルボルナジエンの二重結合が,それぞれ0価の鉄原子に配位している。ノルボルネン（ビシクロ[2.2.1]ヘプタ-2-エン）やノルボルナジエンのような歪みのかかった環状化合物は,低原

子価金属に配位することにより，金属から逆供与を受けるとC=C結合がゆるみ，分子内歪みが部分的に解消されるので，電子豊富な金属に結合して安定な錯体を形成する傾向がある．

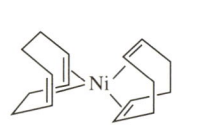

ビス(1,5-シクロオクタジエン)ニッケル(0)
Ni(cod)$_2$ (**1**)

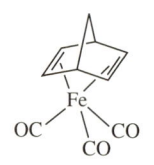

ノルボルナジエントリカルボニル鉄(0)
Fe(nbd)(CO)$_3$ (**2**)

共役ジエンの金属－ジエン結合は，π-アリル錯体の場合と同様に，1,3-ジエンの分子軌道と金属の軌道との重なりによって説明される．1,3-ブタジエンは中央のC–C結合のまわりで回転し，s-シス型（シソイド型）とs-トランス型（トランソイド型）の構造をとることができるが，低原子価金属とπ結合を形成する場合には，図2・31(a)のようなs-シス型構造の方が安定な錯体を形成できる．配位したブタジエンの4個の炭素原子は鉄原子からほぼ等距離にある．ブタジエンの分子軌道 ψ_1, ψ_2, ψ_3, ψ_4 は，図2・31(b)の右側に示すような鉄の軌道と対称性があうように相互作用をもつ．ψ_1～ψ_4 から生成する錯体

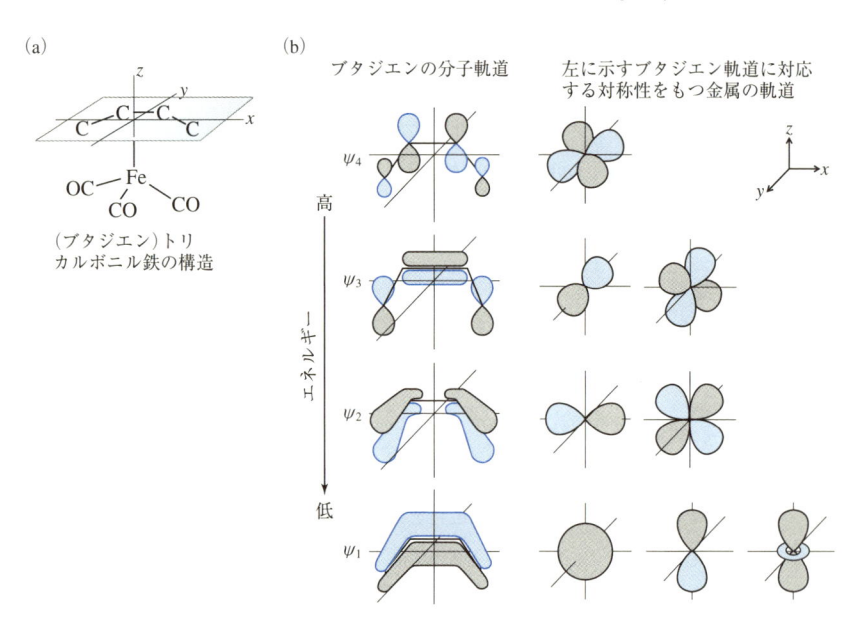

図2・31　(a) **1,3-ブタジエン－鉄(0)錯体の構造**と，(b) **結合を構成するブタジエンおよび鉄のおもな軌道**

2・4 金属-炭素π結合の形成とその性質

の分子軌道の下から順に四つの電子を入れていくと, ψ_1 と ψ_2 から生成する軌道にはそれぞれ2電子ずつ入る. ψ_3 と ψ_4 から生成する軌道は電子のない空軌道であり, ψ_2 から生成する軌道は HOMO, ψ_3 から生成する軌道は LUMO になる. LUMO において, ψ_3 と重なり合うのに適した金属側の軌道は d_{yz} である. アルケン錯体の場合と同様に, d_{yz} と ψ_3 軌道の重なりにより逆供与結合が形成される.

図 2・32 にアリル基とブタジエンの両方が配位した錯体の例を示す. このブタジエン配位錯体の X 線結晶構造解析の結果[29]では, 配位したブタジエンの C^1-C^2 および C^3-C^4 の原子間距離が, 中央の C^2-C^3 よりも長い. ブタジエンの基底状態では, C^1-C^2 および C^3-C^4 の原子間距離が中央の C^2-C^3 よりも短く, 二重結合性を示すのに比べて逆の状況にある. この結果は, ブタジエンが金属に配位したことにより金属から逆供与を受け, LUMO の寄与が増大したことに対応している. 金属に配位したブタジエン分子の C–C 結合が短-長-短となるか, 長-短-長となるかは, その金属-ジエンの結合の電子供与, 逆供与の程度を反映していると考えられる.

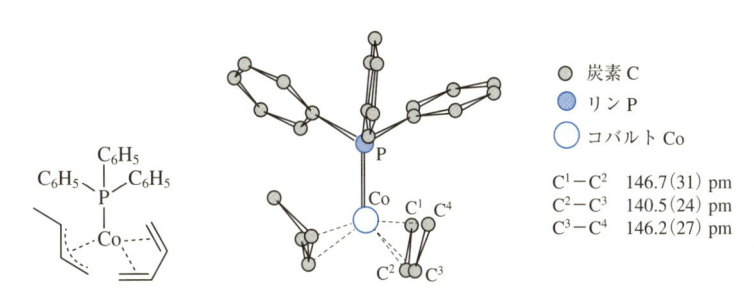

C^1-C^2 146.7(31) pm
C^2-C^3 140.5(24) pm
C^3-C^4 146.2(27) pm

図 2・32 コバルトにトリフェニルホスフィンとブタジエンおよび 1-メチルアリル基が結合した錯体の分子構造. L. Porri G. Vituelli, M. Zocchi, G. Allegra, *J. Chem. Soc. D.*, **1969**, 276 より.

シクロブタジエンは非常に歪みのかかった化合物でその存在は知られていなかったが, 分子軌道法的考察により, 金属からシクロブタジエンへの逆供与が大きい場合には安定に単離できるであろうとの予言が行われ, その数年後に, 実際にそのような錯体が単離された. 遷移金属と結合することによって, 通常は不安定な有機化合物が安定な金属配位錯体として単離できるようになることがあることを示している. この結果は, 分子軌道法の有効性を支持するものである[30].

2・4・5 η⁵型錯体

シクロペンタジエニル基を代表とするη^5型遷移金属錯体は，フェロセンの発見以来，広く研究され，ほとんどの遷移金属について知られている[31]．フェロセンはそれまでのアルキル遷移金属錯体が一般に不安定なのに比べてきわめて安定である．その安定性は，鉄原子の上下にサンドイッチ状にシクロペンタジエニル基が結合していることに由来している．その結合様式は分子軌道法により，最も合理的に説明される．鉄と二つのシクロペンタジエニル基の結合は，鉄(0)と二つのシクロペンタジエニルラジカルの結合によっても，あるいは，鉄(II)とシクロペンタジエニルアニオンの軌道（リガンドグループ軌道，LGO）の結合によっても説明できるが，以下にはFe(II)とシクロペンタジエニルアニオンの結合によるフェロセンの形成について簡単に説明する．

シクロペンタジエニルアニオン$C_5H_5^-$環（Cp環）は，対称的な正五角形をしている．各炭素原子には環と垂直方向に広がったp_z軌道が環の上下に出ており，五つのリガンドグ

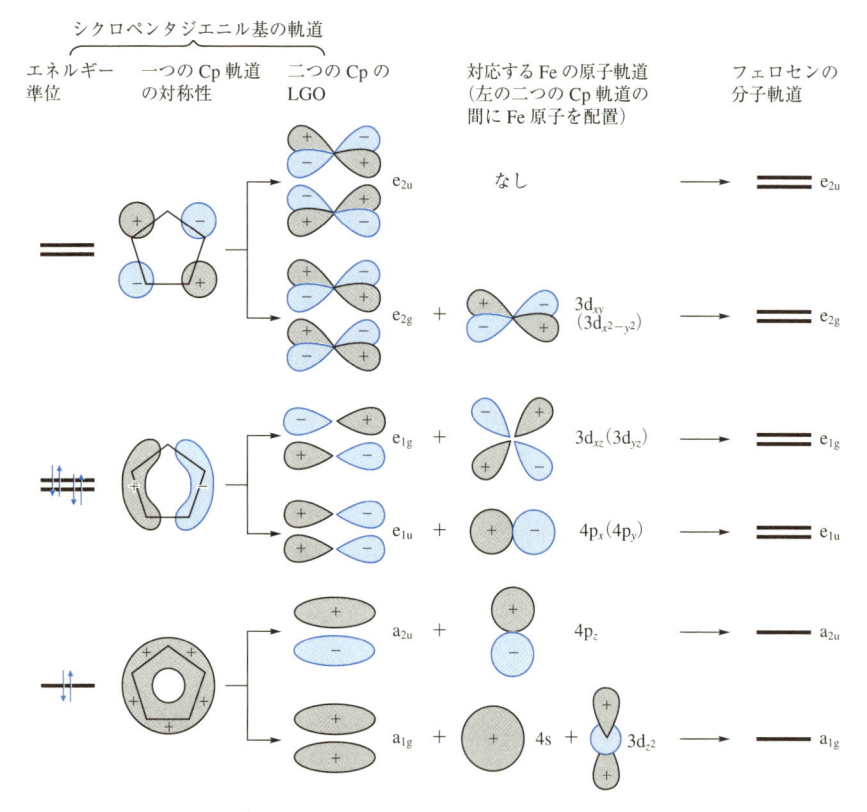

図 2・33 シクロペンタジエニル配位子の軌道(LGO)とこれに対称性の合致する鉄の原子軌道

2・4 金属−炭素π結合の形成とその性質

ループ軌道 LGO を形成する（図 2・33）．このうち一番エネルギーの低い軌道は全対称で，ドーナツ状の電子雲が正五角形平面の上下に広がった形をしている．その軌道の上に，二重に縮重した軌道があり，これは主軸を含む節面を有する e_1 軌道である．さらにその上に，二つの縮重した軌道があり，これは二つの節面をもつ e_2 軌道である．図 2・33 には，リガンドグループ軌道の右側にそれと対称性が一致する鉄(Ⅱ)の原子軌道を示す．一番右側に示されているのが，配位子の LGO と鉄の原子軌道から形成されたフェロセンの分子軌道である．配位子の軌道は，ドーナツ状の電子雲の軌道が，五角形平面の上と下とで符号が違う場合を考え，それぞれ gerade の g と ungerade の u の添字を付けて示してある．

図 2・33 の配位子の LGO の符号とそれと相互作用すべき鉄の原子軌道の符号を見比べれば，どのようような組合わせで対称性の合致したフェロセンの分子軌道が形成されるかがわかるであろう．

図 2・34 に，R. Hoffmann らが計算したメタロセン分子軌道のエネルギー準位を示す．この図中央の破線で囲った部分には，シクロペンタジエニル基の e_{1g}，e_{2g} 軌道とこれに対応する鉄の d 軌道が重なって，新しい分子軌道ができる様子が示してある．このようにしてできた二つの縮重した e_{2g} 軌道およびその上の a'_{1g} 軌道に Fe(Ⅱ) の d 電子 6 個が収容されると，ちょうどそこまででエネルギーの低い軌道はいっぱいになる．その上の e^*_{1g} 軌道のエネルギーはかなり高く，a'_{1g} との間にはかなりエネルギー差があるため，フェロセンの場合には d 電子はすべて対になって e_{2g} 軌道と a'_{1g} 軌道に収容される．したがってフェロセンには不対電子はなく，反磁性である．ニッケロセン Ni(C_5H_5)$_2$ の場合には，Ni(Ⅱ) の酸化状態において，8 個の電子があるから，そのうち 6 個の電子が e_{2g} 軌道と a'_{1g} 軌道に収容された後，残りの 2 電子は縮退した二つの e^*_{1g} 軌道に 1 個ずつ入ることになる．

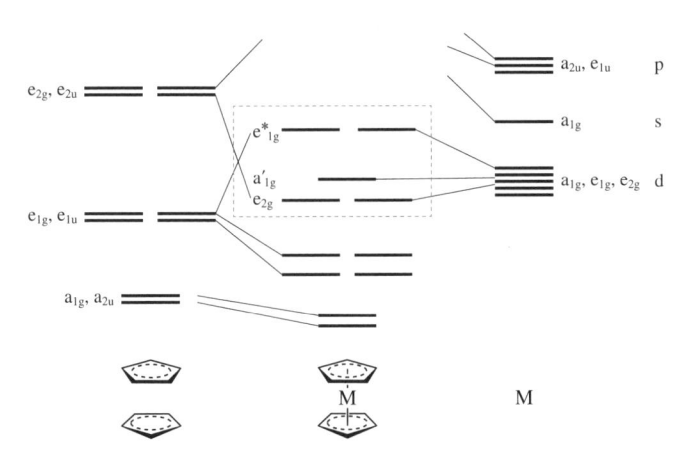

図 2・34 メタロセン分子軌道の定性的エネルギー準位．青色の破線で囲った軌道に金属の電子が入る．

したがってニッケロセンは常磁性を示す．エネルギーの高い e^*_{1g} 軌道に入った不対電子は除かれやすいので，ニッケロセンはフェロセンと違って酸化を受けやすい．

一方，前期遷移金属であるバナジウム(II)や，クロム(II)は，d電子の数が少なく，それぞれ3個および4個のd電子をもつだけである．したがって，バナドセン $V(C_5H_5)_2$ やクロモセン $Cr(C_5H_5)_2$ は電子が不足しているため，さらに電子を供給できるような配位子を受け入れやすい．たとえば，平面Cp環がサンドイッチ状にバナジウム原子を挟んだフェロセン類似の構造を有する $V(C_5H_5)_2$ は，2電子供与能をもつCOと結合して，(2・15)式に示すような安定な錯体 $Cp_2V(CO)$ を形成する．その構造はCp環が貝殻のように中心のバナジウムを挟込んだ形をしている．Ti, Zr など，ほかの前期遷移金属でも(2・15)式のようなビスシクロペンタジエニル形の錯体が数多く知られている．

$$\text{V} + \text{CO} \longrightarrow \text{V－CO} \qquad (2・15)$$

2・4・6 ほかの環状不飽和炭化水素錯体

ベンゼンのような環状不飽和炭化水素化合物（アレーン）類も6電子供与配位子として，遷移金属とサンドイッチ型錯体を形成する[32]．最初に見いだされたアレーン錯体は $Cr(C_6H_6)_2$ である．$Cr(C_6H_6)_2$ における中心金属のクロムとベンゼン環の結合様式はフェロセンと類似であり，ベンゼンの軌道とクロム(0)の原子軌道の組合わせによって分子軌道が形成される．炭素数5や6以外のほかの環状不飽和炭化水素は，場合によって電子を減らしたり，増やしたりすることにより中心金属との結合形成に好適な配位子になることができる．たとえば，シクロヘプタトリエニリウムイオン $C_7H_7^+$（トロピリウムイオンともいう）は6個の π 電子を供与することができるし，ジアニオン的なシクロブタジエニル配位子も6個の電子を供与してサンドイッチ型錯体を形成することが知られている．シクロプロペニウムカチオンは2電子供与配位子である．金属の上下に配位子がサンドイッチ状に結合した錯体で，環状化合物の炭素数が異なる，または同じ錯体の例を下に示す．

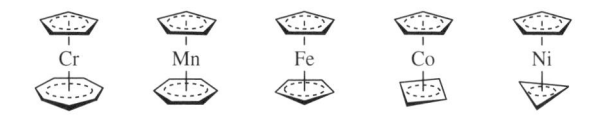

Cr　　Mn　　Fe　　Co　　Ni

2・4・7 金属カルボニル錯体

一酸化炭素分子は二重結合と三重結合の中間にあたる不飽和な炭素－酸素結合をもっており，原子価結合法では(2・16)式のような共鳴構造を用いて表される．

2・4 金属－炭素π結合の形成とその性質

$$\overset{-}{:}C\overset{+}{\equiv}O: \quad \longleftrightarrow \quad :C=\overset{..}{\overset{..}{O}} \tag{2・16}$$

しかし，CO 分子の電子供与性は小さいので，CO 分子を単純な塩基と考えた場合にはなぜ多くの金属と強い結合をつくるのか説明できない．

分子軌道法では，金属の d 軌道と CO の結合は次のようなσおよびπ結合によって表される．図 2・35(a) は，電子の入った炭素上の軌道と金属のσ性軌道の重なりによる M−C σ結合の形成を示す．(b) は金属の dπ 軌道と CO の空の反結合性 π* 軌道の重なりによる金属−CO のπ結合の形成を示す．

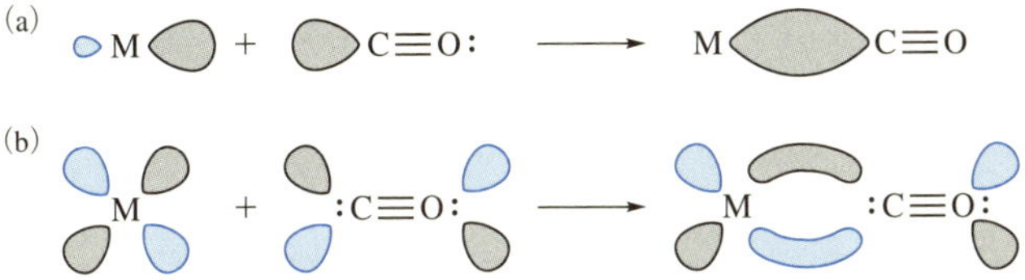

図 2・35 CO と遷移金属のσおよびπ結合

金属と CO の結合した形は，次のような共鳴によっても表すことができる．

$$\overset{-}{M}-C\overset{+}{\equiv}O: \quad \longleftrightarrow \quad M=C=\overset{..}{\overset{..}{O}} \tag{2・17}$$

CO 分子は塩基としては弱いので，CO から金属への電子供与は弱い．金属から CO への逆供与の寄与が大きくなると，CO の三重結合性は減少し，金属−炭素結合は二重結合に近付く．このことは金属に配位することによって CO がカルベン的な性質に近付くことを意味している．CO から金属への電子供与が起これば，金属原子上に電子が蓄積されるが，このような電子の蓄積は金属から CO への逆供与により軽減される．すなわち，遷移金属と CO の結合の効果は相補的である．CO への逆供与が起こりやすい，ということは CO が配位すると逆供与のため金属上の電子密度が減少する効果があることを意味する．したがって，CO 配位子は金属から電子を求引する Lewis 酸として働く．このような理由から逆供与による電子求引性を示すという意味で，CO をπ酸とよぶこともある．

金属−CO 結合がどの程度二重結合性を帯びているかは，炭素−酸素，および金属−炭素間の原子間距離や IR スペクトルにおける CO 伸縮振動に反映される．遊離 CO 分子の CO 原子間距離は 112.8 pm であるが，これまで報告された多くの金属カルボニル錯体の場合にはこれより少し長くなっており，115 pm 程度である．一方，金属−炭素結合の方はかなり短く，$CH_3Mn(CO)_5$ における Mn−CO の原子間距離は 186.0 pm であり，Mn−CH_3 結合の 218.5 pm に比べてかなり短い．

配位 CO の IR スペクトルはかなり敏感に金属−CO 結合の逆供与を反映する．遊離の CO の CO 伸縮運動は IR スペクトルにおいて 2143 cm^{-1} に鋭い吸収となって現われるが，

中性の金属カルボニルの末端 CO による吸収は，これよりも低波数の 2125～1850 cm^{-1} の間にあり，CO の結合次数が減少していることがわかる．CO 伸縮振動の波数は，金属カルボニル錯体が CO 以外に電子供与性配位子を有するときにはさらに減少する．また金属カルボニルがアニオン性になっているときも減少する．逆にカチオン的な錯体では CO 伸縮振動は中性錯体の場合より大きくなる．

Ni(CO)$_4$ のような単核錯体のほか，CO が複数の金属間に架橋した Co$_2$(CO)$_8$ や Fe$_2$(CO)$_9$ のような二核錯体，さらに多くの金属を含む多核金属カルボニル錯体が知られている．図 2・36 には二つの金属および三つの金属に CO が橋架けした錯体の例を示す．橋架けしている CO 配位子は μ-CO のように表す．図 2・36(a) の二つの金属に橋架けしている CO

図 2・36 橋架けカルボニル基の二つの結合形式

Intermezzo　金属に羽を生やした！　金属カルボニルの発見物語

L. Mond（1839～1909）による金属カルボニルの発見は，ほかの多くの重要な発見と同様，偶然によるものだった．Mond は，ユダヤ系のドイツ人で，マールブルクで H. Kolbe に，ハイデルベルクで R. Bunsen に師事した．Mond は 1872 年にベルギーの企業家 E. Solvay と会い，Solvay（ソルベー）法（NaCl, CO$_2$ とアンモニアを用いて Na$_2$CO$_3$ を製造する方法．1866 年に Solvay が発明）の改良にかかわった．

Mond は Solvay 法の収益性を向上させるために，塩化アンモニウムを分解し，塩素を回収することを目的として塩化アンモニウムの加熱分解の実験を行っていた．実験室スケールではニッケル製のバルブが有効だったが，工場ではバルブが腐食し，漏れやすくなることが判明した．さらに原因を究明してゆくと，工場で使用した炭酸ガス中には一酸化炭素が含まれていることがわかった．Mond の共同研究者の C. Langer は，細かいニッケルの粉末を燃焼管の中に入れて加熱し，一酸化炭素をそこに通す実験を行った．円管中において加熱したニッケル粉末の上を通過した一酸化炭素はドラフトに導き，排出するようにした．当時のドラフトでは，ガスを排気するための仕組みとしてドラフトの中にガス燃焼装置があり，その上昇気流で有毒ガスを排気するようになっていた．1889 年 10 月のある晩，後始末をしようとしていた Langer はドラフトの中の排気ガス燃焼装置がいつもの青い色ではなく，明るい緑色の炎を上げているのを見いだした．ニッケル加熱装置の温度が下がると，緑色は出なくなった．

Langer は Mond と原因について検討した結果，固体の金属ニッケルが高温で一

は μ_2-CO のように表し, 三つの金属に橋架けしている (b) の場合は μ_3-CO のように書く. 橋架けした錯体の CO 伸縮振動は橋架けしていない錯体の場合に比べて低下し, 1750～1850 cm^{-1} 付近に観測される. 図 2・36(b) の型の錯体では橋架け CO は三つの金属と電子不足結合を形成している. この場合には CO 上の非共有電子対 2 電子が 4 個の元素にまたがって四中心 2 電子型の電子不足結合をつくっている.

2・4・8 CO に類似した性質をもつ配位子と金属の π 錯体

電子構造が CO に似た配位子としては, イソシアニド R-NC, 二窒素 N_2, 一硫化炭素 CS, 一酸化窒素 NO などがある. これらの配位子と金属の結合でも, 配位子から金属への電子供与と, 低原子価金属から配位子への逆供与の関係があり, カルボニル錯体に似た結合を形成する.

イソシアニドは一般に CO よりも電子供与性が大きく, $[Ag(CNR)_6]^+$ や $[Fe(CNR)_6]^{2+}$ のようなカチオン性金属錯体を形成するが, 低原子価金属とも結合して, 金属から逆供与

酸化炭素と反応して無色で揮発性の物質に変わったに違いないという結論に達した. その気体を冷えた陶片に接触させるとニッケルが沈着して鏡状になった. その後の実験により, この揮発性の物質は常温では無色の液体で, 低温では針状結晶になる $Ni(CO)_4$ だということが明らかになった. この結果は, 絶対温度の提唱者 L. Kelvin が "重金属に翼を与えた" と称えたほど画期的なものだった.

ニッケルカルボニル発見後, 直ちにニッケル以外の金属についても実験が行われ, 鉄カルボニル $Fe(CO)_5$ が見いだされた. また, これらの金属カルボニルは分解するとそれぞれ金属ニッケル, 鉄になることが明らかになった. 工業化のセンスに優れた Mond は, 彼の見いだした現象を直ちに金属の精錬に応用することを考え, 1895 年にはニッケル-銅鉱石から純粋なニッケルを週 1.5 t のスケールで化学的に製造する工場を設立した.

Mond はまた Solvay 法の発明後間もなく, 発明者の Solvay から同法のライセンスを買い, 親友の J. T. Brunner と共同して Brunner, Mond & Co 社を設立した. 同社は大きく発展し, 19 世紀末には世界で最大のソーダ製造業社になり, さらに他社を吸収して, 英国最大の化学工業会社 Imperial Chemical Industries 社になった. Mond は大富豪になり, いろいろの財団に気前よく寄付した. また絵画に対する高い鑑識眼を生かして名画を数多く購入した. 彼の収集した芸術作品は Mond Collection として有名である.

により電子を受取り，Cr(CNR)$_6$ や Ni(CNR)$_4$ のような 0 価錯体をつくる[33]．このような錯体では，イソシアニドの CN 伸縮振動の波数は，逆供与結合を反映して遊離のイソシアニドの場合より低下している．二窒素 N$_2$ も低原子価金属に結合して end-on 型錯体を形成する．またアルキン類似の不飽和 N≡N 結合の π 電子を用いて side-on 型で金属に配位した錯体も数は少ないが知られている[34]．

一酸化窒素 NO は 3 電子を供与する錯体であり，NO$^+$ は CO と等電子的であって，遷移金属に配位して錯体を形成する．金属に配位した場合に，直線状に end-on 型で配位する場合と，折れ曲がった構造で配位する場合が知られている．

2・4・9　15 族元素との π 結合生成

リン，ヒ素，アンチモン，ビスマスなどの 15 族元素の化合物はその非共有電子対と金属の結合により供与性結合をつくるが，これらの配位子は空の dπ 軌道ももっているので，逆供与により金属から電子を受取り，金属との間に π 結合を形成する（図 2・37）．これらの配位子のなかでも，第三級ホスフィン PR$_3$ あるいはホスファイト P(OR)$_3$ は有機金属化学においてよく使用される配位子で，低原子価遷移金属錯体，アルキル遷移金属錯体を安定化する作用がある．近年，計算化学的手法にもとづいて，先に述べた金属上の d 軌道とリンの 3d 軌道との相互作用に加えて，金属の d 軌道とリンとその置換基 X との反結合性軌道 σ*(P−X) との相互作用により，金属からの π 逆供与，すなわち dπ-σ* 相互作用の重要性が指摘されている．

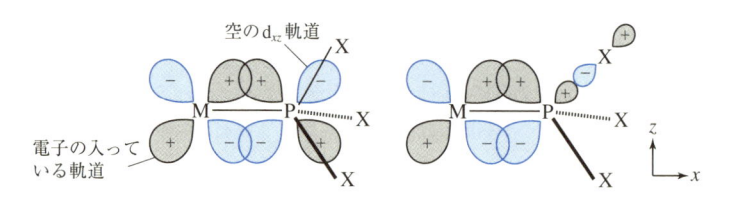

図 2・37　ホスフィン誘導体 PX$_3$ の d 軌道と遷移金属の d 軌道間の π 結合生成

さらに，2,2′-ビピリジン（2,2′-bpy）や 1,10-フェナントロリン（1,10-phen）のような，窒素原子を 2 個含み，金属と 5 員環のキレート構造を形成できるような配位子は遷移金属錯体に結合して安定な錯体を与えることが知られている．ビピリジンの骨格は C=N 結合が共役して連結しており，ジイミン型の骨格を有する配位子もほぼ同様の効果を示す．置

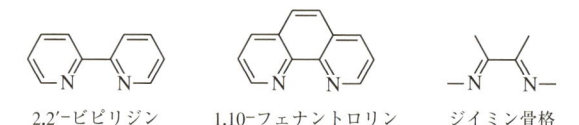

換ホスフィン類と同様，これらの窒素含有配位子が結合した場合にアルキル遷移金属錯体が安定に単離された例が多い．

2・4・10 不飽和結合を含まない η^2 型配位
a η^2 型 H_2 配位錯体

遷移金属が触媒として働き，不飽和有機化合物の水素化反応を行うときの機構を考える．その場合には，水素分子が金属表面（均一系触媒反応の場合は金属錯体）に接近して活性化され，その結果 H–H 結合が切断され，金属ヒドリド錯体を生成するものと考えられる．

$$L_nM + H_2 \rightleftarrows L_nM\text{---}|\substack{H \\ H} \rightleftarrows L_nM\diagdown\substack{H \\ H} \quad (2\cdot18)$$

η^2-H_2 錯体　　　　ジヒドリド錯体

不均一系触媒反応ではそのような反応経路を直接確かめることはむずかしい．遷移金属錯体では，H_2 が金属に横から（side-on 型で）結合した分子状水素錯体とよばれる錯体が単離され，その構造が決定された（図 2・39）．この錯体は H–H 結合が横位置で金属に配位しているが，H–H 結合の切断はまだ起こっていない中間段階の化学種にあたる[35),36)]．このような錯体は不安定で単離することなどできないのではないかと思われていただけに，1983 年におけるこの錯体の発見は驚きをもって迎えられた．

η^2-H_2 錯体における H_2 と遷移金属の結合は，分子軌道法的な考え方をすれば，エチレン–遷移金属の π 結合と類似した考え方により理解される．この場合に結合に寄与しているのは，水素分子の σ 結合から金属の空の d 軌道への電子供与と，金属の d 軌道から H–H の σ^* 軌道への逆供与である．エチレンの場合との相違点は，エチレンでは C=C 結合の π 電子が関与するのに対し，この錯体では H–H 間の σ 電子が関与する点である．

図 2・38　H_2–金属錯体

このような η^2-H_2 錯体は，遷移金属と H_2 の間には形成されるが，典型元素の場合には存在しない．遷移金属の場合に η^2-H_2 錯体が形成されるのは，遷移金属の d 軌道から，H_2 分子の σ^* 軌道への逆供与が重要な役割を演じているためである．この錯体の構造を提案した Kubas は，タングステンに結合した水素原子の位置は X 線結晶構造解析では確定で

きないので中性子線回折を行い，H_2 がヒドリド型でなく side-on 型でタングステンに結合していることを確かめた．

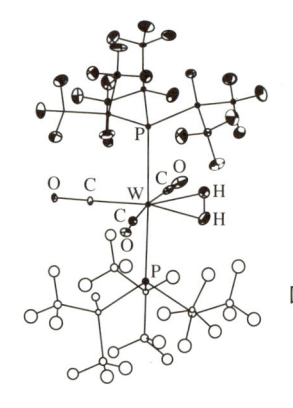

図 2・39 η^2-H_2 錯体 $W(CO)_3[P$-$(i$-$C_3H_7)_3]_2(H_2)$ の 30 K における中性子線回折より求めた分子構造．H−H 結合は切断されずに 82.(1) pm まで伸びている．

b η^2 型 C−H 配位錯体

H_2 分子が遷移金属原子と side-on 型で η^2 配位を形成するように，C−H 結合を有する有機化合物や，ほかのヘテロ原子−H 結合を有する化合物も η^2 型配位結合を形成する．たとえば，C−H 結合を有する炭化水素は，その σ 結合を通じて遷移金属錯体と相互作用し次のような不安定な σ 結合錯体を経由してヒドリド(アルキル)錯体を形成する（§5・2・1a iii）参照）．

$$L_nM + \underset{}{\overset{}{C}} \rightleftharpoons L_nM\cdots\underset{H}{\overset{C}{}} \longrightarrow L_nM\underset{H}{\overset{C}{}} \quad (2\cdot19)$$

σ 結合錯体　　ヒドリド(アルキル)錯体

アゴスチック相互作用　アルキル遷移金属錯体において，アルキル基の α 位の C−H 結合と金属が相互作用した錯体が X 線結晶解析により見いだされ，この現象はアゴスチック相互作用（agostic interaction）と名付けられた．そのような相互作用は，1,2-ビスジメチルホスフィノエタン（dmpe）を配位子にもつメチルチタン化合物 $Ti(CH_3)Cl_3(dmpe)$ の場合に初めて見いだされた[37]．

$$L_nM\text{—C} \rightleftharpoons L_nM\cdots\text{C} \rightleftharpoons L_nM\text{—C} \quad (2\cdot 20)$$

アゴスチック錯体　　環状メタル化錯体

　この錯体において，チタンに結合した α-メチル基のうち一つはチタンとアゴスチック相互作用をもち，Ti–C–H 結合の一つが折り曲げられる．そのため，∠Ti–C–H が 70°と異常に小さくなり，1個のH原子とチタンとの原子間距離は 203 pm と短くなっている．この結合の様式は，C–H 結合からチタン原子への σ 供与と，チタンの d 軌道から σ^*(C–H)結合への逆供与により説明される．

　このような σ 錯体の形成は炭化水素のC–H結合の活性化とそれに伴う切断反応を考える上で重要である．また，アゴスチック相互作用は，金属アルキルなどの α 位や β 位にある元素（主として水素）を引抜く α 脱離反応や β 脱離反応を考える場合に重要である（§5・3・1d と §5・3・2 参照）．

文　献

1) 榊　茂好，触媒，**47**，556（2005）．および引用文献．
2) 榊　茂好，"計算化学（実験化学講座 12）"，第5版，日本化学会編，有機金属化学反応，丸善（2004）．
3) 藤永　茂，"入門分子軌道法 分子計算を手がける前に"，講談社（1990）．
4) A. Dedieu, 'Theoretical Treatment of Organometallic Reaction Mechanisms and Catalysis' in "Organometallic Bonding and Reactivity (Topics in Organometallic Chemistry)", Vol.4, p.69, Springer（1999）．
5) F. Maseras, A. Lledós, "Computational Modeling of Homogeneous Catalysis", Kluwer Academic Publishers, Dordrecht（2002）．
6) 山本明夫，"有機金属化学 基礎と応用"，裳華房（1982）．
7) R. Hoffmann, *Science,* **211**, 995（1981）．
8) C. R. Landis, T. K. Firman, D. M. Root, T. Cleveland, *J. Am. Chem. Soc.*, **120**, 1842, 2614（1998）．
9) T. Marks, "Bonding Energetics in Organometallic Compounds", American Chemical Society（1990）．
10) A. L. Allred, E. G. Rochow, *J. Inorg. Nucl. Chem.*, **5**, 264（1958）．
11) H. A. Skinner, *Adv. Organomet. Chem.*, **2**, 49（1965）; H. A. Skinner, *J. Chem. Thermodyn.*, **10**, 309（1978）．
12) J. A. Conner, *Topics in Current Chem.*, **71**, 71（1977）．
13) "Multi-Ligand Bonding Energetics in Organotransition Metal Compounds", ed. by T. J. Marks, Polyhedron Symposia-in-Print, **7**, 1988．
14) G. Pilcher, H. A. Skinner, "The Chemistry of the Metal-Carbon Bond", ed. by F. R. Hartley, S. Patai, Wiley, New York（1982）．
15) J. A. Connor, M. T. Zofarani-Moattar, J. Bickerton, N. I. El Saled, S. Suradl, R. Carson, G. Al Takhin, H. A. Skinner, *Organometallics*, **1**, 1166（1982）．
16) N. J. Nappa, R. Santi, S. P. Diefenbach, J. Halpern, *J. Am. Chem. Soc.*, **104**, 619（1982）．

17) J. Halpern, *Acc. Chem. Res.*, **15**, 238 (1982).
18) M. J. S. Dewar, *Bull. Soc. Chim. Fr.*, **18**, C71 (1951).
19) J. Chatt, L. A. Duncanson, *J. Chem. Soc.*, 2939, **1953**.
20) N. G. Connelly, T. Damhus, R. M. Hartshorn, A. T. Hutton, "無機化学命名法 IUPAC 2005 年勧告", 日本化学会 化合物命名法委員会訳著, p.139, 145, 193 (2010).
21) J. A. Wunderlich, D. P. Mellor, *Acta Crystallogr.*, **7**, 130 (1954). X 線構造解析結果；R. A. Love, T. F. Koetzle, G. J. B. Williams, L. C. A. Andrews, R. Bau, *Inorg. Chem.*, **14**, 2653 (1975). 中性子線構造解析結果.
22) K. Miki, K. Yamatoya, N. Kasai, H. Kurosawa, A. Urabe, M. Emoto, K. Tatsumi, A. Nakamura, *J. Am. Chem. Soc.*, **110**, 3191 (1988).
23) C. Hahn, J. Sisler, R. Taube, *Chem. Ber./Receuil*, **130**, 939 (1997).
24) S. Strömberg, M. Svensson, K. Zetterberg, *Organometallics*, **16**, 3165 (1997).
25) M. Alhquist, G. Fabrizi, S. Cacchi, P.-O. Norrby, *Chem. Commun.*, **2005**, 4196.
26) J. L. Templeton, *Adv. Organomet. Chem.*, **29**, 1 (1989).
27) S. L. Buchwald, R. T. Lum, R. A. Fischer, W. M. Davis, *J. Am. Chem. Soc.*, **111**, 9113 (1989).
28) M. A. Bennett, T. W. Hambley, N. K. Roberts, G. B. Robertson, *Organometallics*, **5**, 1992 (1986).
29) L. Porri, G. Vituelli, M. Zachi, G. Allegra, *Chem. Commun.*, **1969**, 276.
30) H. C. Longuet-Higgins, L. E. Orgel, *J. Chem. Soc.*, 1969 (1956). 理論的予言；R. Criegee, G. Schröder, *Ann*, **623**, 1 (1959). 錯体合成.
31) P. Jutzi, N. Burford, *Chem. Rev.*, **99**, 969 (1999)；A. Togni, R. L. Halterman, "Metallocenes" Vol.1, Wiley-VCH (1998).
32) H. LeBozec, D. Touchard, P. H. Dixneuf, *Adv. Organomet. Chem.*, **29**, 163 (1989).
33) E. Singleton, H. E. Oosthuizen, *Adv. Organomet. Chem.*, **22**, 209 (1983)；P. M. Treichel, *Adv. Organomet Chem.*, **11**, 21 (1973)；Y. Yamamoto, H. Yamazaki, *Coord. Chem. Rev.*, **182**, 175 (1972)；山本育宏, OM ニュース, 90 (2003).
34) M. Hidai, H. Mizobe, *Chem. Rev.*, **95**, 1115 (1995)；M. Hidai, *Coord. Chem. Rev.*, **185**, 99 (1999).
35) G. J. Kubas, "Metal Dihydrogen and σ-Bond Complexes", Kluwer Academic/Plenum Publ., New York (2001).
36) G. J. Kubas, *Acc. Chem. Res.*, **21**, 120 (1988).
37) Z. Dawoodi, M. L. H. Green, V. S. B. Mtetwa, K. Prout, A. J. Schultz, J. M. Willianms, T. F. Koetzle, *J. Chem. Soc., Dalton Trans.*, **1986**, 1629.

3

有機典型元素化合物の合成と性質

　1章で述べたように,アルカリ金属,マグネシウム,アルミニウムなどの典型元素にアルキル基が結合した有機金属化合物は古くから知られており,Grignard(グリニャール)反応剤で代表されるように,有機合成になくてはならない化合物が多い[1]~[4].また,多くの有機ケイ素化合物のように,熱的にも,空気,水などに対しても安定で,工業的に多量に生産されている化合物もある.そのような典型元素からなる有機金属化合物の性質を支配している因子は何なのだろうか.

3・1　有機典型元素化合物の性質と合成法

　典型元素と一概にいっても,種類は多く,その性質は多様である.典型元素の有機金属化合物の性質を決定する最も重要な因子は,周期表におけるその金属の位置であり,電気陰性度である.周期表の左の方に位置する1族アルカリ金属,2族アルカリ土類金属は電気陰性度が小さく,電子を放出しやすいから,これらの金属のアルキル金属化合物は,$M^{\delta+}-C^{\delta-}$のように,金属原子はプラスに,金属に結合したアルキル基はマイナスに分極している.

　マイナスに分極したアルキル基は,有機化合物中のカルボニル基等の求電子部位を求核攻撃し,炭素−炭素結合生成を伴ってカルボニル基をアルキル化する.炭素−炭素結合形成は有機化合物を合成する際の最も基本的な反応であるから,このような求核性をもった有機金属化合物と求電子的な化合物の反応は,有機合成における有用な手段を提供する.

　周期表の第2周期の金属の電気陰性度は,1族から3族まで周期表を右に移動するに従って,0.5ずつ順に増大する.また,さらに周期表の右の方の炭素以下の非金属元素でも電気陰性度は,ほぼ0.5ずつ増加する.炭素の電気陰性度が2.5であるから,有機典型元素化合物に関する極性の偏りを大まかに推定するには,この傾向を覚えておくと便利である.

$$\mathrm{Li}(1.0) < \mathrm{Be}(1.5) < \mathrm{B}(2.0) < \mathrm{C}(2.5) < \mathrm{N}(3.1) < \mathrm{O}(3.5) < \mathrm{F}(4.1)$$

第3周期以下の元素では，この傾向はそれほど規則的ではなく，元素の間の電気陰性度の差は0.5より小さく，0.2〜0.4の間で増加している．第4周期以降の遷移金属では，周期表を右に移ることによる元素の電気陰性度の差はもっと小さい．

周期表で炭素より下に位置する元素の有機化合物では，中心原子の原子半径が大きいために，周期表の上部に位置する有機化合物とは多少異なった性質を示す．原子の大きさが周期表においてその元素が占める位置によってどのようにかわるかを示したのが図3・1である．

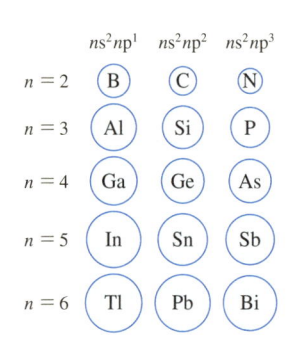

ns^2np^1 ns^2np^2 ns^2np^3

$n = 2$ Ⓑ Ⓒ Ⓝ
$n = 3$ Ⓐl Ⓢi Ⓟ
$n = 4$ Ⓖa Ⓖe Ⓐs
$n = 5$ Ⓘn Ⓢn Ⓢb
$n = 6$ Ⓣl Ⓟb Ⓑi

図 3・1 第2周期から第6周期典型元素の共有結合半径の相対的な大きさ

中心元素の原子半径が大きくなると，有機金属化合物の自由度が増して構造変化を起こしやすくなる．たとえば，sp^3構造を有する炭素が中心元素の場合には，炭素化合物の構造は，遷移状態を除いて四面体である．しかし，周期表でもっと下にある金属原子は，5配位，6配位構造をとりやすく，比較的小さなエネルギーによって，別の形に変化することができる．

有機アルカリ金属化合物中で有機合成に関して最も重要なのは有機リチウム化合物である[5),6)]．有機リチウム化合物の研究は1914年にW. Schlenkによって開始された．Schlenkは，空気に敏感な有機金属化合物を取扱うSchlenk（シュレンク）法とよばれる実験手法を考案した研究者として名前が残っている．Schlenk法は，高価なグローブボックスを用いずに，実験台上で不活性ガスの気流下に空気に敏感な化合物を取扱う簡便な方法である．

有機リチウム化合物の化学は，Schlenkに続いてK. Ziegler, G. Wittig, H. Gilmanらによって先駆的な研究が行われた．特にZieglerは，カリウム，ナトリウム，リチウムの有機金属化合物の反応性に関する基礎的研究を1920年代から展開し，さらに有機アルミニウム化合物に研究対象を広げて多くの基礎的に重要な知見を得た．その成果は学問的に重要なばかりでなく，工業的見地からも有用なものであった．彼は，そのような有機典型元素化合物の反応挙動を研究する過程において見いだした，遷移金属化合物の添加効果を詳しく検討することによって，Ziegler触媒を発見し，有機遷移金属化学が爆発的に発展する新時代を開いた[7)]．

3・1 有機典型元素化合物の性質と合成法

　有機アルカリ金属化合物中では，有機リチウム化合物が最も金属－炭素結合の共有結合性が高い．アルキルリチウムおよびアリールリチウムは固体状態および炭化水素系溶媒中では，四量体，六量体等の会合体として存在している．有機基の大きさが増すほど会合しにくくなる．配位性の溶媒中では溶媒がリチウムに結合した状態で存在している．

　溶媒中の会合状態として，図3・2に示すような化学種の存在が考えられ，NMRなどの分光学的方法でこれらの化学種の平衡状態の研究がなされている．

🎼 Intermezzo　反骨の化学者 W. J. Schlenk

　有機金属化学に関係している者なら，空気によって分解されやすい化合物を取扱う Schlenk 管や Schlenk の操作法はおなじみである．高価で場所をとるグローブボックスがなくても，空気に敏感なたいていの化合物は Schlenk 管を用いて，不活性気体中で一つのガラス容器から別の容器に移動させたり，濾過したりすることができる．

　しかし，その Schlenk 管の考案者，Schlenk がどんな人物かについてはあまりよく知られていないのではなかろうか．

　Schlenk その人と業績　W. J. Schlenk（1879～1942）はフリーラジカル研究のパイオニアであるとともに，Grignard 反応剤の組成に関する Schlenk 平衡の研究者であり，また有機リチウムやカリウム化合物の研究における先駆者でもある．彼は学位を得て間もなくトリフェニルメチルラジカルのフェニル基のパラ位に置換基を導入することにより安定なフリーラジカルが得られることを証明し，さらに有機ナトリウムおよび有機リチウム化合物を合成した．

　ハイル・ヒットラー！の敬礼を無視　Schlenk には3人の息子がいたが，3人とも化学を学び，そのうち2人は父の研究室で Ph.D. を得ている．Schlenk 平衡に関する研究は息子の1人との共著である．Schlenk はウィーンおよびベルリンで教授を務め，ドイツ化学会の会長にも選ばれている．彼は気骨のある人物でナチが嫌いだった．当時は講義を始める前に右手を挙げてハイル・ヒットラーと叫び，敬礼する習慣だったが，彼はその決まりを無視した．また，Haber-Bosch（ハーバー・ボッシュ）法によるアンモニア合成の発見者でユダヤ人の F. Haber との付合いをやめるように当局から圧力がかかったが，これも無視した．ナチに対するこのような反抗的態度のため，ベルリンでは居心地が悪くなり，1935年にチュービンゲンに移った．しかし，ここではあまり研究を続けられず，1942年にはドイツ化学会からも追われ，1943年に亡くなった．ナチからの指令があったのか，ドイツ化学会は，通常慣例になっている元ドイツ化学会会長である Schlenk への追悼文を掲載しなかった．科学者が独裁者の意向を気にしなければならない暗い時代だった．

$$R-M \rightleftharpoons R^-, M^+ \rightleftharpoons R^-//M^+ \rightleftharpoons R^- + M^+$$
　　　　　　　コンタクト　　　　溶媒分離型　　　　自由イオン
　　　　　　　イオン対　　　　　イオン対

図 3・2　アルカリ金属のアルキル化合物の溶媒中における会合状態

　コンタクトイオン対では，溶媒1分子がR^-とM^+の間に入り込んだ形が考えられ，溶媒分離型イオン対ではいくつかの溶媒分子がR^-とM^+の間に入り込んだ状態が考えられている．このような平衡の存在を考えることは，ブタジエン，ビニル化合物，エポキシドなどの重合開始剤としてアルキルリチウムを用いるときに，その化学的挙動を理解する上で必要になる．

　熱分解反応　　1族元素のアルキル化合物の重要な分解経路は，金属から数えて2番目の炭素（β炭素）に結合した水素を金属が引抜く**β水素脱離反応**である（この場合に生成する金属ヒドリドに注目して，βヒドリド脱離反応ともよばれる）．熱分解反応の起こりやすさは，K > Na > Li の順に低下する．次に分解反応の例を示す．

$$CH_3CH_2CH_2CH_2Li \xrightarrow{沸騰オクタン中} CH_3CH_2CH=CH_2 \ (95\%) + LiH \quad (3・1)$$

$$CH_3CH_2Na \xrightarrow{90℃} CH_2=CH_2 + NaH \quad (3・2)$$

　酸化反応　　有機アルカリ金属化合物は一般に酸素に対して高い反応性を示し，微量の空気があっても分解する．メチル，エチル，フェニル化合物は空気中で発火性である．ナトリウムおよびカリウムのアルキル化合物はアルキルリチウムよりさらに酸化されやすい．通常四量体を形成している$(CH_3CH_2CH_2CH_2Li)_4$を$-78℃$で酸素と反応させた場合には，$CH_3CH_2CH_2COOH$が加水分解後生成するので，反応の過程では過酸化物が生成しているものと考えられる．通常の条件下での酸化生成物はブタノールである．

　プロトン化反応　　一般にアルカリ金属のアルキル化合物はプロトン源と反応しやすく，炭化水素を放出する．

　直接法と間接法　　有機典型元素化合物の合成法には，典型元素と有機ハロゲン化物等の直接反応により有機金属化合物を合成する**直接法**と，一度ほかの方法で合成した有機金属化合物を用いて合成する**間接法**の2通りがある．以下，金属ごとに例をあげて説明する．

3・2　1族元素の有機金属化合物

　1族元素の有機金属化合物[8~11)]は，ハロゲン化アルキルあるいはアリールと金属元素を直接反応させて合成できる．多くの反応は発熱反応である．

3・2・1 有機リチウム化合物

有機合成において用いられる代表的有機リチウム化合物[12)~14)]の合成法として，フェニルリチウムおよびブチルリチウムの合成例を以下に示す．臭化フェニルあるいは塩化ブチルを金属Liと直接反応させることにより合成できる．

$$C_6H_5Br + 2Li \xrightarrow[-LiBr]{} C_6H_5Li \quad (3・3)$$

$$C_4H_9Cl + 2Li \xrightarrow[-LiCl]{} C_4H_9Li \quad (3・4)$$

一般にハロゲン化アルキルとしては塩化物か臭化物が用いられ，ヨウ化物は用いられない．その理由は，ヨウ化アルキルの場合には，生成したアルキルリチウムがヨウ化アルキルとさらに反応して，次式のようなWurtz(ウルツ)型のカップリング反応を起こすためである．

$$RLi + R'I \xrightarrow[-LiI]{} R-R' \quad (3・5)$$

最近は各種のアルキルおよびアリールリチウム化合物が炭化水素溶液として市販され，入手しやすくなっている．有機化合物中の特定の場所にリチウムを導入することを**リチオ化反応**（lithiation）という．リチオ化された化合物はリチウムの結合した反応点でさらにほかの化合物と反応するので，リチオ化反応は有機合成上便利な反応である．

有機リチウム化合物は有機ハロゲン化物と反応するから，たとえば，芳香族ハロゲン化物と有機リチウム化合物の反応により，ハロゲン原子の入っていた場所にリチウムを導入し，芳香環にリチウムが結合した化合物を合成することができる．

$$\text{(o-BrC}_6\text{H}_4\text{OCH}_3\text{)} + C_4H_9Li \xrightarrow[-C_4H_9Br]{} \text{(o-LiC}_6\text{H}_4\text{OCH}_3\text{)} \quad (3・6)$$

$$\text{(3-bromopyridine)} + C_4H_9Li \xrightarrow[-C_4H_9Br]{} \text{(3-lithiopyridine)} \quad (3・7)$$

また，OH基のような，アルキルリチウムに対して反応性の高い置換基があっても，過剰のアルキルリチウムを用いることにより，次のようにして芳香環にリチウムが置換した化合物を合成することができる．

$$\text{(o-BrC}_6\text{H}_4\text{OH)} + C_4H_9Li \xrightarrow[-C_4H_{10}]{} \text{(o-BrC}_6\text{H}_4\text{OLi)} \xrightarrow[-C_4H_9Br]{C_4H_9Li} \text{(o-LiC}_6\text{H}_4\text{OLi)} \quad (3・8)$$

活性水素を有する有機化合物は，有機リチウム化合物と反応すると，活性水素が引抜か

れ，その水素のあった位置にリチウムが結合した新しい有機リチウム化合物を与える．

$$R-C\equiv C-H \ + \ C_4H_9Li \ \xrightarrow{-C_4H_{10}} \ R-C\equiv C-Li \qquad (3\cdot 9)$$

リチオ化剤としてはアルキルリチウムのほか，リチウムジイソプロピルアミド $LiNR_2$ (LDA) もよく用いられる．活性水素を有する炭化水素は次のように反応して，リチオ化された化合物を生成する．

$$R-H \ + \ Li[N\{CH(CH_3)_2\}_2] \ \longrightarrow \ \left[\begin{array}{c} H \\ R\cdots N \\ \ \ \ \diagdown \ \diagup \\ Li \end{array} \begin{array}{c} CH(CH_3)_2 \\ \\ CH(CH_3)_2 \end{array} \right] \ \xrightarrow{-HN[CH(CH_3)_2]} \ RLi \qquad (3\cdot 10)$$

有機リチウム化合物は酸素と容易に反応し，水とも激しく反応する．臭化リチウムおよびヨウ化リチウムは，アルキルリチウムと反応すると，$RLi(LiX)_{1\sim 6}$ のような組成の固体化合物を形成する．これらの固体は空気中でも安定である．

また，アルキルおよびアリールリチウム化合物は，Cu, Mg, Zn, Cd のような，ほかのアルキルまたはアリール金属化合物と反応し，**アート錯体**とよばれるアニオン型錯体を形成する．

$$2\,LiC_6H_5 \ + \ Mg(C_6H_5)_2 \ \longrightarrow \ Li_2{}^+[Mg(C_6H_5)_4]^{2-} \qquad (3\cdot 11)$$

特に銅のアート錯体は Gilman (ギルマン) 反応剤とよばれ，有機合成上重要である．

$$2\,LiR \ + \ CuX \ \xrightarrow{-LiX} \ Li^+[CuR_2]^- \qquad (3\cdot 12)$$

この錯体はきわめて選択性よく，アルキルハロゲン化物とクロスカップリング反応を起こすため，有機合成で多用されている．

$$Li^+[CuR_2]^- \ + \ R'X \ \longrightarrow \ R-R' \qquad (3\cdot 13)$$

アルキルリチウム化合物は，炭化水素溶媒中，あるいは固体状態でも，会合体を形成している．固体状態の CH_3Li は四量体で，4個のリチウム原子が正四面体を形成し，四面体の四つの面にメチル基が位置している．炭化水素溶媒中では $CH_3Li, C_2H_5Li, C_3H_7Li$ は六量体を形成している．エーテルやアミンのような配位性の溶媒は金属に配位し，溶媒和した四量体を形成する．

複数の配位性窒素原子を有し，金属原子に対してキレート状に結合できるテトラメチルエチレンジアミン $(CH_3)_2NCH_2CH_2N(CH_3)_2$ (tmed) のような配位子を用いると，配位子 tmed がリチウムを取巻いて配位した安定な単量体のアルキルリチウムが得られる．このようなアルキルリチウムは，対応する会合体アルキルリチウムよりはるかに反応性が高い．

アルキルリチウム化合物は，それをそのまま合成に用いるほか，図3・3に示すようにほかの反応剤と反応させて，それをリチオ化し，新たなカルボアニオンとしての反応点をつくり，それと求電子性の反応剤を反応させて合成に用いる場合が多い．

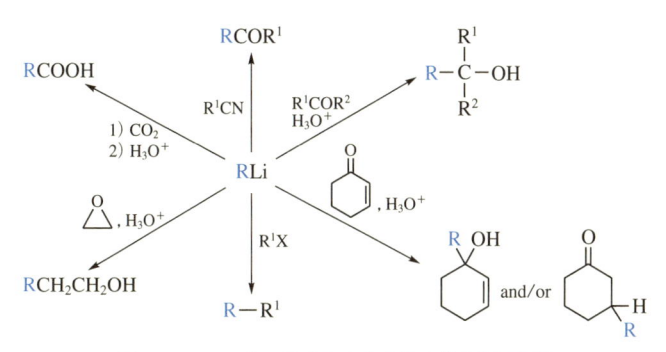

図3・3 アルキルリチウム化合物の代表的反応例

3・2・2 有機ナトリウム化合物

有機リチウム化合物に比べると，ナトリウム，カリウム等のアルカリ金属のアルキル化合物は極性が大きく反応性が高い．これらの有機アルカリ化合物はほとんどの有機溶媒に溶けないため，純粋な状態で単離することはむずかしい．したがって，有機ナトリウム化合物[15]および有機カリウム化合物は単離せずに次の反応に用いることが多い．純粋な有機ナトリウム，カリウム化合物の性質については，まだよく知られていないことが多く，有機合成への応用もあまり開拓されていない．

有機ナトリウム化合物は，石油エーテルのような炭化水素系溶媒中で，有機水銀化合物との交換反応（トランスメタル化）により合成される．

$$R_2Hg + 2Na \xrightarrow{-Hg} 2NaR \qquad (3・14)$$

生成したアルキルナトリウム化合物は弱酸性の水素を有する炭化水素化合物に対して反応性が高い．たとえば，アルキルナトリウムはベンゼンと反応してフェニルナトリウムを生成する．

$$C_6H_5-H + NaR \xrightarrow{-RH} C_6H_5-Na \qquad (3・15)$$

シクロペンタジエンの活性水素は，THF中で水素化ナトリウムと反応して脱プロトン化される．このようにしてできるシクロペンタジエニルナトリウムはシクロペンタジエニル基を有する遷移金属錯体を合成するのに有用である．また，有機化合物中にシクロペン

タジエニル基を導入するのに便利な反応剤である．

$$\text{C}_5\text{H}_5\text{–H} + \text{NaH} \xrightarrow[\text{THF}, -\text{H}_2]{} \text{C}_5\text{H}_5\text{–Na} \tag{3・16}$$

ナフタレンのような多環芳香族炭化水素はエーテル系溶媒中でナトリウムと反応して，暗緑色で常磁性の固体である電荷移動錯体を形成する．$C_{10}H_8$ 上の負電荷はナフタレンの π 軌道に非局在化している．

$$\text{C}_{10}\text{H}_8 + \text{Na} \longrightarrow \text{Na}^+[\text{C}_{10}\text{H}_8]^- \tag{3・17}$$

ナトリウムナフタレンはジエン類などのアニオン重合触媒として利用される．

3・2・3 有機カリウム化合物

金属カリウムは液体アンモニアあるいは THF 中で活性水素を有する有機化合物と直接反応すると，有機カリウム化合物を与える．

$$\text{C}_5\text{H}_5\text{–H} + \text{K} \xrightarrow{\text{THF}} \text{C}_5\text{H}_5\text{–K} + \frac{1}{2}\text{H}_2 \tag{3・18}$$

3・3 2族元素の有機金属化合物
3・3・1 有機マグネシウム化合物

2 族の有機金属化合物[16]の有機マグネシウム化合物[17]～[21]のうち，代表的なのは Grignard 反応剤である．一般式としては RMgX として表され，ハロゲン化アルキルあるいはハロゲン化アリールと金属マグネシウムをエーテル系溶媒中で直接反応させることによって合成される．この反応では Schlenk の平衡により平衡混合物が生成する．しかし，一般的に有機合成に利用する場合には，アルキルマグネシウム化合物を単離せずに混合物のまま使用する．

$$\text{RX} + \text{Mg} \xrightarrow{\text{エーテル}} \text{RMgX} \tag{3・19}$$

この反応は，形式的に 0 価の金属が RX と反応して 2 価の RMgX を生成するので，一種の酸化的付加反応である（§5・2・1参照）．使用する有機ハロゲン化物としては，R がアルキル基のハロゲン化アルキルのほか，アリール基や複素環化合物のハロゲン化物など広範囲の有機化合物を用いることができる．RX の反応性は，I > Br > Cl > F の順に減少する．ハロゲン化物としては，塩化物あるいは臭化物が通常使われる．安価なためと，

Wurtz 反応によるアルキル基のカップリング反応やアルケンを副生するような反応がそれほど起こらないためである. Grignard 反応剤を合成するときに, 反応媒体としてエーテル系溶媒がよく用いられる. それは, エーテルの蒸気圧が高いので, 空気中の酸素や水分が系中に入りにくいためと, エーテルには, マグネシウムに配位することにより生成した有機マグネシウム化合物を安定化させる作用があるためである. Grignard 反応剤の生成にはラジカル反応が関与しており, 実際の反応機構は複雑である[22)].

有機ハロゲン化物と金属マグネシウムの反応は不均一反応であり, 有機ハロゲン化物が金属マグネシウム表面の薄い酸化皮膜を通して浸透し, 内部のマグネシウムと反応する. この反応を速やかに進行させるためには, 酸化物皮膜で覆われた金属マグネシウム表面の活性化が重要である. そのためには, 少量のヨウ素を添加するとか, 塩化マグネシウムを金属リチウムやカリウムで還元する方法などが考案されている.

$$MgCl_2 + 2K \longrightarrow \text{“Mg”} + 2KCl \quad (3 \cdot 20)$$
活性化マグネシウム

この方法は **Rieke**(リーケ)**法**とよばれ, 空気中で自然発火するほど活性な表面を有する金属マグネシウムをつくることができる[23)]. このようにしてつくった金属マグネシウム "Mg" は, 反応性の乏しいフッ化アルキルとも反応し, フッ素を含む Grignard 反応剤を合成することができる.

Grignard 反応剤の性質　　Grignard 反応剤は通常 RMgX のように表されるが, 溶液中では (3・21)式に示すように **Schlenk の平衡**とよばれる平衡反応のため, 3 成分の平衡混合物として存在している.

$$MgR_2 + MgX_2 \xrightleftharpoons{K} 2RMgX \quad (3 \cdot 21)$$

この平衡はアルキル基の種類, ハロゲン化物の種類, 温度, 溶媒の種類などいくつかの要因により変化する. 実際, Schlenk の平衡定数はジエチルエーテル中の方が THF 中よりずっと大きく, 平衡は右側に偏っている. ジアルキルマグネシウム MgR_2 は, Grignard 反応剤にジオキサンのような塩基を加えて, MgX_2・ジオキサン付加物を沈殿させることにより, Schlenk の平衡を左にずらして取出すことができる.

RMgX はエーテル系溶媒と付加物を形成することが知られている. エチルマグネシウム臭化物のエーテル付加物は, マグネシウムにジエチルエーテルが 2 分子配位した四面体構造をしていることが X 線結晶構造解析の結果わかっている.

ジアルキルマグネシウムはジアルキル水銀と金属マグネシウムの反応により, 合成することもできる. この方法でつくったジアルキルマグネシウムは出発物にハロゲン化物を含む化合物を使用しないため, 純粋なジアルキル体を合成するのに適した方法である.

$$HgR_2 + Mg \longrightarrow MgR_2 + Hg \quad (3 \cdot 22)$$

Mg(CH$_3$)$_2$, Mg(C$_2$H$_5$)$_2$ は電子不足化合物であり, アルキル基により橋架けされた会合体として存在することが知られている.

ジアリールマグネシウム化合物のエーテル付加体についても, X線結晶構造解析で, エーテルがマグネシウムに2分子配位した四面体型構造であることが明らかにされている. 溶媒の結合していないジフェニルマグネシウムは会合した構造 [Mg(C$_6$H$_5$)$_2$]$_n$ をとる[24].

シクロペンタジエンやアルキンなどの活性水素を有する化合物は, Grignard 反応剤により活性水素が引抜かれ, シクロペンタジエニルマグネシウム臭化物やアルキニルマグネシウム塩化物に変換される.

$$\text{C}_5\text{H}_5-\text{H} + \text{C}_2\text{H}_5\text{MgBr} \xrightarrow{-\text{C}_2\text{H}_6} \text{C}_5\text{H}_5-\text{MgBr} \quad (3\cdot 23)$$

$$\text{R}-\text{C}\equiv\text{C}-\text{H} + i\text{-C}_3\text{H}_7\text{MgCl} \xrightarrow{-\text{C}_3\text{H}_8} \text{R}-\text{C}\equiv\text{C}-\text{MgCl} \quad (3\cdot 24)$$

Grignard 反応剤は有機典型元素化合物の代表的化合物である. その反応性を図 3・4 にまとめて示す.

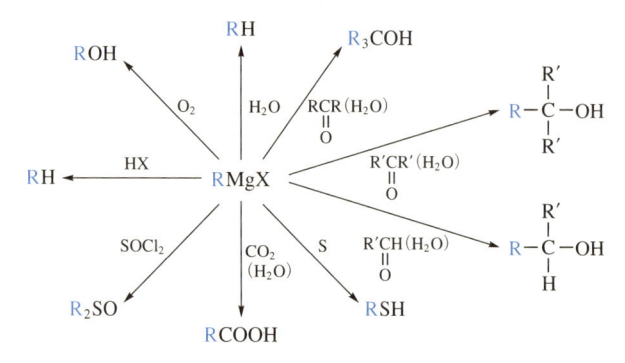

図 3・4 Grignard 反応剤の代表的反応例

3・3・2 有機ベリリウム化合物

合成化学上の有用性が広く知られている有機マグネシウム化合物に比べて, 有機ベリリウム化合物[25]の研究例はずっと少ない. ベリリウム化合物の毒性が強いためと, 有機ベリリウム化合物が空気と反応しやすいためである. 有機ベリリウム化合物は, 2族のマグネシウムと12族の亜鉛, カドミウム, 水銀の有機金属化合物の中間の性質を有する. アルキル-ベリリウム結合はアルキル-マグネシウム結合より極性が小さく, 反応性が低い.

BeR$_2$ 型化合物は次式に示すように通常間接法により, Grignard 反応剤かアルキルリチウム, あるいはアルキル水銀化合物を用いて合成される.

3・4　12族元素の有機金属化合物

$$2\,\text{RMgX} + \text{BeX}_2 \xrightarrow[-2\,\text{MgX}_2]{} \text{BeR}_2 \qquad (3\cdot25)$$

$$2\,\text{RLi} + \text{BeX}_2 \xrightarrow[-2\,\text{LiX}]{} \text{BeR}_2 \qquad (3\cdot26)$$

ジアルキルベリリウム化合物はアルキル基の短い化合物ほど強く会合している．たとえば，ジメチルベリリウムは線状の会合体，ジエチルベリリウムは二量体であるが，もっとアルキル基が嵩高い t-ブチルの場合には単量体である．これらの化合物は配位的に不飽和で Lewis 酸性を有し，エーテルとはしばしば付加物を形成する．

3・3・3　有機カルシウム，ストロンチウム，およびバリウム化合物

カルシウム，ストロンチウム，バリウムの有機金属化合物に関する研究は，マグネシウムおよびリチウムの場合に比べるとずっと少ない．有機合成などにこれらの化合物を用いた場合の利点が特に認められないからである．有機金属化合物としての反応性は Ca < Sr < Ba の順に増加する．

3・4　12族元素の有機金属化合物

亜鉛，カドミウム，水銀は，周期表で第4，第5，第6周期に属し，遷移元素の最後尾にある銅，銀，金の右隣に位置している．基底状態の電子配置では，みたされた d 軌道の後に2個の s 電子をもっている．そのため，d 軌道に電子をもたない2族の元素に比べ，かなり違う性質を有している．2族元素の2価イオンは貴ガス構造をとっているのに比べ，12族元素の内部電子は d 電子であるため，分極しやすい．表3・1に，12族元素とその有機化合物の性質を示す．

表3・1　12族元素とその有機金属化合物の性質

	Zn	Cd	Hg
第一イオン化ポテンシャル /kJ mol^{-1}	906	867	1006
オルレッド・ロコウの電気陰性度	1.66	1.46	1.44
ポーリングの電気陰性度	1.65	1.69	2.00
原子半径 /pm	125	141	144
平均結合解離エネルギー /kJ mol^{-1}			
M(CH$_3$)$_2$ の $\bar{D}$(M−CH$_3$)	176	139	122
M(C$_2$H$_5$)$_2$ の $\bar{D}$(M−C$_2$H$_5$)	145	109	101
M(C$_6$H$_5$)$_2$ の $\bar{D}$(M−C$_6$H$_5$)			136

3・4・1　有機亜鉛化合物

有機亜鉛化合物[26),27)]は，1849年 E. Frankland により初めて合成された有機金属化合物

として歴史的な化合物である．アルキル亜鉛化合物は，空気に触れると発火する性質をもち，揮発性が高いため取扱いがむずかしい化合物である．

ジアルキル亜鉛はアルキル水銀化合物と亜鉛の反応，あるいは塩化亜鉛と有機リチウム化合物，または Grignard 反応剤との反応によって合成できる．ジエチル亜鉛はかなり比重の大きい，屈折率の高い無色の液体で，常圧で 118 ℃ の沸点を有する．空気に触れると発火し，強烈な炎を出して燃え，酸化亜鉛を白煙として生成する．

簡単なアルキル亜鉛化合物としては，ZnR_2 および $RZnX$ 型の化合物が知られている．$RZnX$ 型のモノアルキル亜鉛化合物は，直接法によりヨウ化アルキルと亜鉛－銅合金を反応させてつくられる．生成したヨウ化エチル亜鉛は加熱により不均化反応を起こしてジエチル亜鉛になる．

$$C_2H_5I + Zn(Cu) \longrightarrow C_2H_5ZnI \longrightarrow \frac{1}{2}Zn(C_2H_5)_2 + \frac{1}{2}ZnI_2 \qquad (3・27)$$

$$CH_2=CHCH_2Br + Zn \xrightarrow{THF} CH_2=CHCH_2ZnBr \qquad (3・28)$$

1900 年に Grignard 反応剤が登場してからは，有機亜鉛化合物は特別な用途以外はアルキル化剤として用いられなくなった．ただ，極性が小さいなど，Grignard 反応剤とは多少違う性質を有するため，現在でも遷移金属化合物のアルキル化剤として用いられることもある．さらに Reformatsky（レフォルマツキー）反応〔(3・29)式〕または Simmons-Smith（シモンズ・スミス）反応〔(3・31)式〕など，有機亜鉛化合物を経由する有用な反応が知られている．Reformatsky 反応は，α ハロゲン化エステルとケトン類の反応に亜鉛を利用する反応である．

$$\begin{array}{c}
BrCH_2COOC_2H_5 + Zn \longrightarrow BrZnCH_2COOC_2H_5 \\
\\
\xrightarrow{\underset{R}{\overset{R}{\diagdown}}C=O} \quad R-\underset{\underset{OZnBr}{|}}{\overset{\overset{R}{|}}{C}}CH_2COOC_2H_5 \xrightarrow{H_2O} R-\underset{\underset{OH}{|}}{\overset{\overset{R}{|}}{C}}CH_2COOC_2H_5
\end{array} \qquad (3・29)$$

また，ヨウ化メチレンと亜鉛の反応はカルベン類似の役割をする有機カルベノイド "CH_2" の発生剤として用いられる．

$$CH_2I_2 + Zn \longrightarrow ICH_2ZnI \longrightarrow ZnI_2 + \underset{\text{カルベノイド}}{\text{"}CH_2\text{"}} \qquad (3・30)$$

上記の反応では，アルケンが存在しない場合には "CH_2" が結合しエチレンが発生するが，アルケンを存在させると二重結合へのメチレン付加反応が起こって，シクロプロパンが得られる．このように，アルケンにメチレン付加反応を起こさせてシクロプロパン誘導

体をつくる反応は Simmons-Smith 反応として知られている．

$$\text{>=<} + CH_2I_2 + Zn/Cu \longrightarrow \text{>\!\!\triangle\!\!<} \tag{3・31}$$

3・4・2 有機カドミウム化合物

　有機合成に特に有用性が見いだされない場合には，典型元素の有機金属化合物の研究はそれほど注目をひかない．有機カドミウム化合物も同様の理由で，それほど研究されていない．ジアルキルカドミウム化合物 CdR_2 は，無水ハロゲン化カドミウムと，RLi または RMgX を反応させることにより合成される．アルキルカドミウムのアルキル基は，RLi，RMgX などのリチウム，マグネシウム化合物ほどカルボアニオンとしての反応性が高くないので，場合によっては選択的なアルキル化剤として用いられる．その一例は，カルボン酸塩化物 RCOCl と CdR_2 の反応による非対称ケトンの合成である．

$$2\,\underset{\underset{O}{\|}}{RCCl} + R'_2Cd \longrightarrow 2\,\underset{\underset{O}{\|}}{RCR'} \tag{3・32}$$

　直接 Grignard 反応剤を用いた場合には，生成したケトンがさらに Grignard 反応剤と反応して三置換アルコールを生成してしまう（図3・4参照）．しかし，アルキルカドミウム化合物の場合にはアルキル化剤としての作用が Grignard 反応剤ほど大きくないので，このような二次反応が進行しないため，非対称ケトンの合成に用いられる．

3・4・3 有機水銀化合物

　有機カドミウム化合物に比較すると，有機水銀化合物はかなり詳しく研究されている．RHgX 型および HgR_2 型の化合物は，塩化水銀と Grignard 反応剤を相当する比率で反応させることにより合成される．

$$HgCl_2 + RMgX \longrightarrow RHgCl + MgClX \tag{3・33}$$

$$HgCl_2 + 2\,RMgX \longrightarrow HgR_2 + 2\,MgClX \tag{3・34}$$

　RHgX 型化合物は結晶性固体として得られる．X がハロゲン，CN，SCN，OH のような，水銀と共有結合を形成する原子または原子団の場合には，RHgX は水よりも有機溶媒によくとける．水銀と CH_3I を光照射化で反応させると，CH_3HgI が得られる．これも有機亜鉛化合物を最初に合成した Frankland により見いだされた反応であり，メチル水銀化合物の合成法として，現在でも簡単で有効な方法である．

　ジアルキル水銀およびジアリール水銀は非極性で揮発性があり，有毒な無色の液体または低融点の固体である．有機亜鉛化合物と異なり，水あるいは空気に対して安定であると

いう特徴を有する。Hg−R結合の結合エネルギーは50〜200 kJ mol^{-1}で，比較的小さく，アルキル水銀化合物は熱または光により分解されやすい。分解はラジカル機構で進行するものと考えられる。有機水銀化合物は暗所で数箇月保存することができる。ジアルキル水銀はほかの金属化合物のアルキル化剤として用いられる。すべてのRHgXおよびHgR$_2$型分子は直線構造をしている。

水銀化およびオキシ水銀化　　不飽和有機化合物に水銀塩，特に酢酸塩，硝酸塩，トリフルオロ酢酸塩を作用させると，水銀が不飽和結合に付加した有機水銀化合物が生成する。

$$\text{C}_6\text{H}_5\text{-H} + \text{Hg(OAc)}_2 \longrightarrow \text{C}_6\text{H}_5\text{-Hg(OAc)} + \text{AcOH} \quad (3\cdot35)$$

チオフェンはベンゼンよりも求電子置換反応を受けやすいため，チオフェンと酢酸水銀の反応は市販ベンゼン中からチオフェンを除去するのに用いられる。

アルケンに対してHgX$_2$は可逆的にトランス付加（アンチ付加）する。

$$\text{R}_2\text{C=CR}_2 + \text{HgX}_2 \rightleftharpoons \text{R}_2\text{C(X)-CR}_2(\text{HgX}) \quad (3\cdot36)$$

水溶液中ではC−X結合がさらに加水分解され，エチレンがヒドロキシエチル水銀化合物となるため，この反応は**オキシ水銀化**ともよばれる。

$$\text{C}_2\text{H}_4 + \text{HgCl}_2 + \text{H}_2\text{O} \longrightarrow \text{HOCH}_2\text{CH}_2\text{HgCl} + \text{HCl} \quad (3\cdot37)$$

アルケンに対するオキシ水銀化はトランス付加で進行することがシクロヘキセンの場合に確かめられている。この反応の中間体として，3員環のメルクリニウムイオンが関与しているものと考えられている。

$$\text{C}_6\text{H}_{10} + \text{Hg(OAc)}_2 \longrightarrow [\text{C}_6\text{H}_{10}\cdots\text{Hg(OAc)}]^+ \quad (3\cdot38)$$

このような付加反応は，アルケンからアルコール，エーテル，アミンなどを合成するのに用いられる。アルコールは，アルケンのオキシ水銀化後NaBH$_4$で還元することにより得られる。この反応はMarkovnikov（マルコフニコフ）則に従い，置換基Rの付いている方の炭素にOH基が結合する。

$$\text{RCH=CH}_2 \xrightarrow[\text{H}_2\text{O, THF}]{\text{Hg(OAc)}_2} \text{RCH(OH)CH}_2\text{HgOAc} \xrightarrow{\text{H}_2\text{O, NaBH}_4} \text{RCH(OH)CH}_3 \quad (3\cdot39)$$

オキシ水銀化は，トランス付加により進行すること，Markovnikov則に従うこと，電子求

引基の導入は反応を阻害することなど，求電子付加反応の性質を備えている．

水銀塩はアルケンと同様にアルキンとも反応する．アセチレンとの反応では，アルケンのオキシ水銀化反応のように水銀イオンがアセチレンに求電子付加してヒドロキシビニル水銀中間体を与える．酸性条件下でこの中間体はプロトン化されてビニルアルコールを生成し，それが互変異性体であるアセトアルデヒドへ異性化するものと考えられている．しかし，D$_2$O を加えた反応では，重水素化物は生成しないので，ビニルアルコールの生成を経由する反応経路には問題が残っている．アルキン類への水の付加はアルケンとの反応と同様にトランス付加で進行してヒドロキシビニル水銀型の生成物を与える．

$$HC\equiv CH \xrightleftharpoons{Hg^{2+}, H_2O} \begin{bmatrix} HOH \\ C=C \\ HHg^+ \end{bmatrix} \xrightarrow{H^+} \begin{bmatrix} H_2C=CH \\ | \\ OH \end{bmatrix} \longrightarrow CH_3CHO \quad (3\cdot 40)$$

ヒドロキシビニル水銀 (**1**) がホルミルメチル水銀 (**2**) に異性化してからアセトアルデヒドを放出する (3・41) 式の反応経路の可能性の検討が必要である．この反応の機構に関して長年にわたって研究を続けてきた Henry によれば，Cl$^-$ 濃度が高い場合には配位エチレンへの求核攻撃が主として進行し，Cl$^-$ 濃度が低い場合にはエチレンの挿入反応が進行しているという．

$$HC\equiv CH \xrightleftharpoons[H_2O]{Hg^{2+}} \begin{bmatrix} H \\ OH \\ C=C \\ HHg^+ \end{bmatrix} \longrightarrow \begin{bmatrix} O \\ \parallel \\ C-CH_2 \\ HHg^+ \end{bmatrix} \xrightarrow{H^+} \overset{O}{\underset{}{HC}}-CH_3 + Hg$$
$$(\mathbf{1})(\mathbf{2})(3\cdot 41)$$

アセチレンからアセトアルデヒドを合成する方法は，パラジウム触媒を用いる Hoechst-Wacker (ヘキスト・ワッカー) 法によって，エチレンからアセトアルデヒドが製造されるまでの短期間，水俣の新日本窒素工業社ほか数社で採用されていた．その際に副生物として生成したメチル水銀が工場排水として排出され，それがサカナを通して人体中に取込まれ，水俣病の悲劇をひき起こしたものと考えられる．しかし，アセチレンからアセトアルデヒドを製造する過程でメチル水銀化合物がどのようにして生成したのか，その生成機構に関する，化学的研究は不十分で，まだほとんど解明されていないと言わざるを得ない[28]．関連する有機水銀化合物の変化を NMR などの定量的な測定に適した測定手段を用いて化学的な研究が行われることが望ましい．

工業的に用いられているほかの有機水銀化合物としては，いもち病予防のため，フェニル水銀化合物が殺菌剤として使用されたが，有機水銀化合物の毒性が明らかになってからその製造は中止された．

3・5 13族元素の有機金属化合物

13族には,ホウ素,アルミニウム,ガリウム,インジウム,タリウムが属しているが,13族の有機金属化合物[29]として最も重要なのはホウ素およびアルミニウム化合物である.13族元素とその有機金属化合物の性質を表3・2に示す.

表3・2 13族元素とその有機金属化合物の性質

	B	Al	Ga
第一イオン化ポテンシャル /kJ mol^{-1}	800.6	577.6	578.8
オルレッド・ロコウの電気陰性度	2.01	1.47	1.82
ポーリングの電気陰性度	2.04	1.61	1.81
原子半径 /pm	80	125	125
平均結合解離エネルギー /kJ mol^{-1}			
$M(CH_3)_3$ の $\bar{D}(M-CH_3)$	363	276	247
$M(C_2H_5)_3$ の $\bar{D}(M-C_2H_5)$	342	242	

13族元素のうち,ホウ素,アルミニウム,ガリウムの電気陰性度は周期表の上から下にゆくに従って減少するわけではなく,Al < Ga < B の順序であり,アルミニウムの電気陰性度が最も小さい.電気陰性度が最も小さいアルミニウムの場合には中心元素に結合したアルキル基はアニオン的な性質を示す.

ホウ素,アルミニウム,ガリウムのトリメチル化合物の反応性を比較すると,酸素に対する反応性はどの元素のトリメチル金属の場合も大きく,空気中で発火性であるが,水に対する反応性には大きな違いがある.アルキルアルミニウム化合物は水と激しく反応するが,トリアルキルホウ素は水とは反応しない.この相違は,C–Al結合のイオン性が22%あるのに対し,C–B結合のイオン性が6%しかないことを反映している.表3・2からわかるように,ホウ素,アルミニウム,ガリウムのトリメチル化合物の平均結合解離エネルギーは原子番号が増加するほど減少する.

13族の元素は,基底状態で $ns^2 np$ の外殻電子をもっているが,そのうち s 軌道の電子1個を p 軌道に昇位し,残りの s 軌道と p 軌道の混成により sp^2 混成軌道を形成する.この sp^2 混成軌道は中心元素から3方向に電子雲が張り出した形をしており,そのおのおのの方向で水素原子やアルキル基と結合して平面三角形の化合物が形成される.しかし,平面三角形の上下に,なお満たされていない p 軌道があるから配位的に不飽和である.したがって二量体を形成して安定化しようとする傾向がある.あるいは,Lewis塩基が存在する場合にはその非共有電子対を受け入れて四面体構造の付加物をつくって安定化しようとする傾向がある(図2・9参照).

3・5・1 ホウ素化合物とボランの化学的性質

ボラン BH_3[30),31)] は電子不足化合物であり,それ自身は非常に反応性に富んでいるため,単量体としては存在しない.通常,水素原子が二つのホウ素原子間に架橋したに二量体ジボラン B_2H_6 の形になっている(§2・2・1参照).ジボランを熱分解すると,H_2 の発生および B-B 結合生成を伴って四量体を生成する.

$$2 B_2H_6 \xrightarrow[加熱,-H_2]{} B_4H_{10} + H_2 \qquad (3・42)$$

このほか五量体,六量体,八量体,十量体など,いろいろな形のポリボランが生成する[32)].詳細については著者の前著[31)]に譲るが,ポリボランが形成されるにつれて,鳥の巣のような形や,クモの巣型などのポリボランが形成されていくのがみられる.$[B_{12}H_{12}]^{2-}$ 型のアニオンは安定な正二十面体化合物としてジボランとテトラヒドロホウ酸イオンから合成されている.この化合物は完全な正二十面体で,12個の B-H 結合がすべて外側に向いた対称性のよい化合物である.

$$2 BH_4^- + 5 B_2H_6 \longrightarrow B_{12}H_{12}^{2-} + BH_2 \qquad (3・43)$$

○: B-H
$B_{12}H_{12}^{2-}$

また,この正二十面体構造をもつ関連化合物として,炭素原子2個の入ったカルボランとよばれるボラン誘導体が知られている.さらに正二十面体構造の一角を切取った形のカルボリルとよばれる $B_9C_2H_{11}^{2-}$ 型のアニオンはシクロペンタジエニル類似の五角形の配位子として用いられ,遷移金属が中心金属として用いられた場合には,錯体触媒としての作用も研究されている.

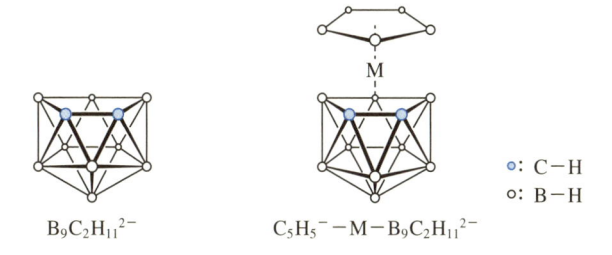

○: C-H
○: B-H

$B_9C_2H_{11}^{2-}$ $C_5H_5^- - M - B_9C_2H_{11}^{2-}$

ジボランは,イオン性の水素化剤である水素化ホウ素ナトリウム $NaBH_4$ と三フッ化ホ

ウ素エーテル付加体との反応により容易に発生させることができる.

$$2\,NaBH_4 + 4\,BF_3 \cdot O(C_2H_5)_2 \xrightarrow{THF} 2\,B_2H_6 + 3\,NaBF_4 + 4\,(C_2H_5)_2O$$
(3・44)

水素化ホウ素化合物を利用する最も重要な反応は H. C. Brown(1979年ノーベル化学賞受賞)らにより見いだされた**ヒドロホウ素化反応**である[33)~35)]. この反応によりアルケンの不飽和二重結合に B-H 結合をもつボランを付加させて, 各種のアルキルホウ素化合物を簡単に合成する方法が見いだされた. 有機ホウ素化合物は1859年に Frankland がホウ酸エステルと有機亜鉛化合物の反応により合成して以来, それほどよい方法がなかったので, Brown の見いだした方法は有機ホウ素化合物の化学を飛躍的に発展させた.

ヒドロホウ素化反応は炭素-炭素二重結合のほか, 各種の官能基に対して起きる. 各種の化合物, 官能基に対するヒドロホウ素化の反応性の順序を次に示す.

カルボン酸 > アルケン > アルデヒド, ケトン > ニトリル > エポキシド > エステル

ジボランとアルケンの反応は気相中では遅いが, エーテルのような弱い Lewis 塩基が存在すると反応は加速される.

ボランは三官能性化合物であるから, アルケンとの反応では(3・46)式に示すようにモノ, ジ, およびトリアルキルボランを生成する可能性がある.

$$\diagdown C=C\diagup + H-B \longrightarrow H-C-C-B \qquad (3\cdot45)$$

$$\diagdown C=C\diagup + BH_3 \longrightarrow H-C-C-BH_2$$
$$\xrightarrow{\diagdown C=C\diagup} \left(H-C-C\right)_2 BH \xrightarrow{\diagdown C=C\diagup} \left(H-C-C\right)_3 B \qquad (3\cdot46)$$

どの段階までヒドロホウ素化反応が進行するかはおもにアルケンの種類によって決まるが, 反応条件も影響する. 末端アルケンおよび立体障害の小さい内部アルケンは反応剤の比によらず, トリアルキルボランを与える. 三置換アルケンや立体障害の大きい二置換アルケンはジアルキルボランを生成する段階までは速いが, その後の反応速度は遅い. 四置換アルケンではまずモノアルキル体が得られ, その先の反応は遅い.

アルケンのヒドロホウ素化反応では, アルケンへの B-H の付加反応は逆 Markovnikov 型で進行し, ホウ素は主として置換基 R の付いている炭素ではなく, 置換基のない側に

$$RCH=CH_2 \xrightarrow{H-B\diagdown} \underset{6\%}{RCHCH_3 \atop |B\diagdown} + \underset{94\%}{RCH_2CH_2 \atop |B\diagdown} \quad (3\cdot47)$$

　この反応によって各種の新しいアルキルホウ素化合物がアルケンを用いて自由に得られることになった．このようにして得られる有機ホウ素化合物は，室温では水に対して非常に安定である．また，アルコール，フェノール，硫化水素とも反応しにくい．

　生成したアルキルホウ素化合物を適当な反応剤と反応させることによって，各種の有機化合物を合成することができる[36]．たとえば，過酸化水素で分解し加水分解することによってアルコールが得られる．

$$H-\overset{|}{\underset{|}{C}}-\overset{|}{\underset{|}{C}}-B\diagdown + H_2O_2 + NaOH \longrightarrow H-\overset{|}{\underset{|}{C}}-\overset{|}{\underset{|}{C}}-OH + NaB(OH)_2 \quad (3\cdot48)$$

　有機ホウ素化合物は加水分解に対しては安定で，無機酸を作用させてもなかなか分解しない．しかし，有機カルボン酸を加えると加水分解が容易に進行する．

$$H-\overset{|}{\underset{|}{C}}-\overset{|}{\underset{|}{C}}-B\diagdown \xrightarrow{CH_3COOH} H-\overset{|}{\underset{|}{C}}-\overset{|}{\underset{|}{C}}-H + CH_3COOB\diagdown \quad (3\cdot49)$$

カルボン酸を加えると容易に加水分解が進行する理由は，カルボン酸のカルボニル基がアルキルボランに配位し，ホウ素－炭素結合がプロトンによる分子内攻撃を受けやすい位置にくるためであると考えられている．

　一方，クロム酸による酸化ではケトンが得られる．

$$-\overset{|}{\underset{H}{C}}-B\diagdown \xrightarrow{CrO_4^{2-}} \diagdown C=O + HO-B\diagdown \quad (3\cdot50)$$

　アミン類は，ヒドロホウ素化生成物とクロロアミンまたはヒドロキシルアミン-O-スルホン酸との反応により得られる．

$$-\overset{|}{\underset{H}{C}}-B\diagdown + \begin{matrix}NH_2Cl\\(H_2NOSO_3H)\end{matrix} \xrightarrow{H_2O,\,-Cl} -\overset{|}{\underset{|}{C}}-NH_2 + HO-B\diagdown \quad (3\cdot51)$$

　ボラン化合物の研究でノーベル賞を受賞した H. C. Brown はヒドロホウ素化反応について，"私の両親は先見の明があった．名前のイニシャルのHとCとBを結び付ける反応を息子が見付けることを見通していたのだから"とその著書のなかでジョークをとばしている．

アルケンの種類を選ぶことによってホウ素に特定のアルキル基を導入し，ほかのアルキル基との反応性の違いを有機合成に利用することができる．たとえばジシアミルボラン，テキシルボランとよばれるジアルキルおよびトリアルキルボランは，1個および0個の水素をもち，選択性のよいヒドロホウ素化剤として用いられている．

$$BH_3 + 2 \underset{CH_3}{\overset{CH_3}{C}}=\underset{H}{\overset{CH_3}{C}} \longrightarrow (H-\underset{CH_3}{\overset{CH_3}{\underset{|}{\overset{|}{C}}}}-\underset{H}{\overset{CH_3}{\underset{|}{\overset{|}{C}}}})_2BH \quad (3・52)$$

ジシアミルボラン

$$BH_3 + 3 \underset{CH_3}{\overset{CH_3}{C}}=\underset{CH_3}{\overset{CH_3}{C}} \longrightarrow (H-\underset{CH_3}{\overset{CH_3}{\underset{|}{\overset{|}{C}}}}-\underset{CH_3}{\overset{CH_3}{\underset{|}{\overset{|}{C}}}})_3B \quad (3・53)$$

テキシルボラン

環状アルケン，環状ジエンを用いたモノヒドリド体を用いることによりヒドロホウ素化の選択性をあげる工夫が行われている．

$$2 \bigcirc + BH_3 \cdot THF \longrightarrow \text{(ジシクロオクチルボラン)} \quad (3・54)$$

$$2 \bigcirc + BH_3 \cdot THF \longrightarrow \text{9-BBN (B-H)} \xrightarrow{\text{エチレン}} \text{(B-C}_2\text{H}_5\text{)} \quad (3・55)$$

9-ボラビシクロ[3.3.1]ノナン
9-BBN

トリアルキルホウ素化合物は，水とは反応しない．高温（100〜125℃）では一酸化炭素と反応し，アルキル基がすべて炭素上に移動した化合物が得られる．これを酸化すると第三級アルコールが得られる．

$$R_3B + CO \longrightarrow [R_3CBO]_x \xrightarrow{H_2O_2}{NaOH} R_3COH \quad (3・56)$$

以上のようなヒドロホウ素化反応の開発により，通常の有機合成反応では困難な各種の合成反応の開発が可能になった．

この反応の応用として，パラジウムを用いる触媒的C–Cカップリング反応が開発され，有機合成への応用はさらに広がった．この触媒反応は，以前 Brown の博士研究員であった北海道大学の鈴木 章と宮浦憲夫の研究グループによって開発されたもので，鈴木-宮浦カップリングとよばれている．この反応は，有機ホウ素化合物が水に対して安定で，毒性もないために，使いやすい便利な手法として有機化学者によって多用されている．このほ

かにも，有機ホウ素化合物を用いた各種の有用な合成手法が開発されている．

水素化ホウ素イオン　不飽和有機化合物の水素化（還元）反応は有機合成において重要な反応である．いろいろな不飽和化合物の水素化反応を行わせるためには，選択性の異なる各種の反応剤が使えることが望ましい．BH_4^- イオンを有する塩として，$NaBH_4$，$LiBH_4$ などが知られており，このほかに $LiAlH_4$ などがそれぞれ異なった還元力を有するので，これらの還元剤を使い分けることによって目的を達することができる．

　BH_4^- イオンは四面体構造をしており，そのナトリウム塩 $NaBH_4$ は無色の結晶である．$NaBH_4$ は比較的穏やかな還元剤で，アルデヒド，ケトン，酸塩化物は還元するが，そのほかの有機化合物に対する還元作用は弱い．これに対して $LiAlH_4$ はもっと強力な還元剤で，ラクトン，エポキシド，エステル，カルボン酸，アミド，ニトリル，ニトロ基なども還元する能力がある．またジボランは $NaBH_4$ と $LiAlH_4$ の中間的な還元力をもっている．このような還元力の異なる水素化物をうまく使い分けることにより，分子中に二つの官能基を有する化合物の片方のみを選択的に還元することができる．たとえば，ジカルボン酸モノエステルの場合，テトラヒドロフラン中でジボランを用いれば，カルボン酸側のみを選択的に還元できる．一方，カルボン酸をカルボン酸塩にしておけば，$NaBH_4$ を用いてエステル基を優先的に還元することができる．

3・5・2　有機アルミニウム化合物

　表3・2に示したように，アルミニウムはホウ素に比べて電気陰性度が小さく，原子半径は大きい．Al−C 結合の平均結合解離エネルギーは対応する有機ホウ素化合物の場合よりかなり小さい．したがって，アルミニウムに結合したアルキル化合物は対応するホウ素の場合よりもカルボアニオン性が強く，反応性が高い．ともに酸素とは反応するが，水との反応性には大きな違いがある．アルキルホウ素化合物は水とは反応しないが，アルキルアルミニウム化合物の場合には激しく反応する．

a　Ziegler の研究の軌跡

　Grignard 反応剤の調製と反応にはエーテル系溶媒の使用が重要であり，多くの反応はエーテル系溶媒中で円滑に進行する．一方，トリアルキルアルミニウムを用いて不飽和炭化水素との反応を行う場合には，エーテルの使用は反応を阻害する場合が多い．AlR_3 とエーテルは付加物を形成し，アルケン類との反応を阻害するためである．

　K. Ziegler の研究は非常に基礎的な興味に発している．しかし，その成果は非常に応用的な影響が大きい．彼は最初，有機ラジカルの化学に関心をもち，その研究の過程でアルカリ金属とハロゲン化アルキルの反応に興味を抱き，この反応により生成するアルカリ金属のアルキル化合物の形成とその分解過程で生成するラジカルについて研究した．さらに，ある種のアルキル金属化合物が不飽和結合をもつ炭化水素と反応すると，金属−炭素

結合間にアルケンが挿入反応を起こすことを見いだした．このような研究の過程でアルキルリチウムを蒸留により精製する実験をしていたとき，アルキルリチウムは加熱すると，水素化リチウムとアルケン混合物を生成することを見いだした．

$$\text{LiCH}_2\text{CH}_3 \xrightarrow{\text{加熱}} \text{LiH} + \text{CH}_2=\text{CH}_2 + \text{RCH}=\text{CH}_2 \quad (3\cdot57)$$
$$R = C_2H_5, C_4H_9, C_6H_{13} \text{ など}$$

Zieglerはこの結果を解釈するにあたって，二つの反応を仮定した．一つは$\text{Li}-\text{CH}_2\text{CH}_3$結合へのエチレン挿入反応によりアルキル鎖が伸びてアルキル鎖の長いアルキルリチウムが生成する成長反応である．もうひとつは，エチル，ブチル，ヘキシル等のアルキルリチウムからアルケンが脱離して水素化リチウムを生成する反応である．水素化リチウムにエチレンが挿入する反応はエチレンの加圧下で促進されることを確認した．彼はさらに研究を進め，LiAlH_4を用いて，温度を$200°C$に上げて加圧したエチレンと反応させると，リチウム－水素結合への挿入反応が進行し，$\text{LiAl}(\text{C}_2\text{H}_5)_4$が生成するとともに，末端に炭素－炭素二重結合を有するアルケンができることを見いだした．

$$\text{LiAlH}_4 + 4\,\text{CH}_2=\text{CH}_2 \xrightarrow[\text{加圧}]{\text{加熱}} \text{LiAl}(\text{C}_2\text{H}_5)_4 + \text{RCH}=\text{CH}_2 \quad (3\cdot58)$$

さらにZieglerらは研究を進め，リチウムを含まないAlH_3とエチレンの反応を調べ，トリエチルアルミニウムが生成することを確かめた．さらにアルキル鎖が伸長した化合物からの脱離反応によりアルキル鎖の長いアルケンが生成することも見いだした．

$$\text{AlH}_3 + 3\,\text{CH}_2=\text{CH}_2 \longrightarrow \text{Al}(\text{C}_2\text{H}_5)_3 + \text{RCH}=\text{CH}_2 \quad (3\cdot59)$$

これらの結果は$\text{Al}-\text{H}$結合間にアルケンが挿入する反応，および生成したアルキルアルミニウムからのβ水素脱離反応により，水素化アルミニウムと末端アルケンが生成する逆反応が可逆的に起こっていることを示唆している．

$$\begin{array}{c} {}^{\delta+}\text{Al}-\text{H}^{\delta-} \\ | \quad\quad | \\ \text{CH}_2=\text{CHR} \end{array} \rightleftharpoons \begin{array}{c} \text{Al}\cdots\text{H} \\ | \quad\quad | \\ \text{CH}_2-\text{CHR} \end{array} \quad (3\cdot60)$$

エチレン加圧下では挿入反応の方が有利である．アルミニウム原子は3価で，3本の結合手があるから，エチレンの挿入反応は，3本の$\text{Al}-\text{C}$結合間に統計的に進行する．

$$\text{Al}\begin{array}{l}-\text{C}_2\text{H}_5\\-\text{C}_2\text{H}_5\\-\text{C}_2\text{H}_5\end{array} \xrightarrow{\text{CH}_2=\text{CH}_2} \text{Al}\begin{array}{l}-\text{CH}_2\text{CH}_2\text{C}_2\text{H}_5\\-\text{C}_2\text{H}_5\\-\text{C}_2\text{H}_5\end{array} \xrightarrow{n\,\text{CH}_2=\text{CH}_2} \text{Al}\begin{array}{l}-(\text{CH}_2\text{CH}_2)_x\text{C}_2\text{H}_5\\-(\text{CH}_2\text{CH}_2)_y\text{C}_2\text{H}_5\\-(\text{CH}_2\text{CH}_2)_z\text{C}_2\text{H}_5\end{array}$$

$$(3\cdot61)$$

挿入反応によって生じたアルキル基の間には分配反応が起こり，成長したアルキルアルミニウムのアルキル鎖の長さは統計的なポアソン分布をしている．このようなアルキル−M結合へのアルケンの挿入反応はアルキルリチウムの場合には認められるが，C−B結合の共有結合性の高いアルキルホウ素の場合にはない反応である．挿入反応の速度論的解析によれば，トリエチルアルミニウムとエチレンの反応速度はトリエチルアルミニウム濃度の1/2乗に比例しており，トリエチルアルミニウムの単量体が反応活性種であることを示している．

トリアルキルアルミニウムへのエチレンの挿入反応では，あまり長いアルキル基をもった化合物は得られない．それはアルキル基からの β 水素脱離反応が可逆的に起こりやすくなるためである．Zieglerの書き方を借りて1/3Alをalと表すと反応は次のように進む．

$$\text{al}-(CH_2CH_2)_n-C_2H_5 \longrightarrow \text{al}-H + CH_2=CH(CH_2CH_2)_{n-1}-C_2H_5 \quad (3\cdot62)$$

生成したal−Hはエチレンと反応しやすいから，al−Hへのエチレン挿入反応によってal−C$_2$H$_5$が再生し，さらにエチレンが挿入する．

$$\text{al}-H + CH_2=CH_2 \longrightarrow \text{al}-C_2H_5 \xrightarrow{n\,CH_2=CH_2} \text{al}-(CH_2CH_2)_n-C_2H_5 \quad (3\cdot63)$$

このようにして成長したアルキルアルミニウム化合物は再び脱離反応を起こしてal−Hとアルケンを再生する．この反応では，エチレンの挿入反応は起こるが生成する重合体の分子量は増大しない．すなわち，連鎖移動反応が起こっていることになる．このようなエチレンの挿入反応によりエチレンからある程度の長さのアルキル基をもったアルキルアルミニウム化合物が触媒的に得られる．

アルミニウム−エチル結合へのエチレンの挿入反応は高圧ほど有利であり，160℃までは温度が高いほど成長反応は速い．そのようにして得られた，平均鎖長が C_{14} 程度のアルキルアルミニウム化合物を酸化し加水分解すると，洗剤の原料になる鎖長の長いアルコールが工業的に得られる．

b 有機アルミニウム化合物の合成性と反応性

トリアルキルアルミニウムは次に示すような方法で金属アルミニウムと水素およびアルケンの反応により合成される．

$$Al + H_2 + AlR_3 \longrightarrow R_2AlH \xrightarrow{\text{アルケン}} AlR_3 \quad (3\cdot64)$$

有機アルミニウム化合物の代表的反応例を図3・5に示す．空気中で発火し，水とは爆発的に反応するような扱いにくい性質にもかかわらず，現在では各種のアルキルアルミニウム化合物が工業的に合成され，市販されている．多くのトリアルキルアルミニウムは

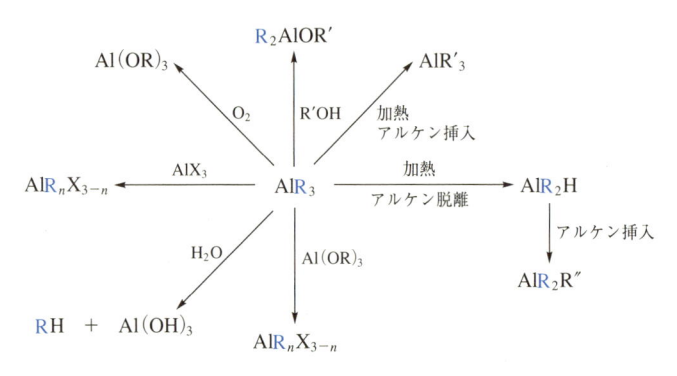

図 3・5 に示すような反応図（AlR₃ を中心とする反応例）

図 3・5 有機アルミニウム化合物の代表的反応例

エーテル，アミンのような Lewis 塩基と反応し付加物を形成する．市販品として得られない有機アルミニウム化合物はハロゲン化アルミニウムと Grignard 反応剤により実験室的に合成することができる．

$$3\,\text{RMgX} + \text{AlX}_3 \xrightarrow[-3\,\text{MgX}_2]{(\text{C}_2\text{H}_5)_2\text{O}} \text{AlR}_3\cdot\text{O}(\text{C}_2\text{H}_5)_2 \xrightarrow[-(\text{C}_2\text{H}_5)_2\text{O}]{加熱} \text{AlR}_3 \quad (3\cdot65)$$

c 水素化アルミニウム

ボラン (borane) BH_3 に相当する水素化アルミニウム AlH_3 はアラン (alane) とよばれる．固体で安定な水素化アルミニウムは，水素で橋架けした重合体 $(AlH_3)_n$ として存在する．水素化反応剤として重要な $LiAlH_4$ は塩化アルミニウムと水素化リチウムの反応により合成される．または金属アルミニウムと水素およびリチウムの反応により合成される．

$$4\,\text{LiH} + \text{AlCl}_3 \xrightarrow{(\text{C}_2\text{H}_5)_2\text{O}} \text{LiAlH}_4 + 3\,\text{LiCl} \quad (3\cdot66)$$

$LiAlH_4$ は非揮発性，結晶性の固体で，有機，無機の両分野で重要な還元剤である．エーテル系の溶媒にとけ，これらの溶媒中で強い還元力を示す．アルデヒド，ケトン，酸無水物，ラクトン，エポキシド，エステル，カルボン酸，カルボン酸塩をアルコール類に還元し，アミド，ニトリルはアミンまで還元する．

3・5・3 有機ガリウム，インジウム，タリウム化合物

ガリウム，インジウム，タリウムの有機金属化合物は主としてトリアルキル金属化合物が研究されている．これら元素のトリアルキル化合物の性質は対応するトリアルキルアルミニウムに似ているが，アルキルアルミニウム化合物と違って二量化する傾向が小さい．有機タリウム化合物としてはトリアルキル化合物のほか，ジアルキルおよびモノアルキル

化合物が知られている．TlOH とシクロペンタジエンの反応でシクロペンタジエニルタリウム TlC$_5$H$_5$ が合成されている．TlC$_5$H$_5$ は各種遷移金属のシクロペンタジエニル誘導体を合成するのに有用な反応剤である．ただ，タリウム化合物には有毒なものが多いので取扱いには注意が必要である．

これらの有機金属化合物を真空中で加熱分解し，基板上に蒸着させると，金属の薄膜が得られる．この方法を気相蒸着法という．特に有機金属化合物を用いる蒸着法は MOCVD (metal organic chemical vapor deposition) とよばれ，化合物半導体製造に重要な手法になっている．

揮発性のトリメチルアルミニウム，トリメチルインジウムやトリメチルガリウムのような 13 族の有機金属化合物および，PH$_3$ や AsH$_3$ のような 15 族の水素化物を，ヘリウムのような不活性キャリヤーガスの気流中で反応室に運び，基板上で反応させながら加熱分解すると，両成分を含む 2 元系の半導体が得られる．たとえばガリウムとヒ素の組合わせでは GaAs 半導体が得られる．このような気相分解法は化合物半導体製造のための重要な方法となっており，半導体レーザー，発光ダイオードなどの素子の製造法として注目されている．有機金属化合物のきわめて基礎的な研究が最先端の電子材料製造に応用されている例として興味深い．もっとも，有機金属化学者の側の心理からすれば，分解させるための化合物をつくる研究というのは研究対象としては，あまり乗り気がしないテーマではある．

3・6　14 族元素の有機金属化合物

14 族には炭素のほかにケイ素，ゲルマニウム，スズ，鉛がある．14 族の有機金属化合物[37]は，いずれも炭素と安定な共有結合を形成し，工業製品として重要なものが多い．表

Intermezzo　的中した Mendeleev の予言

ガリウムは D. I. Mendeleev が周期表を提案したときにはまだ見いだされておらず，Mendeleev はこの未知の元素に対し，仮にエカアルミニウムという名前を付けて，その元素の性質と化合物の性質を予言した（エカとはサンスクリット語で"第一の"という意味である）．Mendeleev の予言後 6 年経ってフランスで新元素が見いだされ，フランスの古いラテン名"ガリア"にちなんでガリウムと命名された．この新元素はまさに Mendeleev が予言したとおりの性質を備えており，それまで疑わしいと思われていた周期表に対する信頼性は一挙に高まった．それに続いて Mendeleev がエカホウ素と予言したスカンジウムが発見され，さらにエカケイ素と名付けられていた新元素ゲルマニウムも Mendeleev が予言したとおりの性質を有することが見いだされた．

表 3・3 14 族元素とその有機金属化合物の性質†

	Si	Ge	Sn	Pb
第一イオン化ポテンシャル /kJ mol^{-1}	786	753	707	716
オルレッド・ロコウの電気陰性度	1.8	1.8	1.8	1.8
ポーリングの電気陰性度	1.7	2.0	1.7	1.6
原子半径 /pm	117	122	140	147
平均結合解離エネルギー /kJ mol^{-1}				
$M(CH_3)_4$ の $\bar{D}(M-CH_3)$	309	273	226±4	168±4
$M(C_2H_5)_4$ の $\bar{D}(M-C_2H_5)$	290	244±8	193±8	139±6
$M(C_6H_5)_4$ の $\bar{D}(M-C_6H_5)$	—	306±16	257±10	196±10
M_2 の $\bar{D}(M-M)$	314	272	192	79
$M(C_6H_5)_4$ の $\bar{D}(M-C_6H_5)$	289	280	257	228

† B. J. Aylett, "Organometallic Compounds, Vol. 1, The Main Group Elements, Part 2", Chapmam and Hall, London (1979) による.

3・3 に 14 族元素とその有機金属化合物の性質を示す.

14 族元素は基底状態で s 軌道および p 軌道に 2 個ずつの電子を有しており,s 軌道の電子の p 軌道への昇位により炭素と同様に sp^3 型四面体構造の化合物をつくる.第一イオン化ポテンシャルは元素の大きさが大きくなるほど低下している.また,金属−炭素結合の平均結合解離エネルギーおよび金属−金属結合の結合解離エネルギーは,Si から Ge, Sn, Pb へと元素が大きくなるほど減少している.メチル基,エチル基,フェニル基と金属の平均結合解離エネルギーは M−C$_6$H$_5$ > M−CH$_3$ > M−C$_2$H$_5$ の順に減少する.ほかの元素との結合解離エネルギーは,データは揃っていないが,ほぼ次の順序であると考えられる.

$$M-F > M-O > M-Cl > M-H \gtrsim M-N \approx M-S \approx M-Br \approx M-I$$
$$Si-X > Ge-X > Sn-X > Pb-X$$

したがって,Si−C 結合をもつ化合物から Si−F,Si−O,Si−Cl 結合を生成する方向の反応は熱力学的に有利である.14 族のテトラアルキルおよびテトラアリール化合物は,1 族,2 族,13 族の有機金属化合物に比べてずっと反応性が低い.アルキル基とハロゲンが両方とも中心金属に結合した R$_x$MX$_{4-x}$ 型の化合物はどの 14 族の元素でも知られている.

有機化合物の場合には C−C 結合をもった化合物の生成(鎖が連結するという意味でカテネーションとよばれる)はごくふつうに認められるが,ほかの元素の場合にはカテネーションはむしろまれである.そのなかで 14 族元素の化合物にはカテネーションするものが多い.カテネーションのしやすさの傾向は C > Si > Ge > Sn > Pb の順に減少する.

3・6・1 有機ケイ素化合物

有機ケイ素化合物[38),39)]には，工業的に重要な材料になるものが多い．現在有機ケイ素化合物の市場規模は1兆円におよび，建築材料，樹脂，潤滑油など多量生産により製造されている有機ケイ素化合物から，化粧品，さらには高機能性電子材料用の有機ケイ素化合物に至るまで，各種の製品が市場に出ている．ケイ素の地殻中の存在量は酸素に次ぎ，地球上で2番目に多い元素であるから，材料調達の面で，原料枯渇に関する問題は存在しない．

一方，炭素と同じ14族に属するケイ素とその下の元素が，炭素化合物と比較した場合にどこまで類似点が存在するか，という疑問から発した学問的研究の対象としても，これらの元素を含む有機化合物に関する研究は最近，増えている．たとえば，炭素は容易に炭素-炭素の単結合，二重結合，三重結合の化合物をつくり，ベンゼンその他の平面構造をもった芳香族化合物，複素環化合物を生成するが，ケイ素も同じようにケイ素-ケイ素の単結合，二重結合，三重結合の化合物，ヘキサシラベンゼンなども合成され，幅広く研究されている．

ケイ素が場合によって，炭素と異なる化学的挙動を示すのは，ケイ素はエネルギーの低い空の3d軌道をもっているためである．また，ケイ素は電気陰性度が1.7で，炭素の電気陰性度2.5よりも小さいため，C-H結合は$C^{\delta-}-H^{\delta+}$のように分極しているのに対し，Si-H結合は一般に$Si^{\delta+}-H^{\delta-}$のように逆に分極している．したがって，有機不飽和化合物に付加する反応などでは，通常のC-H結合をもった化合物の付加と逆の形で付加するなどの相違点も存在し，そのことを利用した有機合成反応が開発されている．

a 有機ケイ素化合物の合成

有機ケイ素化合物の合成方法として，ハロゲン化アルキルと金属ケイ素の直接反応による合成法，および既知の有機金属化合物とのトランスメタル化反応を用いる方法のほかに，ヒドロケイ素化反応（ヒドロシリル化反応）を用いるのも便利な方法である．

有機ケイ素化合物の重要性は，高分子化学の発達とともに認識され，シリコーン利用とその原料となる有機ケイ素化合物の工業的合成技術が第二次世界大戦末期に急速な発達を遂げた．

コーニング・ガラス社の J. F. Hyde らはガラスと有機高分子化合物の中間的性質を示す物質に興味を抱いて研究を開始し，Kipping らの方法により Grignard 反応を用いて各種の熱的に安定な有機ケイ素化合物を合成した．

$$SiCl_4 + RMgX \longrightarrow SiR_nCl_{4-n} + MgClX \qquad (3・67)$$

R_2SiCl_2型化合物の加水分解では$(SiR_2O)_n$の組成を有する低分子量の環状化合物が得られ，これはさらに条件をかえて加水分解することにより，熱安定性の高い有機高分子化合物になることが明らかになった．この研究について耐熱性モーターの開発に関心のあっ

た米国海軍およびゼネラル・エレクトリック(GE)社が興味をもち，シリコーン製造のプロジェクト研究を開始した．Grignard 反応による合成法での大量生産はいろいろ問題があったため，GE 社の E. G. Rochow は Grignard 反応以外の合成法に関する研究を始めた．Rochow は，まず HCl とケイ素の反応を研究し，次に CH_3Cl とケイ素を直接反応させるアイデアを試み，1940 年に CH_3Cl と Si/Cu 合金の反応により，$(CH_3)_2SiCl_2$, CH_3SiCl_3, $(CH_3)_3SiCl$ を直接合成することに成功した．

$$CH_3Cl + Si(Cu) \longrightarrow (CH_3)_2SiCl_2 + CH_3SiCl_3 + (CH_3)_3SiCl \quad (3\cdot68)$$
$$\left(+\ (CH_3)_4Si\ +\ (CH_3)_xSiSi(CH_3)_{6-x}\right)$$

おもな反応生成物は，$(CH_3)_2SiCl_2$, CH_3SiCl_3, $(CH_3)_3SiCl$ であり，そのほかにテトラメチルシラン，次に述べるケイ素-ケイ素結合を有するジシラン類が副生成物として得られる．これらの生成物は精密分留により分離精製される．

さらに遷移金属錯体触媒を用いて，ケイ素-水素結合を有するケイ素化合物とアルケン，アルキン，アルデヒドあるいはケトンと反応させ，新しい有機ケイ素化合物を合成す

Intermezzo　シリコンとシリコーンの違い

有機ケイ素化合物の研究を最初に始めたのは，Friedel-Crafts 反応で有名なフランス人化学者 C. Friedel と彼の米国人共同研究者だった J. Crafts である[1]．彼らは 1863 年に E. Frankland の合成したジエチル亜鉛と $SiCl_4$ を封管中 140～160 ℃ で反応させ，テトラエチルシランを得た．Friedel はその後 A. Ladenburg と有機ケイ素化合物の研究を続け，$Si(C_2H_5)_4$ の酸化反応によって $[(C_2H_5)_2SiO]_n$ の組成を有する"シリコーン"を合成した．Ladenburg は，$(C_2H_5)_2SiO_{1.5}$ の組成を有する"ケイ素樹脂"も合成したが，彼はこの化合物は脂肪酸の一種 $C_2H_5SiCOOH$ であると考え，シリコプロピオン酸と名付けた．

19 世紀の終わりから 20 世紀の初めになると，何人かの研究者が有機ケイ素化合物に興味を抱き研究を行った．そのなかで最も基礎的な貢献をしたのは英国生まれの F. S. Kipping（1863～1949）である．彼は最初の論文を 1899 年に報告してから 1936 年に引退するまで研究者としての全生涯を有機ケイ素化合物に捧げた．Grignard 反応剤を四塩化ケイ素と反応させて，彼は $Si(C_2H_5)_4$, $SiC_2H_5Cl_3$, $Si(C_2H_5)_2Cl_2$, $Si(C_2H_5)_3Cl$ を初めとする多くの有機ケイ素化合物を合成し，化学的に同定した．また，$Si(C_2H_5)_2Cl_2$ を加水分解して，$Si(C_2H_5)_2O$ の組成を有する分子量 604 の透明な液体を得た．一連の研究の過程で $(R_2SiO)_n$ の組成をもつ化合物を得て，彼はケトン類似の化合物という意味で "Silicone（シリコーン）" と命名

ることができる[40),41)]. たとえば，(3・69)式に示すように，アルケン類との反応ではケイ素-水素結合にアルケンが挿入した有機ケイ素化合物が得られる.

$$R_3SiH + \underset{}{\overset{}{>}}C=C\underset{}{\overset{}{<}} \xrightarrow{RhCl[P(C_6H_5)_3]_3} R_3Si-\underset{|}{\overset{|}{C}}-\underset{|}{\overset{|}{C}}-H \quad (3・69)$$

このヒドロケイ素化反応は，実験室での合成に用いられるほか，シリコーンゴムの硬化に応用される. たとえば，歯科用のセメントに用いる場合には，不飽和結合を有する液状の有機ケイ素高分子を次のように橋架けして硬化させる.

$$\begin{matrix} -O & R \\ \diagdown & | \\ & Si \\ \diagup & | \\ -O & H \end{matrix} + \begin{matrix} & R & O- \\ & | & \diagup \\ & Si \\ & | & \diagdown \\ CH_2=CH & & O- \end{matrix} \xrightarrow{Pt 触媒} \begin{matrix} -O & R & & R & O- \\ \diagdown & | & & | & \diagup \\ & Si & & Si \\ \diagup & | & & | & \diagdown \\ CH_2=CH & CH_2-CH_2 & O- \end{matrix}$$
$$(3・70)$$

ヒドロケイ素化反応の触媒としては白金触媒が最も有効である. 発見者の名前をとってSpeier(スパイヤー)触媒ともよばれる.

した. 有機化学者のKippingは，ケトンとsiliconeは化学的性質が違う事実は認識していたが，有機化学由来の命名法に固執した. それ以来シリコーンという名称は今日まで，有機ケイ素重合体に関する名称として定着した. 英文名では，末尾に"e"があるかないかの違いであり，日本語名では発音を伸ばす"ー"の有無の違いで，かなり紛らわしい. なお，金属ケイ素の日本語名はシリコンである.

有機ケイ素化学の基礎を確立する上で偉大な貢献をしたKippingだが，当時の彼にはシリコーンは大きな将来性を有する化合物とは思えなかった. 有機合成化学者としてのKippingにとっては，加水分解により生成するゴム状物質は扱いにくい邪魔ものだったのである. Kippingは彼の研究生活を回顧した講演[2)]で，"有機ケイ素化合物の反応性は限られており，今後有機化学において重要な進歩は期待できない"と悲観的な見解を述べている. 純粋な有機化学者としての彼には，その後の有機ケイ素化合物の発展は予見できなかった. しかし，有機ケイ素化合物のパイオニアとしての彼の偉大な貢献を記念して，今日彼の名はアメリカ化学会のKipping賞に残されている. これまでに，熊田 誠をはじめ多くの日本人研究者がKipping賞を受賞している. 有機ケイ素化学における日本の研究水準の高さを物語るものである.

文献 1) D. Seyferth, *Organometallics*, **24**, 4978 (2001). 2) F. S. Kipping, *Proc. R. Soc. London, A*, **159**, 139 (1937).

ケトンやアルデヒドのヒドロケイ素化も容易に進行し，シリルエーテル（アルコキシシラン）を生成する．シリルエーテルは酸性条件下での加水分解により容易にアルコールに変換できるので，この方法はアルデヒドやケトンの触媒的還元法と考えることができる．

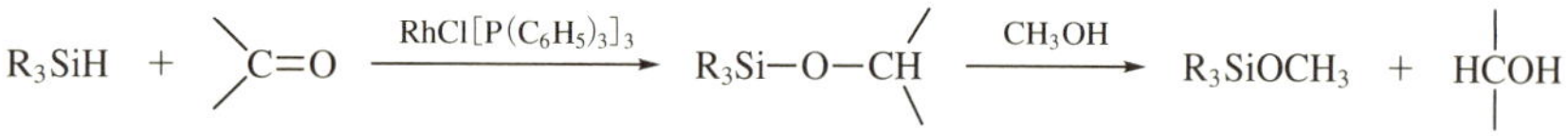
R3SiH
C=O
RhCl[P(C6H5)3]3
R3Si−O−CH
CH3OH
R3SiOCH3
HCOH

(3・71)

b ケイ素－ケイ素結合を有するポリシラン化合物

炭素と同じ 14 族に属するケイ素の有機化合物において，ケイ素－ケイ素単結合を有する有機ケイ素化合物のほか，二重結合，三重結合を有する有機ケイ素化合物も合成されている．また，図 3・6 に示すような炭素，ケイ素以外の 14 族元素どうしの多重結合化合物も合成されている．二重結合をもった 14 族元素の化合物は一般に不安定であるが，嵩高い置換基を 14 族元素に結合させて反応性を低下させることにより単離されるようになった[42]．なお，これらの多重結合性の化合物は，炭素化合物とは異なり，ビラジカル的な性質もあり，その構造と反応性に興味がもたれ，数多くの研究が行われている．この節では，おもにケイ素－ケイ素単結合を有する化合物について述べるが，多重結合化合物については成書に譲る[43]．

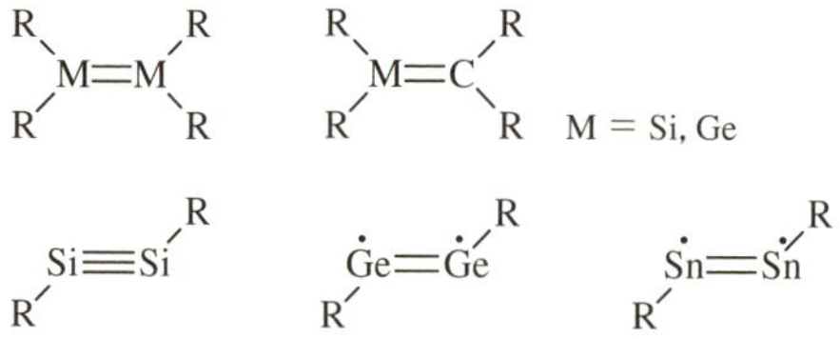
M＝M
M＝C
M = Si, Ge
Si≡Si
Ge＝Ge
Sn＝Sn

図 3・6　典型元素－典型元素間，典型元素－炭素間多重結合を有する化合物の例

ケイ素－ケイ素単結合を有する有機ケイ素化合物として，ジシランを初め複数のケイ素原子が鎖状および環状に結合した多様な化合物が知られており，これをポリシランという[44]．ジシランはポリシラン化合物中，最も簡単な化合物であり，R_3SiCl の塩素原子をリチウムで処理して引き抜くことにより合成される〔(3・72)式〕．

$$2\,R_3SiCl \;+\; 2\,Li \xrightarrow[-2\,LiCl]{} R_3Si{-}SiR_3 \qquad (3\cdot72)$$

ケイ素－ケイ素結合が多数線形に連結しているポリシラン化合物は，光励起による電気伝導性が発現することが期待されるので，ナトリウムを用いる還元あるいは電解還元による脱塩素反応により，高分子量のポリシランを合成する研究が行われている[45)~49)]．また，触媒を用いる脱水素反応によってもポリシランが合成できる．

$$\text{Cl}-\underset{\underset{R}{|}}{\overset{\overset{R}{|}}{\text{Si}}}-\text{Cl} \xrightarrow{\text{e}} \left(\underset{\underset{R}{|}}{\overset{\overset{R}{|}}{\text{Si}}}\right)_n \tag{3・73}$$

$$n\,\text{H}-\underset{\underset{R}{|}}{\overset{\overset{R}{|}}{\text{Si}}}-\text{H} \xrightarrow[-\text{H}_2]{\text{触媒}} \text{H}\left(\underset{\underset{R}{|}}{\overset{\overset{R}{|}}{\text{Si}}}\right)_n\text{H} \tag{3・74}$$

ポリシランをヨウ素処理すると,電気伝導性が発現することも知られており,その応用が研究されている.また,光照射により Si−Si 結合が切断され,現像液に可溶になることを利用して感光性高分子への応用が考えられている[50].

さらに,ポリシランの加熱分解により Si−CH$_2$−Si 結合をもつ繊維が開発され,特徴的な高い耐熱性を有する高機能材料として工業化されている[51)〜53)].

主としてジシランを出発物として,これまで多様な形のポリシランが合成されている.たとえば,炭素と同様な四面体構造の化合物や正方錐型のオクタシラキュバンが生成することが知られている.

$$2\,\text{Br}_2\text{RSi}-\text{SiRBr}_2 + \text{NaR} \xrightarrow{-4\,\text{RBr},\,-4\,\text{NaBr}} \text{R}-\text{Si}\underset{\text{Si}}{\overset{\text{Si}}{\diagdown\diagup}}\text{Si}-\text{R} \tag{3・75}$$

$$4\,\text{Br}_2\text{RSi}-\text{SiRBr}_2 + 16\,\text{Na} \xrightarrow{-16\,\text{NaBr}} \text{(オクタシラキュバン)} \tag{3・76}$$

炭素−炭素結合ではしご状に連結された化合物はラダラン (ladderane) とよばれるが,環状テトラシランがはしご状に結合したはしご型ポリシランなど各種のポリシクロシランも合成されている[54].はしご状のポリシランの立体配座としてはシン型とアンチ型の存在が知られている.

シン型　　　　　アンチ型

はしご型ポリシランは高度にケイ素−ケイ素結合が連結された歪みのかかった化合物な

ので，これを熱，光や，各種反応剤で処理することにより，ケイ素－ケイ素結合の開裂を起こさせると，各種の酸化体，還元体，カチオン種，アニオン種が生成する．これまでに各種のさまざまな形をした環状ポリシラン類が合成されている[55)～57)]．その合成法や構造および反応性は多様であり，詳細については成書に譲る．

ポリシロキサン化合物の合成　メチルクロロシラン類のSi-Cl結合は容易に加水分解され，OH基がケイ素に結合したシラノールになるが，シラノールはさらに脱水縮合してシロキサン結合とよばれるSi-O結合を形成する．シラノールの脱水縮合は酸やアルカリにより促進される．トリメチルクロロシランの加水分解は次式のように進行する．

$$(CH_3)_3SiCl + 2H_2O \xrightarrow{-HCl} (CH_3)_3SiOH + H_3O^+ \quad (3・77)$$

$$2(CH_3)_3SiOH \xrightarrow{H^+} (CH_3)_3Si-O-Si(CH_3)_3 + H_2O \quad (3・78)$$

ジメチルジクロロシランの加水分解はもっと複雑であり，条件により各種の生成物ができる．常温における加水分解生成物としては環状四量体が一番多いが，そのほかに鎖状のポリシロキサン重合体や，重合度の異なる各種の環状化合物が得られる．

$$\begin{array}{c}CH_3\\|\\Cl-Si-Cl\\|\\CH_3\end{array} \xrightarrow{H_2O} \left(\begin{array}{c}CH_3\\|\\-Si-O-\\|\\CH_3\end{array}\right)_n \quad (3・79)$$

工業的にはまず$(CH_3)_2SiCl_2$の加水分解で環状低重合体をつくり，これを開環重合して高分子化合物をつくることが多い．

シリコーンオイル，シリコーングリースは長い枝分かれのないポリシロキサンであり，主としてメチル誘導体が用いられる．シリコーンオイルは固化温度が低く，熱的に安定な，粘度の温度係数の低い液体である．シリコーンオイルで加工すると，織布ははっ水性になる．

シリコーンゴムは分子鎖の長いポリシロキサンを軽度に架橋させてつくられる．架橋の方法としては，ポリシロキサンにラジカル開始剤を加え，メチル基の水素を引き抜いてラジカルを発生させ，架橋する方法などがある．シリコーン樹脂は架橋の度合いがシリコーンゴムより高く，三次元的な架橋をしたもので，絶縁体，シーラント（窓枠とガラスの接着材）などに使われる．

モノメチルトリクロロシランは，加水分解により3本のSi-O結合ができるから，3官能性の架橋剤とみなすことができる．したがって，CH_3SiCl_3は$(CH_3)_2SiCl_2$と混ぜて加水分解すると，ポリシロキサンの架橋剤として働くことになる．

第二次世界大戦中に開発されたシリコーンオイルとシリコーンゴムは絶縁性と低温特性において優れた潤滑油であり，特にグリースの使用は，飛行機が超高度で飛ぶ場合の低温

における飛行を可能にした．第二次世界大戦末期における，B29 によるサイパンからの日本本土空襲は日本の都市を焼け野原にしたが，その裏にはこのような技術の進歩があった．

> **Intermezzo　日本人有機ケイ素化学研究者の奮闘**
>
> 　戦後，日本でもまず企業によってシリコーンの製造研究が開始された．戦後早々，必要な物資が何もない時代に，東芝社で有機ケイ素化合物の研究を開始したときの苦心談が日本の有機ケイ素化学のパイオニアである熊田 誠により残されている[1),2)]．今のように便利な複写装置がない時代なので，熊田は，まず F. S. Kipping のこれまでの 50 編の論文を片端から筆写して勉強し，Grignard 反応によって原料を合成することにした．しかし，敗戦後の日本ではすべての物資が不足しており，原料の入手は難問であった．$SiCl_4$ は知人から譲ってもらい，マグネシウムは旧海軍関係からインゴット 1 本を入手し，それを 1 日がかりでかんなで削って薄片とした．塩化エチルをつくるために必要だった食塩も手に入りにくい時代だった．手みやげをもって食塩を遠くまで買いに行き，さらに精密蒸留用の高性能蒸留塔も手づくりで準備した．そのような苦労の末に，合成に成功し，Kipping のデータを上回る結果を得たときのうれしさは格別だったという．Grignard 反応をこれから行うという日の朝，玄関で靴の紐を結びながら，"胸が高鳴った思いが忘れられない"，と熊田は述懐している．
>
> 　熊田の研究は，米国での先行研究の単なる追試では終わらなかった．メチルクロロシランの蒸留時に残渣として得られる，いわゆる"釜残"とよばれる副生物に注目した熊田は，釜残中の塩化物をさらに臭化メチルマグネシウムと反応させてメチル化し，沸点の低い有機ケイ素化合物に変換することによって，釜残中の有機ケイ素化合物を同定しようとした．1953 年のある冬の朝，暖房のない，凍えるような寒さの研究室でメチル化生成物を分留により得ようとしたところ，沸点 112 ℃ の留分が結晶化していることを見いだし，それがヘキサメチルジシラン（融点 13 ℃）だということを確認し，飛び上がって喜んだ．これが熊田らの有機ケイ素化合物の化学の出発点となった．"それを思い出すと，今でも私の血はたぎる"と言うほどの感激であった．このようにして，それまでほんの少量の合成しか報告されていないヘキサメチルジシランが，企業が処置に困っていた"釜残"から容易に，しかも大量に入手できるようになった．科学技術において米国にははるかに差を付けられた敗戦後の日本で，外国からの借り物ではない，日本発の独自の研究がスタートしたのである．
>
> **文献**　1) 熊田 誠, 化学, **32**, 301 (1977).　2) M. Kumada, *J. Organomet. Chem.*, **685**, 3 (2003).

C 有機合成反応における有機ケイ素化合物の利用例

先に述べたような遷移金属錯体触媒を用いるヒドロケイ素化反応のほか,いろいろな遷移金属錯体触媒を利用する有機ケイ素化合物を用いる有機合成反応が開発されているが[58],それについては§6・3・1dで述べる.

有機合成において有機ケイ素化合物を保護基として用いる場合の例をまず述べる.この場合には,有機化合物中のヒドロキシ基,カルボキシ基,アミノ基,あるいはメルカプト基等の反応性の高い活性水素を安定なトリメチルシリル基$(CH_3)_3Si$に置き換え,保護基として利用する.トリメチルシリル化により分子間相互作用が減少するため,トリメチルシリル化された化合物は揮発性が増し,有機溶媒への溶解度も上昇する.このようなシリル化により生成する化合物を用いることによって,ガスクロマトグラフ分析や質量分析への応用範囲も拡大した.

トリメチルシリル化反応では,クロロトリメチルシランを第三級アミンの存在下に活性水素をもつ化合物と反応させる.

$$RYH + (CH_3)_3SiCl \xrightarrow{R'_3N} RYSi(CH_3)_3 + R'_3N \cdot HCl \quad (3 \cdot 80)$$

あるいは,シリルアミンをシリル化剤として用い,活性水素を有する化合物との交換反応によりケイ素化合物を合成する方法も用いられる.

$$RYH + R'NHSi(CH_3)_3 \rightleftharpoons RYSi(CH_3)_3 + R'NH_2 \quad (3 \cdot 81)$$

有機合成においてよく用いられるのは,シリルエノールエーテルを用いる合成である.たとえば,ケトンをエノール化してアルキル化反応に用いる場合に,強アルカリを用いてエノール化すると,副反応がつきまとう.これを避けるため,一度ケトンをシリルエノールエーテルに変換してからアルキル化させる方法が用いられる.

$$(3 \cdot 82)$$

ケトンから誘導したトリメチルシリルエノールエーテルは,RCOClその他の求電子剤と反応し,RCO,RNHCO,C_6H_5Sなどの置換基をケトンのα位に導入することができる.

その他の有機ケイ素化合物の特性を利用した反応としては,アルケニルシラン,アリルシランの反応性を利用した有機合成が詳しく研究されている.アルケニルシランは,たとえば次のような反応により立体選択的に合成される.

$$(3 \cdot 83)$$

またアリルシラン類は，四塩化チタンの存在下，α,β-不飽和ケトンに選択的に共役付加する．この反応は櫻井-細見反応とよばれている．

$$\text{(3·84)}$$

有機ケイ素化合物は，通常 $Si^{\delta+}R^{\delta-}$ のように分極しており，それにより反応性が影響される．また，求核剤 Nu は有機ケイ素化合物に配位して5配位または6配位の中間体を形成し，それによって求電子剤との反応性も影響を受ける．たとえば，通常のアルキルケイ素化合物 $RSiY_3$ のケイ素-炭素結合は，ハロゲンや過酸化水素によっては切断されないが，高配位ケイ素種を経由させると，容易に切断され，ハロゲン化アルキルやアルコールを与える．たとえば，KF の存在下に過酸化水素と $RR'SiY_2$ を反応させると，ケイ素-炭素結合は容易に切断され，アルキル基部分の立体配置保持の反応でアルコールが得られる[59]．

$$\text{(3·85)}$$

有機ケイ素化合物は現在数百種が市販されており，空気中で安定な有機ケイ素化合物の特性を利用して，さまざまな有機合成への応用例が開発されつつある[60]．

3·6·2 有機ゲルマニウム化合物

ゲルマニウムは 1886 年に C. A. Winkler により発見された．その性質は Mendeleev が 1871 年にエカシリコンと仮に名付けて予測したものと非常によく一致していたので，この時以来，周期表の信頼性と有用性が広く認識されるようになったという歴史がある．Winkler はゲルマニウムの発見後間もなく，1887 年にテトラエチルゲルマニウムを合成している．これまで報告されている大部分の有機ゲルマニウム化合物は 4 価であるが，最近はゲルミレンなど，2 価の新規化合物も合成されるようになった．

R_nGeX_{4-n} 型の有機ゲルマニウム化合物として，たとえば，4 個のアルキル基がゲルマ

ニウムに結合したテトラアルキルゲルマニウムは，$GeCl_4$ と Grignard 反応剤などのアルキル化剤の反応により合成されている．メチルゲルマニウム化合物の場合には，Ge-Cu 合金と塩化メチルの反応でも合成できる．またハロゲン化アリールの場合にも直接法により合成できる[61)~63)]．

$$n\,RX + Ge \xrightarrow[\text{Cu 触媒}]{\text{加熱}} R_nGeX_{4-n} \qquad (3\cdot86)$$

R＝アルキル，アリール　X＝ハロゲン

これらの有機ゲルマニウム化合物の化学的性質はかなり有機ケイ素化合物に似ている．ゲルマニウムの電気陰性度はケイ素より少し大きく，水素に近い．したがって，ゲルマニウムに結合したアルキル基は負に分極しているが，ゲルマニウムに結合した H 原子は分極の程度が小さく，ゲルマニウムに結合したほかの置換基の影響で極性は逆転する．

$$\overset{\delta+}{R_3Ge}\!-\!\overset{\delta-}{H} \qquad \overset{\delta-}{X_3Ge}\!-\!\overset{\delta+}{H} \qquad (3\cdot87)$$

有機ゲルマニウム化合物の場合も，Ge-Ge，Ge=Ge，および Ge≡Ge 結合を有する化合物が合成されている[43),64)]．

3・6・3　有機スズ化合物

有機スズ化合物[65)~67)]は，有機ケイ素化合物と同様に，Grignard 反応剤，有機リチウムなどのアルキル化剤との反応により合成されている．メチルスズ化合物の場合には，スズ-ナトリウム合金やスズ-マグネシウム合金とハロゲン化アルキルとの反応により直接的に合成できる．

有機スズ化合物として，R_nSnX_{4-n} 型およびスズ-スズ結合を有する $R_mX_{3-m}SnSnR_nX_{3-n}$ ($m, n = 1~3$) 型の化合物が知られている．ここで R は置換あるいは無置換のアルキル，アルケニル，アルキニル，またはアリール基，X はハロゲンまたはその他の元素を含む原子団である．

14 族元素のなかでは，スズ-炭素結合の結合エネルギーは比較的弱いためスズ-アルキル結合は有機ケイ素化合物に比べて，さまざまな反応性を示す．そのなかではパラジウム錯体を触媒として用いる炭素-炭素結合生成反応，クロスカップリング反応（小杉-右田-Stille 反応，§6・3・1c 参照）が，有機合成に便利な方法として有機化学者により用いられている[68)]．また，有機スズ化合物は安定なラジカルを発生することが知られており，環化反応などにも利用されている[58)]．

有機スズ化合物の応用面では，ポリ塩化ビニル（PVC）の安定剤としての用途が最も大きい．PVC は直射日光下では分解しやすいが，2% 程度のジブチルスズ化合物を加えることにより，塩化水素の発生が防止される．また，抗酸化剤として，PVC の安定性を向上させ，長時間無色透明な性質を保持する作用があることがわかっている．

有機スズ化合物による生態系汚染の問題 4価の有機スズ化合物のうち,トリブチルスズやトリフェニルスズ等の化合物(塩化物,酢酸塩等)は,微生物や藻類,貝類などの増殖を強く抑制するため,漁網や船の船底にこれらの生物が付着するのを防ぐために用いられてきた.また,ジブチルスズ化合物など二置換の有機スズ化合物は,ポリ塩化ビニルの安定剤などに使用されてきた.しかし,これらの有機スズ化合物は巻貝などの成長を阻害するほか,内分泌攪乱物質としての作用を有することが見いだされたため,1980年後半から国際的規制の対象になった[69].アルキルスズ化合物の毒性は,$R_3SnY > R_2SnY_2 > RSnY_3$の順であるといわれているが,$R_3SnY$の毒性はRの種類により特異的に変化する.Rがメチル基の場合は昆虫に対し毒性が高く,エチルスズ化合物は哺乳類に対し毒性が高い.またブチル基の場合には貝類,カビなどに対し高い毒性を示す[70].このように,一部の有機典型元素化合物は,種類によっては生物毒性を有する化合物が環境を汚染することがあるので,その使用には十分な注意が必要である.

3・6・4 有機鉛化合物

有機鉛化合物[71,72]はおもに4価化合物に限られ,PbR_4,PbR_3X,PbR_2X_2,あるいは$PbRX_3$のいずれかの型に属する.

これらの有機鉛化合物のうち最も工業的に大規模に生産され,消費されてきたのはテトラエチル鉛である.テトラエチル鉛は,自動車の内燃機関がノッキングとよばれる異常燃焼を起こすのを防ぐため,ガソリン燃料のアンチノック剤として,大規模に消費されていた.ただ,テトラエチル鉛は毒性が強く,空気中の最大許容量は75 μg m^{-3}であった.そのため,開発時,および製造試験時にはかなり多数の事故例があった.しかし,結局その問題を克服して,テトラエチル鉛の合成技術は大規模工業に発展し,米国における1977年の生産量は年産40万tにものぼった.米国におけるモータリゼーションが可能になった理由の一つは,アンチノック剤の開発によりガソリンエンジンの性能が向上し,ガソリンの利用効率が向上したことによる.しかし,自動車の増加は大気汚染の問題をひき起こしたため,排気ガス浄化の問題が重要になり,テトラエチル鉛は使用されなくなった.

有機鉛化合物の合成と性質 有機鉛化合物は直接法によりハロゲン化アルキルを鉛-ナトリウムの合金と反応させて製造される.

$$4\,NaPb + 4\,RCl \longrightarrow PbR_4 + 3\,Pb + 3\,NaCl \qquad (3\cdot88)$$

さらに,異なった有機基が結合した有機鉛化合物は,有機ケイ素化合物と同様に,ヒドリド鉛化合物とアルケン,アルキンの反応により得られる.単純なテトラアルキル鉛は,無色で屈折率の高い,有毒な液体であるが,テトラフェニル鉛は結晶性固体である.

有機鉛化合物は,アルキル化,ビニル化,アルキニル化剤として用いられることがある.四塩化チタンを触媒として用い,アルデヒドとテトラアルキル鉛を反応させると,高

収率でアルコールが得られる．

$$PbR_4 + R'CHO \xrightarrow{TiCl_4, <10 ℃} \underset{40\sim95\%}{\underset{R'}{\overset{R}{>}}\!\!-OH} \qquad (3・89)$$

3・7 15族元素の有機元素化合物

　15族元素は明らかに金属としての性質を示す1族〜3族の元素群と異なり，金属と非金属の中間的性質を示す．したがって，その有機化合物誘導体を有機金属化合物のなかに加えるべきかどうか，はっきりしないところがある．しかし"有機元素化合物"という定義のなかに収まる重要な有機化合物誘導体があり，今後重要な化合物群として発展する可能性があるものと考えられる．したがって本節では15族の有機元素化合物のなかで限られた化合物を選んで，その性質や応用の可能性を述べる．

　15族元素に有機基が直接結合した化合物の多くは生物に対し毒性を示す．人間に対する毒性を押さえて，梅毒のスピロヘータのような特有の微生物に対する毒性を利用した薬剤が有機ヒ素化合物サルバルサンである．この薬品はペニシリン等の抗生物質にとって代わられるまでは，細菌に対する"魔法の弾丸"として歓迎された．

　一般的に毒性の強い化合物の研究を行うには相当の注意を払わないと危険であるため，これまでこのような15族元素の有機元素化合物の研究は敬遠されてきた．しかし，毒性発現の機構を明らかにするためにも，これらの有機元素化合物の性質を把握しておくことは望ましい．

　15族の有機元素化合物には，元素E間および元素Eと炭素との間にE=E，およびE=C結合を有する各種化合物が合成されている．現在は主として純粋に理学的な興味に発する研究が多いが，将来の発展も期待される分野である．

　これらの15族有機化合物自身の研究および応用のほかに，ER_3の一般式で表される15族の有機元素化合物は，遷移金属錯体の配位子として必須の化合物である．特に有機リン化合物は有機金属化学において広範に利用されており，簡単な第三級ホスフィンはかなり多く市販されている．

　同種15族元素間E−Eの結合エネルギー，および15族元素と炭素E−C，15族元素と水素E−Hの結合エネルギーは，EがP＞As＞Sb＞Biの順に減少する．

　As，Sb，Biでは，各種の5価の有機元素化合物が知られている．ER_5型化合物はER_3型化合物を酸化剤の反応により5価化合物に変換し，それをアルキル化することにより合成される．いくつかのER_5型化合物の合成例を次に示す．

$$As(CH_3)_3 \xrightarrow{Cl_2} (CH_3)_3AsCl_2 \xrightarrow[(C_2H_5)_2O]{CH_3Li} As(CH_3)_5 \qquad (3・90)$$

$$\text{As}(C_6H_5)_3 \xrightarrow{C_6H_5I} [(C_6H_5)_4\text{As}]^+ I^- \xrightarrow[-\text{LiI}]{C_6H_5\text{Li}} \text{As}(C_6H_5)_5 \qquad (3\cdot 91)$$

得られる 5 価の ER_5 型化合物の熱的安定性は As > Bi ≫ Sb，アリール > アルキルの順に低下する．これらの ER_5 型化合物は三方両錐構造をとるものが多いが，ハロゲン原子や OH，OR 等の置換基を有する ER_nX_{5-n} 型化合物ではこれらの X を通じて架橋した錯体を形成することが知られている．

文　献

1) "Comprehensive Organometallic Chemistry", ed. by G. Wilkinson, F. G. A. Stone, E. W. Abel, Pergamon Press, Oxford (1982); "Comprehensive Organometallic Chemistry II", ed. by E. W. Abel, F. G. A. Stone, G. Wilkinson, Pergamon Press, Oxford (1995).
2) 松田 勇，丸岡啓二，"有機金属化学（基礎化学コース）"，丸善（1996）．
3) 荻野 博，"典型元素の化合物（岩波講座現代化学への入門 11）"，岩波書店（2004）．
4) J. J. Eisch, "The Chemistry of Organometallic Compounds: The Main Group Elements", Macmillan Co., New York (1967). ["有機金属化合物の化学"，桜井英樹訳，廣川書店（1969）．]
5) J. L. Wardell, "Comprehensive Organometallic Chemistry", ed. by G. Wilkinson, F. G. A. Stone, E. W. Abel, Vol. 1, p. 43, Pergamon Press, Oxford (1982).
6) M. Gray, M. Tinkl, V. Snieckus, "Comprehensive Organometallic Chemistry II", ed. by E. W. Abel, F. G. A. Stone, G. Wilkinson, Vol. 11, p. 1, Pergamon Press, Oxford (1995).
7) G. Wilke, "Ziegler Catalysts", ed. by G. Fink, R. Mülhaups, H. H. Brintzinger, Springer, Berlin (1955).
8) M. A. Beswick, D. S. Wright, "Comprehensive Organometallic Chemistry", ed. by G. Wilkinson, F. G. A. Stone, E. W. Abel, Vol. 1, p. 1, Pergamon Press, Oxford (1982).
9) 永島英夫，"有機金属化合物 合成法および利用法"，山本明夫監修，3 章，東京化学同人（1991）．
10) 檜山爲次郎，有機合成化学協会誌，**37**，981（1979）．
11) B. J. Wakefield, "Comprehensive Organometallic Chemistry", ed. by G. Wilkinson, F. G. A. Stone, E. W. Abel, Vol. 7, p. 1, Pergamon Press, Oxford (1982).
12) B. J. Wakefield, "Organolithium Methods in Organic Synthesis", Academic Press, London (1994).
13) M. A. Beswick, D. S. Wright, "Comprehensive Organometallic Chemistry II", ed. by E. W. Abel, F. G. A. Stone, G. Wilkinson, Vol. 1, p. 1, Pergamon Press, Oxford (1995).
14) K. Smith, *Chem. Br.,* 29 (1982). リチオ化反応．
15) A. Mordini, "Comprehensive Organometallic Chemistry II", ed. by E. W. Abel, F. G. A. Stone, G. Wilkinson, Vol. 11, p. 93, Pergamon Press, Oxford (1995).
16) "Alkaline-Earth Metal Compounds: Oddities and Applications", Topics in Organometallic Chemistry, ed. by S. Harder, Springer (2013).
17) J. L. Wardel, "Comprehensive Organometallic Chemistry", ed. by G. Wilkinson, F. G. A. Stone, E. W. Abel, Vol. 1, p. 43, Pergamon Press, Oxford (1982).
18) W. E. Lindsell, "Comprehensive Organometallic Chemistry", ed. by G. Wilkinson, F. G. A. Stone, E. W. Abel, Vol. 1, p. 155, Pergamon Press, Oxford (1982).
19) H. L. Uhm, "Handbook of Grignard Reagents", ed. by G. S. Silverman, P. E. Rakita, p. 117, Dekker, New York (1996).

20) F. Bicklhaupt, "Grignard Reagents: New Developments", ed. by H. G. Richey, Jr., p. 299, Wiley, Chichester (2000).
21) J. M. Brown, S. K. Armstrong, "Comprehensive Organometallic Chemistry II", ed. by E. W. Abel, F. G. A. Stone, G. Wilkinson, Vol. 11, p. 129, Pergamon Press, Oxford (1995).
22) J. F. Garst, M. P. Soriga, *Coord. Chem. Rev.*, **248**, 623 (2004).
23) R. D. Rieke, S. E. Bales, P. M. Hudnall, G. S. Poindexter, *Org. Synth.*, **59**, 85 (1979); R. D. Rieke, P. T.-J. Li, T. P. Burns, S. T. Uhm, *J. Org. Chem.*, **46**, 4323 (1981); A. Guijaarro, D. M. Rosenberg, R. D. Rieke, *J. Am. Chem. Soc.*, **121**, 4155 (1999).
24) P. R. Marukies, G. Schat, O. S. Akkerman, F. Bickelhaupt, *J. Organomet. Chem.*, **393**, 315 (1990).
25) N. A. Bell, "Comprehensive Organometallic Chemistry", ed. by G. Wilkinson, F. G. A. Stone, E. W. Abel, Vol. 1, p. 121, Pergamon Press, Oxford (1982).
26) P. Knochel, R. D. Singer, *Chem. Rev.*, **93**, 2117 (1993).
27) 中村正治, 中村栄一, 有機合成化学協会誌, **56**, 632 (1998).
28) 西村 肇, 岡本達明, "水俣病の科学", 日本評論社 (2001); 西村 肇, 現代化学, **384**, 13 (2003).
29) 武田 猛, "有機金属化合物 合成法および利用法", 山本明夫監修, 4章, 東京化学同人 (1991).
30) T. Onak, "Comprehensive Organometallic Chemistry II", ed. by E. W. Abel, F. G. A. Stone, G. Wilkinson, Vol. 1, p. 217, Pergamon Press, Oxford (1995).
31) H. C. Brown, "Comprehensive Organometallic Chemistry", ed. by G. Wilkinson, F. G. A. Stone, E. W. Abel, Vol. 7, p. 111, Pergamon Press, Oxford (1982).
32) 山本明夫, "有機金属化学 基礎と応用", p. 109, 裳華房 (1982).
33) H. C. Brown, "Boranes in Organic Chemistry", Cornell University Press, Ithaca and London, (1972). ["ボラン 私はいかにして研究を進めたか", 守谷一郎訳, 東京化学同人 (1975).]
34) G. Zweifel, H. C. Brown, *Org. React.*, **13**, 1 (1963).
35) 鈴木 章, '有機ホウ素化合物を用いる合成化学', 鈴木 章, 伊藤健児, 若松八郎編著, "有機金属化合物を用いる合成反応 上", 丸善 (1974).
36) M. Zaidlewicz, "Comprehensive Organometallic Chemistry", ed. by G. Wilkinson, F. G. A. Stone, E. W. Abel, Vol. 7, p. 143, Pergamon Press, Oxford (1982).
37) 西山久雄, "有機金属化合物 合成法および利用法", 山本明夫監修, 6章, 東京化学同人 (1991).
38) F. O. Stark, J. R. Falender, A. P. Wright, "Comprehensive Organometallic Chemistry", ed. by G. Wilkinson, F. G. A. Stone, E. W. Abel, Vol. 2, p. 305, Pergamon Press, Oxford (1982).
39) 山本 靖, 高分子, **51**, 264 (2002).
40) J. F. Harrod, *Coord. Chem. Rev.*, **206/207**, 493 (2000).
41) M. Brookhrt, B. E. Grant, *J. Am. Chem. Soc.*, **115**, 2151 (1993).
42) J. Escudie, C. Couret, H. Ranaivoniatovo, *Coord. Chem. Rev.*, **178-180**, 565 (1998); R. West, *Polyhedron*, **21**, 467 (2002); N. J. Hill, R. West, *J. Organomet. Chem.*, **689**, 4165 (2004); A. Sekiguchi, M. Ichinohe, R. Kinjo, *Bull. Chem. Soc.*, **79**, 825 (2006); 笹森貴裕, 時任宣博, 有機合成化学協会誌, **65**, 688 (2007).
43) "有機金属化学の最前線 多様な元素を使いこなす", 現代化学増刊44, 宮浦憲夫, 鈴木寛治, 小澤文幸, 山本陽介, 永島英夫, 東京化学同人 (2011).
44) *J. Organomet. Chem.*, **685**, (2003). ポリシラン特集号
45) R. West, "Comprehensive Organometallic Chemistry", ed. by G. Wilkinson, F. G. A. Stone, E. W. Abel, Vol. 2, p. 365, Pergamon Press, Oxford (1982).
46) R. West, *J. Organomet. Chem.*, **685**, 1 (2003).

47) 庄野達哉，西田亮一，化学と工業，**45**, 1107（1992）．
48) T. Don Tilley, *Acc. Chem. Res.*, **26**, 22（1993）．
49) "有機ケイ素ポリマーの開発"，櫻井英樹監修，CMC 出版（1989）．
50) 名手和男，石川満夫，化学と工業，**43**, 639（1990）．
51) S. Yajima, J. Hayasi, M. Omori, *Chem. Lett.*, **1975**, 93.
52) R. J. P. Corriu, *Angew. Chem. Int. Ed.*, **39**, 1376（2000）．
53) 市川 宏，化学と工業，**43**, 667（1990）．
54) K. Kyushin, H. Matsumoto, *Adv. Organomet. Chem.*, **49**, 133（2003）．
55) A. Sekiguchi, H. Sakurai, *Adv. Organomet. Chem.*, **37**, 1（1995）．
56) E. Hengge, R. Janoschek, *Chem. Rev.*, **95**, 1495（1995）．
57) K. Kyushin, H. Matsumoto, *Adv. Organomet. Chem.*, **49**, 133（2003）；海野雅史，松本英之，有機合成化学協会誌，**62**, 107（2004）．シラキュバン等多面体化合物．
58) 小宮三四郎，"有機金属化合物 合成法および利用法"，山本明夫監修，東京化学同人（1991）．
59) 吉良満夫，有機合成化学協会誌，**52**, 510（1994）；玉尾皓平，林 高史，伊藤嘉彦，日本化学会誌，**5**, 509（1990）．
60) "有機金属反応剤ハンドブック"，玉尾皓平編著，化学同人（2003）．
61) P. Riviére, M. Riviére-Baudet, J. Satgé, "Comprehensive Organometallic Chemistry", ed. by G. Wilkinson, F. G. A. Stone, E. W. Abel, Vol. 2, p. 399, Pergamon Press, Oxford（1982）．
62) M. Lesbre, P. Mazerolles, J. Stages, "The Organic Compounds of Germanium", Interscience Publishers（1971）．
63) 持田邦夫，有機合成化学協会誌，**49**, 288（1991）．
64) M. Kira, T. Iwamoto, T. Maruyama, C. Kabuto, H. Sakurai, *Organometallics*, **15**, 3767（1996）．
65) T. Sato, "Comprehensive Organometallic Chemistry II", ed. by E. W. Abel, F. G. A. Stone, G. Wilkinson, Vol. 11, p. 355, Pergamon Press, Oxford（1995）．
66) A. K. Sawyer, "Organotin Compounds", Vol. 1-3, Marcel Dekker Inc.（1971）．
67) C. Pettinari, *J. Organomet. Chem.*, **691**, 1437（2006）．最近の有機スズ化合物の進歩概説．
68) M. Kosugi, K. Fugami, *J. Organomet. Chem.*, **653**, 50（2002）．
69) 高橋 真，化学と教育，**53**, 446（2005）．
70) 馬場章夫，"有機金属反応剤ハンドブック"，玉尾皓平編著，化学同人（2003）．
71) J. T. Pinhey, "Comprehensive Organometallic Chemistry II", ed. by E. W. Abel, F. G. A. Stone, G. Wilkinson, Vol. 11, p. 461, Pergamon Press, Oxford（1995）．
72) C. Elschenbroich, "Organometallics", Wiley-VCH Verlag（2006）．

4

有機遷移金属錯体の合成と性質

　遷移金属錯体も典型元素化合物と同様に，さまざまな構造をとるが，遷移金属錯体では，金属のd軌道が関与するため，有機典型元素化合物より，さらに多様性に富んでいる．本章では，まず有機遷移金属錯体の合成法を述べ，次に18電子則，溶液中での構造変化，異性化について述べる．また，d軌道に電子を含む1価の銅，銀，金錯体の合成と反応性についても簡単に述べる．

4・1　有機遷移金属錯体の合成

　これまでに合成された有機遷移金属錯体の数は膨大であり，合成法は遷移金属と配位子の種類によって異なる．したがって，個々の錯体の合成法の詳細については省略し，ここでは合成法の基本的な形式について簡単に述べる．

　まず，有機遷移金属錯体を，1) 金属－炭素原子間にσ結合を有する錯体と，2) π結合を有する錯体に分け，それぞれについて概説する．カルボニル配位子のみを有する錯体の合成についてはここでは扱わない．

4・1・1　金属－炭素間にσ結合を有する錯体

　遷移金属と炭素間にσ結合を有するアルキル遷移金属錯体は一般に不安定で単離することはむずかしいと以前には考えられていたが，適切な補助配位子を用いることにより，各種のアルキル錯体およびアリール錯体が安定に単離されるようになった．有機遷移金属錯体の反応性や分解経路の解明が進むとともに，これらの分解過程を抑制すれば安定な有機遷移金属錯体が合成できることがわかってきた．典型元素のアルキル金属化合物の合成と同様，有機遷移金属錯体の合成法にも直接法と間接法がある．

a　直接法による有機遷移金属錯体

　電子豊富な低原子価遷移金属錯体は，ハロゲン化アルキル，アリールなどと反応して，

アルキルまたはアリール遷移金属錯体を与える．この反応は酸化的付加とよばれ，§5・2で述べるように，錯体を用いる触媒反応の素反応として重要である．

酸化的付加の概念が明らかになったのは，(4・1)式に示す反応により **Vaska**(バスカ)**錯体**とよばれる低原子価イリジウム(I)錯体が偶然発見され，その多様な反応性が明らかにされて以来である[1]．

$$\text{IrCl}_3 + \text{C}_2\text{H}_5\text{OH} + \text{P(C}_6\text{H}_5)_3 \longrightarrow \underset{\text{Vaska 錯体}}{(\text{C}_6\text{H}_5)_3\text{P}-\overset{\text{CO}}{\underset{\text{Cl}}{\text{Ir}^{\text{I}}}}-\text{P(C}_6\text{H}_5)_3} \quad (4\cdot 1)$$

この1価のイリジウム錯体は反応性に富んでおり，多くの基質と反応し，その付加生成物を与える．たとえばVaska錯体とヨウ化メチルとの反応では，(4・2)式に示すように，3価のメチルイリジウム錯体が生成する．このような反応を**酸化的付加反応**とよび，金属-アルキル錯体の合成法として有用な反応である (§5・2参照)．

$$\underset{\text{Vaska 錯体}}{(\text{C}_6\text{H}_5)_3\text{P}-\overset{\text{CO}}{\underset{\text{Cl}}{\text{Ir}^{\text{I}}}}-\text{P(C}_6\text{H}_5)_3} + \text{CH}_3\text{I} \longrightarrow (\text{C}_6\text{H}_5)_3\text{P}-\overset{\overset{\text{CH}_3}{|}\,\text{CO}}{\underset{\underset{\text{I}}{|}\,\text{Cl}}{\text{Ir}^{\text{III}}}}-\text{P(C}_6\text{H}_5)_3 \quad (4\cdot 2)$$

同様にハロゲン化アリールはパラジウム(0)錯体に酸化的付加して，アリールパラジウム(II)錯体を与える．この反応は0価パラジウム錯体を触媒とする多くの触媒反応の鍵反応である．

$$\text{Pd[P(C}_6\text{H}_5)_3]_4 + \text{C}_6\text{H}_5\text{I} \xrightarrow{-2\,\text{P(C}_6\text{H}_5)_3} \text{C}_6\text{H}_5-\overset{\overset{\text{P(C}_6\text{H}_5)_3}{|}}{\underset{\underset{\text{P(C}_6\text{H}_5)_3}{|}}{\text{Pd}}}-\text{I} \quad (4\cdot 3)$$

ハロゲン化アルキルやハロゲン化アリールのほかに，酢酸ベンジルなどのエステル類も電子豊富な低原子価遷移金属錯体への酸化的付加によりベンジル遷移金属錯体を与える[2]．

$$\underset{L\,=\,\text{PC}_6\text{H}_5(\text{CH}_3)_2}{\text{PdL}_2} + \text{CF}_3\text{COO}-\text{CH}_2\text{C}_6\text{H}_5 \longrightarrow L_2\text{Pd}\overset{\text{OCOCF}_3}{\underset{\text{CH}_2\text{C}_6\text{H}_5}{\diagdown\,\diagup}} \quad (4\cdot 4)$$

さらに，電子豊富なアニオン性錯体をまず還元的条件下で(4・5)式のように合成し，(4・6)式のようにこれとハロゲン化アルキルを反応させることによってアルキル遷移金属錯体が合成できる．

$$\text{Fe(CO)}_5 + 2\,\text{Na/Hg} \xrightarrow[\text{THF},\,-\text{CO}]{} \text{Na}_2[\text{Fe(CO)}_4] \quad (4\cdot 5)$$

$$\text{Na}_2[\text{Fe(CO)}_4] + \text{RX} \xrightarrow{-\text{NaX}} \text{Na}[\text{FeR(CO)}_4] \quad (4\cdot6)$$

アルケンやアルキンは，2分子が遷移金属に配位することにより活性化されて金属を含む環状化合物であるメタラサイクル化合物を形成する．

$$L_nM + 2\ CH_2=CH_2 \longrightarrow [L_nM\cdots] \longrightarrow L_2M\bigcirc \quad (4\cdot7)$$

$$L_nM + 2\ HC\equiv CH \longrightarrow [L_2M\cdots] \longrightarrow L_nM\bigcirc \quad (4\cdot8)$$

このようなメタラサイクルは，アルケンやアルキンの関与する触媒的環化反応や重合反応の中間体とみなされる錯体である．

b 間接法による有機遷移金属錯体

有機典型元素化合物と同様，有機遷移金属錯体も間接的な方法で合成される．よく利用されるアルキル化剤としては，アルキルリチウム化合物，Grignard（グリニャール）反応剤，アルキルアルミニウム化合物などがある．このアルキル基交換反応は，§5・5・1で述べるように，有機金属化合物の素反応の一つであり，トランスメタル化反応とよばれている．トランスメタル化反応では使用するアルキル典型金属化合物により，得られるアルキル遷移金属錯体の構造が異なることがある．以下，いくつかの例を示す．

$$\text{CrCl}_3(\text{thf})_3 + 3\ \text{LiCH}_3 \longrightarrow \text{Cr(CH}_3)_3(\text{thf})_3 \quad (4\cdot9)$$

$$\text{CrCl}_3(\text{thf})_3 + \text{Al(CH}_3)_3 \longrightarrow \text{Cr(CH}_3)\text{Cl}_2(\text{thf})_3 \quad (4\cdot10)$$

$$\text{TiCl}_4 + \text{Al(CH}_3)_3 \longrightarrow \text{Ti(CH}_3)\text{Cl}_3 \quad (4\cdot11)$$

メチルリチウムは，対応するメチルアルミニウム化合物よりもアルキル化剤としての能力が高いため，CrCl_3との反応において，クロム原子に結合していたClは全部メチル化され，$\text{Cr(CH}_3)_3(\text{thf})_3$が得られる．一方，クロムやチタン化合物との反応において，アルキル化剤としての作用がメチルリチウムに劣る$\text{Al(CH}_3)_3$を用いた場合には，モノメチル化合物が得られる．したがって，遷移金属との組合わせに適したアルキル化剤を選んで反応させれば，必要とするアルキル遷移金属錯体を合成できる可能性がある．

第三級ホスフィン類，有機窒素化合物などの配位子を用いるとアルキル遷移金属錯体が安定に単離されることがある．以下，安定化のための配位子としてトリフェニルホスフィンなど第三級ホスフィン，二座配位有機窒素化合物（2,2'-ビピリジンやジイミン系化合物）を用いることによって単離されたアルキル遷移金属錯体の例をいくつか示す[3]．

アルキル化剤としてAlR_3ではなく，そのモノエトキシドである$\text{AlR}_2(\text{OC}_2\text{H}_5)$を用い

$$\text{Ni(acac)}_2 + \text{AlR}_2(\text{OC}_2\text{H}_5) + \text{bpy} \longrightarrow \underset{R = CH_3, C_2H_5, n\text{-}C_3H_7, t\text{-}C_4H_9}{[\text{bpy-Ni(R)}_2]} \quad (4\cdot12)$$

$$\text{Fe(acac)}_3 + \text{AlR}_2(\text{OC}_2\text{H}_5) + \text{bpy} \longrightarrow [(\text{bpy})_2\text{Fe(R)}_2] \quad (4\cdot13)$$

る理由は，AlR₃の場合には，アルキル化剤としての能力がAlR₂(OC₂H₅)より高いため，さらにアルキル化が進行した生成物が生じ，目的とするアルキル錯体の単離が困難になることがあるためである．金属によるが，合成単離されたアルキル遷移金属錯体が，それ自身でジエンや極性ビニルモノマーの低重合触媒や重合触媒として働く場合もあることが明らかにされている．

アルキルアルミニウム化合物を穏和なアルキル化剤として用いた場合に，補助配位子の選択によって，(4・14)式や(4・15)式に示すように，出発物中の配位子をもつ中間的なアルキル化反応生成物が単離される場合もある．

$$\text{Ni(acac)}_2 + \text{Al}(\text{C}_2\text{H}_5)_2(\text{OC}_2\text{H}_5) + \text{P}(\text{C}_6\text{H}_5)_3 \longrightarrow [(\text{acac})\text{Ni}(\text{C}_2\text{H}_5)(\text{P}(\text{C}_6\text{H}_5)_3)] \quad (4\cdot14)$$

$$\text{Co(acac)}_3 + \text{AlR}_2(\text{OC}_2\text{H}_5) + \text{PR}'_3 \longrightarrow [(\text{acac})\text{Co}(\text{R})_2(\text{PR}'_3)_2] \quad (4\cdot15)$$

AlR₃をアルキル化剤として用い，2,2′-ビピリジン(bpy)を支持配位子として用いた場合には，反応に使用したAlR₃が，中間体として生成するトリアルキルコバルト錯体からアルキル基を逆に引抜いて，(4・16)式のようなイオン性錯体を生成する[4]．

一方，同じCo(acac)₃をメチル化する場合に，Al(CH₃)₃のかわりに，もっとメチル化能力の高いメチルリチウムを用い，P(CH₃)₃を配位子に用いて反応させると，3個のP(CH₃)₃配位子が結合したトリメチルコバルト錯体が得られる．この場合に *mer* 型と *fac* 型の二つの異性体が生成する可能性がある．*mer* 型とは，6配位の八面体錯体を球状分子

$$\text{Co(acac)}_3 + \text{AlR}_3(\text{OC}_2\text{H}_5) + \text{bpy} \longrightarrow \left[\begin{array}{c}\text{bpy-Co(R)}_2\text{-bpy}\end{array}\right]^+ \text{AlR}_4^- \quad (4\cdot16)$$

と考えたときに，3個の配位子Lが子午線（meridian）上に配位した異性体であり，fac型とは，3個のLが八面体の一面を占める異性体，facial型を意味する．LとしてP(CH$_3$)$_3$を用いた場合にはmer型が生成することが観測された．

$$\text{Co(acac)}_3 + 3\,\text{LiCH}_3 + 3\,\text{L} \longrightarrow mer\text{-Co(CH}_3)_3\text{L}_3 \quad (fac\text{-Co(CH}_3)_3\text{L}_3) \quad (4\cdot17)$$
$$\text{L} = \text{P(CH}_3)_3$$

適切に配位子を選択すれば，このようにアルキル遷移金属錯体が安定に合成されることがある．しかし，配位子による安定化作用の認められない場合もあり，中心金属と配位子の適切な組合わせを選ぶことはアルキル遷移金属錯体合成においては重要である．たとえば，アルキル銅錯体を合成する場合に，安定化配位子をもたないアルキル銅錯体は爆発性の不安定な錯体であるが，第三級ホスフィンを使用すると，アルキル銅錯体が安定に得られる．しかし，2,2′-ビピリジン配位子では安定化作用はほとんど認められない[5]．

$$\text{Cu(acac)}_2 + \text{AlR}_2(\text{OC}_2\text{H}_4) + n\,\text{PR}_3 \longrightarrow \text{CuR(PR}_3)_n \quad (4\cdot18)$$

一方，有機合成によく用いられる有機銅錯体として，ハロゲン化銅と2モルのメチルリチウム LiCH$_3$ の反応で得られるアニオン性アルキル銅錯体（クプラート）がある．これはGilman（ギルマン）反応剤ともよばれ，支持配位子をもたない反応剤として有用である．次の反応のように合成して，アルキル化反応に用いられる[6]．

$$2\,\text{LiCH}_3 + \text{CuX} \longrightarrow \text{Li[Cu(CH}_3)_2] + \text{LiX} \quad (4\cdot19)$$
$$\text{X} = \text{I, Br, Si(CH}_3)_2 \text{ ほか}$$

アルキル遷移金属錯体の合成では，遷移金属の種類，アルキル化剤の種類と使用量，支持配位子の種類と使用量，溶媒，温度などの反応条件を最適化することが重要であり，多くの試行錯誤的実験が必要である．

c その他の経路による有機遷移金属錯体

有機遷移金属錯体の素反応の一つである挿入反応や脱離反応を利用して，新たな有機遷

移金属錯体を合成できる場合もある．

挿入反応　ヒドリド金属錯体はアルケンと反応して，挿入反応を起こすとアルキル遷移金属錯体となる．この素反応はアルキル遷移金属錯体の合成法として有用である．この反応は (4・20) 式に示すようにアルキル錯体からの β 水素脱離反応の逆反応である（§5・3・2参照）．

$$\text{H}-\underset{\underset{\text{P}(C_2H_5)_3}{|}}{\overset{\overset{\text{P}(C_2H_5)_3}{|}}{\text{Pt}}}-\text{Br} + \text{CH}_2=\text{CH}_2 \underset{\text{加熱}}{\rightleftharpoons} \text{CH}_3\text{CH}_2-\underset{\underset{\text{P}(C_2H_5)_3}{|}}{\overset{\overset{\text{P}(C_2H_5)_3}{|}}{\text{Pt}}}-\text{Br} \quad (4・20)$$

$$\text{Cp}_2\text{Zr}\begin{smallmatrix}\text{Cl}\\\text{H}\end{smallmatrix} + \text{CH}_2=\text{CHR} \longrightarrow \text{Cp}_2\text{Zr}\begin{smallmatrix}\text{Cl}\\\text{CH}_2\text{CH}_2\text{R}\end{smallmatrix} \quad (4・21)$$

メチル遷移金属錯体を合成する特殊な方法として，金属-ヒドリド結合にジアゾメタンから発生させたメチレンを挿入させる方法もある．

$$\text{MnH}(\text{CO})_5 + \text{CH}_2\text{N}_2 \xrightarrow{-\text{N}_2} \text{Mn}(\text{CH}_3)(\text{CO})_5 \quad (4・22)$$

一方，CO 挿入反応の逆反応であるアシル錯体の脱カルボニル化反応によりアルキル遷移金属錯体が生成する例も知られている．

$$\text{Mn}(\text{COCH}_3)(\text{CO})_5 \xrightarrow[\text{加熱}]{-\text{CO}} \text{Mn}(\text{CH}_3)(\text{CO})_5 \quad (4・23)$$

金属に結合した配位子への求核攻撃　§5・4・2 において述べるように，遷移金属に π 配位したアルケンやアルキンは金属に配位することにより活性化され，求核剤による攻撃を受けて，金属-炭素 σ 結合を有する錯体に変換され，安定な錯体として単離される場合がある．

$$\left[\underset{(C_6H_5)_3\text{P}}{\text{Pd}}\text{---}\|\right]^+ + \text{CH}_3\text{O}^- \longrightarrow \underset{(C_6H_5)_3\text{P}}{\text{PdCH}_2\text{CH}_2\text{OCH}_3} \quad (4・24)$$

金属に配位した CO は，ヒドリドイオンにより攻撃されるとホルミル基やヒドロキシメチル基を経由してメチル基まで変換され，安定な錯体として単離される．

$$[\text{CpRe}(\text{CO})_2(\text{NO})]^+ + \text{NaBH}_4 \longrightarrow [\text{CpRe}(\text{CO})(\text{NO})(\text{CHO})]^+$$
$$\xrightarrow{\text{H}^-} [\text{CpRe}(\text{CO})(\text{NO})(\text{CH}_2\text{OH})]^+ \xrightarrow{\text{H}^-} \text{CpRe}(\text{CO})(\text{NO})(\text{CH}_3)$$
$$(4・25)$$

4・1・2 金属−配位子間にπ結合を有する錯体
a η²-アルケン錯体

アルケン類やジエン，トリエンおよびアルキン類のように，偶数の電子を遷移金属に供与しうる配位子は，金属化合物との反応によって不飽和炭化水素が中心金属にπ配位した錯体を形成する．

最初に報告されたπ-アルケン錯体として歴史的に有名なZeise(ツァイゼ)塩は，エタノールと塩化白金酸カリウムを加熱することによって偶然合成された．現在では，もっと簡単な方法として，K_2PtCl_4の水溶液にエチレンを吹込むことによりエチレン配位錯体が黄色い結晶として得られる．

$$K_2PtCl_4 + CH_2=CH_2 \longrightarrow K[PtCl_3(CH_2=CH_2)] \cdot H_2O \quad (4・26)$$

酸化数の低い後期遷移金属（電子豊富な遷移金属）とアルケンが形成するπ錯体は，中心金属側の電子密度が高いほど，また金属から電子の逆供与を受けやすいアルケン錯体ほど，安定になる．たとえば，第三級ホスフィン等の配位子を有する0価の10族遷移金属は電子豊富なため，アルケン類と逆供与結合を形成しやすい．0価のパラジウム等の錯体は，たとえば$Pd(acac)_2$のような2価のパラジウム(II)化合物をホスフィン配位子の存在下に$Al(C_2H_5)_2(OC_2H_5)$のようなアルキル化剤を用いて次のような反応を行わせると，合成できる．途中でエチル基がパラジウムに結合した錯体の生成を経て反応は進行し，それが分解する過程でエチル錯体のβ水素脱離（§5・3・2参照）により発生したエチレンがパラジウムに配位した錯体$Pd(CH_2=CH_2)(PR_3)_2$が生成する．配位したエチレンはほかのアルケンにより容易に置換されるので，いろいろなアルケン類の配位したパラジウム(0)錯体を合成することができる[7]．

$$Pd(acac)_2 + Al(C_2H_5)_2(OC_2H_5) + 2PR_3 \longrightarrow \text{trans-}Pd(C_2H_5)_2(PR_3)_2$$

$$\xrightarrow[-C_2H_6]{\text{加熱}} Pd(CH_2=CH_2)(PR_3)_2 \xrightarrow[-C_2H_4]{\text{alkene}} Pd(\text{alkene})(PR_3)_2 \quad (4・27)$$

ニッケルの場合には(4・28)式のように，トリフェニルホスフィン配位子$P(C_6H_5)_3$の存在下に$Ni(acac)_2$と$Al(C_2H_5)_2(OC_2H_5)$の反応を行わせると，不安定なエチルニッケル錯体を経て，エチレンが0価のニッケルに結合した錯体$Ni(CH_2=CH_2)[P(C_6H_5)_3]_2$が生成する．この錯体はほかの電子求引性の大きい置換基のついたアルケン，たとえばアクリロニトリルと反応して，エチレンがアクリロニトリルにより置換された錯体を与える．

$$Ni(acac)_2 + Al(C_2H_5)_2(OC_2H_5) + 2P(C_6H_5)_3 \longrightarrow Ni(CH_2=CH_2)[P(C_6H_5)_3]_3$$

$$Ni(CH_2=CH_2)[P(C_6H_5)_3]_3 + 2CH_2=CHCN \xrightarrow{-CH_2=CH_2} Ni(CH_2=CHCN)_2[P(C_6H_5)_3]_2$$

$$(4・28)$$

電子求引性の大きいニトリル基を有するアルケンであるアクリロニトリルが配位したニッケル錯体では，ニッケル(0)からアルケンへの逆供与が大きいために，強いNi-アルケン結合が形成される．そのためアクリロニトリル2分子がニッケルにπ配位した安定な18電子を有する錯体が得られる．

0価金属にアルケンが配位した錯体を合成する特殊な方法として，金属を高真空下で，高温に加熱して蒸発させ，低温下でアルケンとともに凝縮させる方法がある[8]．この方法は，装置が高価で，簡単に行える方法ではないが，ほかの方法では得られない，0価金属にアルケンの配位した錯体を得るには有効である．

置換しやすい配位子を用いて安定な低原子価錯体が別な方法で簡単に得られる場合には，そのような錯体を出発物として使用する方が簡便である．たとえば，次に示すジベンジリデンアセトンDBAは，1個のカルボニル基を含み，2個の炭素-炭素二重結合を有する配位子であり，0価の金属に2箇所のアルケン部分を通じてη^2配位した安定な錯体を形成する．DBAを有するパラジウム(0)錯体 $Pd(dba)_3$, $Pd_2(dba)_3$, $Pd(dba)\cdot CHCl_3$ は市販品が入手できる*．

$$C_6H_5-\overset{\overset{O}{\|}}{C}-C_6H_5$$
DBA

これらの錯体を前駆体として用いれば，配位不飽和な0価のパラジウム錯体を系中で発生させ，次の反応に用いることができる．このようなDBAの配位した錯体は，第三級ホスフィンなどの安定化配位子をもっていないため，触媒反応において各種の置換基を有する第三級ホスフィンなどの添加効果を比較するのに都合のよい錯体である．

第三級ホスフィン等の配位子をもたないが安定なパラジウム錯体として，シクロペンタジエニル基とアリル基の配位した $Pd(II)(\eta^5-C_5H_5)(\eta^3-C_3H_5)$ も便利な錯体である．この錯体は溶液中の反応で，$\eta^5-C_5H_5$ と $\eta^3-C_3H_5$ が結合して錯体から還元的脱離（§5・2・2参照）し，活性なパラジウム(0)錯体を生成する[9]．この反応を立体的に嵩高い第三級ホスフィン，たとえば，トリシクロヘキシルホスフィン PCy_3 のような配位子の存在下に行えば，嵩高い配位子がパラジウムに2分子配位した，配位的に不飽和な14電子パラジウム(0)錯体 $Pd(PCy_3)_2$ が得られ，これにアルケンを加えればアルケン配位錯体 $Pd(alkene)(PCy_3)_2$ になる．

安定化配位子として1,5-シクロオクタジエンCODが配位した0価パラジウム錯体も，同様の目的に用いられる．ただし，$Pd(cod)_2$ は多少不安定である．

金属カルボニル錯体も，ほかのアルケン等の存在下に光照射あるいは加熱等の操作を行

---

* 配位子が金属に結合し，錯体を形成するときは，金属に結合した配位子は小文字で表す．

い，配位していたカルボニル配位子を置換することにより，配位力の強いアルケンが配位した錯体に変換することができる．

$$Fe(CO)_5 + \begin{array}{c} CHCOOC_2H_5 \\ \parallel \\ CHCOOC_2H_5 \end{array} \xrightarrow[-CO]{h\nu(UV)} \text{[complex]} \quad (4\cdot29)$$

b アルケン錯体

アルキン類も低原子価の遷移金属に配位した錯体を与える〔(4・30)式〕．ただ，アルケン類と違ってアルキンの場合は，直交する二つのπ軌道を有するために，(4・31)式に示すように，二つの金属にまたがって架橋配位する場合がある．この結果アルキン類も金属にπ配位することにより遊離状態とは異なった反応性をもつことになる(§6・5参照)．

$$Pt[P(C_6H_5)_3]_3 + RC\equiv CR \xrightarrow{-P(C_6H_5)_2} \text{[complex]} \quad (4\cdot30)$$

$$Co_2(CO)_8 + RC\equiv CR \longrightarrow \text{[complex]} \quad (4\cdot31)$$

上記アルキン錯体の配位形式については，§2・4・2で述べた．

c η^3-アリル錯体

炭素3個からなるアリル基が遷移金属に配位した錯体は，いろいろな方法で合成されている．アリル基が金属に結合する場合には，一つの炭素で結合したη^1型アリル錯体も生成するが，金属上になお空の配位座が存在する場合には，アリル基が金属に対しアリル平面で結合した安定なη^3型錯体を形成しようとする傾向がある．以後このようなη^3型のアリル錯体を**π-アリル錯体**とよぶ．

$$\text{[structures]} \quad (4\cdot32)$$

η^1-アリル η^1-, η^2-アリル η^3-アリル

π-アリル錯体は，多くの遷移金属ハロゲン化物をアリル Grignard 反応剤と反応させて合成することができる[10]．π-アリルニッケル錯体の合成例を(4・33)式に示す．

アリル基の末端に置換基が結合している場合には，置換基の結合様式により異性体が生ずる．たとえば，$CoH(CO)_4$と1,3-ブタジエンの反応では，次のようなシン型とアンチ型

$$2 \text{ CH}_2\text{=CHCH}_2\text{MgBr} + \text{NiCl}_2 \xrightarrow[-2\text{ MgBrCl}]{\text{エーテル},\ -10\ ^\circ\text{C}} \text{(ビスアリルNi錯体)} \quad (4\cdot33)$$

異性体の混合物が得られる．金属に配位したπ-アリル基の中央のCHメチン基の水素原子と同じ側に置換基の付いているものをシン型，逆に付いているものをアンチ型という．

$$\text{CoH(CO)}_4 + \text{CH}_2\text{=CHCH=CH}_2 \xrightarrow{-\text{CO}} \text{シン型} \quad \text{アンチ型} \quad (4\cdot34)$$

低原子価の遷移金属錯体は，ハロゲン化アリル，カルボン酸アリルなどのアリル化合物と反応し，酸化的付加（§5・2・1参照）により次のようなπ-アリル錯体を与える．

$$(4\cdot35)$$

$$\text{Pd(PCy}_3)_2 + \text{CH}_3\text{COOCH}_2\text{CH=CH}_2 \xrightarrow{-\text{PCy}_3} \left\langle\!\!\left\langle -\text{Pd}\begin{matrix}\text{CO}_2\text{CH}_3\\ \text{PCy}_3\end{matrix}\right.\right. \quad (4\cdot36)$$

π-アリル錯体は，金属に配位したプロピレンの脱プロトン化反応によっても得られる．

$$2\ \text{CH}_2\text{=CHCH}_3 + 2\ \text{PdCl}_2 \longrightarrow \text{(Pd}_2\text{Cl}_4\text{プロピレン錯体)} \xrightarrow{-2\text{ HCl}} \text{(π-アリルPdCl二量体)}$$

$$(4\cdot37)$$

また，π-アリル錯体は，ヒドリド錯体と1,3-ジエンの反応でも生成する．これらのπ-アリル錯体におけるアリル基へのさまざまな求核剤の反応については§5・4・3で詳しく述べる．触媒反応におけるアリル錯体の役割については，§6・3・2において考察する．

d η^4-ジエン錯体

ジエン類は，分子内にある2個の炭素—炭素二重結合を通じて金属に配位し，低原子価金属と比較的安定なπ錯体を形成する．たとえば，1,5-シクロオクタジエンCODは，ニッケルのアセチルアセトナト錯体をエチルアルミニウム化合物と反応させるときに加えておくと，系中で生成するニッケル(0)種がCODの2個の二重結合と結合し，熱的には比較的安定な錯体である[Ni(cod)$_2$]を与える．

$$Ni(acac)_2 + \text{1,5-COD} + Al(C_2H_5)_2(OC_2H_5) \longrightarrow Ni(cod)_2 \qquad (4・38)$$

この錯体は，ジエン以外の補助配位子を含まない低原子価ニッケル錯体としてさまざまな分子変換反応の触媒になる．

また，各種の金属カルボニル錯体は，CO以外の配位子をもたない0価錯体（ホモレプチックな錯体）として，ジエン等のほかの配位子を有する錯体を合成するための前駆物質として用いられる．しかし，配位したCOは，かなり強固に金属に結合しているため，全部のCOを中心金属から除くのはむずかしく，COを解離させるために，光照射などの操作が必要な場合もある．

$$Fe(CO)_5 + CH_2=CHCH=CH_2 \xrightarrow[\text{20 気圧}]{\text{封管中加熱}} \text{Fe(CO)}_3\text{錯体} \qquad (4・39)$$

低原子価遷移金属から配位ジエンへの逆供与により，通常の条件下では単離できないジエンが配位により安定化し合成できる場合がある．たとえば，シクロブタジエンは歪みの大きい4員環構造のため，遊離の状態では存在できない．しかし，金属に配位した状態で

$$\qquad (4・40)$$

はπ*軌道への逆供与によりC=C結合が緩められ分子内歪みが一部解消されるため，4員環のシクロブタジエンが低原子価遷移金属に配位して安定な形で単離されている．また，逆供与により6π系のシクロブタジエンアニオンになるので安定になっていると考えることができる．

シクロブタジエン鉄(0)錯体が安定なために，ジフェニルアセチレン2分子は鉄原子上で環化し，テトラフェニルシクロブタジエン鉄(0)錯体として単離されている．

$$Fe(CO)_5 + 2\ C_6H_5C\equiv CC_6H_5 \xrightarrow{-2\ CO} \text{テトラフェニルシクロブタジエン Fe(CO)}_3 \quad (4\cdot41)$$

ノルボルナジエン（ビシクロヘプタジエン）のような，歪みのかかった二環化合物も低原子価金属に配位してπ錯体を形成する．この場合に金属から逆供与によりπ*軌道に電子が供給され，炭素－炭素二重結合が伸びることによって分子内歪みが一部解消されるため安定なπ錯体が形成される．

$$Fe(CO)_5 + \text{ノルボルナジエン} \xrightarrow{-2\ CO} \text{錯体} \quad (4\cdot42)$$

e η^5-シクロペンタジエニル錯体

フェロセンの発見以来，η^5-シクロペンタジエニル基（以下Cp基と略記する），あるいはその類縁配位子をもつ各種の遷移金属錯体が合成されている[11]．

シクロペンタジエンは，$pK_a=20$の弱酸で，脱プロトン化反応を起こしやすい．この反応性を利用して，シクロペンタジエンと遷移金属化合物からさまざまな方法でシクロペンタジエニル遷移金属錯体（メタロセン）が合成されている．たとえば，シクロペンタジエンとナトリウム等のアルカリ金属の反応により，シクロペンタジエンのアルカリ塩を合成し〔(4・43)式〕，これと遷移金属塩を反応させる〔(4・44)式〕．この方法は，間接的だが汎用性のある方法である．一方，(4・45)式のように，シクロペンタジエンと遷移金属化

$$\text{C}_5\text{H}_6 + Na \xrightarrow[\text{THF}]{-1/2\ H_2} Cp^-Na^+ \quad (4\cdot43)$$

$$2\ Cp^-Na^+ + NiCl_2 \xrightarrow[\text{THF}]{-NaCl} Cp_2Ni \quad (4\cdot44)$$

合物をアミン等の塩基の存在下に反応させる，直接的な方法も用いられる．

$$2 \, C_5H_6 + 2 \, (C_2H_5)_2NH + TiCl_4 \xrightarrow{-2 \, (C_2H_5)_2NH_2Cl} Cp_2TiCl_2 \quad (4・45)$$

シクロペンタジエニル基に置換基としてメチル基等のアルキル基を導入すると，金属への電子供与性が増加し反応性に影響を与えるとともに，炭化水素溶媒に対する溶解性の増加など物理的性質もかえることができる．シクロペンタジエニル基の立体的環境を制御して，立体規則性高分子を得る研究や不斉触媒反応の研究も行われている．

また，シクロペンタジエニル基が金属に片面から一つだけ結合した，ハーフサンドイッチ型錯体も各種合成され，さまざまな触媒の前駆体として利用されている．

$$Mo(CO)_6 + Cp^- Na^+ \xrightarrow[-3\,CO]{THF} CpMo(CO)_3Na \xrightarrow[-CH_3COONa]{CH_3COOH} CpMo(CO)_3H \quad (4・46)$$

f η^6-アレーン錯体

η^6-アレーン錯体は，歴史的に有名なジベンゼンクロムを初めとして各種の錯体が知られている．二つのアレーンによって遷移金属が挟まれたサンドイッチ型錯体のほか，片方だけアレーンが結合したハーフサンドイッチ型錯体が合成されている．次にベンゼンが η^6 型で配位したクロム錯体の合成法を示す．

$$3\,CrCl_3 + 2\,Al + 6\,C_6H_6 \xrightarrow[2)\,H_2O]{1)\,AlCl_3} 3\,[Cr(\eta^6\text{-}C_6H_6)_2]^+[AlCl_4]^-$$
$$\xrightarrow[OH^-]{S_2O_4^{2-}} 3\,Cr(\eta^6\text{-}C_6H_6)_2 + 2\,H_2O + 2\,SO_3^{2-} + AlCl_4^- \quad (4・47)$$

$$Cr(CO)_6 + C_6H_6 \xrightarrow{(n\text{-}C_4H_9)_2O} Cr(\eta^6\text{-}C_6H_6)(CO)_3 \quad (4・48)$$

η^6-アレーン錯体におけるアレーン配位子は，一般にシクロペンタジエニル配位子に比べると金属との結合が弱く解離しやすいから，η^6-アレーン錯体が触媒反応に応用された例は比較的少ない[12]．ルテニウムアレーン錯体とさまざまな不斉キレートジアミン化合物から合成される不斉ルテニウムアレーン錯体がさまざまな不斉触媒反応の触媒として利用されている．(4・49)式に示すように，ルテニウムアレーン二核錯体は塩基の存在下にジアミン配位子と反応して不斉ジアミン配位子をもつ不斉塩化ルテニウム錯体を収率よく与える．この塩化物錯体は塩基と反応することにより不斉アミド錯体へと変換される．得られたアミド錯体は，2-プロパノールと反応して不斉ヒドリド錯体を与える．生成するこれらの錯体は，不斉還元反応の触媒として有効であり，アレーン配位子の立体的，電子的性

質が触媒選択性や活性に大きく影響することが知られている[13].

$$(4 \cdot 49)$$

その他の η^6-アレーン配位子を有する錯体としては，ナフタレン，フェナントレン，アントラセンなどを配位子とする錯体が知られている．錯体に結合したアレーン配位子はほかのアレーン分子により置き換えられる[14]．また，ベンゼン環を有する配位子が結合した錯体でも，18電子則の制限により，二重結合部分が金属と π 配位していた状態から解離し，η^6 型でなく，η^4 型や η^2 型で配位する例が知られている．

g η^7-シクロヘプタトリエニル錯体

7員環のシクロヘプタトリエニル基が配位した η^7-シクロヘプタトリエニル錯体も各種遷移金属について合成されている．C_7H_7 環が $V(CO)_3$ に配位した錯体の合成例を示す．

$$(4 \cdot 50)$$

η^6-シクロヘプタトリエン錯体の水素原子をトリフェニルメチリウムカチオンや，オキソニウムカチオン，$(C_2H_5)_3O^+$ を用いて H^- イオンとして引き抜くことによって η^7-シクロヘプタトリエニル錯体が合成できる[15]．η^7-シクロヘプタトリエニル錯体のシクロヘプタトリエニル基は平面状で金属に配位しており，炭素－炭素結合間の距離はほぼ等しい．7員環の 6π 系配位子になることにより安定化していると考えられる．

h フラーレン錯体

60個の炭素原子からなるサッカーボール型分子であるフラーレン C_{60} および楕円球型分子 C_{70} 等の関連分子は，表面に5員環および6員環の環状炭素部分をもっているから，遷移金属と η^5，または η^6 型で結合を形成する可能性がある．C_{60} 分子中の各原子は等価であるが，結合は等価ではない．C_{60} 分子の X 線結晶構造解析の結果によれば，C_{60} 分子の6員環と6員環の接合部の炭素－炭素結合は 135.5 pm であり，隣接する6員環と5員環の接合部の炭素－炭素結合 146.7 pm より短い[16]．したがって6員環どうしの連結部は

二重結合性が大きいので遷移金属とη^2型配位錯体を形成しうる．最初にフラーレンが金属に結合した錯体として報告されたのはη^2配位の錯体であった．そのような錯体の最初の例である白金－C_{60}錯体では，C_{60}はπ結合性が大きい6員環どうしの接合部を通じて白金と結合している[17]．

$$Pt(C_2H_4)[P(C_6H_5)_3]_2 + C_{60} \longrightarrow \quad \text{(錯体)} \quad (4 \cdot 51)$$

このような炭素－炭素二重結合を通じて遷移金属にη^2配位した錯体のほかに，5員環部分を通じて遷移金属にη^5配位したメタロセン型錯体が合成されている[18]．

フラーレン分子を有機銅錯体CuRで処理すると，5個の有機基Rがフラーレンの6員環部分に結合した$C_{60}R_5H$分子ができる．この分子において，導入した有機基に囲まれたフラーレン環上の一つの5員環部位はシクロペンタジエン構造をしていて1個の水素原子Hが結合している．これをKHと処理した後，反応性の高い金属錯体と反応させると，共役5員環のシクロペンタジエニル部分で遷移金属に配位したη^5型（メタロセン型）の錯体に変換することができる．(4・52)式にそのようなシクロペンタジエニル型ルテニウム錯体の合成例を示す．この錯体の反応性を利用して多様な誘導体を合成することができる．

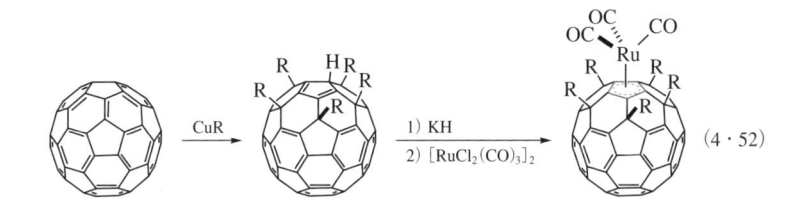

$$C_{60} \xrightarrow{CuR} C_{60}R_5H \xrightarrow[2) [RuCl_2(CO)_3]_2]{1) KH} \text{(Ru錯体)} \quad (4 \cdot 52)$$

さらに類似の手法を使って，カーボンナノチューブに有機基を導入する方法も開発され，カーボンナノチューブの側面からフラーレンに結合した有機基がチューブ内に入り込む様子を透過型電子顕微鏡で観察することに成功している[19]．このようなフラーレン類縁体を有機基で修飾する方法の開発研究は，さらに続けられるであろう．

4・1・3 ヒドリド錯体の合成

ヒドリド遷移金属錯体は，遷移金属錯体の関与する各種の触媒反応において活性な中間

体と考えられる錯体であり，その反応性を理解することは重要である[20]．最初にヒドリド遷移金属錯体を合成したのは，金属カルボニル化学のパイオニア W. Hieber（1895～1976）である．彼は1931年に $FeH_2(CO)_4$ を合成し，1934年には $CoH(CO)_4$ を合成した．しかし，その後25年間，ヒドリド金属錯体の化学は注目をひかなかった．フェロセンの発見後，有機金属化学が注目を集め，その後，η^2-H_2 錯体の発見や水素分子の活性化機構が明らかになるとともに，ヒドリド金属錯体の化学も見直され発展した[21]（§2・4・10a 参照）．

ヒドリド金属錯体は，電子豊富な低原子価遷移金属錯体のプロトン化のほか，水素分子による直接の反応によっても合成される．以下典型的な合成例を示す．

$$Pd(PCy_3)_2 + HCl \longrightarrow \begin{array}{c} PCy_3 \\ | \\ H-Pt-Cl \\ | \\ PCy_3 \end{array} \quad (4 \cdot 53)$$

$$[Fe(CO)_4]^{2-} \xrightarrow{H^-} [FeH(CO)_4]^- \xrightarrow{H^-} FeH_2(CO)_4 \quad (4 \cdot 54)$$

$$IrCl(CO)[P(C_6H_5)_3]_2 \xrightarrow{H_2} IrH_2Cl(CO)_2 \quad (4 \cdot 55)$$

また，前述したように $NaBH_4$ など典型元素のヒドリド化合物と，遷移金属化合物の反応によってもヒドリド錯体を合成することができる．

$$RuCl_2[P(C_6H_5)_3]_3 + NaBH_4 \xrightarrow{P(C_6H_5)_3} RuH_2[P(C_6H_5)_3]_4 \quad (4 \cdot 56)$$

このようにして合成された各種の遷移金属ヒドリド錯体は，金属の種類，配位子の性質などによりさまざまな性質を示す．

4・1・4 金属－炭素多重結合を有する錯体の合成

2価炭素である**カルベン**（carbene）および1価炭素である**カルビン**（carbyne）は，遊離状態ではきわめて不安定な化合物である．しかし，適切な配位子を用いると，カルベンやカルビンが遷移金属に配位した錯体を安定な化合物として単離することができる．このようなカルベン錯体およびカルビン錯体は，各種の有機合成反応や重合反応に用いられ，有機金属錯体の触媒への応用の可能性を大きく広げた．

最初のカルベン錯体は，フェロセンに関する研究で G. Wilkinson とともにノーベル化学賞を受賞し，有機遷移金属化学の爆発的発展の端緒を開いた E. O. Fischer により 1964 年に合成された．カルベン錯体には，ヘテロ原子を含む錯体と，ヘテロ原子を含まない錯体（アルキリデン錯体）がある．ヘテロ原子を含まない錯体は Schrock（シュロック）型錯体ともよばれ，これに類似した Grubbs（グラブズ）型錯体も知られている（図4・1）．前者は発見者 Fischer の名をとって Fischer（フィッシャー）型カルベン錯体とよばれてきた[22]．こ

のほかに，W. A. Herrmann らが配位子として使用し，その有用性が認識されるようになったイミダゾリウム環を含むカルベン錯体も知られている[23]．この錯体は大まかには Fischer 型カルベン錯体に分類される．

Fischer 型カルベン錯体

Schrock 型カルベン錯体

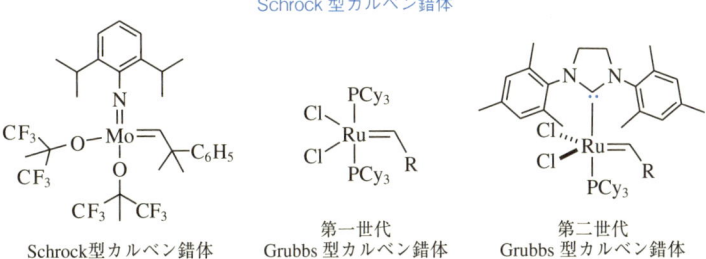

図 4・1　各種のカルベン錯体

a ヘテロ原子を含むカルベン錯体：Fischer 型カルベン錯体

Fischer 型カルベン錯体は，カルボニル錯体の CO 炭素をカルボアニオンのような求核剤と反応させてアシルアニオンとし，さらにトリアルキルオキソニウム塩やジアゾメタンなどにより酸素原子をアルキル化することによって合成される．

$$Cr(CO)_6 + LiR \longrightarrow Li^+\left[(CO)_3Cr-C\begin{matrix}O^-\\R\end{matrix}\right] \xrightarrow{R'_3O^+} (CO)_5Cr=C\begin{matrix}OR'\\R\end{matrix} \quad (4\cdot57)$$

$$\downarrow H^+$$

$$(CO)_3Cr=C\begin{matrix}OH\\R\end{matrix} \xrightarrow[-N_2]{CH_2N_2} (CO)_3Cr=C\begin{matrix}OCH_3\\R\end{matrix}$$

Fischer 型カルベン錯体では，カルベン炭素の隣接位に電子供与能のあるヘテロ原子（この場合には酸素原子）が存在するため，次のような共鳴構造式の存在によって安定化していると考えることができる．

$$M=C\begin{matrix}OR'\\R\end{matrix} \longleftrightarrow \overset{-}{M}-\overset{+}{C}\begin{matrix}OR'\\R\end{matrix} \longleftrightarrow \overset{-}{M}-C\begin{matrix}\overset{+}{O}R'\\R\end{matrix} \quad (4\cdot58)$$

したがって，金属に結合したカルベン炭素は，求核攻撃を受けやすいため，窒素，硫黄，炭素求核剤との反応により，アルコキシ基 OR′ のかわりに各種の置換基の結合したカルベン錯体が合成される．

$$(CO)_5Cr=C(OR')R + H_2NC_2H_5 \xrightarrow{R'OH} (CO)_5Cr=C(NHC_2H_5)R \quad (4\cdot 59)$$

$$(CO)_5W=C(OCH_3)(C_6H_5) + LiC_6H_5 \xrightarrow{-78\,°C} Li^+[(CO)_5W-C(OCH_3)(C_6H_5)-C_6H_5]^- \xrightarrow{HCl}_{-78\,°C} (CO)_5W=C(C_6H_5)_2 \quad (4\cdot 60)$$

遊離カルベンは不安定な分子であるが，カルベン炭素の隣接位に π 供与性の窒素が結合した場合には，安定なカルベンとして単離可能である[24]．A. Arduengo は，立体的に嵩高いアダマンチル基を窒素上の置換基とするカルベンの合成単離に初めて成功した．

$$\underset{R=アダマンチル}{\text{イミダゾリウム塩}} + NaH \xrightarrow[-H_2,\,-NaCl]{THF\,DMSO(触媒)} \underset{イミダゾール\,2\text{-}イリデン}{\text{カルベン}} \quad (4\cdot 61)$$

その後の研究により，それほど立体的に嵩高い置換基を使わなくても，安定なカルベン化合物が得られることがわかった．この型のカルベン化合物は非常に反応性に富んでおり，たいていの金属錯体と結合してカルベン錯体を与える．たとえば，(4・62)式に示すように遷移金属錯体と次のように反応し，カルベン錯体を生成する．

$$\text{カルベン} \xrightarrow[-L]{ML_{n+1}} \text{カルベン}-ML_n \xleftarrow[-L,\,-HCl]{ML_{n+1}} \text{イミダゾリウム塩} \quad (4\cdot 62)$$

カルベン錯体を合成するほかの方法として，遊離のカルベンと遷移金属化合物から合成せずに，(4・63)式に示すように，電子密度の高いアルケンと金属カルボニルから直接カルベン錯体を合成する方法も知られている．

$$\text{ビスイミダゾリジン} \xrightarrow[-CO]{Mo(CO)_6} (CO)_5Mo=\text{カルベン} \quad (4\cdot 63)$$

このようにイミダゾール誘導体は，N-複素環状カルベン（N-heterocyclic carbene: NHC）

配位子とよばれるが，さまざまな遷移金属に配位して，安定な錯体を形成するとともに，得られた錯体がいろいろな分子変換の有効な触媒となることが見いだされ，よく利用されるようになった[25]．

b ヘテロ原子を含まないアルキリデン錯体

隣接位にヘテロ原子を含まないカルベン錯体は，発見者の名をとって，**Schrock型カルベン錯体**あるいは**アルキリデン錯体**とよばれる．Schrock型カルベン錯体は，1974年にアルキル遷移金属錯体合成の過程においてα位の水素が脱離することにより生成することが見いだされた．その後，1980年の後半にR. R. Schrockのモリブデンカルベン錯体が見いだされ，さらに1990年代中頃にR. H. Grubbsのルテニウムカルベン錯体が合成された．これらの錯体はアルケンメタセシスの高活性な触媒となることが明らかになり，有機合成，高分子合成の発展に大きく貢献した（§6・4・5参照）．SchrockとGrubbsはアルケンメタセシスの機構を提唱したフランスのY. Chauvinとともに2005年ノーベル化学賞を受賞した．

Schrockはニオブ Nb やタンタル Ta のような5族金属にアルキル基が結合した錯体を合成しようとする研究中に，ネオペンチル基のような嵩高いアルキル基を使用すると，(4・64)式のような経路を経て，カルベン錯体が生成することを見いだした[26]．同様に，シクロペンタジエニル配位子やトリメチルホスフィン配位子を有する錯体でも，α水素脱離によってカルベン錯体が得られる．

$$\text{M[CH}_2\text{C(CH}_3)_3]_3\text{Cl}_2 + \text{LiCH}_2\text{C(CH}_3)_3 \xrightarrow{-\text{LiCl}} \text{M[CH}_2\text{C(CH}_3)_3]_4\text{Cl} \xrightarrow[-\text{C(CH}_3)_3]{\alpha\,\text{水素脱離}}$$
$$\text{M = Nb, Ta}$$

$$\underset{(\text{CH}_3)_3\text{C}}{\overset{H}{}}\!\!\!\!\!\!\text{C}=\text{M[CH}_2\text{C(CH}_3)_3]_2\text{Cl} \xrightarrow{\text{LiCH}_2\text{C(CH}_3)_3} \underset{(\text{CH}_3)_3\text{C}}{\overset{H}{}}\!\!\!\!\!\!\text{C}=\text{M[CH}_2\text{C(CH}_3)_3]_3 \qquad (4\cdot64)$$

最も簡単なカルベン錯体であるメチレン錯体は次のようにして合成された．

$$[\text{Cp}_2\text{Ta(CH}_3)_2]^+\text{BF}_4^- \xrightarrow{(\text{C}_6\text{H}_5)_3\text{PCH}_2} \text{Cp}_2\text{Ta}\!\!\begin{array}{c}\diagup \text{CH}_3 \\ \diagdown \text{CH}_2\end{array} \qquad (4\cdot65)$$

また，Ziegler（チーグラー）型触媒の重合機構の研究に関連して，シクロペンタジエニルチタン化合物とトリメチルアルミニウムの反応を研究していたF. N. Tebbeにより，チタン原子とアルミニウム原子がCH_2により結び付けられた(4・66)式のような架橋錯体が見いだされた．この錯体は**Tebbe**（テッベ）**錯体**とよばれる．Tebbe錯体は，Cp_2Tiに結合したメチリデン基が$Al(CH_3)_2Cl$と結合することにより安定化された錯体と見なすことができる．この錯体は溶液中で解離して，$Cp_2Ti=CH_2$部分と$Al(CH_3)_2Cl$部分になりやすいから，メチレンカルベン錯体の前駆体として有用である（§5・5・3参照）．

$$\text{Cp}_2\text{TiCl}_2 + \text{Al}(\text{CH}_3)_3 \longrightarrow \text{Cp}_2\text{Ti}\underset{\text{Cl}}{\overset{\text{CH}_2}{\diagup\!\!\!\diagdown}}\text{Al}(\text{CH}_3)_2 \quad (4\cdot66)$$
Tebbe 錯体

これらの Schrock 型カルベン錯体は形式的な酸化数は高いが,金属に結合したカルベン炭素は電子豊富で求核的な性質をもつ.メチレン錯体には下のような共鳴構造式が存在するため,Wittig(ウィッティッヒ)反応剤に似たイリド構造と見なすことができる.

$$L_n\text{M}=\text{CH}_2 \longleftrightarrow L_n\overset{+}{\text{M}}-\overset{-}{\text{CH}_2} \qquad R_3\text{P}=\text{CH}_2 \longleftrightarrow R_3\overset{+}{\text{P}}-\overset{-}{\text{CH}_2}$$
カルベン錯体の共鳴構造　　　　　　　イリドの共鳴構造

Grubbs 型ルテニウムカルベン錯体は,$\text{RuCl}_3(\text{H}_2\text{O})$ を触媒とするアルケンメタセシス反応の研究過程で見いだされたものであり,$\text{RuCl}_2[\text{P}(\text{C}_6\text{H}_5)_3]_3$ と 3,3-ジフェニルシクロプロペンとの反応により合成される.その後ジアゾアルケンをカルベン源として用い,より汎用性の高いカルベン錯体の合成法になった.配位子として PCy_3 を有するカルベン錯体がよく研究されている.無置換のメチレンカルベン錯体は,これら置換カルベン錯体とエチレンとの反応により合成できる[27]〔(4・67)式,(4・68)式〕.

$$(4\cdot67)$$

$$(4\cdot68)$$

アルキリデン錯体の類縁化合物として,M=C=C 結合を有するビニリデン錯体も知られており,アセチレンの関与する反応の中間体である[28].

c カルビン錯体

Fischer 型カルベン錯体を求電子剤で処理すると,金属−炭素三重結合を有するカルビ

$$(\text{CO})_5\text{W}=\text{C}\underset{R}{\overset{\text{OR}'}{\diagup}} + \text{BX}_3 \xrightarrow[-\text{CO}]{-\text{BX}_2\text{OR}'} \textit{trans-}\text{X}(\text{CO})_4\text{W}\equiv\text{C}-\text{R} \quad (4\cdot69)$$

ン錯体（アルキリジン錯体）に変換される．

一方，Schrock 型のカルベン錯体から，カルベン炭素に結合した水素原子を引き抜くことによりカルビン錯体が得られる．

$$\text{CpTa}-\text{CH}_2-\text{C}(\text{CH}_3)_3 \xrightarrow[-\text{C}(\text{CH}_3)_4]{2\,\text{P}(\text{CH}_3)_3} \begin{array}{c} \text{Cl} \\ | \\ \text{CpTa}\equiv\text{C}-\text{C}(\text{CH}_3)_3 \\ / \quad \backslash \\ (\text{CH}_3)_3\text{P} \quad \text{P}(\text{CH}_3)_3 \end{array} \quad (4\cdot70)$$

アルキリデン錯体やアルキリジン錯体が関与する触媒反応については，§6・4・5と§6・5・2で述べる．

4・2 有機遷移金属錯体の構造と性質

4・2・1 18電子則，16電子則

周期表の第2，第3周期に属する元素を含むいろいろな化合物の場合に，いわゆるオクテット則（8電子則）が成立する．オクテット則が成立するのは次のような理由による．これらの化合物では，s 軌道および p 軌道を使って結合を形成するので，s 軌道に電子が2個，三つの p 軌道にそれぞれ2個ずつの電子が入って合計8個の電子が収容された段階で，ちょうどネオン，アルゴンの電子構造に相当する貴ガスの電子配置を満たし，軌道はすべて満席となる．空いている軌道がなくなるため，不飽和性が減少し，安定になる．

遷移金属化合物の場合には，これらの4個の軌道に加えて，5個のd軌道が存在するため，さらに10電子を収容することができる．合計18電子を収容する化合物の場合には，18電子を収容した段階で貴ガス構造が満足され，安定な錯体が形成される．そのような場合に，これらの錯体は **18電子則を満足している**，という．あるいは，有効原子番号則（effective atomic number rule: EAN 則）を満たしているともいう．最初に N. V. Sidgwick により提案された EAN 則では，内殻の電子まで勘定するが，18電子則では，電子で満たされた内側の殻（閉殻）に存在する電子数は無視し，外殻にある原子価電子の数だけ考えればいいので，計算は簡単である．有機遷移金属錯体の場合には，大部分の反磁性の錯体は18電子則に従う．18電子則に従わない重要な例外として，外殻に16電子を有する錯体がある．これらの16電子を有する平面型の錯体もかなり安定であり，**16電子則**に従っているといわれることもある．有機遷移金属錯体以外の，窒素，酸素，ハロゲン等のハードな配位子を有する，いわゆるWerner（ウェルナー）型錯体では，特に配位子場が小さい場合に，常磁性錯体が多く，18電子則に従わない錯体が多い．

取扱っている有機遷移金属錯体が，18電子則，16電子則に従っていると予測される場合には，その錯体の取りうる構造の範囲が限定されるため，構造や反応過程を予測しやすい．18電子則に従わず，19電子，17電子を有する，ラジカル性の錯体も例外として知ら

れている[29]．しかし，もしも新規に合成した錯体の構造に対して，18あるいは16電子則に合致しない構造を提案しようとする場合には，その構造が十分に合理的な証拠に基づいているかどうかを，慎重に検討しなければならない．

以下，例をあげて18電子則，16電子則に従う錯体の構造を考察する．

4・2・2　18電子則に従うカルボニル錯体の構造

遷移金属錯体の構造に慣れていない読者のために，まず最も簡単な金属カルボニル錯体の構造を例にとって説明しよう．一酸化炭素分子COは分子の大きさが小さく，多くの低原子価金属に結合して各種の安定なカルボニル錯体を形成する．（結合形成の成り立ちについては，§2・4・7参照）．

金属錯体の電子数を勘定するには，まずその金属が結合生成に利用できるd電子の数を知る必要がある．それには，その金属の周期表中での位置と電子数を記憶しておかなければならない．遷移金属だけでも数は多いから，それをいちいち記憶するのは面倒だと思われるかも知れない．しかし，有機金属錯体が多彩な性質を示し，有用な錯体が多いのは，扱う金属の数と種類が多いことが一つの理由であるから，有機金属錯体の多様さを味わい，自分の研究に生かすためには，金属の名前，元素記号，周期表中の位置を記憶することは，最低限必要である．まず，第1遷移金属系列の元素名と，その元素が何族にあるかを記憶する必要がある．**周期表の族番号は，金属の酸化数が0の場合（0価の場合）の電子数と一致している**ので，その金属の所属する族番号さえ覚えれば，それから電子数はただちに求められる（表4・1）．

表 4・1　遷移金属元素の IUPAC 命名法による族番号

族番号	3	4	5	6	7	8	9	10	11	12
	Sc	Ti	V	Cr	Mn	Fe	Co	Ni	Cu	Zn
	Y	Zr	Nb	Mo	Tc	Ru	Rh	Pd	Ag	Cd
	(La)[†]	Hf	Ta	W	Re	Os	Ir	Pt	Au	Hg
	(Ac)[†]									

† ランタノイド，アクチノイドは3族に収容してある．

まず，周期表の**族番号が偶数の場合**のカルボニル錯体の例を述べる．6族に属するクロム，モリブデン，タングステンは，0価状態で6個のd電子を有する．また，8族の鉄(0)，ルテニウム(0)，オスミウム(0)は8個のd電子を有し，10族のニッケル(0)，パラジウム(0)，白金(0)は，それぞれ10個の電子を有する．すなわち，これらの遷移金属は，0価の酸化状態では，それぞれ族番号と同じ数の，6，8，10個のd電子をもっている．なお，この場合における電子数は，遊離の金属原子の基底状態における電子数とは異なる．たと

えば，0価ニッケルの基底状態の電子配置では，3d軌道に8個，4s軌道に2個の電子が入っているが，ニッケルが錯体を形成するには，4s軌道にある2個の電子が3d軌道に入って配位子と結合した方がエネルギー的に有利なので，d電子の数は10個と考えた方がよい．パラジウム，白金等も同様であり，ほかの遷移金属でも最外殻のs軌道にある電子はd軌道に入れて勘定する．

一酸化炭素COが0価の金属に配位する場合には，COは形式的に2個の電子を金属に供与すると考えることができる．この場合に，金属からCO配位子への電子の逆供与は，金属上に存在する電子を配位したCOが受け入れることによって，錯体を安定化する．しかし，形式的な電子数の計算では，逆供与は無視して考える．10個のd電子を有するニッケル(0)が，COと結合して18電子則を満たすには，8個の電子を受け入れることができる．したがって，2電子供与性の配位子COを4個受け入れれば，18電子則を満たすことになる．同様にして，鉄では5個，クロムでは6個のCO配位子と結合すれば，18電子則が満たされる．クロムを中心に6個のCOが結合した錯体は図4・2に示すような，八面体 (octahedron: Oh) 構造をとる．同様にFe(CO)$_5$は三方両錐 (trigonal bipyramid: tbp) 構造，Ni(CO)$_4$は四面体 (tetrahedron: Td) 構造をとる．この例のように，18電子則に従う錯体分子の場合には，金属に結合できる配位子の数が規定されるから，それによって生成する錯体の構造も推測が可能になる．図4・2に示すような，配位子が1種類だけの錯体はホモレプチックな錯体とよばれる．

Cr(CO)$_6$
八面体構造 OC-6

Fe(CO)$_5$
三方両錐構造 TBPY-5

Ni(CO)$_4$
四面体構造 T-4

図4・2 周期表で族番号が偶数の金属のカルボニル錯体の構造

周期表で族番号が**奇数の場合**，すなわち，酸化数0で奇数個の電子を有する金属が，COのような2電子供与性配位子と結合して錯体を形成する場合には，錯体の全電子数も奇数になるから，その錯体単独では，18電子則を満たすことはできない．そのような場合には，金属原子どうしが電子を一つずつ出し合って金属－金属結合をつくる．このような錯体では，金属－金属結合の間で共有されている電子を含めて考えれば，18電子則を満たした錯体が形成される．マンガン，テクネチウム，レニウムのような，0価で奇数個電子を有する金属原子の場合には，図4・3の左に示すような二量体を形成し，二つの金属原子が1個ずつ電子を出し合っておのおのが18電子則を満足するような構造をとっている．

鉄ペンタカルボニル錯体 $Fe(CO)_5$ は，18 電子則を満たしている安定な化合物であるが，紫外光を照射すると活性化され，1 個の CO 配位子を失って二量化し，図 4・3 の右に示す構造の金色の二量体 $Fe_2(CO)_9$ を形成する．

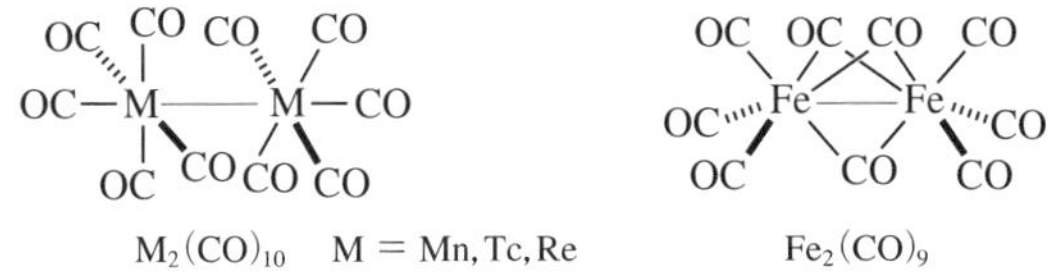

$M_2(CO)_{10}$　$M = Mn, Tc, Re$　　　$Fe_2(CO)_9$

図 4・3　Mn, Tc, Re のカルボニル二量体および $Fe_2(CO)_9$ の構造

このように，低原子価の電子豊富な錯体は，ほかの電子豊富な錯体と結合を共有して 18 電子則を満足しようとする傾向が強い．

IUPAC の化合物命名法では，CO のような配位子が，金属間に橋架けをする場合に，橋架けする配位子にギリシャ語の μ（ミュー）という接頭語をつけ，結合する相手の金属原子の数を下付きの添字として表す．$Fe_2(CO)_9$ の 3 個の橋架け CO は μ_2 配位子として，ほかの 6 個の橋架けしていない配位子と区別される．$Fe_2(CO)_9$ の橋架け CO を単純な単座配位 CO と区別して化学式を表す場合には，$Fe_2(\mu_2\text{-}CO)_3(CO)_6$ と書く．単座配位 CO は，2 電子供与配位子とみなし，μ_2 型の橋架け CO 配位子は，二つの 0 価の金属にそれぞれ 1 個ずつの電子を供与するとみなす．したがってこの錯体 $Fe_2(\mu_2\text{-}CO)_3(CO)_6$ の電子数は次のように計算され，18 電子数を満たしていることがわかる．

$$Fe(0)\ +\ 3 \times CO\ +\ 3 \times \mu_2\text{-}CO\ +\ \frac{1}{2} \times Fe\text{-}Fe$$
$$8e\ +\ 3 \times 2e\ +\ 3 \times\ 1e\ +\ \frac{1}{2} \times\ 2e\ =\ 18e$$

金属原子が 3 個以上集まった錯体を金属クラスターという．クラスター分子とはブドウの房のように金属原子が複数個集まってできる錯体である．

錯体 $Fe_3(CO)_{12}$ では，分子全体の電子数を数えると 48 電子になる．金属錯体全体の電子数を EAN 電子数とよぶことがある．クラスターを形成する金属原子の数が x，金属－金属結合の数を y とすると，EAN 電子数は次のようにして計算される．

$$\text{EAN 電子数}\ =\ 18x - 2y \tag{4・71}$$

$Cr(CO)_6$, $Mo(CO)_6$ のような単核錯体では，金属－金属結合は 0 であるから，$y = 0$，$x = 1$ であり，EAN 電子数は 18 である．$Mn_2(CO)_{10}$ などの金属－金属結合を 1 個有する二核錯体の EAN 電子数は，$2 \times 18 - 2 = 34$ 電子である．この電子数の数え方では，CO は常に 2 電子供与配位子とみなし，結合様式の相違は考慮しなくてよい．金属クラスターの金属原子おのおのの電子数を考慮しない場合には，この計算法は便利である．

金属クラスターを構成する金属原子の核数がさらに増大してゆき，六核以上になると，この計算法は適用できなくなる．そのような多核金属クラスターには Wade 則という経験則が提案されている[30]．この法則はヒドリドホウ素化合物の場合に関連した電子数の計算法である．しかし，本書の扱う範囲を超えるので，電子数計算法の詳細についてはこれ以上立ち入らない．

多核の金属錯体は，同種の金属どうし間の結合を有する，ホモクラスター錯体のほかに，異種の金属間に金属－金属結合を有するヘテロクラスター錯体，たとえば $FeRu_2(CO)_{12}$ や，$Fe_2Os(CO)_{12}$ などが知られている．異種の金属を組合わせることにより，金属錯体の電子構造に微妙な変化を与えることが期待され，触媒作用を有する錯体では目的に合致した触媒活性を最大限発揮できる組合わせを見いだす機会が広がるから，今後，さらに多数の変化に富んだクラスター錯体が見いだされる可能性がある．

複雑な金属クラスター錯体の構造について直感的に理解するには，R. Hoffmann の提案したイソローバル類似の概念が便利である．詳細については§2・2・3を参照されたい．

単純な金属カルボニル化合物のなかで，バナジウムのカルボニル錯体 $V(CO)_6$ は例外的に不対電子を有する黒色の常磁性結晶である．$V(CO)_6$ は17電子（$5+2×6=17$）しかないから，バナジウムどうしが結合して二量体をつくろうとする傾向を有するはずである．しかし，二量体になると，バナジウム原子は7配位になるから，配位子間の立体的反発が大きくなる．したがって，弱い V–V 結合をつくるよりは単量体のままでいた方が，エネルギー的に有利であると考えられる．

隣接するクロムのカルボニル錯体 $Cr(CO)_6$ と比べると，$V(CO)_6$ は熱的に不安定であり，70℃で分解する．また，配位的に飽和しようとする性質があり，たとえば，ナトリウムと反応させると，電子を取込んで $Na^+[V(CO)_6]^-$ になる．

$$Na + V(CO)_6 \longrightarrow Na^+[V(CO)_6]^- \quad (4・72)$$

4・2・3　18電子則に従う有機遷移金属錯体

簡単なカルボニル錯体のほかに本章前半で有機金属錯体の合成に関して述べたように，ヒドリド，アルキル，アリル，シクロペンタジエニルなどのさまざまな配位子を有する数多くの有機金属錯体が知られている．そして，その大多数が18電子則に従っている．これらの錯体では，0価の金属の電子とラジカルの不対電子を共有して，金属－炭素，あるいは金属－水素結合を形成しているとみなすことができる．

まずアルキル錯体 $MnCH_3L_5$ の例（図2・15）を考えてみよう．この場合にも $MnCH_3(CO)_5$ の電子数は，$7+1+2×5$ で，18電子則を満足している．$MnH(CO)_5$ も同様である．ただし，金属に結合しているアルキル基の炭素は電気陰性度が金属よりも大きく，$M^{δ+}–R^{δ-}$ のように分極しているため，アルキル基はカルボアニオン的な配位子で，形式上負電荷をもっているとみなす．したがって金属原子の酸化数はアルキル基の結合し

ている分だけプラスになる．たとえば，MnCH$_3$(CO)$_5$の中心金属であるマンガンの酸化数は1である．酸化数を化学式のなかに入れて表記するときは，ローマ数字を用いて，Mn(I)のように書く．MnH(CO)$_5$の場合にも同様にヒドリドは形式的にH$^-$とみなし，この場合にもマンガンの形式的な酸化数は1である．ただし，COのようなπ配位性配位子が5個もマンガンに結合している場合には，逆配位により金属からCO配位子へ電子が引っ張られるから，この錯体が反応する場合には，ヒドリド配位子はプロトンとして挙動する場合が多い．

遷移金属錯体の電子数の計算に際して，以上のようにアルキル，ヒドリドと金属の結合が共有結合的に互いに不対電子を1個ずつ提供して共有結合を形成すると考えるか，生成した金属－炭素あるいは金属－水素結合に関してアルキル基やヒドリド基を形式的にアニオンとみなすかにより，電子数の数え方の手順には2通りあり，有機金属化学の教科書によって，両方のやり方は必ずしも統一されていない．ただ，18電子数，16電子数を計算する場合には，手順の違いだけで，どちらでも結論は同じである．共有結合的な考え方をする場合には，0価金属の電子数が周期表の族番号と同じなので，電子数の勘定が多少容易になる利点がある．そのかわり，金属－アルキル結合をイオン構造としてみなすために，金属とアルキル基が結合生成後に完全にM$^+$R$^-$のように分極しているとみなし，金属の酸化数を一つ増やす必要がある．本書では以下の記述もその数え方に従うが，混同させないように注意が必要である．

アリル錯体やシクロペンタジエニル錯体のように，奇数個の炭素が金属と結合する，η^{3}あるいはη^{5}型配位子が遷移金属に結合する場合も，アルキル基の場合と同様に，0価の金属のd電子数に3あるいは5電子を加えて18電子則を満足しているかどうかを検証する．フェロセンCp$_2$Fe（ビシクロペンタジエニル鉄）錯体の電子数合計は

$$\text{Fe}(0) + 2 \times \text{C}_5\text{H}_5 \cdot$$
$$8e + 2 \times 5e = 18e$$

となり，18電子則を満足している．

イオン構造を考える数え方をするなら，フェロセンでは形式的に2価の鉄イオンの上下に6電子配位のC$_5$H$_5^-$アニオンがサンドイッチ型に結合しているので，

$$\text{Fe}(\text{II}) + 2 \times \text{C}_5\text{H}_5^-$$
$$6e + 2 \times 6e = 18e$$

となり，いずれにしても18電子則を満足している．

さらに，アルケン，ジエン，ヘキサジエン，あるいはベンゼン等の二重結合を有する炭化水素，あるいはアルキンのような三重結合を有する炭化水素が配位子として遷移金属にπ結合する場合には，一つの二重結合あたり2個の電子を金属に供与すると考える．この場

合も，逆供与による電子移動は無視して電子数を計算する．

複数個の二重結合を有する不飽和炭化水素が遷移金属に配位している錯体で，生成した錯体が反磁性の場合に，18電子則に従っていることが予測されるときには，生成する錯体の構造の可能性についての選択の幅が狭くなり，構造を推測しやすい．

新しい有機金属錯体を合成したときに，その錯体が18電子則に従っているかどうかは，その有機金属錯体を同定する場合に重要な手がかりになる．また，錯体触媒反応に関与する中間体に関して，妥当な構造を推測する上でも，18電子則に従っているかどうかを確認することは重要である．

4・2・4　16電子則に従う有機遷移金属錯体

先に述べたように，多くの有機金属錯体は18電子則に従うが，たとえば3族，4族，5族などの前期遷移金属は，もともとd軌道にある電子数が少ないから，中心金属の周囲に配位子が結合しても18電子には達しない場合が多い．たとえば，メチルチタン錯体 $TiCH_3Cl_3$ では電子数は8しかない．電子求引性配位子Clのかわりに，π電子を多数供給しうるシクロペンタジエニル基が2個結合した Cp_2TiCl_2 でも合計16電子にしかならない．

一方，後期遷移金属錯体の場合には，d電子が多いから，先に述べたように18電子則を満足する錯体が多い．そのなかで重要な例外となるのは，Ni(II)，Pd(II)，Rh(I) などのd電子8個を有する16電子の平面四角形錯体である．これらの錯体が平面四角形錯体

♪ *Intermezzo*　**負けず嫌いは研究者の条件**

昔，碁の本因坊が棋士志望の兄弟に稽古をつけてやったという．兄の方は，本因坊との稽古碁で負けても，どうせ実力が違うのだからと，あまり悔しがらなかったが，弟の方は本因坊に負かされると，むきになって悔しがった．本因坊はそのような弟をみて，棋士になる見込みがあると言ったという．この話は，勝負師の世界では，いかに勝つための強い闘志をもつことが重要なのかを示すエピソードである．

研究者の世界でも，負けず嫌いであることは成功するための一つの条件である，といえるのではないか．ライバルに抜かれて平気な顔をしているようでは，研究意欲の出力は弱い，といえよう．抜かれた無念さを顔にだすかださないかは別として，心のなかでは無念さにさいなまれるくらいでないと，研究者としての意欲は不十分である．

どんな研究テーマでも，世界のどこかに，似たような目標に向かって頑張っている競争相手がいる，と考えた方がいい．世界のどこかにいる競争相手との戦いに負けないよう，日夜考え続け，努力する必要がある．抜かれた後で残念がってももう遅い．

として安定に存在する理由を考えてみよう．

　図4・4の左に示す八面体錯体は，Δ_oのエネルギー差で，エネルギーの低いt_{2g}軌道と，エネルギーの高いe_g軌道に分裂している．ここで八面体錯体のz軸上で，中心金属の上下にある配位子を中心金属から引き離す場合を考えよう．中心金属の上下にある配位子が錯体の中心原子から遠ざかると，z軸上にあるd_{z^2}軌道は配位子による反発の受け方が少なくなるため，中心金属原子から遠ざかるほど，エネルギー的に安定化する．一方，x軸およびy軸上の配位子は，その分だけ中心金属に引き付けられるため，$d_{x^2-y^2}$軌道はさらに反発を受けるようになり，エネルギー的に不安定になる．

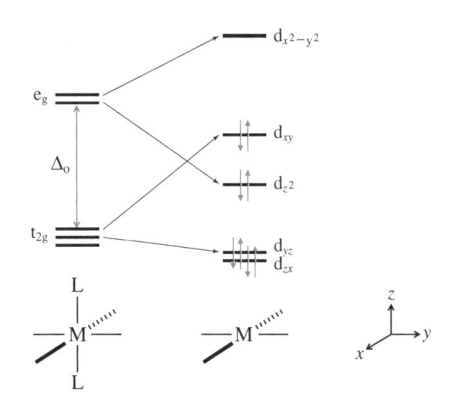

図 4・4 結晶場理論による正八面体から平面四角形錯体への軌道分裂の変化

　z軸上の配位子がある程度中心金属から遠くなった形を正方晶（tetragon）という．金属の上，または下にあるz軸上の配位子を一つ取去った形は正方錐である．z軸上の配位子を二つとも取去れば，平面四角形錯体になる．図4・4において，もともと八面体のt_{2g}軌道にあった3個のd軌道のうち，1個のd_{xy}軌道は正方晶になるとエネルギー的に不安定になる．したがって，八面体錯体の上下にあった配位子を無限遠まで遠ざけた平面四角形錯体の場合には，d軌道のエネルギー準位は，図4・4の右のエネルギー準位に示したように，上から$d_{x^2-y^2} > d_{xy} > d_{z^2} > d_{yz}, d_{zx}$の順序になる．ここで$d_{x^2-y^2}$とその下の準位の$d_{xy}$との間にはかなり大きなエネルギー差が生ずる．したがって，Ni(II)，Pd(II)，Pt(II)，Rh(I)などの，8個のd電子を有する金属錯体において，エネルギーの低い軌道から順に電子を詰めていくと，最もエネルギーの高い$d_{x^2-y^2}$は空のまま残り，残りの4個の軌道に8個の電子が入った状態（すなわち，$8+2\times4=16$個の電子が収容された状態）で準安定状態になるであろう．これが，平面四角形構造の16電子錯体が生成する理由である．これらの平面四角形錯体では，d軌道に入ったd電子は皆スピンを逆平行にして対をつくり，反磁性の錯体を形成する．

4・3 遷移金属錯体の構造変換,異性化

遷移金属錯体,特に有機遷移金属錯体は,溶液中でその構造が変化することが多い.古典的な,Werner 型錯体に比べて,有機遷移金属錯体の特徴は時間とともにその形をかえる点にあるということもできる.このような錯体の動きの様子を観測するには,それに適した観測手段が必要である.たとえばX線結晶構造解析は,運動している物体を高速シャッターを用いて観測するようなもので,観測手段の時定数が小さいため,観測する被写体は停止して観測される.これに対して,動きのある物体の運動がみえるようにするには,時定数の大きな観測手段を採用する必要がある.たとえば,ゆっくりした動きをするものを観察するのに,低速度撮影を重ね合わせて映画にするような工夫が必要になる.

核磁気共鳴分光法 NMR は,反磁性物質の同定に対して威力を発揮する.NMR は,時定数が 10^{-1} から 10^{-6} s の間にあるため,溶液中における分子の動きを観測するのに,有力な手段を提供する.ある温度では分子運動が停止した状態で錯体の構造が観測されるが,もっと温度を高くすることにより,中心金属に結合した配位子がの動き(動的挙動)を観測することができる.

4・3・1 動的な挙動を示す遷移金属錯体

錯体が,溶液中で一つの立体配置から別の構造へ可逆的に素早く形をかえる分子をフラクショナルな(fluxional,かわり身の早い)分子という.フラクショナルという言葉は,分子内変換反応が立体化学的に等価な構造間で行われる場合に対して用い,非等価な立体構造間で変換が起こる場合には,stereochemically non-rigid という言葉を用いるべきであるという提案が行われたが[31],現在はあまり両者を区別せずに,両方ともフラクショナルな分子とよばれている.フラクショナルな挙動を示す典型的な分子である $Fe(CO)_5$ を例にとって説明しよう.5配位錯体 $Fe(CO)_5$ は,三方両錐(tbp)と四角錐構造をとる可能性がある.したがって,そのスペクトルは2本の共鳴線を示すことが期待される.しかし,25℃における ^{13}C NMR は1本の共鳴線しか示さない.一方,時定数のもっと小さな(10^{-6} s)の IR スペクトルで観測すると,2種類の $\nu(CO)$ 伸縮振動による2本の吸収が観測される.その理由は,この分子が常温ではフラクショナルな運動をしているので,IR では2種類の構造を識別できても,NMR では区別して認識できないためである.測定温度を下げて錯体の分子運動を遅くすれば,NMR で分子の動きを観測できる.

このような動的挙動を示す5配位錯体の分子内異性化の機構を解釈するためには,擬回転機構と木戸回転機構の二つのモデルが考えられている.

擬回転機構による異性化　　一つの異性化形式は図4・5に示すような Berry の擬回転(Berry's pseudorotation)とよばれる分子内変換である[32].この機構は,もともと R. S. Berry によって PX_5 型リン化合物の分子内変換を説明するために提案されたものであるが,5配位金属錯体の分子内変換反応を説明するのにも同様に適用できる.この場合の分子内

異性化反応では，Fe(CO)$_5$ に結合している CO 分子は中心の鉄原子から解離せずに運動している．それは，^{57}Fe–^{13}CO の磁気的カップリングが常に観測されることからいえる．このような金属に結合している配位子の解離を伴わない分子内変換反応を Berry の擬回転モデルで説明する．この機構では，三方両錐構造の Fe(CO)$_5$ 分子の左側のエクアトリアル位にある配位子 CO を軸に固定したまま，ほかのエクアトリアル位にある配位子 CO を左に向かって移動させ，同時に三方両錐錯体のアキシアル位にある二つの CO 配位子を右方向に移動させる．すると移動の過程では，最初エクアトリアル位にあった動かない CO を頂点とする正方錐(sp)になる．

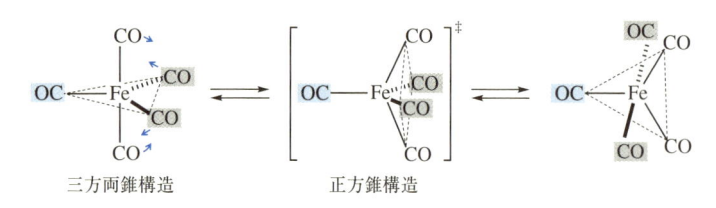

図 4・5 Berry の擬回転機構

さらに二つの CO が左方向への移動を続けると，CO がアキシアル位を占め，CO がエクアトリアル位に位置する三方両錐構造に変換される．この変換過程の最初と最後の錯体の形を比べると，結果的に三方両錐構造の錯体を 90°ごろりと横倒しに回転させた形であり，アキシアル位とエクアトリアル位の CO が入れかわる変換と等価である．この変換を，擬回転とよぶ．この変換操作では，分子中での配位子の移動は最少であり，変換にはあまり大きな活性化エネルギーを必要としない．錯体の分子内変換においては，このような Berry 機構によるフラクショナルな変換が起きていると考えられる例が多い．

回転木戸機構による異性化　三方両錐錯体のエクアトリアル位とアキシアル位にある二つの配位子を固定し，金属に配位したほかの 3 個の配位子を遊園地などの入口にある，回転木戸のような形で 60°回転させる．このような変換機構を回転木戸機構 (turnstile mechanism) という．NMR を用いる研究では，通常 Berry の擬回転機構か，回転木戸機構かを区別することは困難である．理論的には，擬回転機構の方が小さな活性化エネル

図 4・6 回転木戸機構による三方両錐錯体の異性化

4・3 遷移金属錯体の構造変換，異性化

ギーで進行するといわれている．八面体錯体の場合には，配位子の解離を伴わない分子内異性化の例は少ない．7配位，8配位錯体や金属クラスターではフラクショナルな挙動を示す錯体の例は多く，むしろその方がふつうである．

4・3・2 遷移金属錯体の配位子の異性化反応を伴う動的挙動

遷移金属に結合した有機配位子は，錯体からの部分解離などを伴って形を変える．以下，そのような有機配位子の異性化反応の例を述べる．

a η²-アルケン錯体における配位子の動的挙動

アルケンが遷移金属錯体に配位すると，アルケンの ^{1}H NMR および ^{13}C NMR の化学シフトは高磁場側あるいは低磁場側にシフトする．たとえば，遊離のエチレンの化学シフトは δ6.0 に観測されるが，エチレンが白金に配位した Zeise 塩 K[Pt(C$_2$H$_4$)Cl$_3$] では，δ4.6 まで高磁場側にシフトする．このような遷移金属による遮蔽効果は低原子価錯体の場合には通常もっと大きい．たとえば，ロジウム錯体 CpRh(CH$_2$=CH$_2$)$_2$ の場合には δ2.75 と δ1.0 に観測される．一方，エチレン Ag$^+$ 錯体では，配位エチレンの化学シフトは遊離のエチレンより低磁場側にシフトし δ6.1 に観測される．アルケン錯体の ^{13}C NMR でも，同様な傾向がみられる．

置換アルケンがニッケルに配位した錯体 Ni(alkene)(PR$_3$)$_2$ のビニル炭素の ^{13}C NMR 化学シフトは，PR$_3$ の塩基性が大きいほど磁気遮蔽が大きく，高磁場側に観測される．その理由は，Ni(0) からアルケンへの電子の逆供与により磁気遮蔽が増大したためと考えられる．

このような NMR を用いる観測により，遷移金属に配位したアルケンの動的挙動に関する情報が得られることがある．たとえば，エチレンロジウム錯体 CpRh(C$_2$H$_4$)$_2$ において，ロジウム原子に結合しているエチレンの回転運動が観測されている[33]．実際，Rh(I) に配位しているエチレンが，ある温度以上になると，プロペラのように回転する．そのような挙動は，(1) において配位したエチレンの内側の水素原子 H^i と外側に付いている水素原子 H^o が交換していることから推定される．この間に ^2J(Rh-H) の磁気カップリングは保たれているから，エチレンは，この間に解離せずに，ロジウムに結合したまま回転していると考えられる．カップリングはもっと高い温度に上げると失われるので，その場合はエチレンの解離が起こっているものと考えられる．このような Rh に配位したエチレンが回

$$(4・73)$$

転する運動の活性化エネルギーは，NMR スペクトルの温度変化から 62.8 kJ mol^{-1} と求められた．

b　ポリエン錯体における配位子の動的挙動

　低原子価遷移金属にアルケン類が配位する場合，中心遷移金属にπ配位するアルケンの数は 18 電子則により制限される．たとえば，シクロオクタテトラエンの配位した鉄(0)錯体 Fe(C$_8$H$_8$)(CO)$_3$ では[34]，Fe(CO)$_3$ 部分だけで 14 電子をもつので，18 電子則を満足するには，あと 4 電子分の余裕がある．したがってシクロオクタテトラエンの 4 個の炭素-炭素二重結合のうち，2 個が一度に配位ができることになる．しかし，残りの 2 個の二重結合も Fe(0) と結合する能力をもっているから，ある温度以上になると，シクロオクタテトラエン環の解離を伴わずに鉄原子が移動する．結果としてシクロオクタテトラエン環は鉄原子上を回転しフラクショナルな挙動を示すようになる．実際，常温でこの錯体の ^{13}C NMR（^{1}H NMR）を測定すると，C$_8$H$_8$ は等価な 1 本のピークと CO による 1 本のピークとして観測される．測定温度を低くしていくと，-134℃ では，C$_8$H$_8$ によるピークは 4 本のピークとして観測される．そのうち，低磁場側に観測される 2 本のピークは，鉄原子に配位しているジエン部分であり，残りは配位していないジエン部分であると考えられる．この推定構造は X 線結晶構造解析の結果と一致している[35]．この分子内反応の活性化エネルギーは 35 kJ mol^{-1} であった．

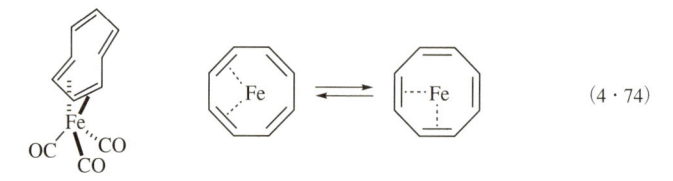

$$\text{(4・74)}$$

c　π-アリル配位子の異性化反応

　遷移金属にアリル基の結合したアリル錯体は数多く合成され研究されている．アリル基の結合した錯体は，多くの触媒反応において活性な中間体のモデルとみなされる化合物である．アリル錯体には溶液中でフラクショナルな挙動を示すものが多い．そのような分子内変換反応が，場合によって触媒反応の方向を決定し，選択的に生成物を与えることがある．

　置換基をもたないアリル基が遷移金属に η^3 配位した錯体におけるアリル基は対称性が高く，たとえばパラジウムアリル錯体の ^{1}H NMR は，図 4・7 に示すように比較的簡単な対称性のよいスペクトルを示す．図 4・7 で高磁場側にみられる二つの二重線 H^b, H^c は，η^3 配位したアリル基の末端に結合したプロトンであり，それぞれ中央のメチン基のプロトンとのカップリングにより，2 本に分裂しており，結合定数の大きさから，メチン基の

プロトンに対して同じ側（シン），および反対側（アンチ）のプロトンに帰属される．H^b，H^c 間のカップリングは小さいため，H^b，H^c は簡単な二重線として観測される．低温では H^b，H^c の間に交換がないので，H^a，H^b，H^c はそれぞれ 1：2：2 の強度比で観測される．また，低磁場側に観測される H^a は，H^b，H^c とそれぞれカップリングして，多重線（トリプレットオブトリプレット）として観測される．この系の温度を上げていくと，H^b と H^c の間にも交換が起きるようになる．

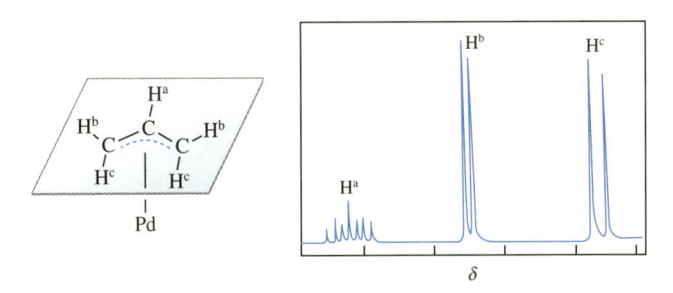

図 4・7　$[Pd(\pi\text{-}C_3H_5)Cl]_2$ 錯体の低温条件下での ^1H NMR スペクトル

同様の挙動は，$Zr(C_3H_5)_4$ においても観測される．図 4・8 の ^1H NMR スペクトルでは，高磁場側に二重線と，低磁場側に五重線が観測される．H^b，H^c の交換によりアリル基末端の H がすべて等価になり，メチン基の H とのカップリングにより二重線として観測され，

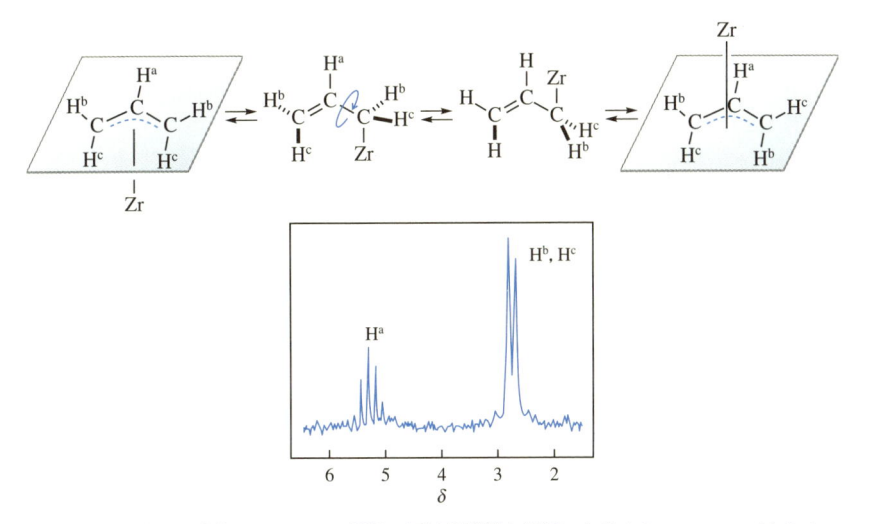

図 4・8　$\eta^3 \rightarrow \eta^1$ 変換によるアリル錯体の異性化機構と常温における ^1H NMR スペクトル

メチン基 H は等価な 4 個の H^b, H^c とのカップリングにより五重線として観測される．このような交換反応は，遷移金属に η^3 配位していたアリル基が，図 4・8 の上部に示すような機構により交換反応をしているためである．

d シクロペンタジエニル配位子の異性化

シクロペンタジエニル基はフェロセンにおいてみられるように，多くの遷移金属に結合して安定な錯体を形成する．シクロペンタジエニル基は遷移金属の種類と，ほかの配位子の存在によって溶液中でフラクショナルな挙動を示すことがある．そのような異性化は $\eta^5 \to \eta^1$ の変換により進行する場合もあり，$\eta^5 \to \eta^3$ の変換により起きる場合もある．$\eta^5 \to \eta^3$ の変換（配位子のすべり slippage）による変換が起きると，中心金属の周囲には空いた配位座ができるので，そのような変換反応を経由して配位子交換反応が促進されたり，挿入反応など別の反応が進行したりすることがある[36),37)]（図 4・9）．

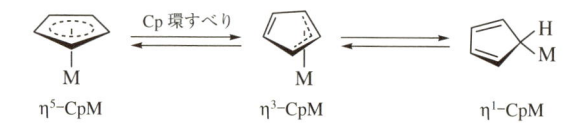

図 4・9　η^5 配位子の"環すべり"過程による空いた配位座の増加

これまで述べたように，配位的に飽和した錯体から配位子を順に除いていく過程を考えると，たとえば八面体構造をもつ 6 配位錯体から，5 配位，4 配位，3 配位等の配位的に不飽和な錯体が生成する．そのようにして生成する配位不飽和錯体では，おのおのの錯体自身が分子内変換したり，あるいはほかの配位子の添加による別の型の反応が促進され，異性化等の変換反応を行う可能性がある．これら錯体の動的挙動は 5 章で述べる錯体の素反応に大きな影響を与えている．

4・4　11 族元素の有機金属化合物

11 族に属する銅，銀，金は，文明社会において貨幣として用いられる金属であり，貨幣金属（coinage metal）とよばれる．これらの金属の化合物では，1 価の酸化状態において，5 個の d 軌道に 10 個の電子が詰まり，その上の s および p 軌道には電子が入っていない，d^{10} 型の電子配置を有するため，11 族元素の 1 価の錯体は，9 個以下の d 電子を有する他の遷移金属錯体とは異なり，d 電子を有する遷移金属錯体の性質を示さず配位的に飽和しており，むしろ Lewis 酸的性質を示す．

貨幣金属のなかでも，銀(I)の化合物はハロゲンに対する親和性が大きく，反応基質中のハロゲン原子を引き抜きやすい．しかも生成した AgX（X = ハロゲン）が一般に有機

4・4 11族元素の有機金属化合物

溶媒に不溶なため，沈殿して反応系外に除かれやすい．この性質を利用してハロゲンを含む有機遷移金属錯体に銀塩を添加してハロゲンを引き抜き，空の配位座を有するカチオン性遷移金属錯体を発生させるのに用いられる．

貨幣金属の化合物を利用した有機合成では，これまで化学量論量の金属塩を用いる必要があったため使用範囲が限られていた．しかし最近は貨幣金属化合物を触媒として用いる例が増加し，複雑な有機化合物の合成に応用する例が急速に拡大している[38]．

各々の応用例について詳しくは記述しないが，一般的な応用例としては，Cu^+，Ag^+，Au^+ それぞれの貨幣金属(I)カチオンが，アルキン，アレン等の電子豊富な不飽和化合物に結合してπ錯体を形成し，それによる活性化によって生成する反応性に富んだアルキン，アレンの反応を利用する方法が現在最も多く用いられている．芳香環，複素環を有する有用な化合物を合成するために，アルキニル基やアレニル基が貨幣金属にσ結合した金属錯体を生成させ，その高い反応性を利用して，環化反応等を起こさせることにより，芳香環，複素環を有する有用な化合物を合成する例が報告されている．たとえば，銀塩とアルキンの反応の場合には模式的に次のような図で表すことができる[39]．

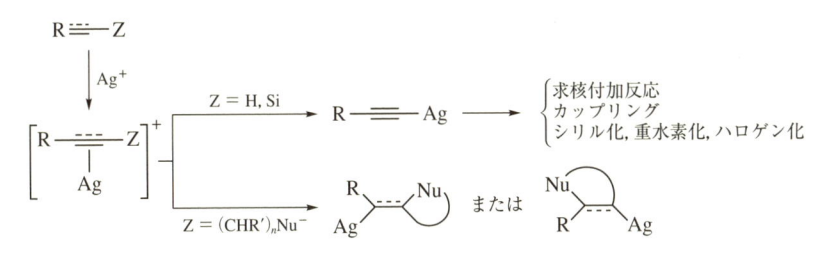

図 4・10 銀塩を用いるアルキンの変換反応

銀アセチリドは爆発性があり，単離することは危険な場合が多いが，反応系中で触媒量の銀アセチリドを生成させるような条件下では危険性が少ない．系中で触媒量の銀アセチリドを生成させ，触媒反応の素反応過程が明らかになっているパラジウムその他の遷移金属錯体を用いる反応と組合わせて，触媒反応を設計するような試みが行われている．個々の反応例については省略するが，中間体としてはカルベン錯体が関与する例など，さまざまの反応経路がある．複雑な天然物合成など，研究の目的により貨幣金属錯体と他の遷移金属錯体を使い分けて，あるいは組合わせて利用し，今後多くの応用例が開発されるであろう．

銅，銀，金の有機金属錯体の合成と構造 有機銅化合物を純粋な形で単離し，その構造や反応性を研究した例はあまり多くない[40]．有機銅化合物には熱的にも，酸素，水分に対しても不安定なものが多く，安定な形で単離した化合物に関する研究を行うには多くの困難を伴うためである．アルキル基が銅にσ結合した化合物は銅のハロゲン化物とアル

キルリチウムの反応により生成するが,過剰の LiR が存在するときには,CuR はさらに LiR と反応してイオン構造のアート錯体(リチウムクプラート Li[CuR$_2$])を生成する.これらのクプラートは条件によって多量体を形成するので,その構造を一義的に決定するのはむずかしいことが多い.このように合成されるクプラートは,Gilman(ギルマン)反応剤ともよばれ,有機ハロゲン化合物 R′X との反応によりクロスカップリング生成物を与える.量論反応であるが有機合成反応として有用な方法である.

$$\text{CuX} + \text{LiR} \xrightarrow[-\text{LiX}]{(C_2H_5)_2, \text{THF}} \text{CuR} \xrightarrow{\text{LiR}} \text{Li}[\text{CuR}_2] \quad (4\cdot75)$$

安定化配位子をもたないアルキル銅化合物は熱的にも不安定であり,特に空気と接触させると爆発的に反応し,分解する.しかし,第三級ホスフィンのような安定化配位子を使用すると,熱的安定性はかなり向上し,常温付近の温度でも取扱えるようになる[41].

$$\text{Cu(acac)}_2 + \text{AlR}_2(\text{OC}_2\text{H}_5) + \text{PR}'_3 \xrightarrow{(C_2H_5)_2O} \text{CuR(PR}'_3)_2 \quad (4\cdot76)$$
$$R = CH_3, C_2H_5, C_3H_7 \qquad PR'_3 = P(C_6H_5)_3, PCy_3$$

一方,鉄,コバルトアルキル錯体の場合に高い安定化効果を示した 2,2′-ビピリジンは,安定化配位子としての効果をほとんど示さず,低温でエーテルを用いて洗浄すると簡単に錯体から脱離する.第三級ホスフィンと 2,2′-ビピリジンの安定化効果が大きく異なる理由は不明である[41].

嵩高い P(C$_6$H$_{11}$)$_3$ が配位したメチル銅化合物 CuCH$_3$(PCy$_3$) は CO$_2$ と反応すると CO$_2$ の挿入反応が起こりアセタト銅錯体になる.中性の有機銅化合物の化学的挙動に関しては,さらに研究が必要である.

アルキル銅(I)錯体に対応するアルキル金錯体は,やはり熱的に不安定な化合物であるが,第三級ホスフィンのような安定化配位子が結合すると多少熱的に安定になる[42].

第三級ホスフィンを配位子にもつ塩化金(I)錯体はアルキルリチウムによりアルキル化され,安定なメチル金(I)錯体を与える.この錯体は有機銅と同様にさらにもう 1 等量のアルキルリチウムと反応し,空気中で不安定なアート型のジアルキル金(I)酸塩を生成する.

$$\text{Au}[P(C_6H_5)_3]\text{Cl} \xrightarrow[-\text{LiCl}]{CH_3Li} \text{Au}[P(C_6H_5)_3]\text{CH}_3 \xrightarrow{CH_3Li} \text{Li}[\text{Au}(CH_3)_2] \quad (4\cdot77)$$

第三級ホスフィンの存在下,Li[Au(CH$_3$)$_2$] は CH$_3$I と反応して酸化的付加反応を受け,トリアルキル Au(III)錯体になる[43].この錯体は,さらにアルキルリチウムと反応し,アー

$$\text{Li}[\text{Au}(CH_3)_2] \xrightarrow[-\text{LiI}]{CH_3I,\ P(C_6H_5)_3} \text{Au}^{III}[P(C_6H_5)_3](CH_3)_3 \xrightarrow[-P(C_6H_5)_3]{CH_3Li} \text{Li}[\text{Au}(CH_3)_4]$$
$$(4\cdot78)$$

ト型のテトラアルキル金(III)酸塩を与える．

単離された有機銅や有機銀錯体の安定性や反応性については，未だ解明されていない点が多い．有機金錯体の合成と性質についてはよく知られているが，本書では割愛する．

Intermezzo　ハゲにならない方法をご存じだろうか

　これは，パーティージョークである．ハゲにならない方法が三つあるという．そのうち二つは確実で，あとの一つは99.99％確実であるという．考えてみてください．答えは欄外の脚注にあります*．

親を選ぶ方法と先生を選ぶ方法　ハゲにならない方法の一つとして親を選ぶ，という選択肢があったとしても，親を選ぶわけにはいかない．では，先生を選ぶ方法はあるのだろうか．ふつうの学校では，担任の先生には当たり外れがある．小学校，中学校，高校と生徒の方から先生を選べるチャンスはほとんどない．いい学校といわれる学校に行っても必ずしもいい先生は選べない．大学へ進んで，卒業研究に入るときが最初に先生を選ぶチャンスである．しかし，それも志望者が多ければ抽選になったりして，必ずしも先生を選ぶことはできない．入試の偏差値の高い大学でも，その教授の研究指導者としての資質が高いかどうかは別問題である．

　どのようにして指導をお願いする教授を選ぶか，それが問題である．自分から先生を選ぶ最初のチャンスは大学院に進学するときである．卒業研究をした同じ大学でところてん式に同じ研究室の大学院に進学する必要はない．全国の大学，あるいは世界の大学を見まわして，これはと思う先生をこちらから選んで進学したらどうだろうか．

　自分の先生を自分で選ぶ，という利点に加えて，他大学の先生を選んで進学した場合には，別の研究教育システム，環境に身を置いて新鮮な経験を積むことができる．米国の大学では，学部から大学院への進学の場合，および大学院を修了して学位を得て就職する場合には，出身校以外に出る，というのが原則である．以前は米国もそうではなかったが，自家培養の欠点を悟って，現在では他大学，研究所，会社に出るのが原則になっている．

　大学院の博士課程を修了して，ポスドク（博士研究員）になるときが，先生を選ぶ次のチャンスである．世界をみて，インターネットなどでも調べて，自分の今後の研究に関して世界で最もふさわしい研究者を選んで欲しい．優れた指導者の人格に触れて，指導してもらうのは本当に得難いチャンスである．内向きにならずに，世界中から優れた指導者を選んで欲しい．

＊　方法1 ハゲにならないうちに死ぬ．方法2 親を選ぶ．方法3 女に生まれる．

文　献

1) L. Vaska, J. W. DiLuzio, *J. Am. Chem. Soc.*, **83**, 2784 (1961).
2) H. Narahasi, A. Yamamoto, I. Shimizu, *Chem. Lett.*, **33**, 348 (2004).
3) A. Yamamoto, K. Morifuji, S. Ikeda, T. Saito, Y. Uchida, A. Misono, *J. Am. Chem. Soc.*, **87**, 4652 (1965); T. Saito, Y. Uchida, A. Misono, A. Yamamoto, K. Morifuji, S. Ikeda, *J. Am. Chem. Soc.*, **88**, 5198 (1966); A. Yamamoto, K. Morifuji, S. Ikeda, T. Saito, Y. Uchida, A. Misono, *J. Am. Chem. Soc.*, **90**, 1878 (1968).
4) S. Komiya, T. Yamamoto, A. Yamamoto, *Acta Crystallogr. sect. B*, **35**, 2702 (1979).
5) A. Yamamoto, A. Miyashita, T. Yamamoto, S. Ikeda, *Bull. Chem. Soc. Jpn.*, **45**, 1583 (1972).
6) 山本嘉則, 長南美洋, "有機金属反応剤ハンドブック", 玉尾皓平編著, p. 128, 化学同人 (2003).
7) F. Ozawa, T. Ito, A. Yamamoto, *J. Am. Chem. Soc.*, **102**, 6457 (1980).
8) J. R. Blackborrow, D. Young, "Metal Vapor Synthesis in Organometallic Chemistry", Springer Verlag, Berlin (1979); P. L. Timms, *Adv. Inorg. Chem. Radiochem.*, **14**, 121 (1972); P. L. Timms, T. W. Turney, *Adv. Organomet. Chem.*, **15**, 53 (1977); M. L. H. Green, *J. Organomet. Chem.*, **200**, 119 (1980).
9) Y. Tatsuno, T. Yoshida, S. Otsuka, *Inorg. Synth.*, **28**, 343 (1990).
10) G. Wilke, B. Bogdanovic, P. Hardt, P. Heimbach, W. Keim, M. Kröner, W. Oberkirch, K. Tanaka, E. Steinrücke, D. Walter, H. Zimmermann, *Angew. Chem., Int. Ed. Engl.*, **5**, 151 (1966).
11) D. J. Burkey, T. P. Hanusa, *Comments Inorg. Chem.*, **17**, 41 (1995); P. Jutzi, N. Burford, *Chem. Rev.*, **99**, 969 (1999); S. M. Hubig, S. V. Lindeman, J. K. Kochi, *Coord. Chem. Rev.*, **200-202**, 831 (2000).
12) 植村元一, 有機合成化学協会誌, **51**, 754 (1993).
13) T. Ikariya, K. Murata, R. Noyori, *Org. Biomol. Chem.*, **4**, 393 (2006); R. Noyori, S. Hashiguchi, *Acc. Chem. Res.*, **30**, 97 (1997); T. Ikariya, S. Hashiguchi, K. Murata, R. Noyori, *Org. Synth.*, **82**, 10 (2005); S. Hashiguchi, A. Fujii, J. Takehara, T. Ikariya, R. Noyori, *J. Am. Chem. Soc.*, **117**, 7562 (1995).
14) I. S. Butler, H. L. Uhm, *Comments Inorg. Chem.*, **7**, 1 (1988).
15) M. A. Bennett, *Adv. Organomet. Chem.*, **4**, 353 (1966).
16) S. Liu, Y. Lu, M. M. Kappes, J. A. Ibers, *Science*, **254**, 408 (1991).
17) P. J. Fagan, J. C. Calabrese, B. Malone, *Science*, **262**, 1160 (1991); P. J. Fagan, J. C. Calabrese, B. Malone, *Acc. Chem. Res.*, **25**, 134 (1992).
18) 松尾 豊, 中村栄一, 有機合成化学協会誌, **65**, 44 (2007).
19) M. Koshino, N. Solin, T. Tanaka, H. Isobe, E. Nakamura, *Nat. Natotechnol.*, **3**, 595 (2008).
20) A. Dedieu, "Transitin Metal Hydrides", VCH, New York (1992); A. Albinati, L. M. Venanzi, *Coord. Chem. Rev.*, **200-202**, 687 (2000).
21) D. S. Moore, S. D. Robinson, *Chem. Soc. Rev.*, **12**, 415 (1983).
22) E. O. Fischer, A. Massböl, *Angew. Chem., Int. Ed. Engl.*, **3**, 580 (1964).
23) W. A. Herrmann, C. Köcher, *Angew. Chem., Int. Ed. Engl.*, **36**, 2162 (1997); T. Weskamp, V. P. W. Böhm, W. A. Herrmann, *J. Organomet. Chem.*, **600**, 12 (2000); W. A. Herrmann, V. P. W. Böhm, C. W. K. G. Stöttmayr, M. Grosche, C. -P. Reisinger, T. Weskamp, *J. Organomet. Chem.*, **617-618**, 616 (2001); W. A. Herrmann, *Angew. Chem. Int. Ed.*, **41**, 1290 (2002).
24) A. Arduengo, III, *Acc. Chem. Res.*, **32**, 913 (1999).
25) W. A. Herrmann, C. Köchen, *Angew. Chem., Int. Ed. Engl.*, **36**, 2162 (1997); T. Weskamp, V. P. W. Böhm, W. A. Herrmann, *J. Organomet. Chem.*, **600**, 12 (2000).
26) R. R. Schrock, *Acc. Chem. Res.*, **12**, 98 (1979).

27) T. M. Trnka, R. H. Grubbs, *Acc. Chem. Rec.*, **34**, 18 (2001).
28) H. Werner, K. Ilg, B. Weberndörfer, *Organometallics,* **19**, 3145 (2000).
29) C. D. Hoff, *Coord. Chem. Rev.*, **206-207**, 451 (2000); K. E. Torraca, L. McElwee-White, *Coord. Chem. Rev.*, **206-207**, 469 (2000).
30) K. Wade, *Adv. Inorg. Chem. Rodiochem.*, **32**, 1 (1976).
31) J. W. Faller, *Adv. Organomet. Chem.*, **16**, 211 (1977).
32) R. S. Berry, *J. Chem. Phys.*, **32**, 933 (1960); J. R. Shapley, J. A. Osborn, *Acc. Chem. Res.*, **6**, 305 (1973).
33) R. Cramer, J. B. Kline, J. D. Roberts, *J. Am. Chem. Soc.*, **91**, 2519 (1969).
34) G. Daganello, "Transition Metal Complexes of Cyclic Polyolefins", Academic Press, New York (1979).
35) F. A. Cotton, D. L. Hunter, *J. Am. Chem. Soc.*, **98**, 1423 (1976).
36) J. M. O'Connor, C. P. Casey, *Chem. Rev.*, **87**, 307 (1987).
37) F. Basolo, *Polyhedron*, **13**, 1503 (1990).
38) 貨幣金属化合物の有機合成への応用: M. T. Patil, Y. Yamamoto, *Chem. Rev.*, **108**, 3139 (2008), およびその文献; A. Stephen, K. Hashmi, G. J. Hutchings, *Angew. Chem. Int. Ed.*, **45**, 7896 (2006), 金触媒を用いる有機合成.
39) J.-M. Weibel, A. Blanc, P. Pale, *Chem. Rev.*, **108**, 3149 (2008).
40) C. Eschenbroich, "Organometallics", 3rd Ed., p. 249, Wiley VCH, Weinheim (2006).
41) A. Yamamoto, A. Miyashita, T. Yamamoto, S. Ikeda, *Bull. Chem. Soc. Jpn.*, **45**, 1583 (1972); T. Ikariya, A. Yamamoto, *J. Organomet. Chem.*, **72**, 145 (1974); A. Miyashita, A. Yamamoto, *Bull. Chem. Soc. Jpn.*, **50**, 1102 (1977).
42) J. K. Kochi, *J. Am. Chem. Soc.*, **95**, 1340 (1973).
43) R. S. Tobias, *Inorg. Chem.*, **14**, 2402 (1975).

5

遷移金属錯体の関与する素反応

　遷移金属錯体の最も重要な応用は，有機合成における触媒反応である．有機合成は，有機化合物中の特定の結合を切断したり，結合を形成させたりして，より有用な化合物をつくりだす作業の組合わせである．したがって，なるべく穏和な条件下での有機合成法の開発は，きわめて重要である．遷移金属錯体はそのような反応の触媒として働き，多くの場合に穏和な条件下で選択的に結合を切断したり，新しい結合を生成する方法を提供する．

　遷移金属錯体が有機合成反応の触媒として作用するときには次のような段階を経て反応が進行する．まず，遷移金属錯体と反応基質が反応して，新しい有機遷移金属錯体が生成する．新たに生成する有機遷移金属錯体は金属錯体上で別の有機化合物に変換される．生成した化合物は生成物として金属から脱離するとともに遷移金属錯体は最初の形に戻り，触媒サイクルを形成する．このような触媒サイクルが連続して起きると，1個の触媒分子から数多くの生成物分子がつくり出される．触媒サイクルが1回転する間に多くの基礎反応が連続して起きる．この基礎反応を**素反応**とよぶ．

　遷移金属錯体を用いる触媒反応の研究では，金属錯体を分子として取扱う．したがって，その分子の性質や構造をさまざまな実験化学的手段を用いて研究することができる．触媒反応に関係していると考えられる錯体分子の挙動を明らかにすることにより，複数の素反応過程からなる触媒サイクルを明確に理解し，最適な触媒反応の条件を選ぶことが可能になる．錯体触媒の反応機構を理解するには，反応基質と金属錯体が関与する個々の素反応について十分に理解することが望ましい．本章では，触媒反応に関連した素反応について次のような分類に従い解説する．

1) 中心金属への配位子の配位と金属からの解離
2) 酸化的付加反応と還元的脱離反応
3) 挿入反応と逆挿入反応（引き抜き反応）
4) 錯体に結合した配位子の反応
5) メタセシス反応（トランスメタル化，アルケンメタセシス，σ結合メタセシスを含む）

これらの素反応を理解して触媒反応を解析しようとする場合，あるいは新たな触媒反応を設計する際に，**極性転換**（Umpolung）という考え方がある．反応基質は金属に結合することにより活性化され，遊離の状態とは異なる反応性を示すようになる．たとえば，エチレンなどのアルケンやアレーンなどの芳香族化合物は不飽和結合，あるいは芳香環をもっていて電子豊富なため，通常は求電子剤と反応する．しかし，アルケンや芳香族化合物が高原子価の遷移金属に配位すると，これら配位した化合物から金属への電子供与および金属から配位子の π^* 軌道への逆供与からなる π 結合が形成され，結果として，配位したアルケンあるいは芳香族化合物は遊離の場合とは異なり，求核的攻撃を受けやすくなる．一方，ハロゲン化アルキル，アリールなどの化合物 RX の場合は，遊離の状態で $R^{\delta+}X^{\delta-}$ のように分極していた分子が金属に結合すると，電気陰性度の関係から $R^{\delta-}M^{\delta+}X^{\delta-}$ のように分極し，極性転換が起きて有機基 R は求核的性質をもつようになる．有機金属化合物を利用する有機合成の利点の一つは，このように遊離の有機化合物では起きにくいような反応を起こさせるように基質の反応性を変化させられる点にある．

5・1 中心金属への配位子の配位と金属からの解離

遷移金属に結合した配位子は，金属から解離して空の配位座を形成したり，解離した配位子が遷移金属中心と再結合して安定な錯体を再生したりする．このような配位子の挙動は遷移金属錯体の素反応の一つである．配位子の配位と解離は遷移金属錯体の安定性や反応性に重大な効果を及ぼす．その影響には電子的影響と立体的影響がある．

5・1・1 遷移金属に結合した配位子の及ぼす電子的影響と錯体の反応性

遷移金属錯体に結合した配位子が，錯体の金属中心に電子を供与すると，中心金属は相対的に電子豊富になる．錯体に結合した配位子が中心金属から電子を引き付けやすいときは，中心金属の周囲の電子密度は減少する．有機金属錯体では，3 価リン，ヒ素，アンチモン，ビスマス，窒素などの化合物が錯体を安定化し，中心金属の電子密度を調節する補助的配位子として働く．各種の塩基性配位子のなかで，有機金属錯体の補助配位子として，これまで最もよく用いられてきたのは，第三級ホスフィン化合物と不飽和窒素化合物である．

HSAB 原理　錯体の配位子と金属の組合わせには，互いの相性ともいうべきものがある．**HSAB 原理**（principle of hard and soft acids and bases）[1,2] とよばれる経験則はこの関係を述べたものである．配位子には大別して，ソフトとハード 2 種類の性質をもつものがあり，金属原子との組合わせによって，金属との親和力が大きい配位子と親和力が小さい配位子が存在する．金属の方も，種類や酸化状態によってソフトおよびハードな金属があるから，両者の組合わせにより錯体が形成されるときに，安定な錯体が生成する場合と

不安定な錯体しか生成しない場合がある.

たとえば，後期遷移金属の低原子価金属錯体やHg(II), Ag(I), Pt(II)などのソフトな重金属イオンに，15族，16族，17族の配位子が結合する場合，生成する錯体の安定度は

$$N \ll P < As < Sb < Bi$$
$$O \ll S \approx Se \approx Te$$
$$F < Cl < Br < I$$

の順序になっている．第三級ホスフィンPR_3やスルフィドSR_2はソフトな配位子であり，Hg(II), Pd(II), Pt(II)のようなソフトな金属イオンに対して親和力が大きく，安定な錯体を形成する．一方，アンモニア，第三級アミン，水，フッ化物イオンなどはハードな塩基で，Be(II), Ti(IV), Co(III)などのハードな金属と安定な錯体を形成する傾向がある．

R. G. Pearsonの提案したソフトな塩基とは，別のいい方をすれば，分極しやすい性質をもった塩基であり，ハードな塩基とは分極しにくいLewis塩基である．前期遷移金属の高原子価錯体には，分極を受けにくいハードなLewis酸が多く，後期遷移金属，特に低原子価金属錯体には，分極を受けやすいソフトな金属が多い．このような金属中心に，置換ホスフィンや，CO，アルケンなど，逆供与により金属のd電子を受け入れる能力をもった配位子が結合した場合には，金属と配位子の間にπ結合が形成され安定な錯体が生成する．

15族元素を含む化合物のうち，リン，ヒ素，アンチモン，ビスマスなどの化合物は，ソフトな塩基として遷移金属と結合する．これらの配位子は，金属に電子を供与するとともに，金属からd電子を逆供与により受け入れ，π結合を形成する．一方，同じ15族元素でも，窒素化合物，たとえば，アンモニア，アミンなどは，強い電子供与性をもったハードな塩基であるが，§2・4・9で述べた2,2′-ビピリジン (bpy), 1,10-フェナントロリン (phen), 1,3-ジイミンなど，共役二重結合により非局在化したπ軌道をもつ窒素塩基は，遷移金属のd電子を逆供与により受け入れることができる二座配位子である．

配位子の電子的影響の評価 配位子の電子供与および逆供与によって，中心金属の電子密度が相対的に増大しているか，減少しているかの情報を得ることは，錯体合成あるいは錯体の触媒作用を考慮する場合に重要である．

ホスフィンPH_3，アンモニアNH_3（アザン）のH原子をアルキル基で置換することによって生成する，第一級，第二級，第三級ホスフィンおよびアミンでは，Rが電子供与性ならば，アルキル基が置換するほど配位子の塩基性が増大する．ホスフィンやアミン類の塩基性は，共役酸HPR_3^+, HNR_3^+のpK_aを測定することにより評価できる．このようにして求めたpK_aとTaftの置換基定数σ^*の間には，ほぼ直線的な関係が存在する[3]．

第三級ホスフィンの場合には，置換基の立体的影響により，ある程度直線関係からのずれが起き，pK_aの値は小さくなる傾向がある．

全体的にホスフィン類の方がアミン類よりもpK_aは小さい，すなわちLewis塩基性は弱

い.また,ホスフィンもアミンも,第一級 < 第二級 < 第三級の順に塩基性は強くなる.

そのような電子密度評価の指標として,金属に結合した CO 配位子の伸縮振動の値を用いることが提案されている[4),5)]. 第三級ホスフィン PR_3,あるいはホスファイト $P(OR)_3$ のような配位子 L が結合したニッケルのカルボニル錯体 $NiL(CO)_3$ の CO 伸縮振動 $\nu(CO)$ は,L の性質をかなり敏感に反映する.C. A. Tolman は,ニッケルカルボニルに L が配位した錯体 $NiL(CO)_3$ の IR スペクトルを,ジクロロメタン中で 70 種の L を有する錯体について測定し,$\nu(CO)$ のうち,A_1 対称を有する CO 伸縮振動 $\nu(CO)_{A_1}$ に及ぼす置換基の影響が次のような経験式により表せることを見いだした.

$$\nu(CO)_{A_1} = 2056.1 + \sum_{i=1}^{3} \chi_i \quad 単位:cm^{-1} \tag{5・1}$$

$P(t\text{-}C_4H_9)_3$ を基準にした電子的影響の指標 χ の値を次に示す.

配位子	t-C_4H_9	n-C_4H_9	C_2H_5	CH_3	C_6H_5	H	OC_6H_5	Cl	F	CF_3
χ	0.0	1.4	1.8	2.6	4.3	8.3	9.7	14.8	18.2	19.6

電子求引基がリンに結合した第三級ホスフィンでは,$\nu(CO)_{A_1}$ が低下すること,またホスファイトはホスフィンに比べて,電子求引性が大きいことなどがわかる.

トリフェニルホスフィン $P(C_6H_5)_3$ は,第三級ホスフィンのなかで最もよく用いられる配位子である.$P(C_6H_5)_3$ のフェニル基をほかの原子または原子団 X で一つずつ置換していくと,$Ni(CO)_3[P(C_6H_5)_{3-n}X_n]$ の $\nu(CO)$ は,置換数に対して直線的に変化する.フェニル基に結合した X の電子的影響が $\nu(CO)$ にかなり敏感に影響することがわかる.

金属錯体の塩基性は,その錯体を酸または塩基と反応させ,その系の熱化学的データを測定することによっても評価できる[6)].たとえば,錯体に塩基あるいは酸を加えてゆき,次のような反応における,発熱あるいは吸熱反応の反応熱を滴定によって求め,塩基あるいは酸としての強さの相対的な指標を求めることができる.

$$MH(CO)_x L_y + \underset{(アニリン)}{B} \rightleftharpoons [M(CO)_x L_y]^- + BH^+ \tag{5・2}$$

$$ML_n + CF_3SO_3H \underset{25\,°C}{\overset{CH_2Cl_2}{\rightleftharpoons}} HML_n{}^+ CF_3SO_3{}^- \tag{5・3}$$

置換ホスフィン PR_3 が配位した錯体の塩基性は,ホスフィンの塩基性が増加するとともに増大する.たとえば,表 5・1 からわかるように,(5・3) 式に示した第三級ホスフィン PR_3 の配位した錯体 $CpIr(PR_3)(CO)$ とトリフルオロスルホン酸の反応の滴定曲線から求めたエンタルピー $-\Delta H_{HM}$ の値は,第三級ホスフィンの塩基性が大きくなるとともに増大して,$P(C_6H_5)_3 < P(CH_3)(C_6H_5)_2 < P(CH_3)_2(C_6H_5) < P(CH_3)_3$ の順となる.また,

5・1　中心金属への配位子の配位と金属からの解離

表 5・1　第三級ホスフィンの配位した CpIr(PR$_3$)(CO) の
プロトン化エンタルピー

PR$_3$	$-\Delta H_{PH}$/kJ mol^{-1}	PR$_3$	$-\Delta H_{PH}$/kJ mol^{-1}
P(C$_6$H$_4$CF$_3$)$_3$	56.9	P(CH$_3$)$_3$	132.2
P(C$_6$H$_5$)$_3$	88.7	PCy$_3$	138.9
P(CH$_3$)(C$_6$H$_5$)$_2$	103.3	P(t-C$_4$H$_9$)$_3$	153.1
P(CH$_3$)$_2$(C$_6$H$_5$)	118.8		

立体的に嵩高い PR$_3$ ほどプロトン化されやすい.
　キレート型に金属原子に結合するジホスフィン配位子では，キレート環の大きさが小さいほど，錯体の塩基性は増加する傾向がある．

5・1・2　第三級ホスフィン配位子の立体的影響

　ホスフィン類やアミン類のような塩基性配位子は，それ自身は触媒反応に関与しなくても，金属に結合することによって，低原子価状態の金属原子どうしが集まって金属−金属結合を形成し，沈澱するのを妨げるので，**安定化配位子**あるいは**補助配位子**とよばれる．
　これらの配位子は，塩基として中心金属に結合することにより，その金属原子の電子密度に影響を与えるだけでなく，金属に結合して配位座を占め，基質との反応に立体的な影響を及ぼす[7]．したがって，そのような配位子の立体的影響に関して何らかの熱力学的および動力学的尺度を明らかにしておくことは，触媒反応を設計する場合などに重要である．

<u>単座配位子</u>　遷移金属錯体を触媒とする反応では，第三級ホスフィンを配位子として用いることが多かったため，第三級ホスフィン配位子の立体的影響に関する研究が先行した．特に第三級ホスフィンの立体的影響を評価する尺度としては，**Tolman**(トールマン) の**円錐角**（cone angle）の尺度がよく用いられた[8),9]．
　C. A. Tolman は 4 配位ニッケル(0) 錯体の第三級ホスフィン配位子は，PR$_3$ の円錐角が大きいほど解離定数 K_d が大きく，解離しやすいことを見いだした．Tolman らの研究は，第三級ホスフィン配位子の解離しやすさを経験的に見積もることに成功しただけにとどまらず，この配位子の解離が触媒反応全体の反応速度を決める重要な段階であることを明らかにしたものであり，有機金属化合物に関する初期の研究における重要な成果であった．

$$\text{NiL}_4 \xrightleftharpoons{K_d} \text{NiL}_3 + \text{L} \qquad (5・4)$$

　図 5・1 のようにして金属に結合した第三級ホスフィン配位子 PR$_3$ の占める最大の円錐角 θ を求める．PR$_3$ の立体モデル（たとえば CPK モデル）をピンを使って木片の上に突き立て，リン原子の中心から，金属と P の共有結合半径の和 0.228 nm に金属原子の中心が

存在するように定規をあてる．分子モデルを M−P 結合を中心に回転させてみて，一番外側の原子がちょうど接する円錐の頂角 θ を測る．

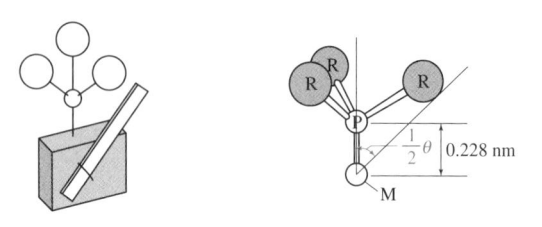

図 5・1　第三級ホスフィン PR$_3$ の円錐角測定法

第三級ホスフィンの置換基が異なっている場合には，図 5・2 のように各置換基に対する頂角の 1/2 を測定し，その平均から求める．

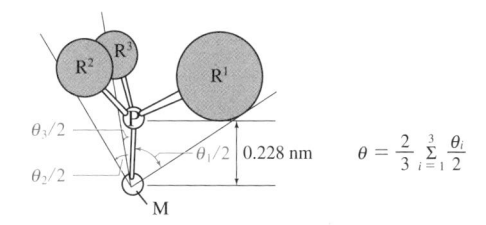

$$\theta = \frac{2}{3} \sum_{i=1}^{3} \frac{\theta_i}{2}$$

図 5・2　第三級ホスフィンの置換基が異なる場合の円錐角測定法

さらに，θ が 180°を越えるような立体的に嵩高いホスフィンの場合には，図 5・3 のように，三角法を用いて θ を算出する．

$$tan\alpha = h/d$$
$$\theta = 180 + 2\alpha$$

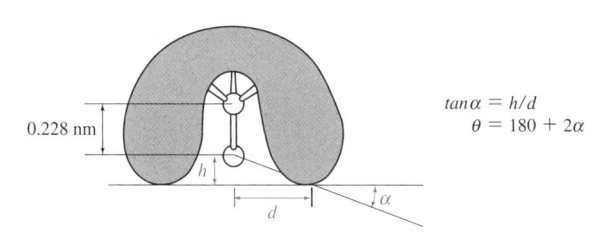

図 5・3　θ が 180°を越える場合の円錐角測定法

このようにして求めた第三級ホスフィンおよびホスファイトのおもな円錐角と (5・4) 式の平衡定数 K_d を表 5・2 に示す．表からわかるように，K_d の値は円錐角が大きくなると増加する．たとえば，アルケン類のヒドロシアノ化触媒として有効なニッケルホスファイト錯体の配位子を P(O-p-C$_6$H$_4$CH$_3$)$_3$ ($\theta = 128$) から P(O-o-C$_6$H$_4$CH$_3$)$_3$ ($\theta = 141$) にかえることにより解離定数が 10^8 も向上し，触媒性能も著しく改善されることが明らかに

表 5・2 第三級ホスフィンおよびホスファイトの円錐角 θ と、ベンゼン中 25℃における NiL_4 の解離定数 K_d の関係

L	K_d/mol L^{-1}	θ	L	K_d/mol L^{-1}	θ
P(OC$_2$H$_5$)$_3$	<10^{-10} (70℃)	109	P(C$_6$H$_5$)$_3$	大	145
P(CH$_3$)$_3$	<10^{-9} (70℃)	118	P[CH(CH$_3$)$_2$]$_3$	大	160
P(O-p-C$_6$H$_4$Cl)$_3$	2×10^{-10}	128	PBz$_3$	大	165
P(O-p-C$_6$H$_4$CH$_3$)$_3$	6×10^{-10}	128	PCy$_3$	大	170
P[OCH(CH$_3$)$_2$]$_3$	2.7×10^{-5}	130	P[C(CH$_3$)$_3$]$_3$	大	182
P(C$_2$H$_5$)$_3$	1.2×10^{-5}	132	P(o-C$_6$H$_4$CH$_3$)$_3$	大	194
P(O-o-C$_6$H$_4$CH$_3$)$_3$	4.0×10^{-2}	141	P(mesityl)$_3$	大	212
P(CH$_3$)(C$_6$H$_5$)$_2$	5.0×10^{-2}	136			

なっている．配位子の置換基をかえることにより触媒性能が調整できる一例である．

立体模型で θ を求めるのが困難な場合は，$Ni(CO)_4$ に 8 倍の置換ホスフィン配位子を加えて，封管中で 80℃ に加熱し，得られたホスフィン配位錯体の IR スペクトルの $\nu(CO)$ を観測することにより，4 個のニッケルに配位していた CO のうち，何個がホスフィンにより置換されたかを観測する．CO の置換しやすさと θ の間に直線関係があることを利用して，間接的に θ が求められる．表 5・2 には，このようにして求めた θ の値も含めた．

円錐角で表される配位子の立体的効果は，(5・4)式の $Ni(PR_3)_4$ 錯体の安定度のような，熱力学的安定性だけでなく，有機金属錯体の配位子の解離速度等の動力学的安定性に対しても観測される．一例として，シクロペンタジエニル Cp 基を有する，アセチルモリブデン錯体の脱カルボニル化反応〔(5・5)式〕の速度定数 k に及ぼす θ の影響を図 5・4 に示す．

$$CpMo(COCH_3)(CO)_2(PR_3) \xrightarrow{k} CpMo(CH_3)(CO)_2(PR_3) + CO \quad (5・5)$$

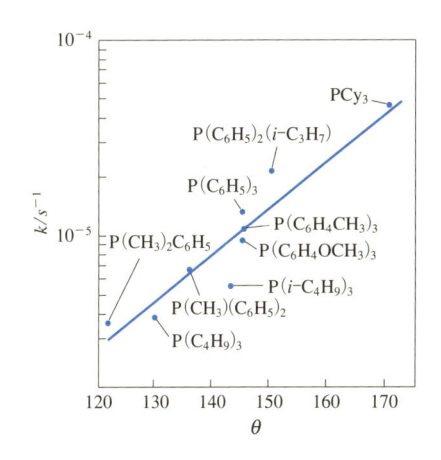

図 5・4 アセチルモリブデン錯体の脱カルボニル化反応速度に及ぼす第三級ホスフィンの円錐角の影響

脱カルボニル化反応の一次反応速度は，第三級ホスフィン配位子の円錐角が大きいほど，大きいことがわかる．この結果は，$CpMo(COCH_3)(CO)_2(PR_3)$ からの PR_3 の解離が，立体的に嵩高いホスフィンほど大きく，アセチル基が脱カルボニル化するための空の配位座を形成しやすくなることを反映していると考えられる[10]．

二座配位子　第三級ホスフィンだけでなくアミン誘導体などの塩基を用いて単座および二座のキレート配位子が遷移金属に配位する場合の熱力学データが求められている．ベンゾニトリルが配位した錯体は，各種の配位子により容易に置換されるので，置換の平衡反応を測定するのに都合のよい化合物である．$PdCl_2(C_6H_5CN)_2$ と各種の配位子の反応は (5・6) 式のように進行する．

$$PdCl_2(C_6H_5CN)_2 + 2L \xrightleftharpoons{K} PdCl_2L_2 + 2C_6H_5CN \qquad (5\cdot6)$$

表 5・3 には，この平衡反応における平衡定数 K の温度依存性から求めた単座および二座配位子に対する置換反応のエンタルピー ΔH を示した[11),12)]．

表 5・3　各種の配位子を加えた場合の (5・6) 式のエンタルピー変化

L	$-\Delta H/\mathrm{kJ\ mol^{-1}}$	L	$-\Delta H/\mathrm{kJ\ mol^{-1}}$
ピリジン	109 ± 3	dppe[†3]	211 ± 7
tmeda[†1]	114 ± 7	$P(C_6H_5)_3$	163
dpae[†2]	147 ± 3	cod[†4]	54

†1　tetramethylethylenediamine
†2　1,2-bis(diphenylarsino)ethane
†3　1,2-bis(diphenylphosphino)ethane
†4　1,5-cyclooctadiene

この結果は，Pd(II) への各種配位子の親和力を反映している．$P(C_6H_5)_3$ のような単座配位子と，dppe のようなキレート形成能を有する二座配位子を比較すると，キレートを形成する二座配位子の方がより安定な錯体を形成していることがわかる．また，Pd(II) に対する配位力は第三級ホスフィン > アミン > ジエンの順である．

二座配位のホスフィン配位子に関しては，金属中心 M とキレート環を形成する場合に，∠P−M−P の角度（挟角 bite angle）がその立体因子を評価する指標として用いられることが多い．たとえば，金属に結合した二つのアルキル基が脱離するとともに C−C 結合を生成するような還元的脱離反応は，炭素−炭素形成反応の重要な素反応であるが，この場合に二座配位ジホスフィンの挟角が還元的脱離の速度に影響することがある．

触媒的合成反応においてホスフィン等の配位子の影響は，反応の速度や選択性等に微妙な影響を及ぼすので，触媒サイクル中のどの素反応にどのように影響しているかについては，慎重な検討が必要である．

5・1・3 遷移金属-アルケン錯体における配位アルケン類の性質

アルケン類は配位子として働き，錯体を安定化し，場合によっては，アルケン配位錯体が単離される．単離されないような不安定なアルケン配位錯体が形成される場合でも，金属に配位することによってアルケンが活性化され，いろいろな反応を起こすので，アルケンと金属の相互作用に関する情報は重要である．

アルケンと遷移金属間の結合は§2・4・1で説明したように，アルケンから金属への電子供与および金属からアルケンのπ*軌道への逆供与の2成分からなっている．したがって，前者がおもに関与する場合には，配位によって遊離の状態よりアルケンの電子密度が減少するし，後者がおもに関与する場合には，π*軌道の電子密度が増大するために活性化された状態になる．

a アルケンから金属への供与結合が支配的な場合

金属の酸化状態が比較的高く，アルケンが電子供与基を有する場合には，アルケンから金属への電子供与がアルケン−金属結合の強さを決める重要な因子になる．いいかえると，§2・4・1で述べたように，アルケンのπ軌道のHOMOが高く，金属のd軌道のLUMOが低い場合には，アルケンのHOMOと金属のLUMOのエネルギー準位が接近するから，金属−アルケン間に形成されるπ結合のエネルギー準位は低くなる（図2・28参照）．ここで，Ag(I)錯体の場合のように，金属のd軌道に電子がみたされているときは，d軌道の上に位置するs軌道，p軌道が結合形成に使用される．Ag(I)とアルケン間の配位平衡反応における金属アルケン錯体の錯形成定数（安定度定数）K_1は下の式のように表される．

$$\text{Ag}^+ + \text{alkene} \xrightleftharpoons{K_1} \text{Ag(alkene)}^+ \tag{5・7}$$

$$K_1 = \frac{[\text{Ag(alkene)}^+]}{[\text{Ag}^+][\text{alkene}]} \tag{5・8}$$

さまざまな置換基XをもつCH$_2$=CHX型ビニル化合物とAg(I)とのK_1の値は，図5・5に示されているように，Hammettの置換基定数σ_mが大きいほど小さくなる．すなわち，置換基の電子求引性が大きい場合，銀アルケン錯体の安定度は小さく，電子供与性の置換基を有するアルケン類ほど安定度は大きくなる[13]．

図5・5に示したようにアルケン銀錯体の安定度定数の対数$\log K_1$と置換基のσ_m間にはよい直線関係があり，その傾きρは-5.07である．すなわち，電子供与性の置換基がアルケンに結合している場合ほど，炭素−炭素二重結合の電子密度が増加し，アルケンから金属への電子供与が強くなる．スチレンのベンゼン環のパラ位に置換基Xを有するスチレン誘導体と銀イオンの場合にも，同様の相関関係が観測されるが，この場合のρ値は-0.766と小さい．その理由は，アルケンの電子密度に及ぼす置換基の電子的影響が間

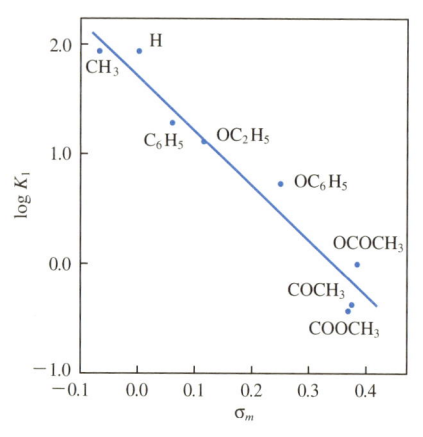

図 5・5 Ag$^+$ とアルケン CH$_2$=CHX 錯体の安定度定数 K_1 と，置換基 X の Hammett の置換基定数 σ_m の相関関係

接的なためである．そのかわりこの場合は立体的な影響が小さいために，$\log K$ と σ_m 間の相関は良好である．

　銀(I)錯体だけでなく，パラジウム(II)，白金(II)と置換スチレン誘導体の間にも同様の関係が観測される．パラジウム(II)にアルケンが結合した場合には，アルケンからパラジウム(II)に電子が供与されるため，アルケンの電子密度は減少するので，配位アルケンは求核剤による攻撃を受けやすくなると考えられる．アルケンは通常電子豊富で，求電子剤と反応するが，電子密度の小さな金属イオンに結合することによって，求核反応を受けやすくなる．このように金属にアルケンが配位することによりアルケンが活性化されて求核攻撃を受けやすくなる反応は，有機金属化合物の基本的な素反応の一つに分類され，§6・4・7g で述べるように，パラジウム触媒を用いた，エチレンのアセトアルデヒドへの酸化反応の重要な鍵段階である．

b 金属からアルケンへの逆供与が支配的な場合

　アルケンと金属の軌道間には，図 2・28 のような関係が存在し，金属の HOMO の準位が高いほど，また配位するアルケンの LUMO の準位が低いほど，逆供与結合が支配的になる．すなわち，金属側は電子密度が大きく，アルケン側は炭素ー炭素二重結合周辺の電子密度が低い場合に逆供与結合の寄与は大きくなり，アルケンー金属間に形成される π 錯体の安定性は増すことが予測される．アルケン側は，炭素ー炭素二重結合に結合した置換基の電子求引性が強いほど，炭素ー炭素二重結合の電子密度は減少するとともに，π* 軌道のエネルギー準位は低下する．

　一方，中心金属の電子密度は，電子供与性の配位子が結合している場合ほど，また中心

金属の酸化数が低いほど,増大する.いくつかの8〜10族遷移金属錯体とアルケンの反応に対して平衡定数が測定されており,逆供与結合がπ錯体の安定性を決める上で重要なことが示されている.

先に述べたように,アルケンから金属への電子供与が支配的な場合に,配位アルケンにおける電子密度の減少が認められる.一方,金属からアルケンへの逆供与が支配的な場合も,配位アルケンの性質は影響を受ける.電子豊富な金属からアルケンのπ*軌道に電子の逆供与が起きると,§2・4・1で述べたように,メタラシクロプロパン構造の寄与が増大するから,金属に結合する炭素はsp^2混成からsp^3混成に性質をかえることになる.結果として,炭素-炭素二重結合に結合した置換基はアルケンの平面から,金属の反対側に反り返る形をとる.このように逆供与によりπ*軌道にある程度電子が存在するようになったアルケンは,より活性化された状態をとることになり,遊離のアルケンとは違った挙動をとるようになる.遷移金属アルキル結合へアルケンが挿入する過程も,このような逆供与により活性化したアルケンの反応として理解される(§5・3参照).

5・2 酸化的付加反応と還元的脱離反応

5・2・1 酸化的付加反応

酸化的付加反応は,遷移金属錯体と有機化合物の反応により,有機化合物中の特定の結合を切断する手段を提供する.一方,逆反応である還元的脱離は(5・9)式に示すように,特定の結合を生成させる反応である.結合切断と生成に関する情報を得ることは,錯体触媒を用いる有機合成を設計する上で非常に重要である.

典型的な**酸化的付加反応**とは,次のような反応をいう.

$$ML_n + A-B \underset{\text{還元的脱離}}{\overset{\text{酸化的付加}}{\rightleftarrows}} L_mM\underset{B}{\overset{A}{\diagup}} \qquad (5 \cdot 9)$$

A-B結合をもつ化合物は,(5・9)式のようにA-B結合の切断を伴って錯体ML_nと反応し,M-AおよびM-B結合を有する錯体$L_mM(A)(B)$を生成する.この錯体においてAまたはBが有機基の場合には,酸化的付加により有機遷移金属錯体が生成する.この場合に,金属の酸化数は2だけ増加する.酸化的付加反応は多くの場合に配位数の増加を伴って進行する.n個の配位子を有する配位飽和な錯体ML_nは一部の配位子を解離し,酸化的付加のために空の配位座をつくる.一方,配位的に不飽和な錯体においては,錯体からの配位子の解離を伴わなくても基質との反応は進行する.このような酸化的付加の例は,電子豊富な後期遷移金属錯体,特に低原子価錯体について数多く知られている.遷移金属錯体触媒を用いる有機合成では,多くの場合に酸化的付加反応を触媒過程の一部に含む合成手法が用いられている.

5. 遷移金属錯体の関与する素反応

遷移金属錯体による酸化的付加が効率よく進行するためには，切断されるA−B結合が遷移金属と十分な相互作用を有するように接近する必要がある．A−B結合が水素−水素，炭素−水素，炭素−炭素のような非極性結合の場合，金属とこれら結合のσ電子との間に相互作用を生ずることが反応の進行する前提条件になる．近年の研究により水素分子 H_2 は水素−水素結合に対して垂直方向から金属に接近し，side-on 配位することが明らかにされた．このような結合形式の錯体を **σ 結合錯体**（σ-bond complex，または σ 錯体）という．σ 結合錯体と σ-アルキル錯体は紛らわしいが，σ 結合錯体では水素−水素，水素−炭素結合が金属に対して，下に示すような side-on 型で結合しているのが σ-アルキル錯体との重要な相違点である．

$$H-H \quad\quad H-CH_3$$
$$\;\;|\;\; \quad\quad\quad\;\;|\;\;$$
$$\;M\;\quad\quad\quad\;\;M\;$$

一方，遷移金属と相互作用をするような官能基や窒素，リン，酸素，硫黄等のヘテロ原子がついた化合物の場合は，官能基やヘテロ原子がまず金属に接近して中心金属と配位結合を形成する．そのような"手がかり"（英語で tether，つなぎ縄といういい方がある）ができたのちに，隣接する炭素−炭素，あるいは炭素−水素結合が切断され，同時に酸化的付加が進行する[14]．

酸化的付加反応の重要性が認識されるようになった端緒は，**Vaska**（バスカ）**錯体**とよばれる，イリジウム(I)錯体 $IrCl(CO)[P(C_6H_5)_3]_2$，および **Wilkinson**（ウィルキンソン）**錯体** とよばれるロジウム(I)錯体 $RhCl[P(C_6H_5)_3]_3$ が各種の化合物や分子に対して示す多様な反応性であった．平面四角形の Vaska 錯体は，16電子の d^8 錯体で，反応性に富んでおり，各種の化合物と酸化的付加反応を起こす．

Vaska 錯体 $IrCl(CO)L_2$ と H_2 の反応における生成物は，図 5・6 に示すように，シス位にヒドリド配位子を有する6配位の八面体錯体である．一方，$IrCl(CO)L_2$ への CH_3I の酸化的付加反応では，CH_3I の炭素−ヨウ素結合が切断され，メチルイリジウム錯体が生

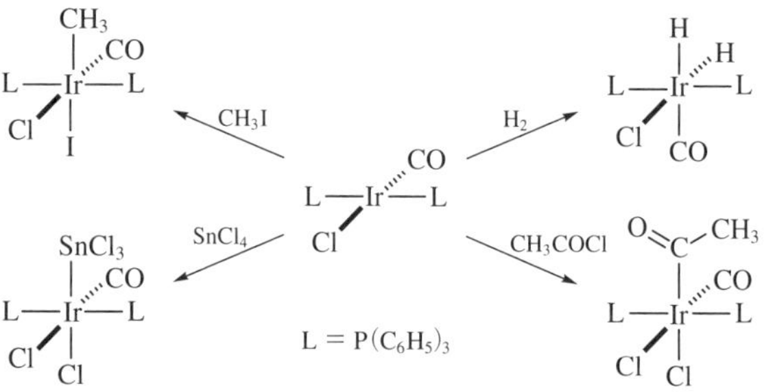

図 5・6　Vaska 錯体 $IrCl(CO)L_2$ への酸化的付加反応の例

5・2 酸化的付加反応と還元的離脱反応

成する．この反応で単離された錯体は，CH₃基とIが互いにトランスに位置する6配位錯体である．CH₃COCl および SnCl₄ の反応でも同様にトランス体が得られている．

ただし，酸化的付加反応による生成物として単離された錯体がトランス体であるとしても，酸化的付加により最初に生成する錯体がトランス体であるとは限らない．まず，酸化的付加により生成しやすい錯体として，熱力学的に不安定なシス型中間体が生成して，それがさらに安定なトランス体に異性化する場合がある．このような反応の立体化学は，酸化的付加により生成する錯体がその後の反応において示す反応性や触媒反応機構と深い関係がある．

<u>酸化的付加反応の進行しやすさ</u>　(5・9) 式に示す酸化的付加反応，あるいは還元的脱離反応が熱力学的に進行しうる反応かどうかは，原系および生成系における A–B，M–A，M–B 結合の結合解離エネルギーの相対的大きさから推定できる．酸化的付加反応のエンタルピー変化 ΔH は次式で表される．

$$\Delta H = D(\text{A–B}) - D(\text{M–A}) - D(\text{M–B}) \qquad (5・10)$$

酸化的付加反応は，反応の原系側の化合物 A–B の結合解離エネルギー $D(\text{A–B})$ が小さいほど，また反応によって生成する M–A および M–B 結合の結合解離エネルギー $D(\text{M–A})$，$D(\text{M–B})$ が大きいほど，熱力学的に進行しやすい．還元的脱離反応は逆に，M–A 結合および M–B 結合の解離エネルギーが小さく，生成する化合物 A–B の結合解離エネルギーが大きいほど進行しやすい．

これまで報告されている結合解離エネルギーは，溶媒や配位子の効果を除いた真空系の値であり，溶液中の反応では溶媒分子による溶媒和を考慮する必要がある．また，(5・9) 式の補助配位子の解離，結合がどのように関与しているかを考慮する必要がある．しかし，真空系での結合解離エネルギーがわかれば，反応の進行しやすさをおおまかに推定することができる．その意味で，§2・3・3で述べたような，結合解離エネルギーの実測値が蓄積されることが望ましい．

これらの熱力学的データは，反応の原系と生成系のエネルギー差だけを問題にするが，実際に反応が進行するには，反応系は活性化エネルギーの障壁を越える必要がある．活性化エネルギーは，反応速度の温度依存性を測定することによって評価される．

酸化的付加反応は，電子豊富な低原子価の遷移金属錯体と求電子剤との反応である．したがって，一般に酸化的付加をうける錯体の電子密度が相対的に高いほど反応は進行しやすく，酸化的付加する基質の方は求電子的な性質を有する基質ほど反応しやすい．以下，非極性化合物と極性化合物に分けて各種の基質が錯体に酸化的付加する例を示す．

a 非極性化合物の酸化的付加反応

非極性化合物の酸化的付加[15]のうち，遷移金属錯体への水素分子 H_2 の酸化的付加が重

要な素反応としてよく研究されている[16]. 水素分子の酸化的付加は, アルケン類などの不飽和化合物の触媒的水素化やヒドロホルミル化など, 水素分子の関与する触媒反応の素反応として重要である.

このほか, 典型元素の M-M 結合の切断を伴う反応においても, 非極性化合物の酸化的付加が関与している. また分極の大きくない炭素-水素結合の切断が関与する反応においても, 酸化的付加が関与している例が知られている.

i) 水素分子の酸化的付加反応

有機化学では, 一般に水素分子がある化合物と反応して水素原子が付加する反応は還元反応である. しかし, 遷移金属錯体の場合には, 水素分子が水素-水素(H-H)結合の切断を伴って低原子価錯体に付加し, ヒドリド遷移金属錯体を生成する反応は, **酸化的付加反応**とよばれる. その理由は, 酸化, 還元の定義の仕方が違うためである. 金属錯体と基質の反応では, 金属の酸化数に注目し, 金属の酸化数が大きくなる反応を酸化, 小さくなる反応を還元と定義している. 遷移金属-ヒドリド(M-H)結合は $M^{\delta+}-H^{\delta-}$ のように分極しているとみなされるから, 形式的にはアニオン性のヒドリド配位子が結合した分だけ, その金属は酸化数が増加した, すなわち酸化されたとみなす.

遷移金属錯体への水素分子の反応形式は**シス付加**である. この反応は, しばしば室温, 常圧というような穏和な条件下で進行する. 水素分子の H-H 結合は, 436 kJ mol^{-1} もの大きな結合解離エネルギーを有しているが, このような強い結合が遷移金属と反応することにより容易に切断される. 水素分子が低原子価遷移金属錯体と反応する場合の反応経路は, 模式的に図 5・7 のように表される.

水素分子の酸化的付加では, §2・4・10 で述べたように, 遷移金属錯体に対して, 水素分子は H-H 結合の横方向から接近し, side-on 配位を経て活性化され, η^2 型 H$_2$ 配位錯

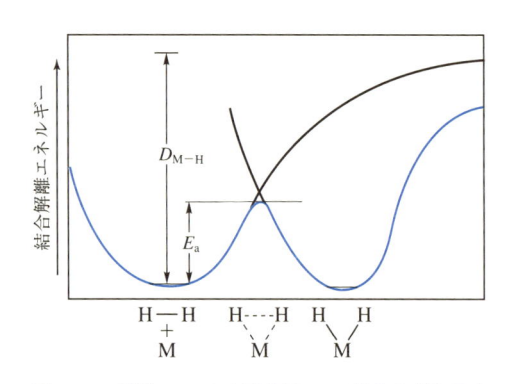

図 5・7 錯体 M への水素分子 H$_2$ の酸化的付加反応

体を与える（図5・7ではη^2型H_2配位錯体の生成は無視されている）．遷移金属に配位した水素分子は，H−H結合の切断を伴って遷移金属に結合し，2本の金属−水素(M−H)結合を生成する．この反応は協奏的に起きるため，H−H結合の**ホモリティックな(均等)開裂**が完全に起きなくても，図5・7に示すように，活性化エネルギーE_aの障壁を越えて進行する．その結果生成する2本のM−H結合の結合エネルギーが大きければ，反応は比較的穏和な条件で発熱的（発エルゴン的）に進行することになる．遷移金属錯体のM−H結合の解離エネルギーD_{M-H}の値は，通常，200〜300 kJ mol^{-1}なので，M−H結合の結合解離エネルギーの2倍の値はD_{H-H}の436 kJ mol^{-1}に近い値となる．したがって，たとえば錯体が平面四角形から八面体へ構造変化を受けるときに必要なエネルギー，および水素分子が錯体に付加する場合のエントロピーの減少を考慮してもなお，発熱的に反応が起こり得る．

水素分子の酸化的付加が起きる場合に，錯体に結合しているほかの配位子が解離するなどして，分子内で酸化的付加反応に適するよう形を変えることが，分子軌道法による計算結果から得られている．図5・8に，拡張ヒュッケル法で求めた錯体の構造変形の様子を示す[17]．ここでは計算の簡略化のため，PR$_3$のかわりにPH$_3$で代用し，H$_2$とモデル錯体であるロジウム錯体RhCl(PH$_3$)$_3$が反応して酸化的付加生成物を生成する場合の遷移状態に関する計算結果を示す．

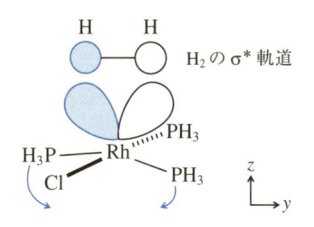

図 5・8 モデル錯体 RhCl(PH$_3$)$_3$ への酸化的付加反応における水素分子の接近の模式図

その結果によれば，Rhのd$_{yz}$軌道とH$_2$のσ*軌道は軌道の対称性が同じなので，相互作用をして，RhからH−Hのσ*軌道に逆供与が起き，H−H結合が切断され，2本のRh−H結合が生成する．その場合に，d$_{yz}$軌道とH$_2$のσ*軌道が重なりやすいように，金属に結合した2個のホスフィン配位子が，接近する水素分子の反対方向へ反るように変形するという計算結果が得られている．

なお，場合によっては，H$_2$と遷移金属間に不安定な**η^2-H$_2$錯体**の生成が観測されることもある[18]（図2・39参照）．Pt(η^2-H$_2$)(PR$_3$)$_2$型の白金(0)錯体の場合にはab initio法による理論計算も行われ，実験結果と理論計算の結果がかなりよい対応を示している．

η^2-H$_2$配位錯体は，酸化的付加により生成するジヒドリド錯体と平衡状態にある場合がある．(5・11)式に示すように金属と結合している配位子の立体的構造によりこの平衡は

影響を受けることが知られている．

$$\begin{array}{c}\text{PR}_3\\|\\\text{OC}-\text{W}-\text{H}\\|\\\text{OC} \quad \text{PR}_3\end{array} \begin{array}{c}\text{CO}\\\text{H}\end{array} \rightleftarrows \begin{array}{c}\text{PR}_3\\|\\\text{OC}-\text{W}-\text{H}\\|\\\text{OC} \quad \text{PR}_3\end{array} \begin{array}{c}\text{CO}\\\text{H}\\\text{H}\end{array} \quad R = イソプロピル，シクロヘキシル，シクロペンチル \qquad (5\cdot 11)$$

ii) 炭素－炭素，金属－金属結合の酸化的付加反応

有機化合物の炭素－炭素結合を切断したい位置で特異的に切断することができれば，有機合成への応用の可能性は大きく広がる．しかし，現状では炭素－炭素結合が特異的に切断されるような反応例は限られている．ただ，分子内歪みの大きい化合物においては，そのような例が知られている[19]．たとえばシクロプロパン環や，シクロブテン環を有する化合物のような，歪みの大きい環状化合物については，遷移金属錯体により炭素－炭素結合が開裂して酸化的付加する例がある[20),21)]．

$$\text{Pt}[P(C_6H_5)_3]_2L + \begin{array}{c}\text{NC}\quad\text{CN}\\\diagup\!\!\diagdown\\\text{R}\\\text{R}'\\\text{NC}\quad\text{CN}\end{array} \longrightarrow \begin{array}{c}(C_6H_5)_3P\\(C_6H_5)_3P\end{array}\text{Pt}\begin{array}{c}\text{NC}\quad\text{CN}\\\text{R}\\\text{R}'\\\text{NC}\quad\text{CN}\end{array} \qquad (5\cdot 12)$$

$L = P(C_6H_5)_3, C_2H_4$
$R, R' = H, CH_3, C_2H_5, C_6H_5$

$$\text{Pt}[P(C_6H_5)_3]_3 + \text{(benzocyclobutenedione)} \longrightarrow \begin{array}{c}(C_6H_5)_3P\\(C_6H_5)_3P\end{array}\text{Pt}\text{(phthaloyl)} \qquad (5\cdot 13)$$

歪みの少ない化合物の反応例として，光照射によって可逆的な炭素－炭素結合反応切断が起きる例が報告されている[22]．炭素－炭素結合の開裂と同時に金属－金属結合も開裂する．

$$\text{(Cp-Cp bridged Ru}_2(\text{CO})_4) \underset{加熱}{\overset{h\nu}{\rightleftarrows}} \text{(Ru-Ru fulvalene complex)} \qquad (5\cdot 14)$$

ヒドリド架橋の金属クラスター錯体では，金属－金属結合を有する三核錯体の反応性が高いために，(5・15)式に示すように，シクロペンタジエンのような化合物の炭素－炭素結合を選択的に切断し，金属を含むメタラシクロペンタジエン錯体を生成することが見いだされている[23]．一つのルテニウム原子に炭素－炭素二重結合が配位することにより，隣接する金属に切断されるべき炭素－炭素結合が相互作用しやすくなることが酸化的付加の

駆動力と考えられる．

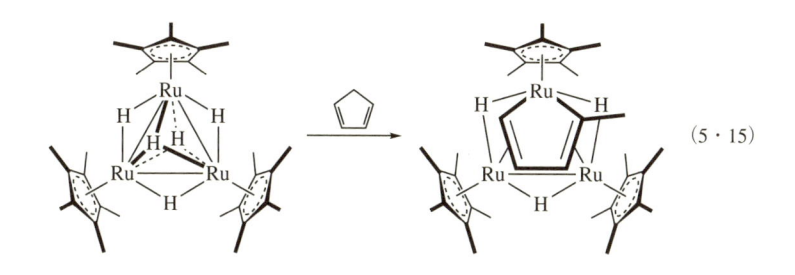

$$\text{(Ru clusters with H bridges)} \xrightarrow{\text{cyclopentadiene}} \text{(Ru cluster product)} \quad (5\cdot15)$$

Intermezzo 有機金属化学草創期の思い出

　1954年の日本はまだまだ貧しく，大学の研究室も貧乏だった．その年，東京工業大学神原 周先生の研究室に入った私は有機チタン化合物の研究をテーマに選び，手探りで研究を始めた．当時私が扱っていたチタン化合物は酸素には安定だったが，水分には敏感で，非常に加水分解されやすかった．当時の私はSchlenk管を用いる技術などを知らなかったので，器具類をグローブボックス中に持ち込んで操作しようと，グローブボックスを自作することを計画した．なるべく費用を安く上げるために，木製のグローブボックスをつくることにした．問題はそこに装着する肘までくる大きなゴム手袋である．外科手術用では薄くて役に立たない．そこで，ゴム研究の権威である神原先生に紹介状を書いていただき，衛生スキンの製造会社に出かけて，つくってもらうことにした．グローブボックスの本体は大工さんに依頼して木製の箱をつくってもらい，前面に大きなガラス板を装着できるようにした．木箱はブリキで内貼りをし，卒研生がたまたまブリキ屋の息子だったので，彼に内貼りを依頼し，ペンキを塗って仕上げた．要するに実態は特大のデシケーターである．こんなお粗末な装置でも，そのなかで反応をさせたり，一通りの湿気を嫌う化合物の合成実験はできた．衛生スキンの会社につくってもらった特大のゴム製品も活躍して，各種の錯体を合成し，J. Am. Chem. Soc. 誌に3報ほど発表することができた．ただ，困ったのは梅雨時の実験だった．グローブボックス内の湿度は低く保たれているが，空調のない実験室内の湿度は非常に高い．ゴム手袋に突っ込んでいる腕はすぐに汗でべとべとになる．赤ん坊用のベビーパウダーを付けたくらいではあまり効き目はない．顔にも，鼻の頭や，目の上にまで汗が滴ってくる．鼻の頭を掻こうとしても両手はグローブボックスに入っていて，引き抜くこともままならない．研究室が貧乏な時代，Schlenk管を使う知恵のなかった時代の思い出である．

iii) 炭素−水素結合の酸化的付加反応

有機化合物中の炭素−水素結合は非極性とはいえないが,その極性は小さいので,ここで取扱う.有機化合物中の特定位置にある炭素−水素結合を遷移金属錯体により活性化させると,酸化的付加により金属−炭素結合および金属−水素結合をもった有機金属化合物が得られる〔(5・16)式〕.この反応は,極性の小さい炭素−水素結合を任意の位置で活性化して選択的に切断することにつながる基本反応である.炭素−水素結合の酸化的付加を自在に制御することができれば,有機化合物中の希望する位置へ官能基を導入することが可能になり,有機合成への応用の範囲が大きく広がる.炭素−水素結合の酸化的付加を基盤とする触媒的な官能基導入法の開発は現在最も挑戦的な課題の一つであり,多くの研究が行われている.近年,同一分子内の隣接位に金属と相互作用しやすい官能基(配向基)を有する有機化合物の炭素−水素結合の活性化および酸化的付加が達成されるようになった[24].しかし,(5・16)式に示すような単純構造のアルカンでは分子内の炭素−水素結合間の性質が似ているため,特定の位置の炭素−水素結合のみを活性化することは容易ではない.

$$L_{n+1}M \;+\; \underset{}{\overset{H}{C}} \;\xrightleftharpoons{-L}\; L_nM\underset{}{\overset{H}{-C}} \qquad (5\cdot 16)$$

アレーンの炭素−水素結合の酸化的付加反応　　遷移金属錯体による炭素−水素結合の活性化を特異的に起こさせるには,特定の位置の炭素−水素結合を遷移金属のd軌道の近傍にもってくる必要がある.置換基のないアルカンでは,特定の位置の炭素−水素結合と遷移金属との間に特異的な相互作用を起こさせるのはむずかしい.しかし,芳香族化合物の場合には,アレーンのπ軌道が低原子価遷移金属に作用してη^6型配位結合をつくるため,芳香環に結合している炭素−水素結合が活性化され,酸化的付加が起きる例がかなり以前から知られている[25].たとえば,種々のアレーン錯体の金属原子は配位したアーレンと反応して,(5・17)式に示すようにアリール(ヒドリド)錯体を生成する.

$$(\text{dmpe})_2\text{M}-\text{[naphthyl]} \;\rightleftharpoons\; (\text{dmpe})_2\text{M}(\text{H})-\text{[naphthyl]} \qquad (5\cdot 17)$$

dmpe = $(CH_3)_2PCH_2CH_2P(CH_3)_2$　　M = Fe, Ru, Os

この反応では,アレーン遷移金属錯体とアリール(ヒドリド)錯体の間に平衡が存在するため,アリール基のついた錯体を経由するアレーンへの官能基導入は,原理的には可能なはずであるが,合成反応に役立つような触媒的炭素−水素結合活性化の応用例はまだ限られている.

5・2 酸化的付加反応と還元的離脱反応

中心金属にη^6型に配位したベンゼンが活性化されて,炭素-水素結合が切断され,フェニル(ヒドリド)錯体に変換された例を(5・18)式に示す.

$$(5 \cdot 18)$$

アレーンの炭素-水素結合が切断されて生成するアリール(ヒドリド)錯体が単離されない場合でも,遷移金属錯体による炭素-水素結合の活性化,開裂が可逆的に進行していることが,重水素で標識した水素ガスを用いた実験から確認されている例がある.L_nMH_3をD_2中で処理した場合に,(5・19)式のように気相中にH_2およびHDの生成が確認され,また溶媒ベンゼン中には重水素同位体が含まれている事実が認められている[26].この結果は,次のような反応が進行していることを示唆している.

$$L_nMH_3 \xrightleftharpoons[]{-H_2} L_nMH \xrightleftharpoons[]{D_2} L_nM\underset{H}{\overset{D}{-}}D \xrightleftharpoons[]{-HD} $$

$$L_nMD \xrightleftharpoons[]{ArH} L_nM\underset{D}{\overset{Ar}{-}}H \xrightleftharpoons[]{-ArD} L_nMH \quad (5 \cdot 19)$$

有機化合物中の炭素-水素結合の活性化を起こさせるためには,遷移金属錯体が配位的に不飽和で,炭素-水素結合を有する化合物が接近して結合するための空の配位座をもっていなければならない.このような配位不飽和錯体を反応系中で発生させる方法として,次のようないくつかの可能性が考えられる.1) 光照射により中心金属から補助配位子を解離させる,2) 中心金属に結合していた補助配位子を加熱により溶液中で解離させる,3) η^5配位したシクロペンタジエニル基がη^5配位からη^3配位型へ環すべりさせて(図4・9参照)配位座を空ける.

たとえば,トルエン中においてCp_2WH_2を光照射すると,(5・20)式に示すように,まず,ヒドリド錯体が励起され,H_2が解離して,Cp_2Wが生成する.この配位不飽和錯体は活性が高く,中心金属に配位したトルエンのフェニル基部分およびメチル基部分の炭

$$Cp_2W\underset{H}{\overset{H}{\diagup}} \xrightarrow[-H_2]{h\nu} Cp_2W \xrightarrow{C_6H_5CH_3} Cp_2W\underset{H}{\overset{C_6H_4CH_3}{\diagup}} + Cp_2W\underset{CH_2C_6H_5}{\overset{C_6H_4CH_3}{\diagup}} \quad (5 \cdot 20)$$

素-水素結合を切断して、中心金属にヒドリドとトリル基、およびベンジル基とトリル基が結合した錯体を与える[27]．

遷移金属錯体が酸化的付加により芳香族化合物の炭素-水素結合を切断する能力は，先に述べたように，遷移金属中心が電子豊富なほど大きくなる．シクロペンタジエニル基のかわりに，電子供与性の高いメチル基5個が結合したペンタメチルシクロペンタジエニル基（以下Cp*と略記する）および，電子供与性の高い$P(CH_3)_3$がイリジウムに配位した錯体$Cp_2^*Ir[P(CH_3)_3]H_2$をベンゼン中で光照射すると，水素ガスを放出して配位的に不飽和な錯体になる．この反応性に富む錯体がベンゼンと反応すると，ベンゼンのC_6H_5-H結合を切断し，Ir(I)錯体にベンゼンが酸化的付加した，フェニル（ヒドリド）イリジウム錯体を与える〔(5・21)式〕．さらに，同じ錯体にアルカンの炭素-水素結合が酸化的付加することも明らかにされている．低温条件下で高活性な低原子価錯体とベンゼンを反応させて不安定なフェニル（ヒドリド）錯体の単離に成功した例もある[28]．

$$\underset{(CH_3)_3P}{\overset{Cp^*}{}}Ir\overset{H}{\underset{H}{}} + C_6H_5-H \xrightarrow[-H_2]{h\nu} \underset{(CH_3)_3P}{\overset{Cp^*}{}}Ir\overset{H}{\underset{C_6H_5}{}} \quad (5\cdot21)$$

アルカンの炭素-水素結合の酸化的付加反応　分子内に配向基をもたないアルカン類は，金属錯体が炭素-水素結合を攻撃する手がかりがないから，炭素-水素結合の切断を伴う酸化的付加を起こさせるのが困難な化合物である．金属錯体による炭素-水素結合の切断を起こさせるには，高活性な配位不飽和錯体をいかに効率よく発生させるかが問題である．金属に結合している配位子は，アルカン接近の妨げにならないような立体的に嵩高くないものを使うか，反応中間体の濃度を高めるように反応条件を工夫するなどの多くの試みがなされている．また，逆反応である還元的脱離反応が起きる前に次の反応を素早く進行させて，酸化的付加による中間体の生成を促進させる工夫が必要である．

配位不飽和な，活性に富んだ錯体を生成させる一つの方法を(5・22)式に示す．複数のヒドリド配位子を有する錯体が飽和アルカンと反応する場合に，水素受容体として働くアルケン〔この場合にはt-ブチルエテン$(CH_3)_3CCH=CH_2$：TBE〕が存在すると，そのアルケンが水素化されて脱離することによって，配位不飽和錯体が効率よく生成する．このようにして生成した配位不飽和錯体が，飽和アルカン（ここではn-ペンタン）の炭素-水素結合を活性化すると，飽和アルカンの炭素-水素結合の酸化的付加と，つづくβ水素脱離（§5・3・2b参照）を経る脱水素が起きてジエン錯体を与える．この反応では，反応系に添加したTBEが犠牲になってヒドリド配位子を除き，配位不飽和なレニウム錯体を生成していると考えられる．

$$\text{ReL}_2\text{H}_7 + \text{C}_5\text{H}_{12} + t\text{-C}_4\text{H}_9\text{CH=CH}_2 \longrightarrow \text{L}_2\text{H}_3\text{Re}(\text{diene}) + t\text{-C}_4\text{H}_9\text{CH}_2\text{CH}_3 \quad (5\cdot22)$$

$$\text{L}=\text{PAr}_3 \quad n\text{-ペンタン} \quad \text{TBE}$$

5・2 酸化的付加反応と還元的離脱反応

このような酸化的付加反応を進行させるためには，ある程度高温で反応させることが必要であり，そのような条件で反応を起こさせるには，熱的に安定な配位子を用いなければならない．たとえば，**ピンサー型**（ヤットコのように中心金属を挟み込むかたち）とよばれる配位子は，以下に示すように3箇所で中心金属に結合し，熱的にも空気に対しても安定な錯体を形成する．このようなピンサー型配位子を使用すれば，高温条件下でも安定で効率よく反応が進行することが知られている．

$$R = t\text{-}C_4H_9, i\text{-}C_3H_7$$

Ir 錯体

ピンサー型配位子をもつ上記のイリジウム錯体は，(5・23)式に示すようにアルカンの炭素－水素結合の酸化的付加とそれに続く β 水素脱離を経て，ジヒドリド錯体とともに対応するアルケンを与える．この反応系に水素受容体である TBE が存在すると，ジヒドリド錯体は触媒活性種である配位不飽和錯体を与え，対応するアルケンが触媒的に生成する．環状アルカンだけでなく，鎖状アルカンの炭素－水素結合も酸化的付加により開裂する．このピンサー型イリジウム錯体は (5・23)式のように高温条件下でも安定なのでシクロデカンの脱水素を伴うシクロデセンへの触媒的変換が促進される[29]．

$$(5\cdot 23)$$

光照射下では安定化配位子の解離が促進されるため，配位不飽和な錯体が生成しやすく，活性化されていないアルカンの炭素－水素結合でも金属との反応により酸化的付加生成物が得られる．

$$Cp^* = C_5(CH_3)_5 \tag{5・24}$$

近年，配位不飽和な錯体がジボランと速やかに酸化的付加する性質を用いて，アルカン末端のボリル化反応を触媒的に進行させる試みが行われている[30]．触媒として，Rh, Ru,

Re, Fe, W, Pd 錯体が研究されているが，なかでも Ir 錯体が最も活性および選択性に優れている．たとえば，(5・25)式に示すように Ir(indenyl)(cod)錯体はアルカンだけでなくアレーンの炭素－水素結合の開裂反応を促進し，有機ボラン化合物が触媒的に得られる．この反応の実験化学的および計算化学的な検討が行われている．ジボランは Ir(I) への酸化的付加を経由して Ir(III) トリボリル錯体を与える．この錯体にアルカンやアレーンの炭素－水素結合が酸化的付加して Ir(V) の中間体を与え，還元的脱離によって有機ボラン化合物を与えるものと考えられている．計算化学的考察もこの結果を支持している[31]．

$$Ar-H + B_2pin_2 \xrightarrow{L_nIrX \text{ 触媒}} Ar-Bpin + H_2 \qquad (5・25)$$

$$L_nIrX + B_2pin_2 \xrightarrow[-XBpin]{} L_nIr^IBpin \xrightarrow{B_2pin_2} L_nIr^{III}(Bpin)_3$$

$$L_nIr^{III}(Bpin)_3 + Ar-H \xrightarrow{\text{酸化的付加}} L_nIr^V(Ar)(H)(Bpin)_3 \longrightarrow Ar-Bpin$$

B_2pin_2：

分子内に配向基を有する化合物の炭素－水素結合の酸化的付加反応

分子内に遷移金属と相互作用して配位結合する"取っ手"になるような官能基（配向基）を有する有機化合物の炭素－水素結合の酸化的付加の場合，この官能基が基質を金属近傍に引き付け，炭素－水素結合が活性化される．代表例として，トリフェニルホスフィン配位子のオルト位にある炭素－水素結合の切断があり，この反応は**オルトメタル化反応**とよばれている[32]．たとえば，P(C₆H₅)₃ が配位したイリジウム錯体では，配位した P(C₆H₅)₃ のうちの一つがイリジウムに接近し，オルト位の炭素－水素結合が活性化され，(5・26)式に示すようにオルトメタル化される．

$$IrCl[P(C_6H_5)_3]_3 \xrightarrow{\text{加熱}} \text{[錯体構造]} \qquad (5・26)$$

このように有機配位子中の炭素－水素結合が切断される例は，ホスファイトや有機窒素配位子の場合にも報告されている．そのような場合には，オルトメタル化反応よりもっと広い定義を用い，**分子内メタル化反応**とよぶ．

炭素－炭素二重結合を有する不飽和化合物では，二重結合が配向基として働き，アリル位の炭素－水素結合を活性化し，π-アリル錯体を与える．たとえば，プロペンの配位した白金(0)錯体はアリル位の炭素－水素結合の酸化的付加を経て，π-アリルヒドリド錯体を

5・2 酸化的付加反応と還元的離脱反応

与える.

$$\underset{H}{\overset{CH_2}{\|}}C-CH_3 \cdots Pt(PR_3) \rightleftharpoons \underset{CH_2}{\overset{CH_2}{HC}}\overset{H}{\underset{PR_3}{Pt}} \quad R = t\text{-}C_4H_9, Cy \tag{5・27}$$

不飽和カルボン酸エステルであるメタクリル酸エステルは，ヒドリドルテニウム錯体と反応してメタクリル酸エステルの二重結合に結合したCH_2基の片方の炭素－水素結合が酸化的付加して，(5・28)式に示すような錯体が得られる[33]．ヒドリドルテニウム錯体がまずメタクリル酸エステルと反応して配位不飽和な$Ru(0)$錯体を与え，分子内のカルボニル基が配向基として働き酸化的付加して生成物を与えたものと考えられる．

$$RuH_2L_4 + 2 \underset{CH_2}{\overset{RO_2C}{\underset{\|}{\text{C}}}}C-CH_3 \xrightarrow{-(CH_3)_2CHCOOR} \text{錯体} \tag{5・28}$$

$$L = P(C_6H_5)_3$$

遷移金属に配位しうる置換基が芳香環に結合している場合には，その置換基と中心金属の相互作用により，置換基の隣接位にある炭素－水素結合の活性化が起き，酸化的付加を経て金属－炭素結合が生成する．村井眞二らはこの分子内酸化的付加で生成した金属－炭素結合あるいは金属－水素結合の反応性を利用して，触媒的なアルキル化，アルケニル化やカルボニル化反応が進行することを見いだしている〔(5・29)式〕．この知見は新たな炭素－炭素結合形成反応として有機合成に利用されている[34] (§6・4・7e)．

$$\text{(o-methylacetophenone)} + \text{CH}_2=\text{CHSi}(OC_2H_5)_3 \xrightarrow[\text{トルエン中で還流}]{RuH_2(CO)[P(C_6H_5)_3]_3} \text{生成物} \tag{5・29}$$

この触媒反応では，アセチル基中のカルボニル基がルテニウムに配位することにより，アセチル基に隣接したベンゼン環の炭素－水素結合が活性化され，ルテニウムに酸化的付加することによって金属を含むメタラサイクル錯体を与える．その後生成した$Ru-H$結合にビニルシランが挿入し，さらに還元的脱離が起きれば(5・29)式に示したような生成物が得られることになる．アセチル基のほかにも，ルテニウムに配位しうる各種の極性基が結合した基質をこの型の触媒反応に用いることができる[35]．この反応の機構に関して，素反応過程の理論的解析が行われている[36]．配向基としてエステルやアルデヒドのカルボニル基，イミノ基，ニトリル基，ピリジン，イミダゾリンやオキサゾリンの窒素原子などのヘテロ原子を含むさまざまな官能基が配向基として利用される．

低原子価錯体による炭素-水素結合の開裂のほか,高原子価錯体による炭素-水素結合の開裂を伴う触媒反応も以前から知られている. たとえば,Cp_2Ni 錯体とアゾベンゼンからオルトメタル化生成物が単離される. ヘテロ原子の金属への配位が引金となって反応が進行するものと考えられている.

金属に配位し得る置換基をもたないベンゼンの炭素-水素結合の酸化的付加反応も知られている. 藤原祐三,守谷一郎はパラジウム錯体を用いるベンゼンとスチレンの脱水素カップリングによるスチルベンの量論的生成反応を見いだした. その後,同じ系に再酸化剤を共存させることにより触媒的な反応へと発展させている (§6·4·7f参照). この反応の鍵は,Ar-H は配向基をもたないが,アニオン交換によりパラジウム側に求電子性の高いトリフルオロメチル基をもつアセタト配位子を有する鍵中間体が生成し,その配位子の酸素原子がアレーンを活性化して,Ar-H 結合を切断するとともにアリールパラジウム錯体を生成させているものと考えられる. その後 (5·30) 式に示すようにパラジウム-アリール結合へのアルケンの挿入,β 水素脱離を経てスチルベンが生成する[37]. さらにこの研究は,炭素-水素結合の活性化および官能基導入反応へと展開している.

$$Pd^{II}(OAc)_2 \xrightarrow[-AcOH]{CF_3COOH} [Pd^{II}(OCOCF_3)]^+OAc^- \xrightarrow[-AcOH]{Ar-H}$$

$$Ar-Pd^{II}(OCOCF_3) + AcOH \xrightarrow{\diagup C_6H_5} \underset{Ar}{\overset{H}{\diagdown}}C=C\underset{H}{\overset{C_6H_5}{\diagup}} + [Pd^{II}(OCOCF_3)]OAc \qquad (5·30)$$

有機化合物中の HCO 基(ホルミル基)の炭素-水素結合が遷移金属錯体により切断され,有機合成に利用されている例がある[38]. ホルミル基は遷移金属錯体にカルボニル基を通じて η^1 型および η^2 型で配位することができる. したがって,カルボニル基に結合した炭素-水素結合は遷移金属の d 軌道の近傍にくると,カルボニル基が配向基として働き,炭素-水素結合が活性化されやすくなる. ホルミル基が金属に η^2 型配位している錯体の例や[39],ホルミル基が切断されてアシル型錯体が生成した例も報告されている[40]. ホルミル基の炭素-水素結合の酸化的付加を経て生成するアシル(ヒドリド)錯体の金属-ヒドリド結合にアルケンが挿入反応を起こし,さらに生成するアシル基とアルキル基の還元的脱離を組合わせれば,アルケン類のヒドロアシル化反応を触媒的に進行させることができる[41].

$$R\diagup + \underset{H}{\overset{O}{\diagdown}}C-OR' \xrightarrow[135\,°C]{Ru触媒} R\diagdown COOR' + R\diagdown COOR' \qquad (5·31)$$

このように,電子豊富な後期遷移金属錯体では,酸化的付加による炭素-水素結合の開裂過程を素反応の一つとして反応設計に組込むことが可能である. 一方,電子数の少ない

5・2 酸化的付加反応と還元的離脱反応

前期遷移金属錯体の場合には，酸化的付加反応は起きにくい．その場合には酸化的付加ではなく，別の型の炭素－水素結合開裂反応を考えなければならない．前期遷移金属錯体や希土類金属の錯体が関与する反応では，σ結合メタセシスによる炭素－水素結合の活性化および開裂を考慮する必要がある（§5・5・2参照）．

電子豊富なヒドリドルテニウム多核錯体による炭素－水素結合，炭素－炭素結合の活性化 ペンタメチルシクロペンタジエニル基 $C_5(CH_3)_5$ (Cp^*) のような電子供与性の置換基をもつヒドリドルテニウム多核錯体は，炭素－水素結合，炭素－炭素結合を切断する能力を有する[42]．たとえば (5・32) 式に示すようなルテニウムの二核錯体は一方の金属でエチレンを配位活性化して，もう一方のルテニウム金属がエチレンの炭素－水素結合を酸化的付加により開裂し，ジビニルルテニウム錯体を生成する．この場合，二つのルテニウム中心に配向機能と活性化機能の役割が明確に分担されている．遷移金属錯体がエチレンの炭素－水素結合を特異的に活性化するこのような能力は，触媒反応を組立てる上で重要な情報である．

$$\text{[Ru-Ru hydride complex]} + 6\,C_2H_4 \longrightarrow \text{[Ru-Ru vinyl complex]} + 3\,C_2H_6 \tag{5・32}$$

iv) ヘテロ元素－ヘテロ元素結合の酸化的付加反応

ケイ素－ケイ素 (Si–Si) 結合やホウ素－ホウ素 (B–B) 結合のような非極性共有結合を有する有機元素化合物も遷移金属錯体の存在下に元素－元素結合の開裂を伴って反応して有機ホウ素化合物や有機ケイ素化合物を与えることが知られている．このような有機ホウ素，有機ケイ素化合物の生成反応は，§6・3・1d, e で述べるクロスカップリングなどの触媒反応の素反応として重要である．

たとえばピナコリル (pin) 基の結合したジボラン $B_2(pin)_2$ は，0 価の白金錯体と反応すると次のように B–B 結合が切断され，シス-ジボリル錯体を与える．この酸化的付加反

$$B_2(pin)_2 + Pt[P(C_6H_5)_3]_4 \xrightarrow{-2\,P(C_6H_5)_3} \text{[cis-diboryl Pt complex]} \tag{5・33}$$

$$\text{B}_2(pin)_2 + RC\equiv CR' \xrightarrow{Pt[P(C_6H_5)_3]_4} \text{[diboryl alkene product]} \tag{5・34}$$

応を Pt−B 結合へのアルキンの挿入反応, 還元的脱離反応と組合わせれば, アルキンのジボリル化反応を触媒的に進行させることが可能となる[43),44)].

またアルケンにジシランが付加する触媒的ビスシリル化反応でも, パラジウム(0)錯体や白金(0)錯体への Si−Si 結合の開裂を伴うジシランの酸化的付加反応が関与していると考えられる[45)]. $P(C_6H_5)_2$ を有するジシランの場合には, Si−Si 結合の開裂を伴って Pd(0) 錯体との反応が起こり, 遷移金属錯体にジシランが酸化的付加した生成物が得られる[46)].

$$(C_6H_5)_2P\text{-Si-Si-}P(C_6H_5)_2 + Pd_2(dba)_3CHCl_3 \longrightarrow \begin{array}{c}(C_6H_5)_2\ (C_6H_5)_2\\ P\diagdown Pd \diagup P\\ Si \quad Si\end{array} \quad (5\cdot 35)$$

ジシランの Si−Si 結合の酸化的付加を利用した触媒反応として, 1,3-ジエンへの付加反応の例も知られている[47)〜49)]. ジシランと同様に, ジスタンナンでも Sn−Sn 結合が切断されて遷移金属錯体に酸化的付加し, ビススタンニル型錯体になる例が知られている[50)].

このほかにも, 異なった種類の典型元素間の M−M′ 結合開裂を伴う多くの例が報告されており, そのような元素を含む新しい有機典型元素化合物の触媒的合成例が報告されている. 一例を (5・36) 式に示す.

$$RC\equiv CH \ + \ (CH_3)_3Si\text{-}Sn(CH_3)_3 \xrightarrow{Pd[P(C_6H_5)_3]_4} \begin{array}{c}R \quad H\\ \diagup=\diagdown \\ (CH_3)_3Sn \quad Si(CH_3)_3\end{array} \quad (5\cdot 36)$$

この反応例では, Pd(0)錯体への Sn−Si 結合の切断を伴う酸化的付加により, Pd−Sn 錯体が生成し, この結合へのアルキンの配位挿入反応が鍵反応と考えられる. アルキン, ジエンにスズを導入する, カルボスタンニル化に関しては総説がある[51)].

b 極性化合物の酸化的付加反応

i) 炭素−ハロゲン結合の酸化的付加反応

炭素−ハロゲン結合は, 両元素の電気陰性度の違いのために大きく分極している. この結合の切断を伴う酸化的付加は, この概念の確立された初期から研究されており, この素反応を利用したクロスカップリング反応 (§6・3 参照), 溝呂木-Heck 反応 (§6・4・6 参照), Monsanto 法による酢酸合成 (§6・7・1 参照) など, 多くの触媒反応が開発されてきた. そのような触媒反応に最も多く利用されるのは, ハロゲン化アルキル, あるいはハロゲン化アリールの炭素−ハロゲン結合開裂を伴う酸化的付加反応である[52)]. 特に, ニッケル, パラジウム, ロジウムなどの後期遷移金属錯体を利用する触媒的有機合成反応は最も広く用いられており, 反応機構に関する研究も多い. 炭素−ハロゲン結合の酸化的付加は一方向に進む反応ではなく可逆反応である. したがって, 酸化的付加反応の進行しやすさを考えるときには, 逆反応である炭素−ハロゲンの結合形成を伴う還元的脱離

5・2 酸化的付加反応と還元的離脱反応

(§5・2・2参照) の進行しやすさについても考慮する必要がある.

ハロゲン化アルキルまたはアリールとしては,Cl,Br,Iが結合したハロゲン化合物が多く用いられる.例は限られているものの,フッ化物の炭素-フッ素結合の酸化的付加が進行する場合もある.炭素-ハロゲン結合の切断の起きやすさは,この結合解離エネルギーの強さを反映して,F < Cl < Br < I の順に大きくなる.結合解離エネルギーが小さくなるほど,その結合は切断されやすくなり,またその反応に要する活性化エネルギーも減少する.実際,ハロゲン化アリールの酸化的付加の初めての例である $Pd[P(C_6H_5)_3]_4$ 錯体への有機ハロゲン化物の反応では,ヨウ化物の方が塩化物より穏和な条件で進行する[53].この反応では,(5・37)式に示すように中心原子のパラジウムに結合している4個の $P(C_6H_5)_3$ 配位子のうち2個は溶液中に解離し,活性種として反応に関与するのは配位不飽和な14電子錯体 $Pd[P(C_6H_5)_3]_2$ である.ハロゲン化アリールの酸化的付加反応は,ヨウ化物は常温で進行するが,臭化物では反応系を加熱する必要があり,塩化物ではほとんど進行しない.

$$Pd[P(C_6H_5)_3]_4 + R-X \xrightarrow[-2P(C_6H_5)_3]{\text{室温, ベンゼン中}} \begin{array}{c}(C_6H_5)_3P\;\;\;R\\ \diagdown\;\;\diagup\\ Pd\\ \diagup\;\;\diagdown\\ X\;\;\;\;P(C_6H_5)_3\end{array} \quad (5・37)$$

$$RX = CH_3I, CH_3COCl, C_6H_5I, \text{(methallyl chloride)}$$

反応性の観点からはヨウ化物が優れているが,この方法が汎用的に用いられるためには,より安価で取扱いやすい塩化物の方が望ましい.しかし,これまでは塩化物の酸化的付加を用いる分子変換はむずかしいと考えられていた.近年,J. F. Hartwig と S. L. Buchwald らは,立体的に嵩高い第三級ホスフィン配位子を1個もつ配位不飽和錯体を系中で発生させれば,塩化物でも酸化的付加が進行することを見いだし,パラジウム錯体を触媒し,塩化アリールを用いるクロスカップリング反応を報告している(§6・3・1g参照).

一方,フッ化物では,炭素-フッ素結合の解離エネルギーが大きく,炭素-フッ素結合の酸化的付加の例は限られている.たとえば,CF_3,C_6F_5 のような電子求引基を有するフッ素化物では,イミダゾイル基 (Im) が結合したニッケル錯体 $Ni_2(cod)(Im)_4$ が $C_6F_5-C_6F_5$ の片方の C_6F_5 基中の炭素-フッ素結合の開裂を伴ってニッケル錯体に酸化的付加する例が知られている[54].

$$(Im)_2Ni\cdots\text{(cod)}\cdots Ni(Im)_2 + C_6F_5-C_6F_5 \longrightarrow \begin{array}{c}F\\|\\Im-Ni-Im\\|\\C_6F_5\text{-ring}\end{array} \quad (5・38)$$

$Ni_2(cod)(Im)_4$

ハロゲン化アルキルやアリールの酸化的付加に関する基礎的な研究はこれまでかなり行われている．ハロゲン化アルキルが遷移金属錯体に酸化的付加する場合には，まず遷移金属中心にハロゲンが配位した後，炭素ーハロゲン結合が切断されるものと考えられる．実際，ハロゲン化アルキルがハロゲン原子を通じて金属に配位した錯体も得られている[55]．

酸化的付加におけるハロゲン化物の立体化学に関する研究では，重水素で標識した塩化ベンジルのパラジウム(0)錯体との反応において，酸化的付加により生成するベンジルーパラジウム錯体の立体化学を直接観測できないため，COとの反応により生成するアシルパラジウム錯体の立体化学が詳しく検討されている．その結果，酸化的付加の過程において，ベンジル炭素の立体化学は反転する機構で進行し，それに続くCO挿入反応は立体保持で進行することがわかった[56]．すなわち，パラジウム(0)はハロゲン脱離基の背面から攻撃（S_N2型機構）しているものと考えられる．

$$(5\cdot 39)$$

一方，酸化的付加における遷移金属錯体の立体化学については，フッ素置換フェニル基をもつハロゲン化フェニルと$Pd[P(C_6H_5)_3]_4$との反応を詳細に研究した結果，まずシス体が単離可能な生成物として得られ[57]〜[59]，このシス錯体がゆっくりとトランス体に異性化することが明らかにされている[57]．

また，白金(0)錯体へのE-ブロモスチレンの酸化的付加反応では，sp^2炭素の立体化学は保持されたまま反応が進行し，単離された生成物は(5・40)式のようなトランス型になっていることがX線結晶構造解析により明らかにされている．したがってこの反応では，中間に生成する配位不飽和なPtL_2錯体にアルケンがπ配位し，C−Br結合切断を伴って反応が進行するものと考えられる．また，E-ブロモスチレンの場合もsp^2炭素の立体化学は保持されている．

$$(5\cdot 40)$$

この反応はラジカル阻害剤の存在下でも進行するから，ラジカル反応ではない．有機化学において遊離のアルケンのビニル炭素は求核置換反応を受けないが，それとは異なる反応性であり，金属の配位の重要性を示す結果である．

酸化的付加生成物である金属ー炭素結合を有する錯体は，不安定な場合が多く，実験化

学的にこの中間体を経由する反応経路を確かめることは困難であるが，計算化学的手法（DFT法）により，不安定中間体および酸化的付加過程の遷移状態について明らかにされている[60]〜[63]．これまでに錯体化学的研究および理論計算により求められた結果を図5・9にまとめて示す[64]．

第三級ホスフィン配位子LをもつPdL$_n$型錯体は溶液中で，配位子Lを遊離し，反応性に富んだPdL$_2$錯体を生成する．配位子が嵩高い場合には二座配位錯体PdL$_2$からLが解離し，さらに反応性に富むPdL錯体を生成する．J. F. Hartwigらの錯体化学的研究によれば，配位子1個をもつPdLへの塩化アリールの酸化的付加では，シス型の生成物が最初に生成することが明らかにされている[65]．

生成するシス型錯体は，その後熱力学的に安定なトランス型に異性化する場合と，ハロゲン化物Xを通じて架橋した二量体を生成する場合がある．この反応経路の妥当性は，動力学的研究と計算化学により求められている遷移状態の構造に関する情報から支持されている[66]〜[68]．

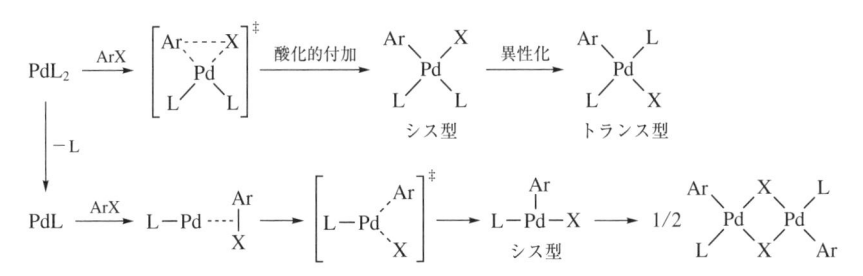

図 5・9 PdL への ArX の酸化的付加反応の機構

J. F. HartwigやS. L. Buchwaldらは，配位不飽和なPdL$_2$型錯体へのハロゲン化アリールの酸化的付加およびその逆反応である還元的脱離に関してくわしい熱力学的ならびに速度論的な基礎研究を行っている[60],[70]．

立体的に嵩高いP(t-C$_4$H$_9$)$_3$ 1個をもつPd(PR$_3$)とArXとの反応において生成単離されるパラジウムアリール錯体は平面三角形のT型構造をしている．先に述べたように，アリール基とXは(5・41)式に示すようにパラジウムに対してシス型に配位している．この錯体は還元的脱離反応を観測するのに適した錯体である．このT型錯体にもう一分子のP(t-C$_4$H$_9$)$_3$を添加し加熱すると，アリール基とXの還元的脱離が起きて，ArXが生成する．すなわち酸化的付加の逆反応が進行する．ハロゲンXが塩素，臭素，ヨウ素のハロゲン化物に関して，(5・41)式の平衡反応の平衡定数を測定した結果，平衡定数 K_{eq} はXがClの場合に最も大きく，Cl＞Br＞Iの順序で小さくなることがわかった．この順序はArX結合の結合強度の順序と関連している[71]．すなわち，Ar－Xの形成される反応で

ある還元的脱離は，熱力学的には，塩化物が最も有利であり，塩化物＞臭化物＞ヨウ化物の順に低下する．したがって ArX の酸化的付加はこの順の逆に起きにくくなる．

$$(t\text{-}C_4H_9)_3P\text{-}\underset{\underset{X}{|}}{\overset{\overset{Ar}{|}}{Pd}}\text{-}X + P(t\text{-}C_4H_9)_3 \underset{C_6D_6}{\overset{70\,^\circ C}{\rightleftarrows}} Pd[P(t\text{-}C_4H_9)_3]_2 + ArX \quad (5\cdot41)$$

Ar = o-tolyl   X = Cl, Br, I

しかし，還元的脱離における反応速度の順序は，遷移状態エネルギーの高さにより支配されるから，反応の進行しやすさの熱力学的な順序とは異なる．実際，塩化物の還元的脱離反応速度は臭化物より遅く，ヨウ化物は臭化物と塩化物の中間の値であった．また4配位錯体 Pd(o-tolyl)Br[P(t-C$_4$H$_9$)$_3$]$_2$ からの還元的脱離は3配位錯体からの脱離より遅い．さらに平面T型トリルブロミド錯体 Pd(o-tolyl)Br[P(t-C$_4$H$_9$)$_3$] のベンゼン中における還元的脱離の反応速度は，パラジウム錯体濃度に関して一次であること，また，反応は ArBr および P(t-C$_4$H$_9$)$_3$ の添加によりともに阻害されることがわかった．これらの結果は，アリール（ブロミド）錯体の還元的脱離の反応速度が，(5・42)式に示すように，ブロモアーレンの可逆的脱離反応を伴う平衡反応を含む機構によって説明できることを示している[69]．

$$(t\text{-}C_4H_9)_3P\text{-}Pd\text{-}Br \underset{k_{-1}}{\overset{k_1}{\rightleftarrows}} Pd[P(t\text{-}C_4H_9)_3] + \underset{Br}{\bigcirc}\text{-}CH_3 \xrightarrow[k_2]{P(t\text{-}C_4H_9)_3} Pd[P(t\text{-}C_4H_9)_3]_2 \quad (5\cdot42)$$

ii) 炭素－酸素結合の酸化的付加反応

炭素－ハロゲン結合を有する有機化合物の金属への酸化的付加に比べて，それ以外の炭素－ヘテロ原子間の結合開裂を利用する合成反応は最近まで注目されていなかった．しかし，環境調和型の有機合成手法の開発が求められるようになり，炭素－ヘテロ原子結合の酸化的付加反応を利用する手法を開発する必要性は高まっている．炭素－ハロゲン結合の酸化的付加を利用する合成では，まず反応基質であるハロゲン化物の合成が必要であり，また多くの場合に反応促進に塩基が必要となる．さらに，触媒反応終了後に，中和反応によって生成する無機ハロゲン化物を廃棄物として処理する必要がある．これに対して，酸素，窒素，硫黄などを含む化合物の反応により，炭素－酸素，炭素－窒素，炭素－硫黄結合切断を伴う反応が利用できれば，無機ハロゲン化物などの不要な副生物を生成しない合成反応が設計できる可能性がある．

酸素を含有する有機化合物としては，アルコール，エーテル，オキシラン，カルボン酸，カルボン酸エステル，カルボン酸無水物，ラクトン，ケトン，アルデヒド，炭酸エステルなどがある．これらの含酸素有機化合物中，カルボニル基を有する化合物では，カルボニ

5・2 酸化的付加反応と還元的離脱反応

ル基が配向基として働き，続く反応をひき起こしやすくする．また酸素原子の隣にアリル基を有する有機化合物では，遷移金属錯体の作用によってアリルー酸素結合が切断される際に，熱力学的に安定なπ-アリル遷移金属錯体が形成される方向に反応が進行しやすくなるため，酸化的付加反応を受けやすい．

カルボン酸エステルの酸化的付加反応　カルボン酸エステルを，電子豊富な低原子価遷移金属錯体と反応させる場合には，(5・43)式に示すように (a), (b) 2 通りの位置での炭素-酸素結合の開裂が可能である．

$$ML_n + RC(=O)-O-R' \longrightarrow \begin{cases} (a) & L_nM(COR)(OR') \\ (b) & L_nM(OCOR)(R') \end{cases} \tag{5・43}$$

エステル RCOOR' の R' がアリール基の場合には，(a) 型の炭素-酸素結合の開裂が起きて，アシル(アリールオキシド)型錯体が生成する．一方，R' がアリル基，ベンジル基，ビニル基のときは一般に (b) 型の炭素-酸素開裂反応が起きて，アリルまたはビニル(カルボキシラト)型の錯体が生成する．たとえば，$Ni(cod)_2$ とプロピオン酸フェニルを $P(C_6H_5)_3$ の存在下に反応させた場合には (a) 型の炭素-酸素結合開裂反応が進行し，エチレンとフェノールとともに，$Ni(CO)[P(C_6H_5)_3]_3$ が得られる．この反応では，エステルのカルボニル基が低原子価ニッケルに配位し，ニッケルによるカルボニル炭素への求核的な攻撃が進行しやすくなるものと考えられる[72]．中間に生成するアシル錯体がさらに脱カルボニル化反応を起こすと，エステルが脱カルボニル化した化合物が得られる．

$$Ni(cod)_2 + C_2H_5CO_2C_6H_5 \xrightarrow{L} L_2Ni(COC_2H_5)(OC_6H_5) \xrightarrow{-CO} L_2Ni(C_2H_5)(OC_6H_5)$$
$$L = P(C_6H_5)_3$$
$$\xrightarrow[-C_2H_4]{\beta\text{水素脱離}} L_2Ni(H)(OC_6H_5) \xrightarrow[-C_6H_5OH]{CO, L} Ni(CO)[P(C_6H_5)_3]_3 \tag{5・44}$$

カルボン酸エステルや酸無水物の炭素-酸素結合開裂と脱カルボニル化反応を組合わせることができれば，炭素数の一つ少ない化合物の合成への展開が可能となる．たとえば，アシル配位子をそのままにして，アルコキシ基を変換すれば，ケトン，アルデヒド，酸無水物などのカルボニル化合物が合成できる．また，アシル-OC_6H_5 結合のパラジウム錯体への酸化的付加により生成するアシル(フェノキシド)錯体に対してアリールボロン酸エステルによるアリール化を組合わせるとケトンの新しい合成法となる[73]〜[75]〔(5・45)式〕．

$$\text{CF}_3\text{C(O)OC}_6\text{H}_5 \xrightarrow[\text{3 L}]{\text{Pd(OAc)}_2} L_n\text{Pd}\begin{pmatrix}\text{C(O)CF}_3\\\text{OC}_6\text{H}_5\end{pmatrix} \xrightarrow{\text{ArB(OH)}_2} L_n\text{Pd}\begin{pmatrix}\text{C(O)CF}_3\\\text{Ar}\end{pmatrix} \longrightarrow \text{ArC(O)CF}_3 \quad (5\cdot45)$$
$$L = \text{P(C}_4\text{H}_9)_3$$

・**アリルエステルの酸化的付加反応**　アリルエステルの酸化的付加では，(5・43)式における(b)型のアリル－酸素結合の切断により，アリルパラジウム錯体が得られる．この錯体を中間体とする触媒反応は以前から知られている．酢酸アリルは低原子価遷移金属錯体と反応すると，炭素－酸素結合の開裂反応を経て，π-アリル遷移金属錯体を与える〔(5・46)式〕．このようにして生成したアリル遷移金属錯体の配位アリル基への求核剤の反応，ほかのアルキル基とのカップリング，CO挿入反応などのさまざまな反応と組合わせて有機合成に有用な触媒反応を組立てることができる．アリル錯体の合成や配位アリル基の異性化および反応性については，§4・1・2cで詳細に述べた．さらにこの反応を素反応とする触媒反応については§6・3・2で述べる．

$$\text{CH}_2=\text{CHCH}_2\text{OAc} + \text{PdL} \longrightarrow [\eta^3\text{-allyl-Pd(L)(OAc)}] \quad (5\cdot46)$$

アリル基を有する有機化合物のほかに，ベンジル－酸素結合を有する化合物もアリル化合物としての性質をもつため，ベンジル－酸素結合の切断を伴って，Pd(0)錯体と反応し，η^3-ベンジル錯体を生成することがある[76),77)]．次のようなη^3-ベンジルパラジウム錯体が合成単離され，その構造がX線結晶構造解析により明らかにされている．

$$\text{C}_6\text{H}_5\text{CH}_2\text{OAc} + \text{PdL}_n \longrightarrow [\eta^3\text{-benzyl-Pd(OAc)L}_n] \quad (5\cdot47)$$

このようなη^3-ベンジル錯体の反応性を利用して，パラジウム錯体を利用する各種の触媒反応を起こさせることができる[74),78)]．

アリル－酸素結合の酸化的付加反応を利用する合成反応は，パラジウム錯体を利用する場合に最も詳細に研究され，各種の有機合成に応用されてきた．このほか，ほかの遷移金属錯体を利用する反応も多く開発されている[79)]．

・**ビニルエステルの酸化的付加反応**　酢酸ビニルエステルのビニル－酸素結合が低原子価ルテニウム錯体に酸化的付加してビニルルテニウムアセタト錯体が得られるが[80)]，その研究例は，アリルエステルに比べるとまだ少ない．

$$\text{Ru(cod)(cot)} + \text{CH}_2=\text{CHOAc} \longrightarrow L_n\text{Ru(CH=CH}_2\text{)(OAc)} \quad (5\cdot48)$$
$$L = \text{P(CH}_3)_3,\ \text{P(C}_2\text{H}_5)_3,\ \text{dppe}$$

5・2 酸化的付加反応と還元的離脱反応

カルボン酸エステルのなかでも，ギ酸エステルはほかのエステルとは多少異なった挙動を示す．ギ酸エステルは反応過程で脱炭酸して還元剤となるヒドリド錯体を発生し，ほかの反応を誘発する場合がある．

・炭酸アリルエステルの酸化的付加反応　炭酸アリルエステルも，次式のように炭素－酸素結合の開裂を伴ってパラジウム(0)錯体に酸化的付加を起こす．生成する中間体は，脱炭酸を経て安定な π-アリル錯体へと変化する．この反応と求核剤 Nu−H との反応とを組合わせると，有機合成反応において有用な，中性条件下におけるアリル基と求核剤の結合反応が実現する[81]．

$$\text{（5・49）}$$

同様にパラジウム錯体存在下に炭酸アリルエステルと一酸化炭素を反応させると，炭素数が1個増加した不飽和カルボン酸エステルが触媒的に得られる．この反応では，(5・49)式に示すように，炭酸アリルエステルの脱炭酸反応によりアリルパラジウム錯体がまず生成する[82)〜84)]．

生成したアリルパラジウム錯体から不飽和エステルへの経路としては，2通り考えられる．(5・50)式に示すように，1) 配位 CO がアルコキシアニオン OR⁻ による求核攻撃を受けてアルコキシカルボニル基になり，これがアリル基と還元的に脱離する場合と，2) パラジウムに配位した CO がアリル−パラジウム結合に挿入してアルケノイルパラジウム中間体が生成し，それが OR と還元的脱離する場合である．

$$\text{（5・50）}$$

・ラクトンの酸化的付加反応　カルボン酸エステルの環状化合物であるラクトンは，分子内歪みがかかっている場合に Pt や Ir などの遷移金属錯体と反応し，炭素－酸素結合の開裂を伴う酸化的付加を起こし，金属を含むラクトン(メタララクトン)に変換される[85]．

$$\text{（5・51）}$$

歪みのかかった不飽和ラクトンであるジケテンはパラジウム(0)錯体と反応し，パラジウムを含む5員環ラクトン体，パラダラクトンを生成する．この錯体はさらにCOと反応し，閉環反応を起こして，環状酸無水物を形成する．二重結合の異性化後，パラジウムに環状酸無水物が配位した錯体が単離されている．

$$\text{(5・52)}$$

カルボン酸無水物の酸化的付加反応

トリメチルホスフィン配位子 $P(CH_3)_3$ をもつ電子豊富な0価のパラジウム錯体とカルボン酸無水物の反応により炭素－酸素結合の金属への酸化的付加を経て，アシルカルボキシラトパラジウム錯体が生成することが知られている[86]．X線結晶構造解析の結果，単離された錯体は平面四角形のトランス構造をもつことが明らかにされている．

$$\text{(5・53)}$$

シス体　　　　　　　　トランス体

DFT法を用いる計算化学的手法により，カルボン酸無水物が遷移金属に配位する際に，まずカルボニル基のパラジウムへの配位に続き炭素－酸素結合の酸化的付加によりシス錯体を与え，それがトランス体へ異性化するものと考えられる．この反応では，C=O基が配向基として働き，低原子価遷移金属に η^2 配位する．計算化学により得られるこの錯体の構造も，X線結晶構造解析の結果とよい一致を示している[87]．

・**環状酸無水物の酸化的付加反応**　　酸無水物として環状酸無水物を用いる場合，酸化的付加により生成する環状化合物が特異な反応性を示す場合がある．たとえば，COD配位子をもつニッケル低原子価錯体 $Ni(cod)_2$ と環状酸無水物との反応では，酸化的付加を経由してニッケルを含む環状化合物が生成する．引き続いて脱カルボニル化反応が進行することにより，金属を含むラクトン（メタララクトン）が生成する．この場合にビスジフェニルホスフィノエタン配位子 dppe を用いると，ニッケルを含む6員環から5員環への環縮小反応が起きる[88]．この環縮小反応は，ニッケルによる β 水素脱離とそれに続く金属－

5・2 酸化的付加反応と還元的離脱反応

ヒドリド結合への不飽和二重結合の挿入が連続的に起きた結果と考えられる．

$$\text{Ni(cod)}_2 + \text{(無水コハク酸)} \xrightarrow{\text{bpy}} \text{(bpy)Ni(7員環)} \xrightarrow{-\text{CO}} \text{(bpy)Ni(6員環)} \xrightarrow{\text{dppe}} \text{(dppe)Ni(5員環)} \quad (5・54)$$

これに類似した環縮小反応は，0価のニッケル，あるいはパラジウム錯体と3-ブテン酸との反応により別途合成した6員環メタララクトンにおいても観測されている．(5・55) 式に示すようにカルボン酸の酸素－水素結合が金属へ酸化的付加して生成する金属－ヒドリド結合への末端炭素－炭素二重結合の挿入によりメタララクトンが生成しているものと考えられる．

$$\text{L}_2\text{Pd}(\text{C}_6\text{H}_5\text{CH=CH}_2) \xrightarrow[-\text{CH}_2=\text{CHC}_6\text{H}_5]{\text{CH}_2=\text{CHCH}_2\text{COOH}} \text{L}_2\text{Pd(H)(OOCCH}_2\text{CH=CH}_2) \longrightarrow \text{L}_2\text{Pd(6員環ラクトン)} \rightleftharpoons \text{L}_2\text{Pd(5員環ラクトン)} \quad (5・55)$$

このような不飽和カルボン酸の反応とメタララクトンへの CO 挿入反応，および還元的脱離反応を組合わせると，3-ブテン酸から触媒的に5員環および6員環の環状酸無水物を合成することができる[89]．

$$\text{CH}_2=\text{CHCH}_2\text{COOH} + \text{CO} \xrightarrow{\text{Pd 触媒}} \text{(5員環無水物)} + \text{(6員環無水物)} \quad (5・56)$$

アルコール類の酸素－水素結合，炭素－酸素結合の酸化的付加反応　　トリアルキルホスフィンのような電子供与性配位子を有する電子豊富な低原子価遷移金属錯体は，水，アルコール，フェノール類と反応し，酸素－水素結合の切断を伴う酸化的付加を経由してヒドリド金属錯体を与える．

立体的に嵩高い PR_3 配位子を有する低原子価遷移金属錯体が，水やアルコールと反応する場合，溶媒分子 S が金属に配位することにより，OH^- や OR^- イオンは金属中心から配位圏外に追い出されてカチオン性錯体を与える．

$$\text{Pt(PR}_3)_2 + \text{H}_2\text{O} \rightleftharpoons \text{(HO)(H)Pt(PR}_3)_2 \xrightleftharpoons[\text{S: 溶媒分子}]{\text{S}} [\text{(S)(H)Pt(PR}_3)_2]^+ \text{OH}^- \quad (5・57)$$

PR$_3$ 配位子を有する二座配位 Pt(0) 錯体は，水-THF 混合溶媒中で塩基として働き，水溶液は強いアルカリ性を示す．このような錯体は，ニトリルの水和反応や，活性水素を有する化合物の H-D 交換反応の触媒になる[90]．水の酸化的付加により生成するヒドロキシド錯体が関与しているものと考えられる．

低原子価遷移金属錯体をメタノールと反応させると，メタノールの酸素－水素結合が遷移金属に酸化的付加して，ヒドリド(メトキシド)錯体を生成する．続いてメトキシ基のメチル基のβ水素が引き抜かれ，ホルムアルデヒドとともにヒドリド錯体が得られる[91]．

$$\text{PtL}_2 + \text{CH}_3\text{OH} \rightleftharpoons \text{PtH(OCH}_3\text{)L}_2 \longrightarrow \textit{trans-}\text{PtH}_2\text{L}_2 + \text{HCHO} \tag{5・58}$$

低原子価金属錯体へのアルコールの酸化的付加によるアルコキシド錯体の生成反応の立体化学についてはまだ研究例が少ないが，イリジウム錯体に対してメタノールはシス付加することが知られている[92]．

$$\text{IrCl[P(C}_2\text{H}_5\text{)}_3]_3 + \text{CH}_3\text{OH} \xrightarrow{-30\,°\text{C}} \begin{array}{c} \text{H} \\ | \\ \text{L}-\text{Ir}-\text{OCH}_3 \\ | \\ \text{L} \quad \text{L} \\ \text{Cl} \end{array} \quad \text{L} = \text{P(C}_2\text{H}_5\text{)}_3 \tag{5・59}$$

フェノール類も同様に低原子価金属錯体に酸化的付加してフェノキシド錯体を与える．たとえば，トリシクロヘキシルホスフィン配位子をもつ白金の 0 価錯体へのフェノール類の酸化的付加反応では，(5・60)式に示すようにアリールオキシド(ヒドリド)錯体が生成する[93),94]．ここで，アリールオキシド配位子がアニオンとして中心金属の配位圏外に出ると，反応性に富むカチオン性ヒドリド錯体が生成する．このようにして生成するカチオン性ヒドリド錯体の反応性を利用すると，アルケンをヒドロアリールオキシカルボニル化させ，アリールエステルを触媒的に合成することができる[95]．§5・3・2で述べるが，ヒドリド錯体にアルケンが挿入すると，アルキル錯体が生成し，引き続き CO の挿入によってアシル錯体へと変換される．その後還元的脱離により生成物が得られる．多くの素反応が連続して起きていることがわかる．

$$\text{Pt(PCy}_3\text{)}_2 + \text{ArOH} \longrightarrow \textit{trans-}\text{PtH(OAr)(PCy}_3\text{)}_2 \rightleftharpoons [\text{PtH(PCy}_3\text{)}_2]^+(\text{OAr}^-)$$
$$\text{Ar} = \text{C}_6\text{H}_5, \text{C}_6\text{F}_5 \tag{5・60}$$
$$\text{CH}_2=\text{CH}_2 + \text{CO} + \text{ArOH} \xrightarrow{[\text{PtH(PCy}_3\text{)}_2]^+(\text{OAr}^-)} \text{CH}_3\text{CH}_2\text{COOAr}$$

アリルアルコールを用いた場合には，先に述べたように生成する π-アリル錯体の安定性によって，酸素－水素結合の開裂より炭素－酸素結合の開裂反応が先行することがある．たとえば，アリルアルコールは，Ni(0)錯体と反応し，酸化的付加を経由して π-アリル中間体を与える[96]．この反応を鍵として，アリルアルコールからアリルアミンを触媒的

5・2 酸化的付加反応と還元的離脱反応

に合成できる.

$$CH_2=CHCH_2OH + HNR_2 \xrightarrow[\text{室温}]{Ni(cod)_2, 2P(C_6H_5)_3} \diagup\!\!\!\diagdown NR_2 \qquad (5・61)$$

エーテル類の炭素-酸素結合の酸化的付加反応　不飽和結合をもたないエーテルが低原子価遷移金属に酸化的付加したという報告は見あたらない. アリルフェニルエーテルは炭素-酸素結合の切断を伴って低原子価ニッケル錯体に酸化的付加し, π-アリル(フェノキシド)ニッケルになる. アリル基のニッケル原子への配位が酸化的付加の引金になっていると思われる. さらに, 電子豊富な鉄(0)錯体と, ナフタレンの炭素-水素結合の開裂により生成するヒドリド(ナフチル)鉄錯体〔(5・62)式〕はメチルフェニルエーテルと反応すると, エーテルの炭素-酸素結合が酸化的付加してメチル(フェノキシド)鉄錯体を与える[97]. この反応では, エーテルのフェニル基が配向基として鉄と相互作用して活性な錯体を与え, この錯体がエーテルの炭素-酸素結合の開裂反応を起こすものと考えられる.

$$\text{FeH(dmpe)}_2 + CH_3O-C_6H_5 \xrightarrow{-\text{ナフタレン}} CH_3O-C_6H_5\cdots Fe(dmpe)_2 \longrightarrow [\text{Fe錯体}] \qquad (5・62)$$

同様に, アリールエーテルの芳香環上にアシル基のような官能基を有する場合には, 炭素-酸素結合間で結合開裂を伴う酸化的付加が起きやすくなり, 中心金属にアリール基とアリールオキシ基が結合した錯体が得られる[98]. この反応を用いれば, 炭素-水素結合の活性化において述べたように, アシル基のオルト位にビニルシランを触媒的に導入することができる〔(5・29)式参照〕.

$$RuH_2(CO)L_3 + \text{(アリールエーテル)} \xrightarrow[\text{還流}]{\text{トルエン}} \text{(Ru錯体)} \qquad (5・63)$$
$$L = P(C_6H_5)_3$$

芳香環に結合した2個の第三級ホスフィンをもつアリールメチルエーテルが, 金属に配位することにより分子内の炭素-酸素結合が開裂し, 金属へ酸化的付加する場合がある. 生成するメトキシド錯体は高い反応性をもつため, β水素脱離によりヒドリド錯体を与える〔(5・64)式〕. ここで, 中心金属をロジウムからパラジウムに変えると, $CH_3-OC_6H_5$ 結合が酸化的付加した生成物が得られる〔(5・65)式〕.

$$\text{(5·64)}$$

$$\text{(5·65)}$$

このような錯体では，二つのホスフィン部分が配位子として働くため，分子内にある炭素-水素結合や炭素-炭素結合とも反応して，新たな有機金属化合物を与えることが知られている[99]．

$$\text{(5·66)}$$

遷移金属錯体によるジアルキルエーテルの炭素-酸素結合開裂反応の例はさらに限られているが，希土類元素のランタノイド錯体を用いると，ジエチルエーテルおよびジメトキシエタンの炭素-酸素結合が切断される例が報告されている[100),101]．

$$Cp^*_2LuH + (C_2H_5)_2O \xrightarrow{-C_2H_6} Cp^*_2LuOC_2H_5 \quad (5·67)$$
$$Cp^* = C_5(CH_3)_5$$

$$Cp''_3Ce + CH_3O\frown OCH_3 \xrightarrow{-CH_2=CH_2} 1/2\left[Cp''_2Ce\underset{CH_3}{\overset{CH_3}{\bigcirc}}CeCp''_2\right]_2 \quad (5·68)$$
$$Cp'' = 1,3\text{-}[Si(CH_3)_3]_2C_5H_3$$

iii) 炭素-硫黄結合の酸化的付加反応

遷移金属による有機硫黄化合物中の炭素-硫黄結合の開裂に関する研究は，石油に含まれるチオフェンおよびその類縁体の脱硫モデルとして有用な知見を提供する[79]．たとえば，6族元素のシクロペンタジエニル錯体 Cp_2MH_2 の光照射により生成する配位的に不飽和な錯体 Cp_2M (M = Mo, W) は，中心金属の種類によるが，チオフェンの酸化的付

5・2 酸化的付加反応と還元的離脱反応

を受ける．酸化的付加には炭素－硫黄結合と炭素－水素結合を開裂する2通りの場合がある[102),103)]．

$$Cp_2M\overset{H}{\underset{H}{}} \xrightarrow[-H_2]{h\nu} Cp_2M \xrightarrow{\text{S}} \begin{array}{c} M = Mo \\ \text{室温, 無溶媒} \\ 4分 \\ \hline M = W \\ \text{室温, ヘキサン} \\ 14時間 \end{array} \quad \begin{array}{c} Cp_2Mo-\text{チオフェン-H} \\ \\ Cp_2W-\text{チオフェン} \end{array} \tag{5・69}$$

チオフェンのほか，ベンゾチオフェンなども炭素－硫黄結合切断を伴う酸化的付加反応を起こすことが知られており，この反応を鍵とするイリジウム錯体を触媒として用いる水素化脱硫が報告されている[104)]．

また，歪みのかかった3員環化合物であるチイランや4員環化合物であるチエタンは，低原子価ニッケル錯体に炭素－硫黄結合の開裂を伴って酸化的に付加し，ニッケルを含むチアメタラサイクル錯体を形成する[105)]．

単純な脂肪族スルフィドの炭素－硫黄結合の開裂反応は知られていないが，ジアリールスルフィドは室温でも低原子価ニッケル錯体と反応し，炭素－硫黄結合が切断されニッケルに酸化的付加した錯体を与える[106)]．

$$Ni(cod)_2 + \text{(C}_6\text{H}_5\text{)S(C}_6\text{H}_4\text{CH}_3\text{)} \xrightarrow[\text{室温}]{L} L-Ni(SC_6H_5)(C_6H_4CH_3)L + L-Ni(C_6H_5)(SC_6H_4CH_3)L$$
$$L = P(C_2H_5)_3 \tag{5・70}$$

一方，アレーンチオールはフェノールと同様に，Ni(0)，Pd(0)錯体に酸化的付加すると，アレーンチオラト(ヒドリド)錯体を生成する．この錯体は加熱すると，アレーン，アリールスルフィド，およびホスフィンスルフィドの混合物を生成する[107)]．

ビニル－硫黄結合を有する化合物，あるいはアリル－硫黄結合を有する化合物の炭素－硫黄結合開裂反応の例も報告されている[108),109)]．

$$Ru(cod)(cot) + CH_2=CHCH_2SR \xrightarrow[\text{室温, 48時間}]{\text{DEPE}} \left[\begin{array}{c} (C_2H_5)_2P \\ (C_2H_5)_2P \end{array} Ru^+ \begin{array}{c} P(C_2H_5)_2 \\ P(C_2H_5)_2 \end{array} \right] SR^- \tag{5・71}$$

R = C$_6$H$_5$, CH$_3$
DEPE：ジエチルホスフィノエタン

遷移金属錯体による有機硫黄化合物の炭素－硫黄結合，硫黄－水素結合の選択的切断，あるいは生成反応は，ほかの基質と組合わせることにより有機硫黄化合物を合成する手法として注目されている[110].

iv）炭素－窒素結合の酸化的付加反応

遷移金属錯体による炭素－窒素結合開裂の例はアリル－窒素結合の開裂を除いては少ない．ヒドリドルテニウム錯体がアリルアミンと反応してπ-アリル錯体になる反応が知られている[111].

$$mer\text{-}RuH(Cl)(CO)[P(C_6H_5)_3]_3 + \text{CH}_2=\text{CHCH}_2N(CH_3)_2 \xrightarrow[\text{THF, 還流}]{-NH(CH_3)_2} \underset{0.5 \text{時間}}{} [(C_6H_5)_3P]_2Ru(Cl)(CO)(\eta^3\text{-}C_3H_5)$$

(5・72)

さらにアリルアンモニウム化合物が低原子価ニッケル錯体と反応して，π-アリルニッケル錯体になる例が報告されている[112].

$$\begin{array}{c}Ni(\eta^2\text{-}CO_2)(PCy_3)_2 \\ \text{または} \\ (Cy_3P)_2Ni\text{-}NN\text{-}Ni(PCy_3)_2\end{array} + \underset{\bar{B}(C_6H_5)_4}{\text{CH}_2=\text{CHCH}_2\overset{+}{N}H_3} \xrightarrow[\text{THF}]{-NH(CH_3)_2 \atop 253\sim293\text{ K}} [(\text{Cy}_3\text{P})(\text{H}_3\text{N})Ni(\eta^3\text{-}C_3H_5)]^+[B(C_6H_5)_4]^-$$

(5・73)

イソニトリルは金属に配位したのちに，C–NC 結合の開裂を伴って遷移金属錯体に酸化的付加する例が知られている[113].

$$\text{Cp}Co[P(CH_3)_3]_2 + CNCH_2C_6H_5 \longrightarrow \text{Cp}Co[P(CH_3)_3](CNCH_2C_6H_5) \xrightarrow[12\text{時間}]{\text{室温，ベンゼン}} \text{Cp}Co[P(CH_3)_3](CN)(CH_2C_6H_5)$$

(5・74)

v）炭素－リン結合の酸化的付加反応

第三級ホスフィン類は，錯体触媒を用いる多くの有機合成において低原子価遷移金属錯体の安定化配位子として用いられている．しかし場合によっては，使用した第三級ホスフィンに結合していた置換基が反応生成物中に入り込んで生成物の純度を低下させることがある．たとえば (5・75) 式の溝呂木-Heck 反応によるアルケンのアリール化において，反応基質として用いた ArX に由来するアリール化されたアルケン ArCH=CHR のほかに，

5・2 酸化的付加反応と還元的離脱反応

(5・75)式に示すように,補助配位子として用いたトリフェニルホスフィンのフェニル基が結合したアルケン $C_6H_5CH=CHR$ が副生し,目的とする生成物の純度を低下させることがある.

$$Ar-X + \diagup\!\!\!\diagdown R \xrightarrow[P(C_6H_5)_3, 塩基]{Pd(OCOCH_3)_2} Ar\diagup\!\!\!\diagdown R + \underset{副生物}{C_6H_5\diagup\!\!\!\diagdown R} \quad (5・75)$$

そのような不純物が生成するのは,反応中に炭素-リン結合の開裂が起きるためである.実際,$P(C_6H_5)_3$ 中のフェニル基が (5・76) 式に示すような経路により生成物中に取り込まれることが確認された[114].

$$\begin{array}{c}Ar\diagup Pd \diagdown P(C_6H_5)_3 \\ (C_6H_5)_3P \diagdown\!\!\!\diagup I\end{array} \xrightarrow[60℃]{THF} \begin{array}{c}C_6H_5 \diagup Pd \diagdown P(C_6H_5)_2Ar \\ (C_6H_5)_3P \diagdown\!\!\!\diagup I\end{array} \xrightarrow{ホスフィン交換}$$

$$1/2 \begin{array}{c}C_6H_5 \diagup Pd \diagdown P(C_6H_5)_3 \\ (C_6H_5)_3P \diagdown\!\!\!\diagup I\end{array} + 1/2 \begin{array}{c}C_6H_5 \diagup Pd \diagdown P(C_6H_5)_2Ar \\ Ar(C_6H_5)_2P \diagdown\!\!\!\diagup I\end{array} \quad (5・76)$$

このようなアリール基の交換反応が起きる理由として,パラジウムに結合したアリール基とハロゲンが還元的に脱離し,それが $P(C_6H_5)_3$ と反応して第四級ホスホニウム塩 $[P(C_6H_5)_3Ar]^+I^-$ を与える.引き続きこの塩が再びパラジウム(0)錯体に酸化的付加する機構が考えられる[115].

$$\begin{array}{c}Ar\diagup Pd \diagdown P(C_6H_5)_3 \\ (C_6H_5)_3P \diagdown\!\!\!\diagup I\end{array} \longrightarrow \begin{array}{c}[P(C_6H_5)_3Ar]^+I^- \\ + \\ Pd[P(C_6H_5)_3]\end{array} \longrightarrow \begin{array}{c}C_6H_5 \diagup Pd \diagdown P(C_6H_5)_2Ar \\ (C_6H_5)_3P \diagdown\!\!\!\diagup I\end{array} \quad (5・77)$$

$Pd[P(C_6H_5)_3]_4$ の存在下に第四級ホスホニウム塩 $[P(C_6H_5)_3R]^+I^-$ をアルケンと反応させると,フェニル基が結合したアルケンが不純物として生成することが確かめられた[116].

$$P(C_6H_5)_3RI + \diagup\!\!\!\diagdown COOCH_3 \xrightarrow[\substack{ジオキサン, 140℃ \\ -PR(C_6H_5)_2}]{Pd[P(C_6H_5)_3]_4} C_6H_5\diagup\!\!\!\diagdown COOCH_3 \quad (5・78)$$

トリフェニルホスフィン $P(C_6H_5)_3$ とハロゲン化アルキルの反応により $P(C_6H_5)_3RI$ が生成することを利用すると,パラジウム錯体触媒を利用するホスホニウム塩の水素化反応

$$P(C_6H_5)_3 + RI \longrightarrow P(C_6H_5)_3R^+I^- \xrightarrow[\substack{(C_2H_5)_2NH, ジオキサン \\ 130℃}]{Pd 触媒, H_2(1\times10^7Pa)} P(C_6H_5)_2R + C_6H_5-H \quad (5・79)$$

により，P(C$_6$H$_5$)$_3$ と RI から R が置換した第三級ホスフィン P(C$_6$H$_5$)$_2$R を触媒的に合成することができる．

これは応用の一例であるが，第四級ホスホニウム塩を利用して有機リン化合物を合成する方法にはまだ検討の余地がある．

5・2・2 還元的脱離反応

還元的脱離反応は前項で述べた酸化的付加反応の逆反応であり，次式に示すように，金属 M に結合した配位子 A，B 間に結合を生じ，A−B が錯体から遊離する反応である．

$$L_nM\begin{matrix}A\\B\end{matrix} \underset{酸化的付加}{\overset{還元的脱離}{\rightleftharpoons}} ML_n + A-B \qquad (5・80)$$

それにより中心金属の酸化数および配位数は 2 だけ減少する．すなわち金属は形式的に還元される．

この場合に，A，B がアルキル基，アリール基のような有機基であれば，炭素−炭素結合生成反応が起きて，アルキル−アルキル，アルキル−アリール，アリール−アリールなどのカップリング反応が起きることになる．片方がアルキル基で片方がヒドリドならば，アルカンが生成する．これはアルケンの触媒的水素化反応の最終生成物を与える段階である．

また片方が炭素に結合した有機基で，片方が OR, NR$_2$, SR, PR$_3$ のようなヘテロ原子を有する有機原子団の場合には，還元的脱離反応により，それぞれエーテル，アミン，スルフィド，ホスフィンなどが生成することになる．

これまで，還元的脱離が詳しく研究された例はまだ限られている．それはモデルになるような有機遷移金属錯体の合成例が少なく，そのような錯体を単離して研究することがむずかしかったためである[117]．

ここで炭素−炭素結合生成を伴う還元的脱離を中心として考察する．

a 還元的脱離反応による炭素−炭素結合の生成

還元的脱離は協奏的に進行する反応である．(5・80)式に示すように，この反応は配位子 A と B の結合形成を伴う．そのような過程が協奏的に進行するためには，還元的に脱離する A，B が中心金属に対して互いに隣接位（シス位）に位置している必要がある．互いにトランス位にある配位子が協奏的に還元的脱離するためには，異性化反応により互いにシス位にくるように形を変える必要がある．この異性化反応は，配位子の解離を伴って進行する場合，解離を伴わずに構造変化する場合，さらに外部から金属に配位子が結合することにより，たとえば 4 配位錯体が 5 配位錯体になってから還元的脱離反応を起こす場合など，錯体によりその反応経路は異なる．

5・2 酸化的付加反応と還元的離脱反応

第三級ホスフィン配位子Lを有するトランス型およびシス型の平面4配位 $Pd(C_2H_5)_2L_2$ が別々に合成され，それぞれの錯体の熱分解過程についての詳細な研究により，還元的脱離の機構についてはかなり明らかになっている．トランス型ジエチルパラジウム錯体では熱分解時にエチル基が不均化反応を起こして，ガス状の主生成物としてエチレンとエタンが等モル生成する．一方，シス型ジエチルパラジウム錯体からは，パラジウムに結合した二つのエチル基の還元的脱離によりブタンが得られる[118),119)]．

$$\text{トランス型} \quad \underset{trans\text{-}Pd(C_2H_5)_2(PR_3)_2}{\begin{array}{c}C_2H_5 \diagdown \diagup PR_3 \\ Pd \\ R_3P \diagup \diagdown C_2H_5 \end{array}} \xrightarrow[\text{トルエン}]{\text{熱分解}} C_2H_4 + C_2H_6 \quad (5・81)$$

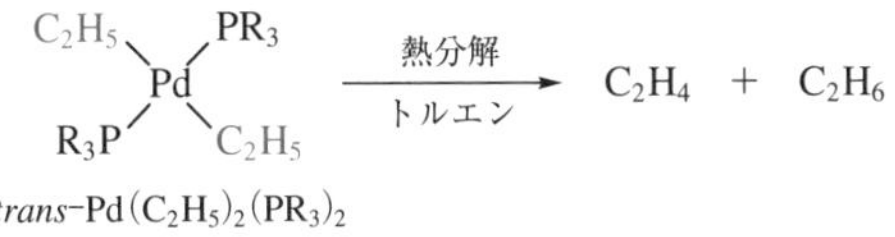

$$\text{シス型} \quad \underset{cis\text{-}Pd(C_2H_5)_2(PR_3)_2}{\begin{array}{c}R_3P \diagdown \diagup C_2H_5 \\ Pd \\ R_3P \diagup \diagdown C_2H_5 \end{array}} \xrightarrow[\text{トルエン}]{\text{熱分解}} C_2H_5-C_2H_5 \quad (5・82)$$

平面4配位トランス型ジエチルパラジウム錯体からエタンとエチレンを生成する反応は，下図に示すように，平面4配位錯体から四面体錯体への異性化を伴って進行する．とくに PR_3 として嵩高いホスフィンを用いると反応が促進されるので，四面体に近い遷移状態を経る機構が支持される．

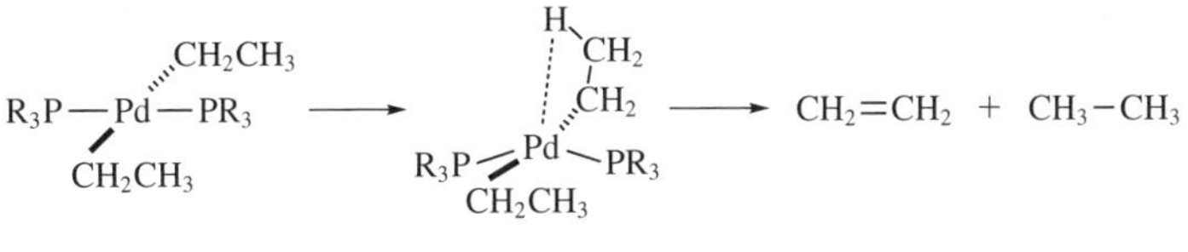

$$R_3P-Pd\begin{smallmatrix}CH_2CH_3\\ \\ CH_2CH_3\end{smallmatrix}-PR_3 \longrightarrow \begin{smallmatrix}H\\ CH_2\\ \vdots\\ CH_2\\ R_3P\diagup Pd\diagdown PR_3\\ CH_2CH_3\end{smallmatrix} \longrightarrow CH_2=CH_2 + CH_3-CH_3$$

図 5・10 *trans*-Pd$(C_2H_5)_2(PR_3)_2$ の分解経路

なお，四面体型を経由するジエチルパラジウム錯体のトランス型とシス型の錯体間の異性化反応は光照射により促進され，シス体，トランス体のどちらからもエチレン，エタン，およびブタンの混合物が得られる[120)]．

シス型ジアルキル錯体の分解反応経路には，図 5・11 に示すような，3 通りが考えられる．経路(a)では，配位子の一つが解離して3配位T型錯体となり，そこから還元的脱離が進行する．経路(b)では，2個の配位子Lを有するジアルキル錯体が直接分解する．このほかに，(c)に示すような会合型機構により5配位錯体を経由して還元的脱離反応が進行する場合がある．いずれの場合においても，R, R' がシス位に結合した ML_n 錯体からの還元的脱離は協奏的に進行し，R-R' が主生成物となるものと考えられる．

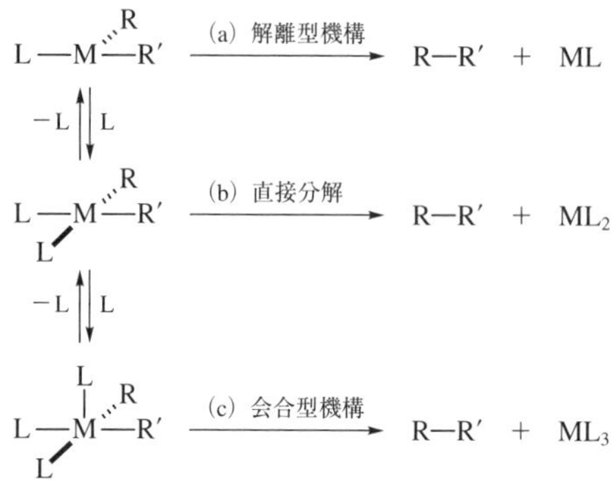

5. 遷移金属錯体の関与する素反応

$$L-M(\overset{R}{\underset{L}{\cdots}})R' \xrightarrow{\text{(a) 解離型機構}} R-R' + ML$$

$$-L \updownarrow L$$

$$L-M(\overset{R}{\underset{L}{\cdots}})R' \xrightarrow{\text{(b) 直接分解}} R-R' + ML_2$$

$$-L \updownarrow L$$

$$L-M(\overset{L,R}{\underset{L}{\cdots}})R' \xrightarrow{\text{(c) 会合型機構}} R-R' + ML_3$$

図 5・11 シス型ジアルキル錯体の還元的脱離経路の可能性

 β 水素のない平面四角形型の cis-Pd(CH$_3$)$_2$L$_2$ 錯体の熱分解反応は一般的に研究しやすい．詳細な反応速度論研究により，この熱分解反応が配位子の添加により阻害される場合と促進される場合とが存在することがわかった．この結果は，図 5・11 に示すように，添加配位子の阻害効果は解離型機構で，添加配位子による加速効果は会合型機構により説明できる．

 一方，トランス型ジメチルパラジウム錯体では，メチル基どうしがシス位にないから，そのままでは協奏的な還元的脱離は進行しない．この場合には，まずトランス型錯体がシス型に異性化する必要がある．この異性化経路としては，(5・83) 式に示すように $trans$-Pd(CH$_3$)$_2$L$_2$ から L が解離して T 型 $trans$-Pd(CH$_3$)$_2$L が生成し，片方のアルキル基が平面内で時計の針のように回転することにより T 型トランスが T 型シスのジアルキル錯体に異性化する経路が考えられる．実際，重水素で標識した CD$_3$ 基や CH$_2$CD$_3$ 基を用いて熱分解反応を研究した結果によれば，平面 4 配位の cis-PdR$_2$L$_2$ 型錯体からのアルキル基の還元的脱離反応の際には重水素の交換が認められないので，この反応は協奏的に進行する分子内反応と考えることができる．反応系に過剰の第三級ホスフィンを加えるとトラン

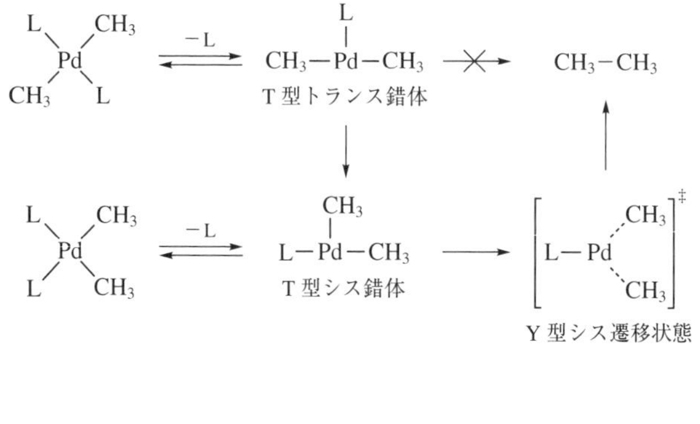

(5・83)

5・2 酸化的付加反応と還元的離脱反応

ス-シス異性化反応および還元的脱離反応は阻害される.

ジアルキル錯体の還元的脱離反応の反応経路に関する計算化学的手法（拡張ヒュッケル型分子軌道法 EHMO）によれば，(5・83)式で述べたような分子内異性化の経路は，高いエネルギー障壁を超える必要がありエネルギー的には不利な経路であることが明らかになった[121〜123]. トリアルキル金(Ⅲ)錯体 $Au(CH_3)_2R[P(C_6H_5)_3]$ の還元的脱離に関しても同様の検討が行われている[124]. さらに実験的にもトランス体からシス体への異性化反応が明らかにされている. 図 5・12, 図 5・13 に示すようにトランス型ジアルキル錯体にシス型ジアルキルパラジウム錯体を添加するか，CH_3MgX のようなアルキル金属化合物を添加することによりトランス→シスの異性化は促進される. このことから別のアルキル金属錯体が関与する 2 分子的トランスメタル化を伴うような異性化機構が考えられる[125].

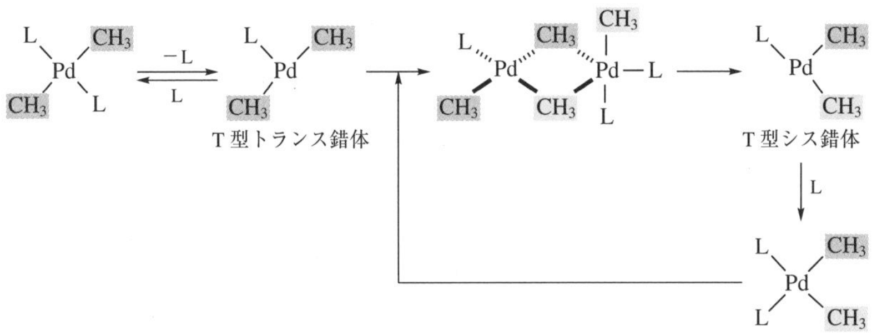

図 5・12　シス型ジメチルパラジウム錯体の関与するトランス型ジメチル錯体の異性化機構

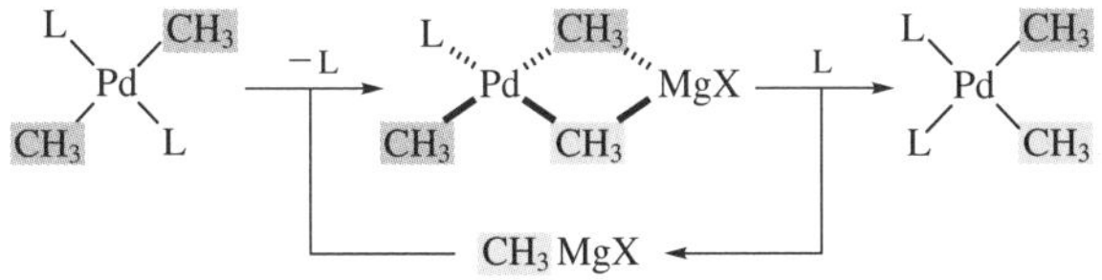

図 5・13　CH_3MgX の関与するジメチル錯体のトランス→シス異性化機構

分子内異性化が進行しないようにアルキル基をトランス位に固定化できるジホスフィン配位子 (transphos) をもつジメチルパラジウム錯体 $Pd(CH_3)_2(transphos)$ は，少々加熱しても還元的脱離を起こしにくく，反応しない. しかし，この錯体に CD_3I を添加した場合には，室温で反応し CH_3-CD_3 が生成する. CD_3I を加えた反応では，(5・84)式のようにカチオン型パラジウム(Ⅳ)錯体を経て反応が進み，この中間体では CH_3 基と CD_3 基が隣接しているため協奏的な還元的脱離反応が起きやすくなるものと考えられる.

$$Pd(CH_3)_2(\text{transphos}) \xrightarrow{CD_3I} \text{中間体} \xrightarrow{CH_3-CD_3} \text{生成物}$$

$$\xrightarrow{80\ ^\circ C} \text{反応しない} \tag{5・84}$$

還元的脱離反応に及ぼす添加配位子の電子的効果　還元的脱離は，配位子の解離により促進される場合と，外部からの配位子の添加により促進される場合がある．山本明夫らは，平面4配位錯体である $NiR_2(bpy)$ からの R–R の結合生成を伴う還元的脱離に及ぼす外部から添加する配位子の電子的影響について詳細に研究した．その結果，アクリロニトリルのような電子求引基のついた π 酸性を有するアルケンを添加することによりアルキル基間の還元的脱離を伴う反応が促進されることを見いだした．酸化的付加の場合には，中心金属が電子豊富なほど進行しやすいこととは逆に，金属に π 酸性の高い配位子が結合している場合ほど，還元的脱離は速く起きる[126]．

$$R_2Ni(bpy) + \underset{X}{\overset{}{\diagup\!\!\!\diagdown}} \rightleftarrows R_2Ni(bpy)(\text{alkene}) \longrightarrow R-R + Ni(bpy)(\text{alkene})_n \tag{5・85}$$

逆に外部配位子の添加により還元的脱離が阻害される場合もある[127]．たとえば，二座配位子 dmpe をもち，メチル基とフェニル基を隣接位に有するメチルフェニルニッケル錯体は，第三級ホスフィンやホスファイト等を加えると還元的脱離反応が促進される．一方，単座ホスフィン配位子をもつトランス型メチルフェニルニッケル錯体の還元的脱離は配位子の添加により阻害される．

この反応性の違いは，配位子の添加により生成する三方両錐5配位錯体の対称性の違いにより説明できる．二座配位子 dmpe によりメチル基とフェニル基がシス位に固定されたニッケル錯体に配位子 L を加えた場合には，メチル基とフェニル基は (5・86) 式に示すように，三方両錐錯体のアキシアル位とエクアトリアル位に配位する．このようなジアルキル錯体からの還元的脱離は許容される反応であり，還元的脱離は進行する．

$$\tag{5・86}$$

5・2 酸化的付加反応と還元的離脱反応

一方, (5・87)式に示すように, トランス型メチルフェニルニッケル錯体に配位子Lを加えた場合に生成する三方両錐5配位錯体では, メチル基とフェニル基は互いにトランス位に結合するか, 両者ともエクアトリアル位に結合するか二つの可能性がある. 互いにトランスにあるメチル基とフェニル基は協奏的な脱離反応をすることはできない. さらに, 互いにエクアトリアル位にある二つの有機基の還元的脱離は対称性から禁制反応であり, 反応は進行しない. このように, 還元的脱離反応は金属に結合した二つの配位子が協奏的に結合するだけの一見単純な反応であるが, 中間に生成する遷移金属錯体の対称性により微妙に反応経路が異なる場合があることに注意する必要がある.

$$(5 \cdot 87)$$

このほか, アリール-アリール結合生成を伴う還元的脱離に関して, 構造決定されているジアリールパラジウム錯体からのアリール-アリールカップリングを伴う反応に関する速度論的研究が行われ, 同様な結論が得られている[128].

これまで述べてきた還元的脱離は, 同種のアルキル基やアリール基, あるいはアルキル基を有する遷移金属錯体に関するものであるが, 遷移金属に結合した二つの有機基の性質が異なる場合には, 一方の有機基からもう一つの有機基への移動を伴う還元的脱離が進行していると考えるべき場合がある[127].

b 還元的脱離反応による炭素-ヘテロ元素結合の生成
i) 炭素-酸素, 炭素-窒素結合を生成する還元的脱離反応

炭素-炭素結合生成を伴う還元的脱離反応に比べて, 炭素-ヘテロ元素間の結合生成を伴う還元的脱離の研究例は多くはないが, 最近, エーテル, アミン化合物等の触媒的合成手段との関連から研究が増加している[129]~[131].

嵩高い第三級ホスフィン配位子を有する (5・88)式に示すようなT型3配位パラジウム錯体からのエーテル生成反応の速度論的研究が報告されており, 炭素-酸素結合生成反応が炭素-炭素結合生成と同様に, アルキル (アリールを含む) 配位子とアルコキシド配位

$$L = P(1\text{-Ad})(t\text{-}C_4H_9)_2, P(t\text{-}C_4H_9)_3$$
$$R' = H, CH_3$$
$$Ad = アダマンチル$$

$$(5 \cdot 88)$$

子の還元的脱離が進行していることが明らかにされた[132].

遷移金属錯体を触媒とする炭素－窒素結合生成反応も炭素－酸素結合生成と同様に，遷移金属に結合したアルキル（アリールを含む）配位子とアミド配位子の還元的脱離を素反応として進行している[133]．T型構造を有するアリール（アミド）錯体が合成され，そのようなT型アリール（アミド）錯体からのアリール－窒素結合生成を伴う非可逆的な還元的脱離反応によりアミンが生成する機構が明らかにされている．

$$PdL_2 + \underset{}{\text{S}}\!\!-\!\!Br + KNAr_2 \longrightarrow L-Pd-NAr_2 \xrightarrow{L} \underset{}{\text{S}}\!\!-\!\!NAr_2 + PdL_2$$

$$L = P(t\text{-}C_4H_9)_3 \quad Ar = 3,5\text{-}(CF_3)_2C_6H_3 \tag{5・89}$$

なお，還元的脱離反応は2価の金属錯体から0価の錯体が生成する場合に限られるわけではなく白金(IV)の錯体が白金(II)に還元されると同時に炭素－酸素結合が生成する場合も存在する[134].

ii) 炭素－硫黄，炭素－リン結合を生成する還元的脱離反応

有機遷移金属錯体を触媒として用いるハロゲン化アリールとスルフィドからの炭素－硫黄結合生成反応も中間体として生成するアリール（スルフィド）遷移金属錯体からの還元的脱離反応により説明できる[135]．合成単離された安定な$PdR(SR')(dppe)$型錯体の還元的脱離に関する詳細な研究の結果，反応速度は，[$PdR(SR')(dppe)$]濃度に関して一次で，添加した$P(C_6H_5)_3$の濃度には依存しない．またSR'基に結合したR'が嵩高いほど還元的脱

♪ Intermezzo 柳の下にはまだドジョウがいる

新しい実験事実を見いだしたとき，その発見に関連した事実がその主題の近くに隠れている可能性がある．柳の下にいるもう一匹のドジョウを見いだす努力を急いで行わなければならない．また，非常に新しい実験事実を見いだしたときには，広い世界で似たような実験事実を発見した研究者がほかにもいると考えるべきである．発見の先取権（priority）を主張するためには，一刻も早く論文を発表しなければならないが，もしもまちがっていたら物笑いになってしまうし，似たような化合物の場合にどの程度適用できるか，応用の可能性についても確かめておかねばならない．確認実験はできるだけ早く済ませ，応用の可能性についても検討してから発表しなければならない，むずかしい選択を迫られる．しかし，そのような選択をしなければならない機会は，そうそうあるものではないから，そのスリルを楽しんだらいい．

離反応は速く,さらに,アリール基に結合した置換基が電子求引性のときに遅く,電子供与性のときには還元的脱離が促進されることなどがわかった.さらにSR′基あるいはアリール基のラジカル的あるいはイオン的解離を伴う機構は除外され,協奏的な還元的脱離機構で進行していることが明らかにされている.

$$\begin{array}{c}\text{(構造式)}\end{array} \longrightarrow \text{L}_n\text{Pd} \longrightarrow \text{L}_n\text{Pd}\cdots\text{S} \qquad (5\cdot 90)$$

炭素－リン結合の生成を伴う還元的脱離は有機リン化合物を合成する手段として重要であるが,その機構は必ずしも十分には解明されていない[136].このほかにも,ケイ素,ホウ素,ゲルマニウム等のほかの典型元素と有機基の結合をつくるためにパラジウム化合物を触媒的反応に応用する例が増加しているが,素反応については,ここではこれ以上立ち入らない.

5・3 挿入反応と逆挿入反応

金属に結合している有機基が同じ金属に結合しているCOあるいはアルケンやアルキンを求核攻撃して,これら配位分子が形式的に金属－有機基間に割り込む反応は**挿入反応**とよばれ,有機金属化合物の関与する重要な素反応である.炭素1原子,2原子や3原子等の骨格を組込む合成手法として,有機合成戦略を考える上で重要である.

炭素原子1個分のCO分子を導入する反応,およびその逆にアシル配位子からCOを1分子取去る反応(**脱離反応**)は,最も簡単な増炭反応および減炭反応である.2炭素を導入する反応としては,アルケンやアルキンを導入する反応が基本プロセスとして考えられる.

金属－ヒドリド(M－H)結合や金属－アルキル(M－R)結合に不飽和結合を有する分子A＝Bが挿入する場合に,挿入反応の形式として次式に示すような**1,1挿入反応**と**1,2挿入反応**が考えられる.1,1挿入反応として典型的な例は一酸化炭素CO分子の挿入であり,1,2挿入反応の典型的例はアルケン,アルキンの挿入反応である.

$$\begin{array}{c}\text{R}\\|\\\text{M}-\text{A}\equiv\text{B}\end{array} \xrightarrow{\text{1,1挿入反応}} \text{M}-\text{A}\begin{array}{c}\text{R}\\\text{B}\end{array} \qquad \begin{array}{l}\text{R: アルキル, アリール, ビニル, H}\\\text{A=B: CO, CNR, :CRR′, NO}\end{array} \qquad (5\cdot 91)$$

$$\begin{array}{c}\text{R}\\|\\\text{M}-\begin{array}{c}\text{A}\\|||\\\text{B}\end{array}\end{array} \xrightarrow{\text{1,2挿入反応}} \text{M}-\text{B}=\text{A}-\text{R} \qquad \begin{array}{l}\text{R: アルキル, アリール, ビニル, H}\\\text{A=B: アルケン, アルキン}\end{array} \qquad (5\cdot 92)$$

1,1 挿入反応は，遷移金属に結合していたアルキル基またはヒドリド原子がその隣接位に配位している不飽和分子 A=B の A 原子に移動する反応であり，機構的な意味を含め**移動挿入**(migratory insertion)とよばれることもある．挿入反応により A に移ったアルキル基が逆に金属に移動する反応（**逆挿入反応**）は，金属によるカルボニル基の脱離反応である．

一方，遷移金属に結合している不飽和分子 A=B が M−R 間に挿入する反応は，**1,2 挿入反応**とよばれる．どちらの挿入反応でも挿入の前後で配位数が一つ減少し，中心金属の電子数も 2 電子減少する．1,2 挿入反応では，M−R 結合の隣接位に不飽和炭化水素である，アルケンやアルキンが π 配位した後，金属に結合していたアルキル基は配位分子の片方 A に移動し，もう一方の原子 B が金属に結合して新しいアルキル遷移金属錯体（アルキンの場合にはアルケニル金属錯体）が生成する．

1,1 挿入反応および 1,2 挿入反応は本質的に可逆反応であり，どちらの方向に反応が進行するかは熱力学的な因子により支配される．

5・3・1 1,1 挿 入 反 応

1,1 挿入反応の最もよく知られている例は，CO の挿入反応である[137]．この反応によってアルキル遷移金属化合物に 1 個の一酸化炭素分子が導入され，アシル遷移金属錯体になる．§2・4・7 で述べたように，CO 配位子は金属に結合すると金属への電子供与と金属からの逆供与が起きる．結果として，CO 炭素は同じ金属に結合している有機基の求核攻撃を受けやすくなる．形式的には挿入反応であるが，機構的には有機基の分子内求核反応であることが多い（移動挿入反応）．

アルキル遷移金属錯体に配位した CO が移動挿入する反応過程は多くの場合に可逆的であり，CO や第三級ホスフィンのような配位子が存在しない場合には，生成したアシル錯体は脱カルボニル化し，最初のアルキル錯体に戻りやすい．したがって有機化合物の触媒的カルボニル化を実現するためには，逆反応の脱カルボニル化が進行しないように，適切な安定化配位子を存在させるか，アシル錯体が脱カルボニル化するより前に次の反応を起こさせることが必要である．

a 一酸化炭素の挿入反応と脱カルボニル化反応

遷移金属アルキル結合への CO の挿入反応は，カルボニル化反応の発見後から反応機構を含め詳細に研究されている．$Mn(CH_3)(CO)_5$ への CO 挿入に関する反応速度論的研究や，^{13}C および ^{14}C 同位体で標識した CO を用いる研究により，挿入反応およびその逆反応である脱カルボニル化の実体が明らかにされた[138]．一酸化炭素の挿入は多くの場合に可逆反応であり，脱カルボニル化もカルボニル化と同じ経路で逆方向に進行すると考えられる．アセチルマンガン化合物 $Mn(COCH_3)(CO)_5$ からの脱カルボニル化については同位体

5・3 挿入反応と逆挿入反応

標識した ^{13}CO を用いて詳細な検討が行われた．その結果，同位体標識した ^{13}CO 配位子をもつ錯体ともたない錯体の割合が，(5・93)式に示すように 25:50:25 の比であり，アセチル基に隣接した空の配位座を形成して進行する機構を支持するものであった．この結果は，^{13}CO 存在下における $Mn(CH_3)(CO)_5$ の CO 挿入反応でも，(5・94)式に示したようにマンガン原子に結合している ^{13}CO 配位子にメチル基が移動してアセチルマンガン中間体が生成し，それによって空いた空の配位座に ^{13}CO が配位するという**移動挿入機構**で進行することを示している．

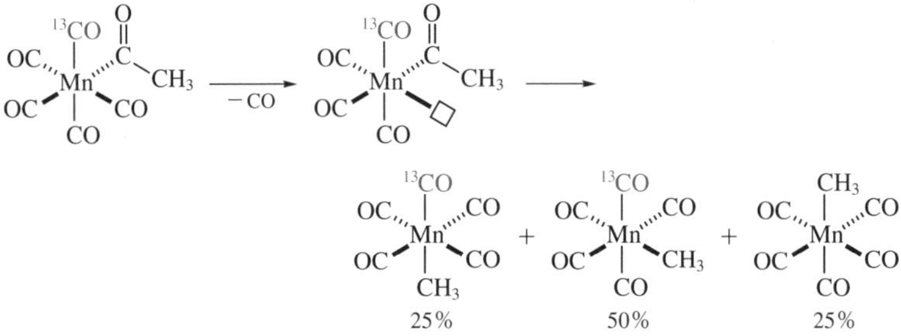

$$(5 \cdot 93)$$

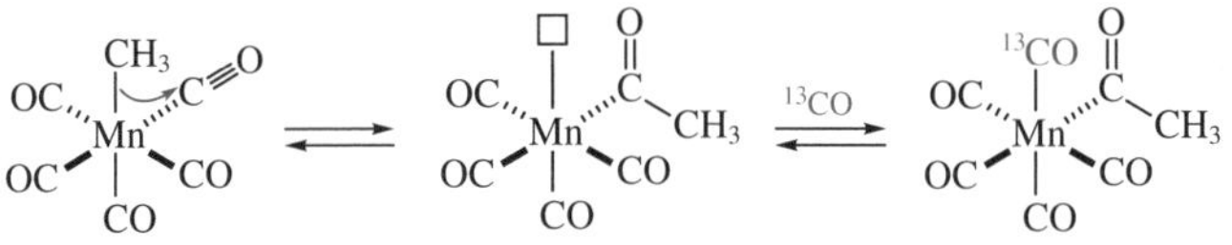

$$(5 \cdot 94)$$

同様の移動挿入に関する研究は，$CpFeR(CO)[P(C_6H_5)_3]$ 錯体に関しても行われ，ニトロエタン中では鉄原子に結合したアルキル基が，隣接した CO 配位子に移動する事実が確認されているが，HMPA 中では CO 挿入経路が優先されている[139]．理論的研究においても，CO 挿入反応は金属に結合していたアルキル基が隣接位のカルボニル基に転位する移動挿入により進行する機構を支持する結果が得られている[140]．

挿入反応によって生成するアシル錯体は一般に，反応性が高く，安定に単離される例は限られている．たとえば，前期遷移金属錯体の場合には，アシル金属錯体が η^2 型になって安定化することが知られている．実際，シクロヘキサンのような非極性溶媒中，アセチルマンガン錯体 $Mn(COCH_3)(CO)_5$ の光分解反応においては，図 5・14 の (a) のような η^2 型のアセチルマンガン錯体が生成する[141]．配位力の強いテトラヒドロフラン THF のような溶媒中で光照射反応を行った場合，アセチル基についたメチル基の炭素－水素結合が中心金属にアゴスチック相互作用（§2・4・10b 参照）することによって安定化した (b) のようなアセチル錯体の生成が考えられている．

高酸化状態の前期遷移金属錯体の場合には，後期遷移金属錯体に比べ電子密度が低いため，アシル基の CO と中心金属が η^2-アシル型錯体を形成して安定化しようとする傾向が

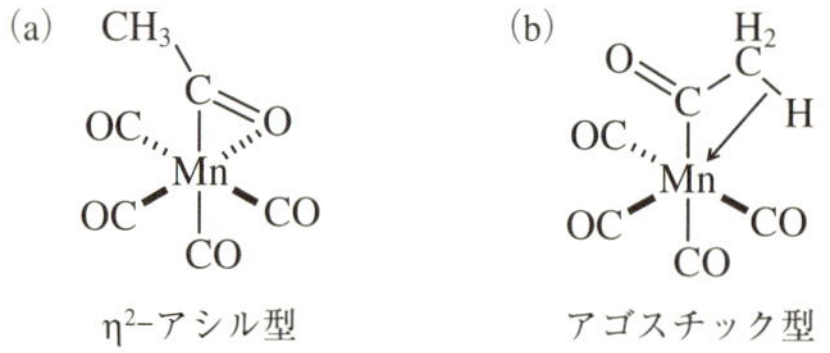

(a) η²-アシル型 (b) アゴスチック型

図 5・14　アセチルマンガン錯体のアセチル基の配位様式

強い．実際，Ti, Zr, Ta, Mo, W 等の前期遷移金属にアシル基が結合して図 5・14(a) で示したような η²-アシル結合により安定化したアシル錯体を形成する例が最近は多く見いだされ，X 線結晶構造解析により η²-アシル構造をとっていることが明らかにされている．

アルキル錯体への CO 挿入反応は，§6・7 で述べるように，多くの触媒的カルボニル化反応において重要な素反応であり，詳細に研究されている．パラジウムのような 10 族遷移金属錯体を用いるカルボニル化反応は，パラジウム(0)，あるいはパラジウム(II)錯体の関与する素反応の組合わせとして説明できる．また，多くのパラジウム(II)錯体は平面四角形の構造をとるから，その化学は比較的簡単である．第三級ホスフィン配位子 L を有する，ジアルキルパラジウム錯体 PdR$_2$L$_2$ 型錯体と一酸化炭素との反応を例に考えてみよう．これらの反応では，図 5・15 に示すように，得られる反応生成物は用いるパラジウム錯体の立体化学に依存することがわかる．ここで図 5・15 の巻矢印は電子の移動を示す．平面四角形ジエチルパラジウム錯体 cis-Pd(C$_2$H$_5$)$_2$L$_2$ と CO の反応では，プロピオンアルデヒドとエチレンが得られる．一方，trans-Pd(C$_2$H$_5$)$_2$L$_2$ 錯体からはジエチルケトンが主生成物として得られる．このように反応生成物が最初に用いるジエチルパラジウム錯体の構造により異なる理由は，平面構造の制限下における以下の反応過程の考察により理解される[142]．

まず，図 5・15(a) のシス体のジエチルパラジウム錯体が CO と反応するときは，L のかわりに CO がパラジウムに配位した 4 配位錯体が生成する．ついで CO 錯体のエチル基

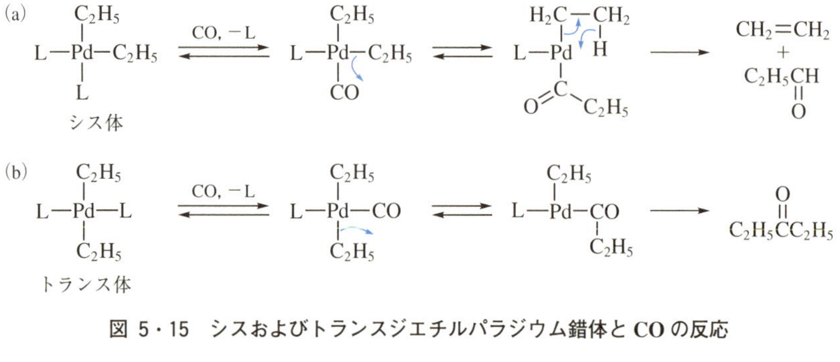

図 5・15　シスおよびトランスジエチルパラジウム錯体と CO の反応

5・3 挿入反応と逆挿入反応

が隣接位にある CO への移動挿入により生ずる錯体は，T 型の 3 配位プロピオニル（エチル）パラジウム錯体であろう．T 型錯体では，エチル基とプロピオニル基は互いにトランス位に位置しているため直接還元的脱離しにくい．中間体は L の隣接位に空配位座があるため，エチル基の β 位にある水素を引き抜くのに適した構造であり，β 水素脱離を受けやすい．エチル基の β 水素脱離によりヒドリド（プロピオニル）パラジウム錯体とエチレンが生成し，次に還元的脱離によりプロピオンアルデヒドが得られる．一方，図 5・15(b) に示すようにトランス型のジエチル体から得られる T 型錯体では，エチル基とプロピオニル基は還元的脱離を受けやすい T 型シス構造をしているため，ただちにジエチルケトンを生成する．このように，シス体とトランス体のジエチルパラジウム錯体により異なる反応生成物が生ずる理由を説明することができる．

アルキルパラジウム錯体として，β 水素原子をもたないシスおよびトランスジメチルパラジウム錯体を用いると，図 5・16 のようなケトン（アセトン）とジケトンが反応生成物として得られる．この反応においてモノカルボニル化生成物であるアセトンとジカルボニル化生成物であるジケトンがそれぞれ生成する理由も移動挿入を考えると合理的に説明できる．まず，cis-Pd(CH$_3$)$_2$L$_2$ 錯体と CO の反応では，図 5・16(a) に示すように，配位子 L が CO に置き換わった中間体が生成し，この CO 錯体のメチル基が隣接位にある CO に移動すると，T 型トランス構造のアセチル（メチル）パラジウム錯体が生成するであろう．この錯体ではメチル基とアセチル基が互いにトランス位にあり，還元的脱離によりアセトンを生成するには，一度シス型に異性化してから還元的脱離反応を起こさなければならない．この間にもう一分子の CO が配位し，隣接位にあるメチル基が配位した CO への移動挿入によりアセチル基を生じ，隣接した二つのアセチル基が還元的脱離反応を起こせば，ジケトン（2,3-ジオキソブタン）が生成する．

一方，$trans$-Pd(CH$_3$)$_2$L$_2$ と CO の反応では，図 5・16(b) に示すようにまず CO が L のかわりにパラジウムに配位して中間体になり，配位した CO にメチル基が移動すると，T

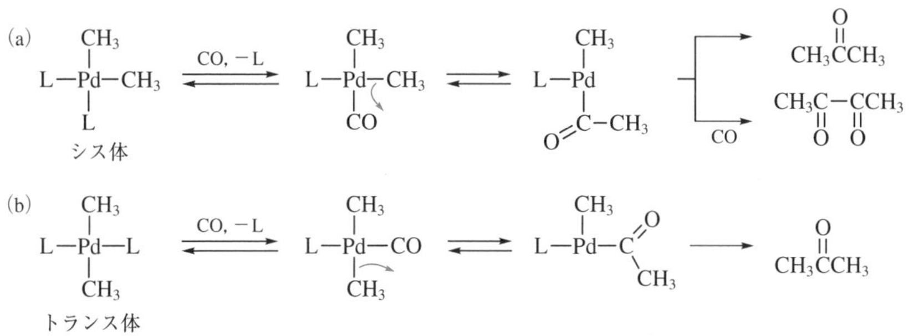

図 5・16 シスおよびトランスジメチルパラジウム錯体への CO 挿入反応生成物の生成機構

型シス構造のアセチル(メチル)中間体が得られる．この中間体では，パラジウムに結合したメチル基とアセチル基が互いにシス位にあるから，ただちに還元的脱離反応を起こしてアセトンを生成する．

以上のように，ジメチルパラジウム錯体およびジエチルパラジウム錯体のシスおよびトランス体とCOとの反応により生ずる生成物は，平面T型中間体の生成と配位したCOへのアルキル基の移動反応を仮定することにより統一的に説明できる．6章の触媒反応において述べるように，この基礎的反応において得られた基本的知見をもとにCOを2分子導入する触媒反応，ダブルカルボニル化反応が開発された．

これまで計算機の能力が不十分だった時代には，複雑な計算ができず，補助配位子として用いる第三級ホスフィンのかわりにPH_3で代用したモデルについて計算が行われてきた．たとえばパラジウムに結合したアルキルがCO挿入反応を受ける系に関して，計算しやすい系である$PtCH_3(F)(PH_3)(CO)$におけるCO挿入反応について，メチル基が隣接位のCO配位子に移動する経路について計算が行われている[143]．最近はさらに計算機の能力が向上し，計算手法も進歩してきたため，もっと実際の反応に近いモデルについて理論計算が行われるようになっている．アルキル基移動反応が起きる際には，ホスフィン配位子などほかの配位子の動きも挿入反応速度に影響を与える[144],[145]．また二座配位ホスフィンの場合にはP–M–Pの挟角も反応速度に影響し，挟角が大きい配位子ほど，また立体的に嵩高い配位子ほど活性化エネルギーが減少する傾向が認められている[146]．

CO挿入における立体化学に関する研究も行われている．これまで報告されているすべての場合において，アルキル基のα炭素の立体化学は保持されたまま反応が進行する．この結果はアルキル基移動の機構と矛盾しない．

アリルパラジウム錯体はη^3-アリル結合が安定なため，CO挿入反応を受けにくい．またアリル–金属結合へのCO挿入反応により生成したアシル遷移金属錯体は脱カルボニル化反応により出発物質であるπ-アリル錯体になりやすい．π-アリル錯体へのCO挿入反応の例として$P(CH_3)_3$配位子を有するアリルパラジウム錯体とCOとの反応が報告されている[147]．π-アリルパラジウム錯体は，η^1-パラジウム錯体に配位様式をかえてからCOの移動挿入によりアシル錯体になると考えられる．この場合，2個の$P(CH_3)_3$配位子が結合している錯体$Pd(\eta^3\text{-allyl})\{P(CH_3)_3\}_2]^+Cl^-$反応では，CO挿入は進行するが，$P(CH_3)_3$が一つしか結合していない$Pd(\eta^1\text{-allyl})Cl[P(CH_3)_3]$錯体ではCO挿入反応は進行しない．その理由は次のように考えられる．2個の配位子がパラジウムに結合している場合には，(5・95)式のように生成するアシル錯体がトランス型になりやすいために逆反応の脱CO

反応が阻害される．一方，1個のP(CH₃)₃しか配位していない場合には，アシル基の隣接位に空配位座ができるために脱カルボニル化反応を起こしやすいと考えられる．

一般にCO挿入反応は金属－アルキル結合が強く，熱力学的に安定な錯体ほど進行しにくい．たとえば，Pd-H結合やPd-CF₃結合のように結合強度が大きい場合にはCO挿入反応は進行しにくい．さらに，Pd-CHO結合を有するホルミルパラジウム錯体では逆反応である脱カルボニル化反応を起こしやすい．遷移金属アルコキシドあるいはアミド錯体とCOとの反応においても，見かけ上，Pd-ORあるいはPd-NR₂結合にCOが挿入してPdCOORまたはPdCONR₂錯体が生成する．この反応の場合でも反応機構をよく検討すると，パラジウム(Ⅱ)錯体に配位したCOの炭素にLewis塩基であるアルコキシアニオンRO⁻またはアミンが求核攻撃する場合が多い．

COが2分子連続的にM-R結合に挿入することによって得られるケトアシル錯体は熱力学的に不安定なので，COの多重挿入反応（ダブルカルボニル化反応）は，特殊な条件を設定しなければ進行しない[148]．実際，形式的に連続的CO挿入反応が進行した例として，(5・96)式のようにベンジルコバルト錯体へのCO挿入反応がある[149]．この場合には第一段目のCO挿入反応において生成したアシル錯体がエノール化してアルケニル錯体になるため，次のCO挿入反応が進行するようになったものと考えられる．

$$(5 \cdot 96)$$

b イソシアニドの挿入反応

イソシアニドRNCはCOと等電子的で，次のような共鳴構造を有する．したがってイソシアニドは，カルベン的性質を有する末端炭素原子を通して遷移金属錯体に強く配位し，COと同様に金属－アルキル結合に挿入反応を起こす[150]．イソシアニド挿入反応は前期遷移金属でも後期遷移金属でも起きる．

$$:C\equiv\overset{+}{N}-R \longleftrightarrow :C=\overset{..}{N}-R \qquad (5 \cdot 97)$$

アルキル(クロリド)パラジウム錯体とイソシアニドの反応においては，溶液中で電気伝導度の増加がみられるので，挿入反応は，アニオン性配位子の解離を伴って生成するイオン性中間体を経由して進行するものと考えられる．イソシアニドがまず中心金属に配位し，次にメチル基がイソシアニドの末端炭素を攻撃することによってイミノアシル型錯体になる[151][(5・98)式]．

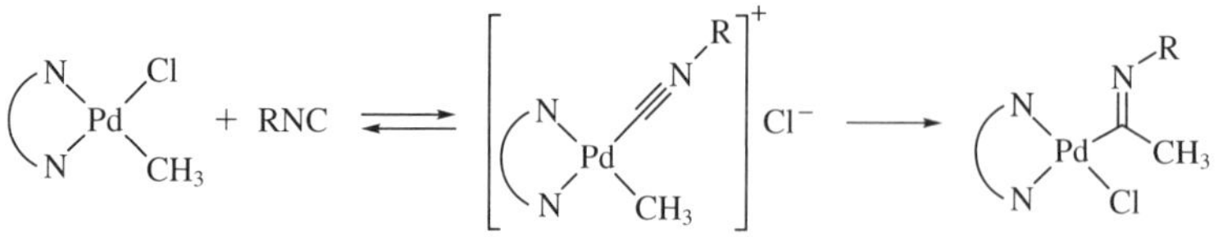

$$(5\cdot 98)$$

イソシアニド配位子が CO と異なるのは，CO の場合には連続挿入反応を起こさないが，イソシアニドは何分子も連続して金属－炭素結合間に挿入することができる点にある．事実，(5・99)式に示すように Pd–CH$_3$ 結合にイソシアニドが3分子連続挿入することにより5員環錯体の生成が確認されている[152]．

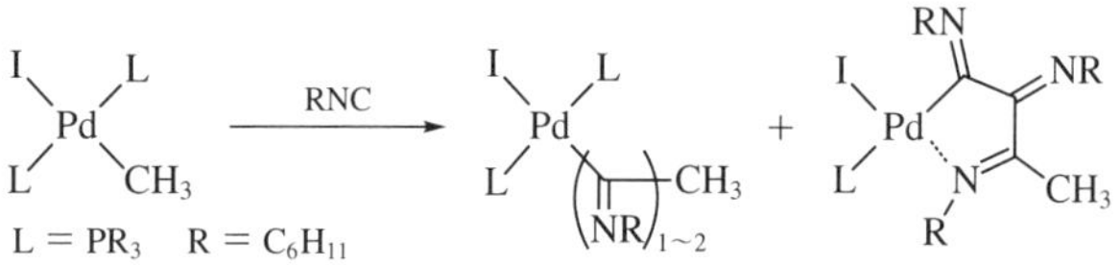

$$(5\cdot 99)$$

$L = PR_3 \quad R = C_6H_{11}$

イミノアシル錯体には，図 5・17 に示すような単核および複核の構造を有する錯体が知られている．

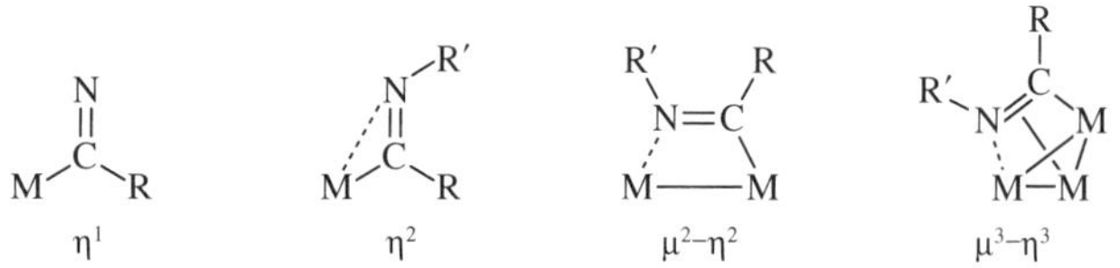

図 5・17 イミノアシル錯体の結合様式

また，ベンジルパラジウム錯体へのイソシアニド挿入により生成するイミノアシルパラジウム錯体には，(5・100)式に示すように，エナミン－イミン異性体間の平衡状態が存在することが確かめられている．

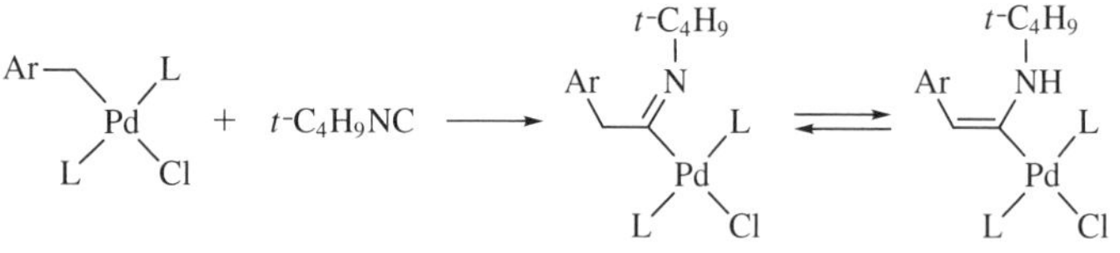

$$(5\cdot 100)$$

イミン　　　エナミン

このように，イソシアニドが金属－炭素結合に連続挿入することを利用して，高分子合成や有機合成への応用研究が行われている[153),154)]．

C　二酸化硫黄挿入反応

一酸化炭素，イソシアニドと同じく不飽和結合を有する二酸化硫黄 SO_2 は Lewis 酸および Lewis 塩基両方の性質を有する．このような性質をもつ SO_2 は遷移金属－炭素結合間に挿入反応を起こし，*S*-スルフィナト錯体を生成する．SO_2 分子は遷移金属錯体といくつかの結合様式により結合することが知られている（図 5・18）．

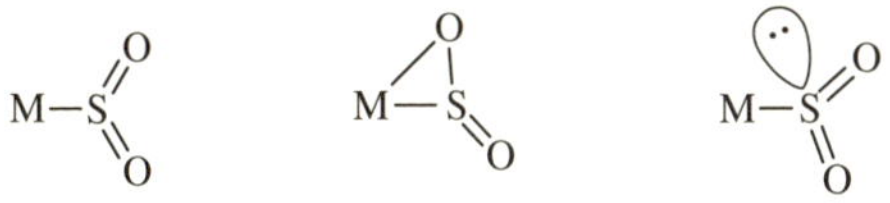

図 5・18　金属－SO₂ 錯体の結合様式

さらに金属－炭素（M－R）結合に SO_2 が挿入した錯体としては，図 5・19 のような各種の錯体が得られている．遷移金属の種類により，*S*-スルフィナト錯体のほか，*O*-アルキル-*S*-スルホキシラト錯体，*O*-スルフィナト錯体，*O*,*O*′-スルフィナト錯体などが得られている．このうち，*S*-スルフィナト錯体は SO_2 の 1,1 挿入反応により得られた錯体であるが，*O*-スルフィナト型の錯体は SO_2 が遷移金属と η^2 型錯体を形成し，M－R 間に 1,2 挿入することにより生成したと考えられる錯体である．これらの錯体のうちで熱力学的に安定な錯体として多く報告されているのは，M－R 結合への 1,1 挿入反応により生成する *S*-スルフィナト錯体である[155]．

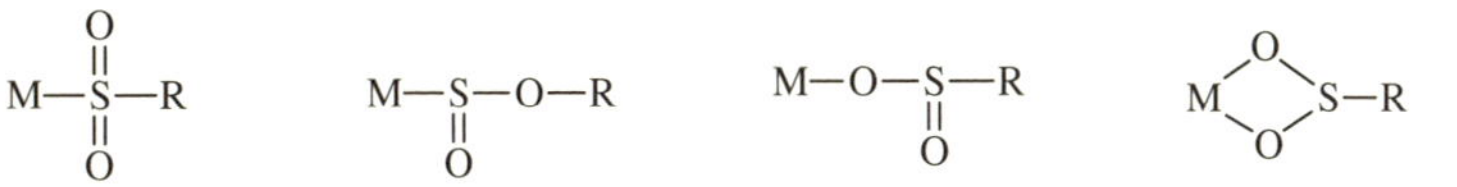

スルフィナト錯体　　*O*-アルキル-*S*-スルホキシラト錯体　　*O*-スルフィナト錯体　　*O*,*O*′-スルフィナト錯体

図 5・19　金属－炭素結合への SO₂ 挿入生成物の構造

$CpFeR(CO)_2$ 錯体と SO_2 の反応を速度論的な方法を用いて研究した結果，この反応は移動挿入反応と異なり図 5・20 に示すような，アルキル基の立体化学の反転を伴うような求

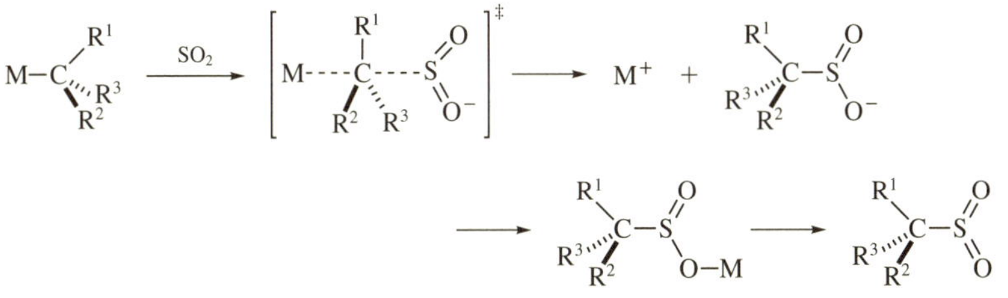

図 5・20　金属－炭素結合への SO₂ 挿入反応機構

電子的2分子反応により進行していることが示唆されている[144]。

SO$_2$ を有機合成に応用する例としては，エチレンと SO$_2$ からのスルホンの触媒的合成[156]やヒドロスルフィン化[157]や，アルケンと SO$_2$ の交互共重合[158]などの例が報告されている。

d 金属−カルベン炭素結合の 1,1 挿入反応とアルキル錯体の α 水素脱離反応

カルベンヒドリド金属錯体におけるカルベン炭素へのヒドリドの移動反応も図 5・21 に示すように，一種の 1,1 挿入反応である。またその逆反応にあたるアルキル金属錯体におけるアルキル基の α 炭素上の水素原子を金属が引き抜いてヒドリドカルベン錯体になる反応は **α 水素脱離反応**である。§4・1・4 のアルキリデン錯体の合成においてさまざまなカルベン錯体の合成について述べた。

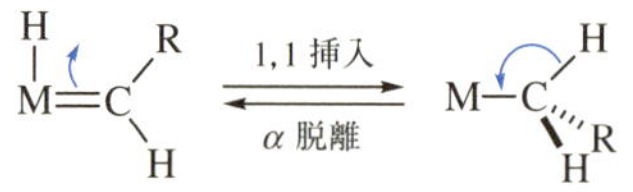

図 5・21 1,1 挿入と α 脱離反応

α 水素脱離反応 アルキル金属錯体の α 水素脱離によって生成する，ヘテロ原子を含まないカルベン錯体は Schrock 型カルベン錯体といわれる。R. R. Schrock らは，立体的に嵩高いネオペンチル基が遷移金属（5族のタンタル）に結合した錯体を合成しようとする研究の過程においてこの型のカルベン錯体が生成することを見いだした[159]（アルキリデン，アルキリジン錯体の合成については §4・1・4b, c 参照）。

α 水素の引き抜き反応はほかの遷移金属のアルキル錯体でも進行する。α 水素脱離により生成したカルベン配位子は比較的安定であり，ヒドリド−金属結合へのカルベンの 1,1 挿入は起きずに，金属上に結合しているアルキル基とヒドリドが還元的脱離によりアルカンとして脱離して，安定なカルベン錯体を与える。

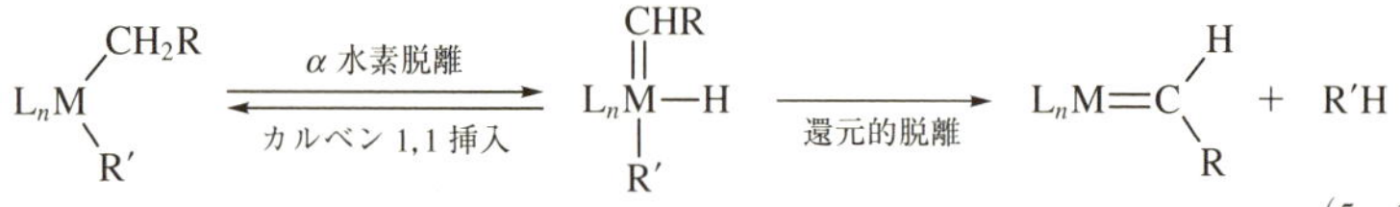

$$L_nM(CH_2R)(R') \underset{\text{カルベン 1,1 挿入}}{\overset{\alpha \text{ 水素脱離}}{\rightleftarrows}} L_nM(=CHR)(H)(R') \xrightarrow{\text{還元的脱離}} L_nM=CHR + R'H \quad (5 \cdot 101)$$

α 脱離反応は有機金属化合物の基礎的な問題の追求の過程において見いだされた反応であるが，その後の研究により，カルベン錯体の関与するアルケンメタセシスなどの反応機構を理解する上で重要な錯体であることが明らかになった。カルベン錯体の性質や反応挙動を支配する因子を理解することは，アルケンメタセシスなどの反応の方向性を決定する上で非常に重要である（§5・5・3，§6・4・5 参照）。

5・3・2　1,2挿入反応とβ脱離反応
a　アルケンの1,2挿入反応

　1,2挿入反応の最も代表的な例は，アルケンあるいはアルキンが金属−ヒドリド(M−H)結合，あるいは金属−アルキル(M−R)結合へ挿入する反応である．M−R結合へのアルケンの挿入反応は，図5・22において左から右へ進行する反応であり，アルキル遷移金属錯体にアルケンがπ配位し，M−R結合および配位したアルケンがそれによって活性化され，4員環遷移状態を通ってM−R結合にアルケンが挿入した生成物を与える反応である．

　一方，**β脱離反応**は挿入の逆反応にあたる．図5・22の右端に示された金属アルキルのβ位に結合したアルキル基または水素原子が金属により引き抜かれ，アルケンと金属アルキルまたはヒドリド錯体を生成する反応である．

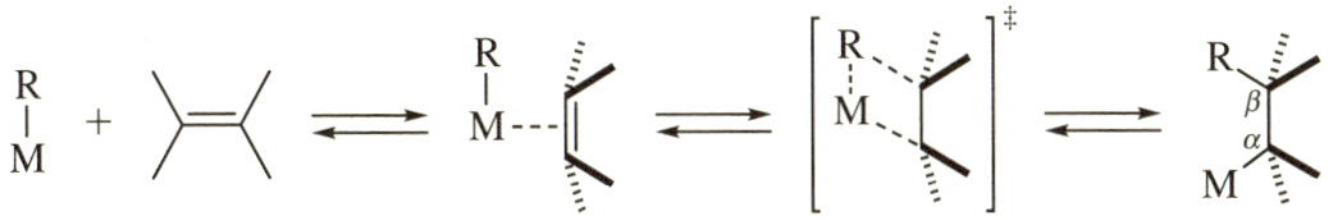

$$\underset{M}{\overset{R}{|}} + \underset{}{\diagup\!\!\!\diagdown} \rightleftarrows \underset{M\cdots}{\overset{R}{|}}\!\!\diagup\!\!\!\diagdown \rightleftarrows \left[\underset{M}{\overset{R}{\diagup\!\!\!\!\diagdown}} \right]^{\ddagger} \rightleftarrows \underset{M}{\overset{R}{\underset{\alpha}{\overset{\beta}{|}}}}$$

図5・22　1,2挿入反応とβ脱離反応

　1,2挿入およびその逆反応のβ脱離は可逆反応であり，6章で述べるアルケンの水素化，重合，ヒドロホルミル化，アリール化等の重要な触媒反応の鍵段階にあたる素反応である．β脱離反応のうち，最もよく知られている反応は，β位の水素を金属が引き抜く反応である．引き抜かれるのは水素原子であるが，引き抜き反応により生成する錯体はヒドリド錯体なので，**βヒドリド脱離**ともよばれる．

　図5・22の反応において挿入反応と脱離反応のどちらが有利かは熱力学的な因子により決まる．また，アルケンのπ配位により遷移状態のエネルギーが低くなるほど，挿入，あるいは脱離反応の活性化エネルギーは小さくなり反応速度は大きくなる．

　1,2挿入反応の反応機構に関しては，これまで詳細に研究されており，その結果，1,2挿入がシス付加反応であり，遷移金属によるβ水素脱離もシス脱離により進行していることが1,2-二置換アルケンの生成物の立体化学を調べることにより証明されている．**金属−炭素−炭素−水素が共平面上（ペリプラナー配座）に配置することが重要である**．

　ヒドリド遷移金属錯体に置換基のついたアルケンが挿入する場合，1,2挿入か，2,1挿入かの位置選択性によって，直鎖アルキル錯体が生成する場合〔図5・23の経路(a)，反Markovnikov型〕と，枝分かれしたアルキル錯体が生成する場合〔経路(b)，Markovnikov型〕の2通りの経路が存在する．

　金属−ヒドリド結合へのアルケン挿入とβ水素脱離の可逆性を利用して，触媒的な水素−水素交換反応やアルケン異性化反応が進行する．図5・23の挿入反応における位置選択性は，中心金属近傍に存在する配位子の立体的要因およびアルキル基に結合した置換基

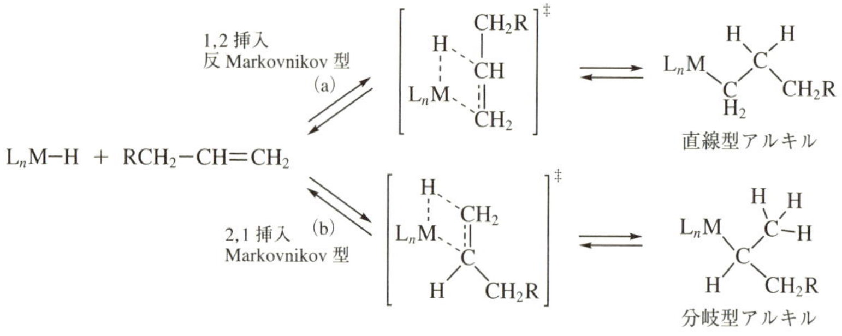

図 5・23　M−H 結合への置換アルケンの挿入形式

の電子的影響により左右され，直鎖型のアルキル錯体生成に有利か，分岐型のアルキル錯体の生成に有利かが決まる場合が多い．

<u>金属近傍の配位子の立体的影響</u>　　シクロペンタジエニル基 Cp の結合したヒドリドジルコニウム錯体の場合には，末端アルケンでも，内部に不飽和結合を有するアルケンでも，挿入反応により直鎖型のアルキル金属錯体が生成する[160]．金属に結合している二つのシクロペンタジエニル基が二枚貝の殻のような形で金属の周辺に存在し，アルキル基の結合する空間に大きな立体的影響を及ぼす．そのため，アルケンが配位挿入し，β 水素脱離とそれに続くアルケンの挿入を繰返し起こして（アルケンの異性化，§6・4・3 参照），立体障害の小さな末端炭素に金属が結合した直鎖型のアルキル錯体を与えるものと考えられる．

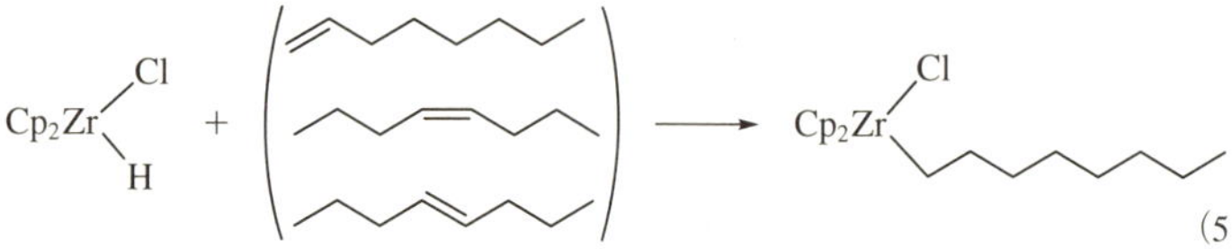

$$(5 \cdot 102)$$

<u>アルキル基に結合した置換基の電子的影響</u>　　遷移金属アルキル錯体におけるアルキル基の骨格異性化は，分岐型から直鎖型になる場合が多いが，電子求引基が結合したアルキル基の場合には，分岐型のアルキル基を生成する場合がある[161]．この反応では，まず β 水素脱離とアルケンの 2,1 挿入により第二級炭素に金属が結合した錯体を与えるものと考えられる．

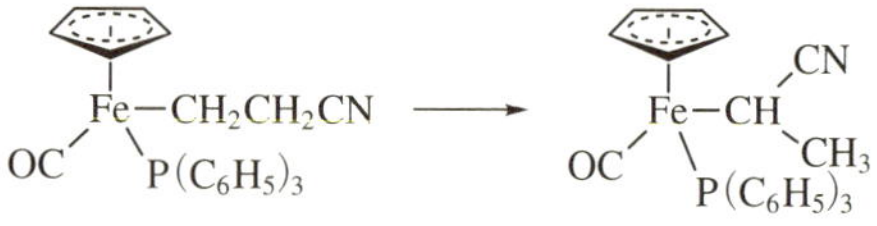

$$(5 \cdot 103)$$

このような遷移金属アルキルの分岐の選択性に関する基礎的知見は，6 章で述べるいろ

5・3 挿入反応と逆挿入反応

いろな触媒反応を望ましい方向へ選択的に進行させるための条件を知る上で有用である．

b β水素脱離反応

アルキル遷移金属錯体のβ水素脱離反応が進行するためには，金属上のアルキル配位子に隣接した場所に空の配位座が必要である．さらに，金属と結合したアルキル基のβ位に水素が存在し，この4原子が共平面をとるように遷移金属の近傍に接近することが必要である．

<u>空配位座の重要性</u>　配位飽和で安定な遷移金属錯体では，配位子の一つが解離して，空の配位座（図中の□）を生じれば，アルキル基のβ位にある水素原子はβ-アゴスチック相互作用（§2・4・10b 参照）により金属に接近しやすくなり，β水素脱離が促進される．そのためシクロペンタジエニル基 Cp が結合した鉄アルキル錯体の熱分解は，外部配位子 PR_3 を添加することにより阻害される[162]．

$$\text{OC-Fe(P(C}_6\text{H}_5)_3)\text{CH}_2\text{CH}_2\text{R} \xrightleftharpoons[]{-P(C_6H_5)_3} \text{OC-Fe}(\square)\text{CH}_2\text{CH}_2\text{R} \xrightarrow{\beta\text{水素脱離}}$$

$$\text{OC-Fe(H)(CH}_2=\text{CHR}) \xrightarrow[-CH_2=CHR]{P(C_6H_5)_3} \text{OC-Fe(H)(P(C}_6\text{H}_5)_3)} \quad (5\cdot104)$$

β水素を有するアルキル錯体の分解機構に関する情報は，水素の同位体で標識したアルキル基の分解過程の反応速度を調べることによって得られる．実際，β水素脱離がアルキル錯体の反応律速段階に関与する場合には，大きな同位体効果が観測される．しかし，たとえば，重水素化されたアルキル基をもつアルキル鉄錯体の熱分解においては，同位体効果は観測されず，熱分解により枝分かれしたアルキル基から直鎖状のアルキル基への骨格異性化により，アルケンが生成する場合もある．これらの実験結果は，β水素脱離反応によって生成する配位したアルケンの脱離段階が律速になっていることを示している．

<u>金属に結合したアルキル基の立体配座の制御</u>　β水素脱離反応が起きるためには，遷移金属のd軌道がβ位の水素の近傍にくるように接近（β-アゴスチック相互作用）しなければならない．先に述べたように，アルキル基の M-C-C-H 結合が共平面上に並び，β水素原子が金属の近傍にくるように ∠M-C-C および ∠C-C-H が屈曲すると，相互作用を受けやすくなる．

金属-アルキル結合が自由に回転できる場合にはこの条件は満たされやすいので，アルキル錯体はβ水素脱離により分解しやすい．しかし，図5・24(a) に示すように5員環，6員環メタラサイクル錯体などの場合には，∠M-C-C-H の二面角 θ が 0° に近づくように立体配座をとることができないためβ水素脱離は進行しない．しかし，もっと大き

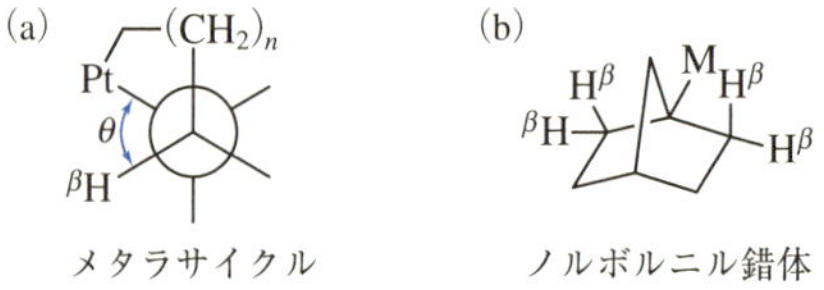

(a) メタラサイクル　(b) ノルボルニル錯体

図 5・24 β 水素脱離が起きにくい錯体

な環状化合物である 7 員環メタラサイクルでは，∠M-C-C-H の二面角を小さくするための障壁はそれほど大きくないので，通常のジアルキル錯体よりはゆっくりと β 水素脱離を経て，熱的に分解する．また，ノルボルニル基が金属 M に結合した図 5・24(b) のような錯体の場合も，メタラサイクルの場合と同様に，β 水素が遷移金属に接近しにくいだけでなく，生成するアルケンが平面性をとり得ないため（Bredt 則）β 水素脱離を起こしにくい．

パラジウム錯体を触媒として用いるアルケンの置換反応は，Pd-CH_3 結合のアルケンへのシス付加反応とそれに続く Pd-H 結合のシス脱離により進行する．たとえば，同位体 D が置換した E-スチレンの LiCH_3 を用いるメチル化反応は次式のように進行する[163]．

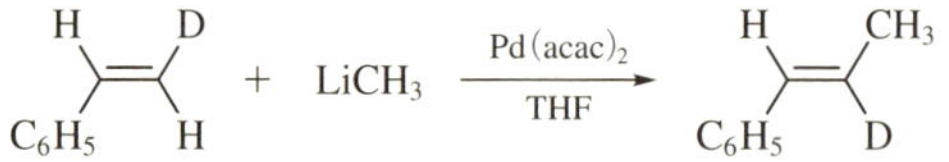

$$\underset{C_6H_5}{\overset{H}{\diagup}}C=C\underset{H}{\overset{D}{\diagdown}} + LiCH_3 \xrightarrow[THF]{Pd(acac)_2} \underset{C_6H_5}{\overset{H}{\diagup}}C=C\underset{D}{\overset{CH_3}{\diagdown}} \quad (5・105)$$

このメチル化反応は，まず Pd(acac)$_2$ と LiCH_3 の反応によりメチルパラジウム錯体が生成する．ついで，1) 配位したスチレンへの Pd-CH_3 のシス付加と，2) それによって生成する Pd-C-C 結合の回転により β 位の炭素−水素結合とパラジウムのアゴスチック相互作用が起きる過程，および 3) 同位体効果によりパラジウムによる β 水素の引き抜き，という 3 段階の素過程により説明できる（生成物のアルケンの安定性が E 体が Z 体より熱力学的に安定であることも要因の一つと考えられる）．

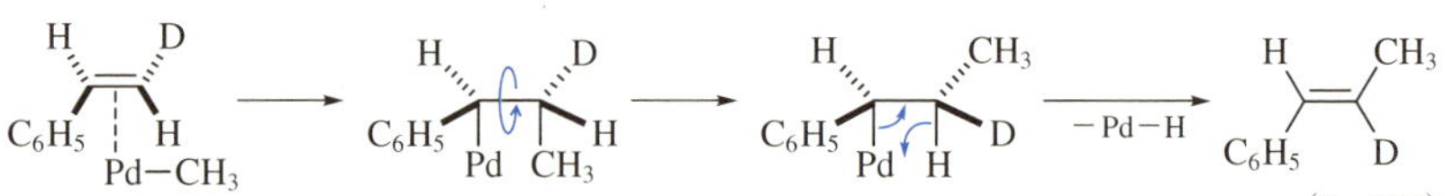

$$(5・106)$$

以上の β 水素引き抜き反応のほか，まだ例は少ないが，遷移金属に結合したアリル基に隣接する炭素原子から，水素が塩基によりプロトンとしてアンチ位から引き抜かれ，ジエンを生成する反応も知られている（§5・3・3 参照）．

C　水素原子以外の β 脱離反応

β 脱離反応により脱離するのは，水素だけではない．脱離する原子あるいは有機基が遷

5・3 挿入反応と逆挿入反応

移金属に対して高い親和力を有するときや，β位にある水素以外の原子が立体的に金属に接近しやすい場合には，水素以外の原子，あるいはアルキル基であってもβ脱離反応を受ける[164]．

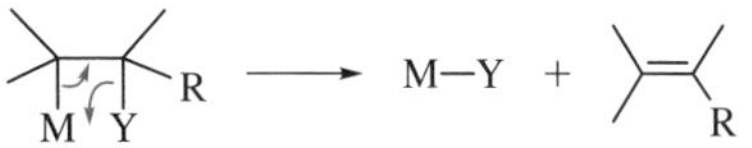

$$\text{M} \begin{array}{c} \diagdown \\ \diagup \end{array} \begin{array}{c} \diagdown \\ \diagup \end{array} \text{R} \longrightarrow \text{M-Y} + \begin{array}{c} \diagdown \\ \diagup \end{array} \text{R} \quad (5 \cdot 107)$$

Y = HCO$_2$, CH$_3$CO$_2$, Br, OH, OC$_6$H$_5$, OSO$_2$CH$_3$, OCH$_2$CH=CH$_2$, SC$_6$H$_5$, OSi(CH$_3$)$_3$
R = CH$_3$, H

　ヘテロ原子を含む基のβ脱離反応の例を図5・25に示す．アルキル基を有するパラジウム錯体が配位子の解離等により，図中に□で示すような空配位座を有する錯体だと，アルキル基のβ位にある炭素-水素結合あるいは炭素-X結合（X＝ハロゲン，OCH$_3$，OH，OCOH$_3$ など）は，パラジウム原子とβ-アゴスチック相互作用を形成して活性化される．そのように活性化された錯体がβ位にある原子（水素またはX）の引き抜き反応を起こすと，エチレンまたは置換アルケンの配位した錯体が生成する．
　前期遷移金属錯体あるいはf軌道を有する希土類金属の場合には，Xの引き抜きにより生成する金属-X結合の結合強度が大きいため，このような引き抜き反応は熱力学的に有利になる．d電子が多く電子豊富な後期遷移金属錯体の場合には，ヘテロ原子のM-X結合強度とM-H結合の結合強度の差は小さく，どちらの脱離反応が起きるかは，微妙な差になる．ジホスフィン配位子（L$_2$ = H$_2$PCH$_2$CH$_2$PH$_2$）を有する［L$_2$PdCH$_2$CH$_2$X］$^+$型錯体（X = ハロゲン，OCH$_3$, OH, OCOCH$_3$）のβ脱離反応に関するDFT計算の結果では，βヘテロ原子がCl, Br, Iの場合には，ハロゲン原子の引き抜き反応の方がβ水素の引き抜きより熱力学的にも，動力学的にも起きやすいことが報告されている[165]．XがF, OH, OCH$_3$, および OCOCH$_3$ の場合には，水素の引き抜きの方がXの引き抜きより低い活性化エネルギーで起きる．
　β脱離反応はアルコキシド錯体でも進行する．フッ素のような電子求引基を有するカルボン酸エステルとヒドリドコバルト錯体 CoH(N$_2$)[P(C$_6$H$_5$)$_3$]$_3$ との反応では，エステルのカルボニル基がCo-H結合へ挿入して，アルコキシド錯体を生成する．一方，フェニル

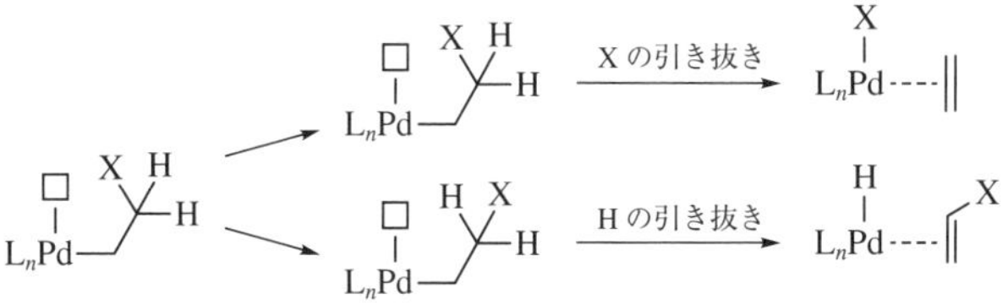

図5・25　水素以外のβ脱離反応

酢酸エステルとヒドリド錯体の反応ではカルボニル基の挿入反応の後，この錯体のβ位にあるフェノキシ基がコバルトにより引き抜かれると，アセトアルデヒドを放出してフェノキシド錯体になる．

$$\text{CoH(N}_2\text{)L}_3 + \text{CH}_3\text{COR} \xrightarrow[R = C_6H_5]{R = CH_2CF_3} \begin{array}{c} \text{L}_3\text{Co-OCH} \begin{array}{c} \text{CH}_3 \\ \text{OCH}_2\text{CF}_3 \end{array} \\ \text{Co(OC}_6\text{H}_5\text{)L}_3 + \text{CH}_3\text{CHO} \end{array} \quad (5 \cdot 108)$$

$$\text{L} = \text{P(C}_6\text{H}_5\text{)}_3$$

d γ水素脱離反応よるメタラサイクル化合物の生成

遷移金属アルキル錯体のβ位に水素のような引き抜きを受けやすい原子がない場合に，γ位にある水素が引き抜かれて（**γ水素脱離**）4員環メタラサイクル化合物が生成することがある[166]．

$$\begin{array}{c} \text{L} \diagdown \diagup \text{CH}_2\text{C(CH}_3\text{)}_3 \\ \text{M} \\ \text{L} \diagup \diagdown \text{CH}_2\text{C(CH}_3\text{)}_3 \end{array} \xrightarrow{-\text{C(CH}_3\text{)}_4} \begin{array}{c} \text{L} \diagdown \diagup \text{CH}_2 \diagdown \diagup \text{CH}_3 \\ \text{M} \quad\quad \text{C} \\ \text{L} \diagup \diagdown \text{CH}_2 \diagup \diagdown \text{CH}_3 \end{array} \quad (5 \cdot 109)$$

メタラシクロブタンは金属カルベン錯体とアルケンとの反応によっても生成する[167]．このようなメタラシクロブタンは，§6・4・5で述べる触媒的アルケンメタセシス反応において重要な役割を演ずる中間体である．

5・3・3 ジエンの挿入反応

金属−水素結合または金属−炭素結合へのジエンの挿入反応は，ブタジエン，イソプレンなどの共役ジエンの触媒的低重合，高重合反応に関連した重要な素反応である．ジエンは1分子中に二つの炭素−炭素二重結合をもっているから，そのそれぞれが遷移金属と相互作用することができる．共役ジエンが二つの二重結合を通じて一つの遷移金属Mに配位する場合には，図5・26(a)のように遷移金属にシソイド型(s-cis 型)配位したものが通常熱力学的に安定である．しかし，立体的環境その他の条件により(b)のようにトランソイド型(s-trans 型)が安定になることもある．金属−水素結合にブタジエンの片方のC=C結合が挿入すると，(a), (b)のようなエンイル型錯体になるが，これはπ-アリル錯体と等価である．

一方，図5・26(b) に示すようにジエンが金属ヒドリド錯体に片方の二重結合を通じてη^2配位する場合も考えられる．この場合には，ブタジエンはトランソイド型(s-trans 型)で金属に配位した形の方が有利である．配位したジエンがこの形で金属−水素(M−H)結合間に挿入すれば，図5・26に示すような，シン型およびアンチ型の2種類のπ-アリル

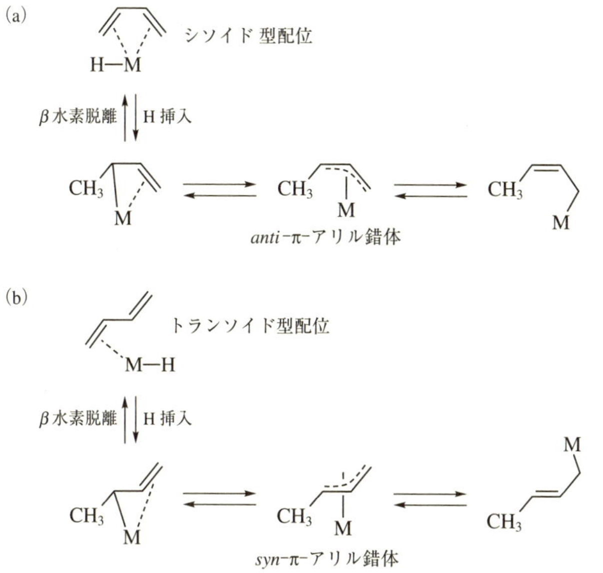

図 5・26 遷移金属ヒドリド錯体へのブタジエンの挿入形式

錯体が生成する．

この錯体にさらにジエンが 1,4 付加反応を繰返せば，骨格中に二重結合を有する高分子化合物，ポリ 1,4-ブタジエンが得られる．ポリ 1,4-ブタジエンは合成ゴム原料として有用なので，副反応である 1,2 重合の進行を抑えて 1,4 重合が起きるような条件を見いだすことは合成ゴムの製造の際に重要である．また，場合によって高分子中にビニル基を導入することが必要になる場合もあるので，そのような挿入反応の制御に関する情報を有することはジエン系の高分子化合物を合成する上で望ましい（§6・6 参照）．

π-アリル遷移金属錯体の隣接位からの水素脱離によるジエン生成　　π-アリル遷移金属錯体に隣接したメチル，あるいはメチレン基の水素原子が引き抜かれて，ジエンを生成する反応は，ジエンが金属−水素結合に挿入して π-アリル遷移金属錯体になる反応の逆反応にあたる．ジエン生成に関係した触媒的合成反応において生成物の選択性を左右する因子として考慮すべき反応である[168]．

実際，同位体で標識した酢酸アリル（X = OCOCH$_3$），炭酸アリル（X = OCOOR）のようなアリル化合物からのジエン生成は，図 5・27 に示すようにパラジウム(0)錯体との反応により π-アリルパラジウム錯体をまず生成する．この π-アリル錯体は §5・4・3 で述べるように溶液中で η^1-アリルパラジウム錯体を経由して異性化することができる〔(5・123)式参照〕．この η^1-アリル錯体において，パラジウムの β 位に結合した水素原子が，シン脱離による水素引き抜き反応を受けると，パラジウム(0)錯体，HX（酢酸，炭酸）

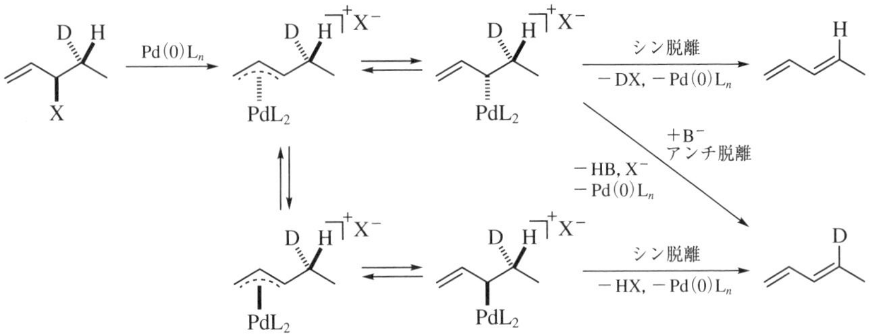

図 5・27 η¹-アリルパラジウム錯体からのβ水素脱離によるジエンの生成機構

とともにジエンが生成する．もう一つの可能性は，パラジウムのアンチ位にある水素原子Hが引き抜かれる反応である．この場合には，Dが結合したジエンが生成するであろう．実際，塩基Bを添加した反応では，アンチ脱離により反応が進行し，H′の位置にDのついたジエンが生成することがわかった．したがって，この場合には，通常のβ水素脱離におけるシン脱離ではなく，アンチ位から水素原子が引き抜かれる反応が進行している[169]．このようなβ位にある水素原子のアンチ脱離を利用した反応として，パラジウム触媒を用いる二環状アリル化合物からの二環状ジエンの不斉合成においてそのようなアンチ脱離によるジエン合成の例が報告されている[170]．

5・3・4 アレンの挿入反応

累積二重結合を有する化合物はクムレン(cumulene)とよばれる．そのなかで最も簡単な化合物であるアレンは反応性に富む1,2-プロパジエンである．アレンの結合した有機金属化合物の化学に関する研究はまだそれほど進んでいないが[171]，三重結合の隣接位にCH_2基，あるいはCH基を有するプロパルギル化合物（2-プロピニル化合物）はアレニル化合物に変換されやすいから，遷移金属錯体の存在下にプロパルギル化合物の反応を応用した合成化学が開発されている．

たとえば，炭酸プロパルギルとパラジウム(0)錯体の反応では，1,2-アレニルパラジウムが生成する．この化合物の反応性を利用して，各種の合成反応が開発されている[172]．

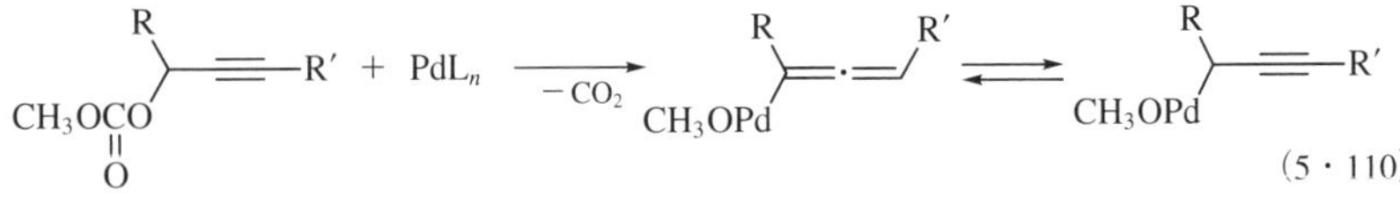

(5・110)

さらに，ハロゲン化ジエンとパラジウム(0)錯体の反応による置換アレン類の立体選択的合成法も開発されている[173]．

$$(5\cdot 111)$$

5・3・5 アルキンの挿入反応

金属−アルキル結合へのアルキンの挿入反応もシス付加により進行する[174].

この場合に電子求引基のついたアルキンの方が，アルキンの配位したπ錯体のLUMOが低いため，挿入反応速度は大きい．シス付加反応により得られる生成物はその後トランス体に異性化することがある．アルキンに結合した置換基の種類によりトランス体とシス体の生成比は変化する．

アルキンは金属−炭素結合間に繰返し挿入反応を起こす[175,176]．金属アルキル結合へのアセチレン挿入反応によるポリアセチレン合成に関しては§6・5・1で述べる．

$$(5\cdot 112)$$

5・4 遷移金属に結合した配位子の反応

遷移金属に結合した有機配位子は，η^1からη^6のように各種の結合様式により金属に結合し，炭素から金属への電子供与および金属から炭素への逆供与等により活性化される．たとえば求電子性の高い遷移金属に結合した配位アルケンは電子不足の状態になり，求核剤の攻撃を受けやすくなる．この性質を利用することによりさまざまな分子変換反応が可能となる．本節では，結合に関与する炭素数別に分類してその反応について述べる．

5・4・1 η^1型で結合した配位子の反応

a カルボニル錯体におけるCOの反応

一酸化炭素は不飽和化合物であるにもかかわらず，それほど反応性の高い物質ではない．一酸化炭素は遷移金属にη^1型（end-on型）で炭素を通じて金属と結合し活性化される．CO配位子の末端炭素から金属への電子供与と金属からCO配位子への逆供与を受け，酸素原子上の相対的電子密度は増加し，炭素原子は電子不足の状態になるため，配位によ

り活性化された CO の炭素は求核的攻撃を受けやすくなる.

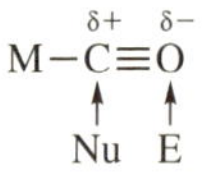

$$\text{M}-\overset{\delta+}{\text{C}}\equiv\overset{\delta-}{\text{O}}$$
$$\phantom{\text{M}-}\text{Nu}\ \ \text{E}$$

たとえば，金属に配位したカルボニル基の炭素原子をアルコキシアニオン RO^- が攻撃すると，アルコキシカルボニル錯体が生成する〔(5・113)式〕．実際，塩基の存在下にアルコールとカチオン性の金属カルボニル錯体との反応では対応するアルコキシカルボニル錯体を与える．このような求核剤による反応は中性錯体でも起きるが，カチオン性錯体の場合の方が錯体上の相対的な電子密度が低くなるため反応は進行しやすい．

$$[L_nM-C\equiv O]^+ + RO^- \longrightarrow L_nM-\overset{O}{\overset{\|}{C}}-OR \qquad (5\cdot 113)$$

水酸化物イオン OH^- とカルボニル鉄錯体の反応では，中間に (5・114)式に示すようなヒドロキシカルボニル錯体が生成し，このヒドロキシカルボニル錯体は脱炭酸反応により $FeH(CO)_4$ になる．この反応は§6・7で述べる水性ガスシフト反応の素反応に関連して重要である．

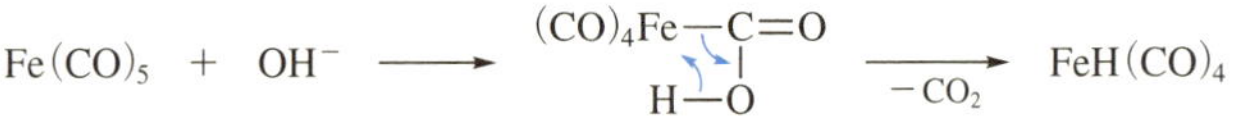

$$Fe(CO)_5 + OH^- \longrightarrow (CO)_4Fe-\underset{H-O}{\overset{C=O}{|}} \xrightarrow{-CO_2} FeH(CO)_4 \quad (5\cdot 114)$$

同様に，カルボニル錯体はアミンと反応してカルバモイル錯体を生成する．この場合に，アミンは求核剤として作用するとともに塩基として働き，アミンの求核性を増大させる．

$$[L_nM-C\equiv O]^+ + 2\,HNRR' \rightleftarrows L_nM-\overset{O}{\overset{\|}{C}}-NRR' + H_2NRR'^+ \quad (5\cdot 115)$$

b アシル遷移金属錯体の反応

アシル遷移金属錯体のアシル炭素が求核剤により直接攻撃されると，図5・28(a)のように金属－炭素結合が開裂し，カルボン酸，カルボン酸エステル，カルボン酸アミドのよ

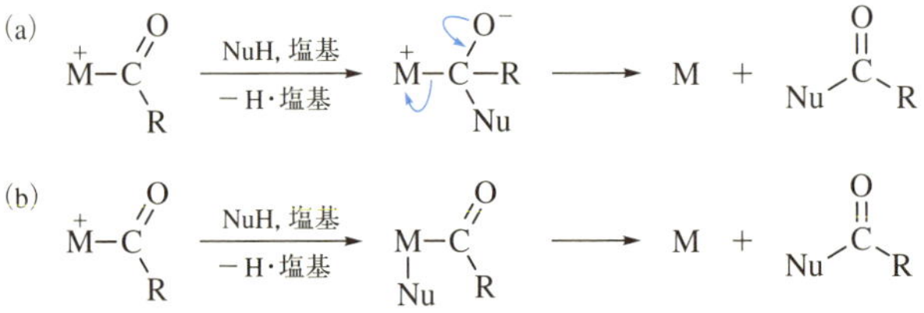

図 5・28 アシル金属錯体と求核剤の反応

うなカルボニル化合物を生成する．別途合成したアシルパラジウム錯体を用いたモデル反応では，経路(b)のように求核剤 Nu⁻ が最初パラジウムと反応し，次にアシル基と Nu が還元的脱離反応により，カルボン酸エステルあるいはアミドを与えるという機構を支持する結果が得られている[177),178)]．

このように金属に結合している CO の反応性を利用した触媒反応が数多く研究されており，なかにはカルボン酸エステルや酸アミド合成の工業プロセスに発展した例もある (§6・7・2，§6・8 参照)．

カルボニル基が配位した遷移金属錯体は，求核性の高い炭素アニオンと反応するとアニオン性アシル錯体になる．この錯体とアルキルカチオンを反応させると，§4・1・4a で述べたように，Fischer 型カルベン錯体が生成する．

$$M-CO + LiR \longrightarrow Li^+\begin{bmatrix} O \\ \parallel \\ M-C-R \end{bmatrix}^- \xrightarrow{R'^+} M=C\begin{matrix} OR' \\ R \end{matrix} \quad (5\cdot116)$$

$NaBH_4$ や $KBH(OR)_3$ のような高い反応性を有するヒドリド化合物はカルボニル錯体上のカルボニル炭素を攻撃し，ホルミル錯体を生成する．この中間体は (5・117) 式に示すようにさらにヒドリドと反応することによりヒドロキシメチル錯体になり，さらに反応が進行するとメチル錯体まで変換される[179)] (§4・1・1c 参照)．

$$M-CO \xrightarrow{H^-} \begin{bmatrix} O \\ \parallel \\ M-C-H \end{bmatrix}^- \xrightarrow{2H^-} \begin{matrix} O-H \\ \mid \\ M-CH_2 \end{matrix} \xrightarrow[-2H_2O]{2H^-} M-CH_3 \quad (5\cdot117)$$

この反応は固体触媒を用いて一酸化炭素と水素を炭化水素やメタノールへ変換する Fischer-Tropsch 反応の機構と関係があると考えられる．

c イソシアニド錯体の反応

イソシアニド RNC は一酸化炭素と等電子的化合物であり，イソシアニドが遷移金属に結合した錯体はカルボニル錯体と類似した反応性を示す．イソシアニド錯体とアルコールの反応では，金属に配位したイソシアニドの炭素原子をアルコールが攻撃し，Fischer 型カルベン錯体が生成する．

$$PtCl_2(CNR)_2 \xrightarrow{CH_3OH} Cl_2Pt\left(=C\begin{matrix} OCH_3 \\ NHR \end{matrix}\right)_2 \quad (5\cdot118)$$

アルケンメタセシス等の応用が大きく発展した Schrock 型カルベン錯体に比べて，応用が遅れていた Fischer 型カルベン錯体を経由する反応も，有機合成への応用が次第に研究

5・4・2 η^2 型で結合したアルケン配位子の反応

§5・1・3で述べたように,求電子的な遷移金属に配位したアルケンやアルキンのような不飽和有機分子は,遷移金属に配位することにより遊離のアルケンやアルキンと異なり,外部反応剤による求核攻撃を受けやすくなる.これは遷移金属錯体を用いる触媒反応に関連した重要な素反応である.この反応は可逆的に進行する.外部求核反応剤 Nu^- によるアルケン配位子への攻撃により β 位に Nu が結合したアルキル遷移金属錯体が得られるが,この β 位から Nu が脱離すると,もとのアルケン錯体になる.

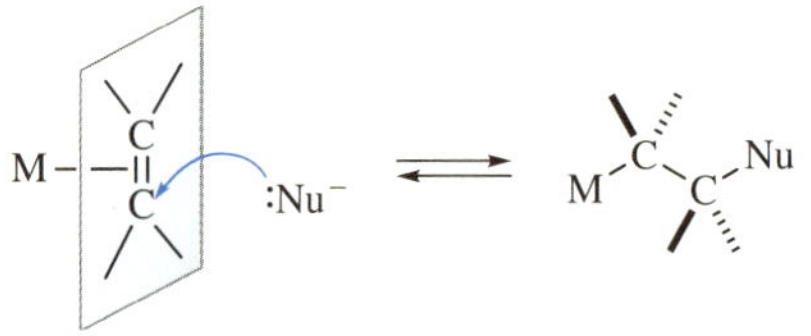

$$M-\overset{C}{\underset{C}{\|}} :Nu^- \rightleftharpoons M-\overset{C}{\underset{C}{}}Nu \qquad (5\cdot119)$$

この反応は,金属-アルキルまたは金属-水素結合へのアルケンの配位・挿入反応に似ているが,反応の立体化学が異なる.一般に,金属-炭素(水素)結合へのアルケンの1,2挿入は分子内反応であり,金属に結合したR(H)は配位したアルケンに**シス付加**する.一方,求核剤によるアルケン配位子の求核攻撃は分子間反応であり,外部求核剤は金属に配位せずに,配位したアルケンを金属の反対側(アンチ側)から攻撃する.したがって,アルケンへの求核付加反応の立体化学は**トランス付加**である.配位エチレンへの水酸化物イオンの反応はパラジウム触媒を用いるエチレンからアセトアルデヒドへの酸化反応(Wacker 法)の鍵反応である(§6・4・7g 参照).パラジウム(II)に配位したエチレンに水酸化物イオ

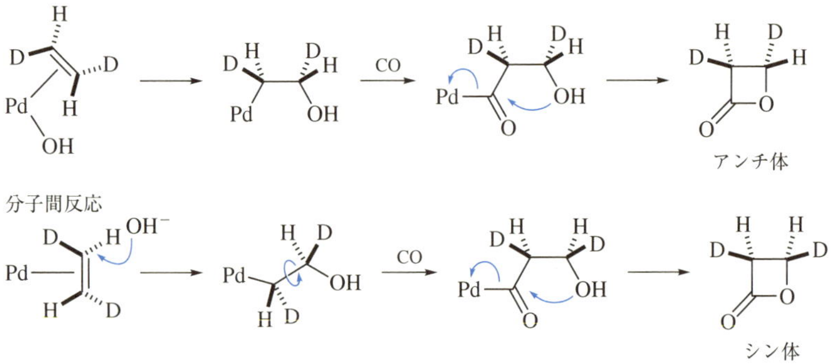

図 5・29 パラジウムに配位した E 型の $1,2$-d_2-CHD=CHD とヒドロキシ基の反応の立体化学

ン OH⁻ が金属側からシス付加する(内圏機構)か,求核剤がパラジウムの反対側(アンチ側)から攻撃してトランス付加による(外圏機構)かの問題は,重水素同位体で標識した E 型および Z 型の 1,2-d_2-CHD=CHD を使った研究により,エチレンへの付加反応は図 5・29 のようにトランス付加反応形式による外圏機構で進行していることが解明された[181),182)].

すなわち,1,2-d_2-CHD=CHD として E 体を用いるときには,エチレンが金属に配位してから求核攻撃を受ければエチレンの 1,2 位に結合した二つの D 原子は互いにアンチの位置にくる.一方,パラジウムの反対側から OH⁻ が配位したエチレンを攻撃すれば,シンの位置を占めることになる.実際の実験では,重水素化されたアルキルパラジウム種を単離して調べることが不可能なので,安定な誘導体のラクトンへ導いて,生成物の立体化学が確かめられた.カルボニル基の挿入反応の立体化学は立体保持で進行することがわかっている.しかし,Cl⁻ イオンの少ない条件下では,金属への攻撃が主となる傾向があることが知られている(§6・4・7g 参照).

アミンによるアルケン類のアミノ化反応も重要な反応である.この反応は白金錯体に関して検証されている.不斉中心をもつアミンが配位した白金錯体と 1-ブテンの反応過程を調べることにより確かめられた[183)].

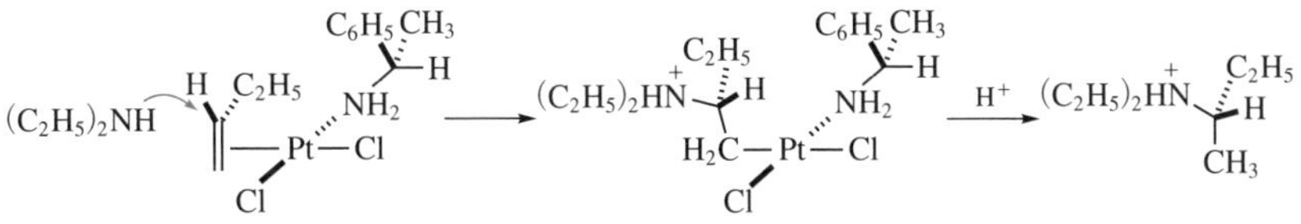

$$(5 \cdot 120)$$

この場合に,不斉アミン配位子の立体的影響により Pt(II) に対する 1-ブテンの配位形式が制限され,エチル基が紙面の向こう側を向くような方向で 1-ブテンは白金に配位し,アンチ側からジエチルアミンの求核攻撃を受けるものと考えられている.

5・4・3 η³ 型で結合したアリル配位子の反応

π-アリルパラジウム錯体においてパラジウムに配位しているアリル配位子の反応性を調べることは,有機合成において多用されているパラジウム錯体触媒を用いる求核剤のアリル化反応の機構を理解する上で重要である.§6・3・2で述べるように,パラジウム錯体触媒を用い,カルボン酸アリル,炭酸アリル等のアリル基を利用する有機化合物の触媒的アリル化反応では,アリル-酸素結合の可逆的切断反応が関係していると考えられる.パラジウム(0)錯体を用い,アリル基を重水素で CH_2=CHCD$_2$OAc のように標識した基質を用いる実験を行ったところ,反応に用いた CH_2=CHCD$_2$OAc のほかに,等量の CD_2=CHCH$_2$OAc が生成していることがわかった.この結果は,この触媒反応において,アリル-酸素結合の可逆的な開裂反応が起きていることを裏付けるものである.

$$\text{CH}_2=\text{CHCD}_2\text{OAc} \xrightarrow[\text{室温}]{\text{Pd}[\text{P}(\text{C}_6\text{H}_5)_3]_4} 1/2\ \text{CH}_2=\text{CHCD}_2\text{OAc} + 1/2\ \text{CD}_2=\text{CHCH}_2\text{OAc} \qquad (5\cdot121)$$

パラジウム(0)錯体として Pd(PCy$_3$)$_2$ を用いた場合には，酢酸アリルのアリル－OAc 結合が切断され，パラジウム(II)に PCy$_3$ と OAc 基が配位した π-アリルパラジウム錯体が生成する．この錯体はアミン類と反応してアリルアミンを生成する[184]．

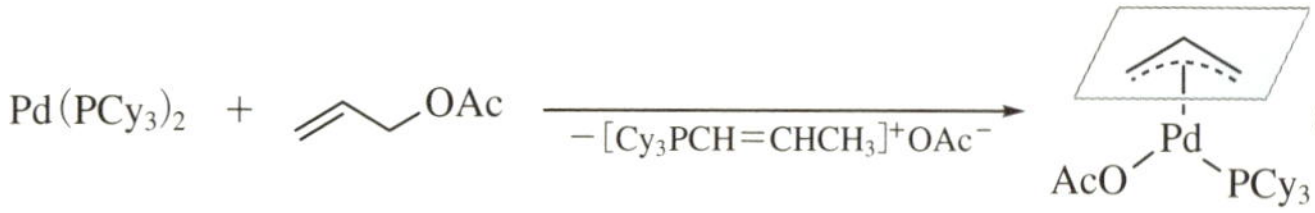

$$\text{Pd}(\text{PCy}_3)_2 + \diagup\!\!\!\diagdown\text{OAc} \xrightarrow{-[\text{Cy}_3\text{PCH}=\text{CHCH}_3]^+\text{OAc}^-} \begin{array}{c}\text{(π-allyl)}\\\text{AcO}-\text{Pd}-\text{PCy}_3\end{array} \qquad (5\cdot122)$$

このようにアリル－OAc 結合がパラジウム(0)錯体により可逆的に切断されることを利用すると，不飽和二重結合を有する有機化合物中のアリル位に OAc 基を導入した化合物を用いて，その場所に任意の求核剤を導入することができる．その場合の交換反応の機構を図 5・30 に示す．

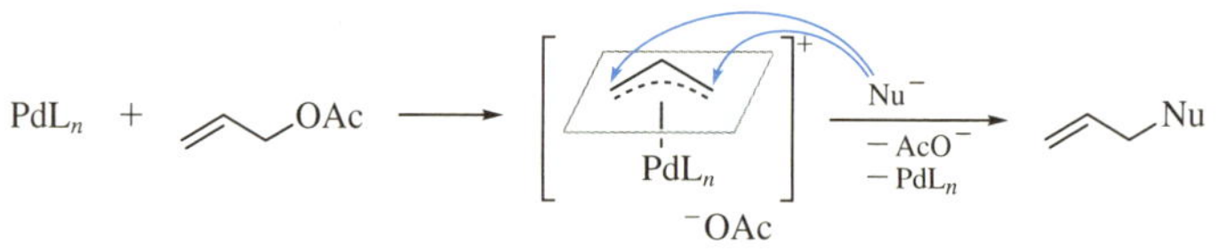

図 5・30　Pd(0)触媒を用いるアリル酢酸の求核置換反応の機構

a　アリル配位子の立体化学

酢酸アリルとパラジウム(0)錯体との反応により生成するアリル錯体において，AcO 基による π-アリル基の求核攻撃がアンチ機構で進行していることが，図 5・31 に示すように，不斉炭素をもった酢酸アリル誘導体を用いるアリル化反応における立体化学的研究により明らかにされている[185]．すなわち，酢酸アリルと Pd(0)錯体の反応において，Pd(0)

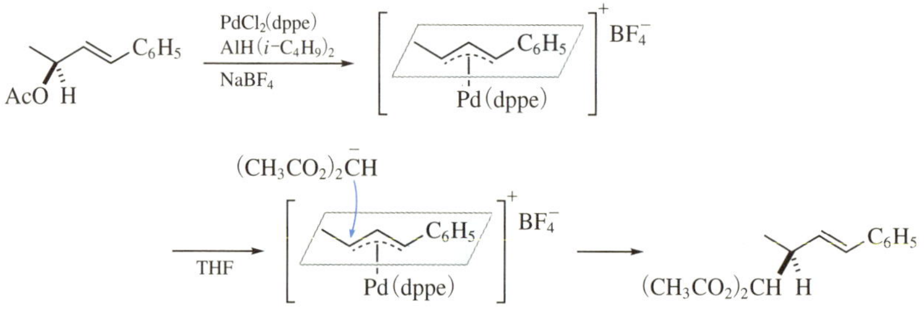

図 5・31　不斉アリル酢酸の置換反応の機構

が酢酸アリルの炭素を S_N2 型で金属と反対側から求核攻撃して，OAc が脱離し，π-アリルパラジウム錯体を形成する．この過程は立体反転である．ついでこの π-アリルパラジウム錯体に対する求核剤 Nu の攻撃がアリル平面に対し，金属の反対側から起きると，立体化学はもう 1 度反転するため，反応全体としては，出発基質の立体化学は保持されたままアリル基の求核置換反応が進行する．

不斉アリルパラジウム金属錯体を用いる立体選択的合成反応は有用な反応であるが，反応条件によっては生成物の立体選択性がしばしば低下してしまうことがある．アリル錯体が (5・123) 式に示すように η^3 型と η^1 型との間の変換反応を経由して異性化することが要因の一つである（§4・3・2c 参照）．

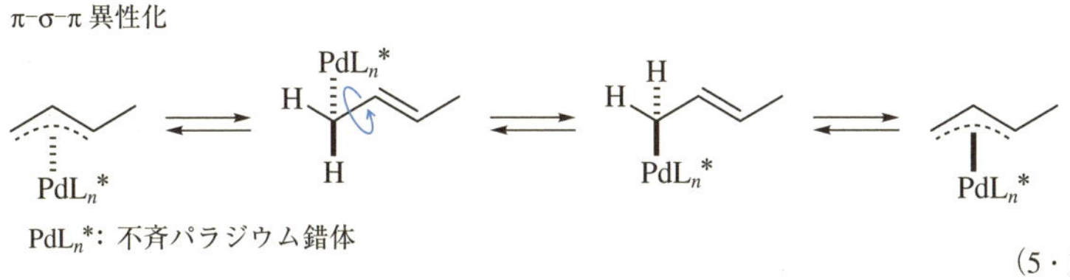
π-σ-π 異性化
PdL_n*
H
H
PdL_n*
H
H
PdL_n*
PdL_n*
PdL_n*: 不斉パラジウム錯体

(5・123)

η^3 型アリル錯体が異性化する機構としてはこのほかに，π-アリル基が反応系中に存在する Pd(0) 錯体と反応して 2 分子的反応により，立体反転を伴って次のように異性化が進行する可能性も考えられる[186]．このような異性化は溶液中に存在する Pd(0) 錯体の濃度が高いほど進行しやすいので，立体特異性の低下を招かないよう，反応条件を設定する必要がある．

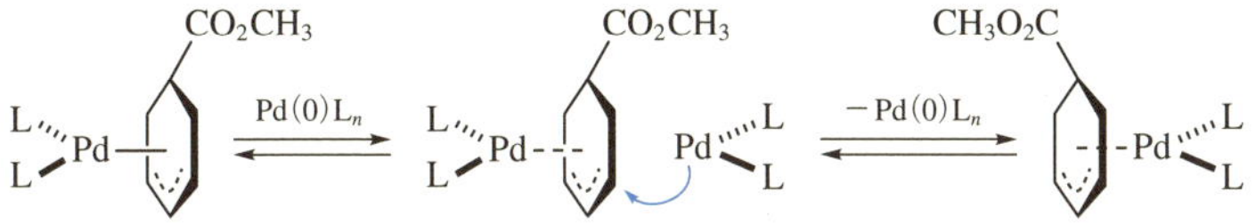
CO2CH3
L
Pd
L
Pd(0)L_n
CO2CH3
L
Pd
L
Pd
L
L
− Pd(0)L_n
CH3O2C
Pd
L
L

図 4・32　π-アリル配位子の立体反転の機構

b　アリル配位子の中央炭素の求核攻撃

アリル錯体と求核剤との反応は，多くの場合にアリル基の末端炭素をパラジウムが攻撃することにより進行する．しかし，中央にある炭素への攻撃が起きる場合もある．求核剤が π-アリル基の中央炭素を攻撃した場合にはメタラシクロブタンが生成し，それが還元的脱離すると Nu 基の結合したシクロプロパン環が生成する．

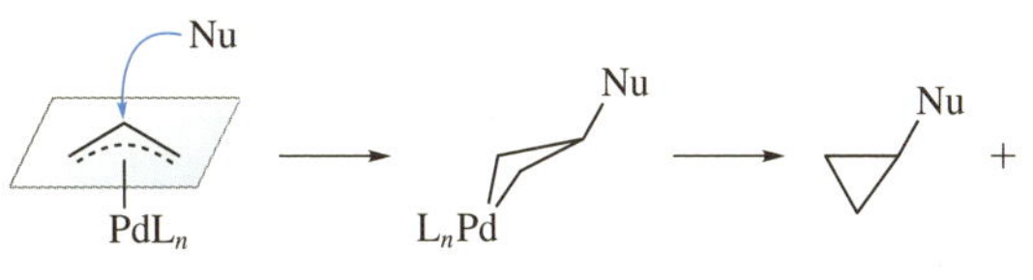
Nu
PdL_n
Nu
L_nPd
Nu
+ PdL_n

(5・124)

メタラシクロブタン錯体の還元的脱離によって生ずる0価のパラジウム錯体は，酢酸アリルのようなアリル化合物と反応するとπ-アリル錯体を再生し，触媒サイクルが回る．このような中心炭素の攻撃によるメタラシクロブタンが生成する例は末端炭素の求核攻撃に比べて少ないが，メチルアニオンやヒドリドイオンのようなハードな求核剤はこのような中心炭素の攻撃を起こすことがある．また，求核剤の性質によってこのような中央炭素の求核攻撃が起きる例が報告されている[187]．中性の二座配位アリルパラジウム錯体の反応性を利用した触媒的シクロプロパン化反応の応用例も開発されている[188]．

5・4・4 η^4, η^5, η^6 型配位子と求核剤との反応

a ジエン配位子の反応

ジエンには，二重結合が共役しているジエンと共役していないジエンがある．遷移金属に配位した非共役ジエンの反応はアルケンが単独で配位している場合と大差ない．1,5-シクロオクタジエンのような環状ジエンは2箇所の不飽和二重結合を通じてそれぞれ遷移金属に配位し，求核剤による攻撃を受ける．配位した二重結合へのアミンの攻撃はトランス側から起きて，アミノ基が結合したアルキル錯体が得られる．

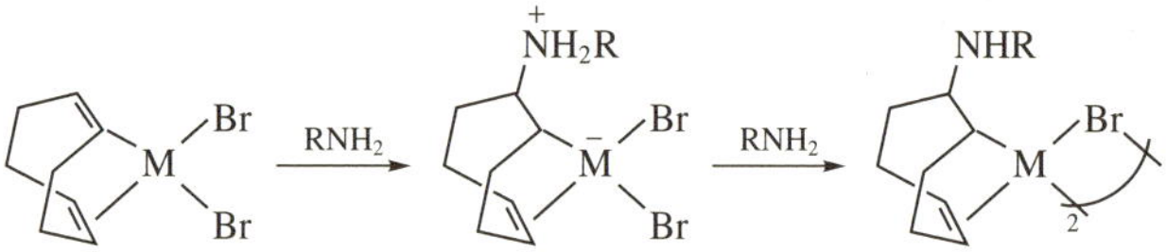

$$(5 \cdot 125)$$

共役ジエンの反応では，さまざまな求核剤との反応を組合わせた触媒反応が研究され，工業化プロセスもある．詳しくは§6・6の触媒反応の項で扱う．

b η^5 型配位子の反応

η^5-シクロペンタジエニル錯体のCp配位子は，$LiCH_3$のような強力なアニオン性求核剤により攻撃されると金属の反対側から攻撃を受けメチル基がエキソ位に結合したジエン配位錯体になる[189]．

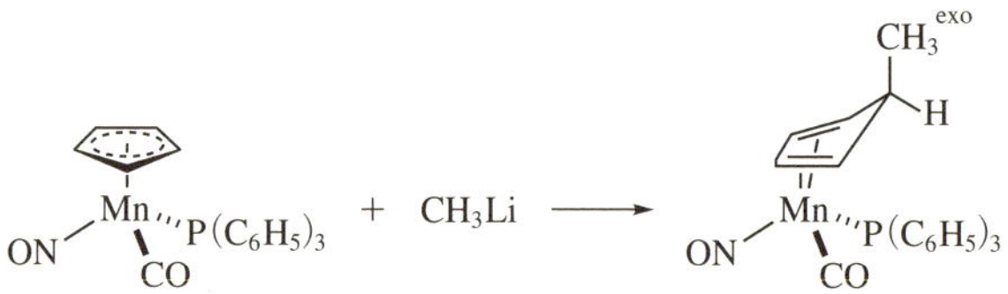

$$(5 \cdot 126)$$

しかし，$LiAlD_4$のようなヒドリドとの反応では，反応条件により付加の方向が異なる場合がある．$CpFe(CO)(dppe)$ と $LiAlD_4$ の反応では，(5・127)式に示すように $-78\,°C$ の

低温条件下において，まず鉄に重水素 D が直接結合した錯体が得られ，次に 90 ℃ に温度を上げると，鉄に結合していた D がシクロペンタジエニル基を内側から攻撃してエンド体が生成する．一方，70 ℃ における反応では LiAlD$_4$ の D はシクロペンタジエニル基を外側から攻撃し，重水素 D がエキソ位に結合した錯体になる[190]．このように，反応条件によって求核剤の反応経路が異なることは触媒反応においてもしばしば観測される．したがって，反応機構を提案するには反応の立体化学を精査することが必要である．

$$(5\cdot127)$$

C η^6-アレーン配位子の反応

アレーンは遷移金属錯体に配位すると遊離のアレーンと異なった反応性を示す．強い電子求引基が結合していない場合には，遊離のアレーンは求核性を示さないが，Cr(CO)$_6$ がアレーンと反応して，η^6-アレーン錯体になると，Cr(CO)$_3$ 部分の強い電子求引性によりアレーン環は求核剤により攻撃されるようになり，アレーン環のアルキル化が起きるようになる．これをヨウ素で処理して錯体を分解するとアルキル化されたアレーンが得られる．

$$(5\cdot128)$$

R = $^-$CH(COOCH$_3$)$_2$
$^-$C(CH$_3$)$_2$CN

また，中心遷移金属が高酸化状態の錯体に配位したアレーンは求核剤による攻撃を受けるようになる．ジカチオン型コバルト錯体に配位したアレーンが二重に求核攻撃を受ける例が報告されている[191]．

$$[\underset{Co}{}]^{2+}[BF_4]_2{}^{2-} \xrightarrow{2\ NaC_5H_5} \underset{Co}{} + \underset{Co}{} \qquad (5\cdot 129)$$

5・5 メタセシス反応

メタセシス(metathesis)というギリシャ語由来の言葉は"場所を取替える"ことに関連しており,化学では金属化合物の複分解反応に対して用いられてきた.有機典型元素化合物であるGrignard反応剤や有機リチウム反応剤と遷移金属ハロゲン化物との反応による有機遷移金属錯体の合成は,典型的なメタセシス反応であるが,有機化学ではトランスメタル化反応とよぶことも多い.また,金属上で起こる水素分子やC−H結合などのσ結合の切断を伴う結合の組替え反応は,σ結合メタセシス反応とよばれ,近年,その重要性が認識されるようになった.一方,アルケンの二重結合の組替え反応であるアルケンメタセシス*はよく知られた触媒反応であるが(触媒反応の詳細については,§6・4・5および§6・5・2を参照),有機化学ではこれを単にメタセシス反応ということもある.この触媒反応では,カルベン錯体とアルケンの反応によるメタラシクロブタンの生成が鍵反応になっている.

本節では,トランスメタル化反応,σ結合メタセシス反応およびアルケンメタセシス反応など結合の組替え反応について述べる.

5・5・1 トランスメタル化反応

一つの金属に結合していたアルキル基あるいはアリール基が別の金属に移動する反応を**トランスメタル化反応**という[192].§4・1・1bで述べたトランスメタル化反応は,典型元素のアルキル化合物を用いたメタセシス反応の一つであり,アルキル遷移金属錯体を合成

$$M{-}R + M'{-}X \rightleftharpoons \left[\begin{matrix} M & R \\ X & M' \end{matrix} \right] \rightleftharpoons M{-}X + M'{-}R \qquad (5\cdot 130)$$

---

* オレフィンという言葉は,語源的には"油をつくるもの"ということを意味している.IUPACの正式名称はアルケン(alkene)である.場合によってはアルケンとアルキンを総称するのに使われる.化学工業ではオレフィンという名称を使うことが多い.オレフィンメタセシスという化学プロセスは石油化学工業において見いだされたため,現在でもオレフィンメタセシスという用語が一般的に用いられている.本書ではIUPACの推奨に従いアルケンメタセシスを使用する.

する手段として一般的に用いられるばかりでなく，触媒反応を設計・構築する際に重要な素反応である．

　典型元素 M に結合していたアルキル基 R が遷移金属 M′ に移動する場合，使用する元素の性質によって移動機構が異なる場合がある．リチウムのように電気的に陽性な金属元素の場合には，アルキルリチウム結合はイオン性が強く，Li^+R^- のように強く分極している．したがって，アルキルリチウム化合物は強い求核性をもっており，遷移金属化合物の強力なアルキル化剤となる．R 基はアニオンとして，たとえば遷移金属塩化物と反応し，アルキル遷移金属錯体を形成する．

　典型元素の電気陰性度がそれほど大きくないアルキル金属化合物では，アルキル基のアニオン性はそれほど大きくないので，アルキル化剤としての能力は弱い．たとえば，$CrCl_3(thf)_3$ を強力なメチル化剤であるメチルリチウムを用いてメチル化すると，トリメチルクロム化合物 $Cr(CH_3)_3(thf)_3$ が得られるが，$TiCl_4$ のメチル化剤として $Al(CH_3)_3$ を用いた場合にはモノメチルチタン化合物 $TiCH_3Cl_3$ が得られる段階で反応は止まる．

　二つの金属元素間の電気陰性度がそれほど違わない場合には，アルキル移動反応は，二つの金属間にアルキル基が架橋した状態〔(5・130)式〕を経由して進行するため，場合によってそのようなアルキル基が二つの金属原子間にまたがった中間体が準安定状態で観測される場合もある．

　このようなアルキル化剤としての能力の差を利用して，アルキル基の数の異なる中間的なアルキル遷移金属錯体を単離することも可能である〔(4・9)式〜(4・19)式参照〕．

　アルキルパラジウム錯体とアルキルリチウムの反応において生成するアニオン性パラダート錯体の性質を利用して cis-ジアルキルパラジウム錯体と trans-ジアルキル錯体をつくり分けることができる．たとえば $P(C_2H_5)_2C_6H_5$ 配位子を有する trans-ジメチルパラジウム錯体に $LiCH_3$ を加えると，(5・131) 式に示すようにトリメチルパラダート錯体 $Li^+[Pd(CH_3)_3L]^-$ となり，さらにこの錯体を $LiCH_3$ と反応させるとテトラメチルパラダート錯体になる[193]．中間に生成するトリメチルパラダート錯体を低温でメタノールと処理すると，メチル基のトランス位にあるメチル基が先に反応し，cis-ジメチルパラジウム錯体 cis-$Pd(CH_3)_2L_2$ が生成する．

$$\begin{array}{c}\text{L}\\|\\\text{CH}_3-\text{Pd}-\text{CH}_3\\|\\\text{L}\end{array} \underset{-\text{L}}{\overset{\text{LiCH}_3}{\rightleftarrows}} Li^+\left[\begin{array}{c}\text{CH}_3\\|\\\text{CH}_3-\text{Pd}-\text{CH}_3\\|\\\text{L}\end{array}\right]^- \underset{-\text{L}}{\overset{\text{LiCH}_3}{\rightleftarrows}} 2\,Li^+\left[\begin{array}{c}\text{CH}_3\\|\\\text{CH}_3-\text{Pd}-\text{CH}_3\\|\\\text{CH}_3\end{array}\right]^{2-}$$

L = $P(C_2H_5)_2C_6H_5$

$\downarrow$ CH_3OH, L

$$\begin{array}{c}\text{CH}_3\\|\\\text{L}-\text{Pd}-\text{CH}_3\\|\\\text{L}\end{array}$$

(5・131)

一方，trans-Pd(CH$_3$)$_2$L$_2$ 錯体は第三級ホスフィン L の存在下に Pd(acac)$_2$ と Al(CH$_3$)$_2$(OC$_2$H$_5$) を反応させることによって合成できる．このようにアルキル化剤の性質の違いを利用して，cis-ジアルキルパラジウム錯体と trans-ジアルキルパラジウム錯体をつくり分けることができる[194]．

アルキル典型元素化合物をトランスメタル化剤として用いる触媒的カップリング反応は，§6・3で述べるように有機合成において多用されている合成手法である．その反応の鍵になるトランスメタル化の機構に関して，モデル錯体を用いる研究により，異性化を伴うトランスメタル化の過程が明らかにされている．フッ素原子により置換されたアリール基 R$_f$ を有する trans-アリール（クロリド）錯体とジメチル亜鉛 Zn(CH$_3$)$_2$ の反応では，(5・132)式に示すように，まず trans-アリール（メチル）パラジウム錯体が生成し，それが Zn(CH$_3$)$_2$ の存在下でシス体に異性化し，シス体から R$_f$ 基と CH$_3$ 基の結合を伴う還元的脱離が進行することが明らかになった[195]．

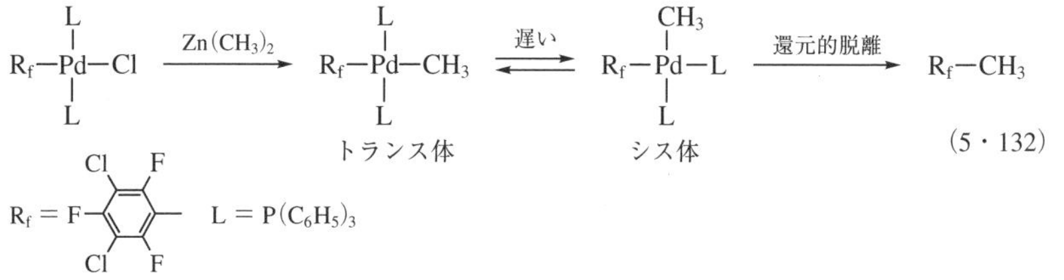

$$\underset{}{R_f-\underset{L}{\overset{L}{Pd}}-Cl} \xrightarrow{Zn(CH_3)_2} \underset{トランス体}{R_f-\underset{L}{\overset{L}{Pd}}-CH_3} \underset{遅い}{\rightleftarrows} \underset{シス体}{R_f-\underset{L}{\overset{CH_3}{Pd}}-L} \xrightarrow{還元的脱離} R_f-CH_3 \quad (5 \cdot 132)$$

$$R_f = \text{F}_2\text{C}_6\text{Cl}_2\text{F} \quad L = P(C_6H_5)_3$$

不斉炭素をもつアルキル基のついたスズ化合物を用いるクロスカップリング反応において，反応条件によりアルキル基の不斉中心が反転する場合と，保持される場合の両方の反応が報告されている．この反応機構は，図 5・33 に示すように，架橋した環状の遷移状態 (cyclic TS) および直線状の遷移状態 (open TS) の関与を仮定して説明されている[196),197]．すなわち，前者では炭素原子の立体化学は保持されるであろうし，一方，後者では炭素原子の立体反転が起きるものと考えられる．実際に，不斉中心をもつアルキル基を使った実験によりアルキル基の立体化学の反転が実証されている[198]．

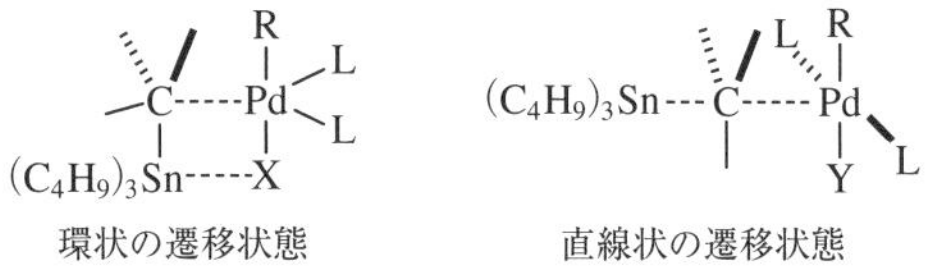

環状の遷移状態　　　　直線状の遷移状態

図 5・33 トランスメタル化反応の活性中間体として提案されたモデル

一般に，トランスメタル化はアルキル基の速い転位反応であるから，トランスメタル化に関与している活性な中間体あるいは遷移状態の形を実験的に確かめることは困難である．計算化学の手法を用いることにより，モデルの妥当性が検証されている．また，観測

されるアルキル基の移動反応は，有機典型元素化合物から遷移金属錯体への移動が多いが，場合によっては遷移金属に結合している有機基が典型元素へ移動した後に，典型金属アニオンになる例も存在する[199]．このほかのトランスメタル化の関与する反応については，総説[192]を参照されたい．

5・5・2 σ結合メタセシス反応

§2・4・10で述べたように，遷移金属とη^2型錯体を形成するのは，アルケンのような不飽和化合物ばかりではない．C–H，C–C，H–H，H–Si，Si–Si，B–B等，原子間にσ結合をもつ化合物も，アルケンπ結合に似たη^2型結合を形成し，それらの結合は活性化される[15),200]．このようなσ結合の活性化とそれに続くσ結合の切断は，これまでの有機化学では認識されていなかった反応であり，近年，その理解が進むようになってきた．

これまで有機合成に用いられた錯体触媒には，パラジウムのように，電子豊富な後期遷移金属触媒が多く，中心金属の酸化数の増減を伴う酸化的付加や還元的脱離を仮定することにより，多くの反応機構を合理的に説明することができた．しかし，前期遷移金属錯体などの電子不足の錯体の反応では，電子豊富な後期遷移金属錯体と異なり，酸化的付加に利用できるd電子の数が不足している．したがって，そのような錯体とアルカン等との反応を考える場合に，酸化的付加反応のように，金属から電子を供給するような素反応を仮定することはできない．

これまでの研究では，重合などの場合を除いて，d電子の少ない前期遷移金属触媒あるいはf電子を有する希土類錯体を用いる錯体触媒反応に関する研究例は限られていた．しかし，前期遷移金属錯体や希土類の錯体は，後期遷移金属錯体にはみられない反応性を示すことが次第に認識されるようになった．そのような反応は**σ結合メタセシス反応**を仮定することによって説明できる場合が多い．

σ結合メタセシスの典型的な反応例は(5・133)式に示すように遷移金属アルキルとアルカンの反応による結合組替え反応である．

$$L_nM-R + R'-H \rightleftharpoons \begin{matrix} L_nM-R \\ \vdots \\ R'-H \end{matrix} \rightleftharpoons \left[\begin{matrix} L_nM\cdots R \\ \vdots \quad \vdots \\ R'\cdots H \end{matrix}\right]^{\ddagger} \rightleftharpoons \begin{matrix} L_nM \\ | \\ R' \end{matrix} + \begin{matrix} R \\ | \\ H \end{matrix} \quad (5\cdot133)$$

σ結合錯体

アルカンやヒドロシランのような炭素–水素またはケイ素–水素結合間にσ結合を有する化合物は，§2・4・10において説明したように遷移金属に電子を供与しside-on型に結合した錯体を形成する．炭素–水素やケイ素–水素結合から金属への電子供与と同時に，遷移金属から炭素–水素またはケイ素–水素結合のσ*軌道への電子の逆供与により，これらの結合が活性化され，場合によっては開裂反応が起きる〔(2・19)式参照〕．このような，σ結合をもつ化合物が金属にside-on型に結合した錯体を**σ結合錯体**(σ bond complex)

とよぶ．遷移金属にヒドリドまたはアルキル基が結合した錯体がアルカン，ヒドロシランなどとσ結合錯体を形成すると，(5・134)式のような結合の組替えが，四中心遷移状態を経由して起きるものと考えられる．ここでE, E′は非金属原子または有機基である．このような結合組替え反応をσ-CAM(σ-complex-assisted metathesis)とよぶことが提案されている[201]．

$$\begin{array}{c} M-E \\ + \\ E'-H \end{array} \longrightarrow \left[\begin{array}{c} M---E \\ | \quad | \\ E'---H \end{array} \right]^{\ddagger} \longrightarrow \begin{array}{c} M \\ | \\ E' \end{array} + \begin{array}{c} E \\ | \\ H \end{array} \quad (5・134)$$

E, E′ = SiR$_3$, BR$_2$

希土類元素の錯体では，電子数が少ないために，酸化的付加のような中心金属の原子価変化を伴うような素反応は考えられないため，σ結合メタセシスを経由する素反応を考慮する必要がある．たとえば，アルキル錯体とアルカンとの間のアルキル結合の交換反応では，希土類元素に結合したメチル基をもつ錯体は，^{13}Cで標識したメタンの炭素-水素結合と金属-CH$_3$結合のσ結合メタセシスを経由してメチル基の交換反応が進行するものと考えられる[202]．

$$Cp^*_2M-CH_3 + {}^{13}CH_4 \rightleftharpoons Cp^*_2M-{}^{13}CH_3 + CH_4 \quad (5・135)$$

M = ランタノイド, Y

σ結合メタセシスとアルケンメタセシスにおけるカルベン錯体とアルケンの反応との違いは，次の点にある．アルケンメタセシスでは，メタラシクロブタンが反応中間体として形成されるため，条件によってはそのような中間体を単離し，その性質に関して詳しい研究を行うことができる．しかしσ結合メタセシスでは，4員環を含む化学種は，反応の活性中間体としては考えられるが，実際には単離できず，モデル錯体を合成してその性質を検討することもできない．そのような場合に反応機構の妥当性を支持するデータを提供するのは計算化学しかない．

σ結合メタセシスという用語を最初に提案したJ. E. Bercawは，アルキルスカンジウム錯体Cp*ScR′がアルカンR-Hと反応する場合，その反応性の順序は次の順に低下すると報告している[203]．

$$Cp^*ScR' + R-H \longrightarrow Cp^*ScR + R'H$$

反応性　R: H > sp-C > sp^2-C > sp^3-C(アルキル)
　　　　R′: H > アルキル

この傾向はσ結合のs性が大きいほど反応性が高いことを示唆している．

σ結合メタセシスの応用に関しては6章で扱うが，この素反応を仮定することにより，遷移金属錯体を触媒とする多くの反応プロセスが理解できる．たとえばチタン系化合物と

有機アルミニウム化合物とからなる Ziegler-Natta（チーグラ-ナッタ）触媒によるアルケンの重合過程において，反応系に H_2 を添加した場合に重合反応が制御される理由は不明だった．重合反応では，金属－炭素結合にアルケンが逐次的に挿入することにより，高分子鎖が伸長するものと考えられている．この系に水素を加えると，重合反応は継続するが高分子鎖の伸張は抑えられる反応（連鎖移動反応）が観測される．水素分子は，d 電子数の少ないチタン化合物に対して酸化的付加ではなく，チタン－炭素結合をもつ重合活性種に σ 結合メタセシスすると仮定すれば，高分子鎖がアルカンとして外れ，ヒドリドチタンが生成するであろう．そのチタン－水素結合にさらにエチレンが挿入するという反応が起きると考えれば，水素添加による重合度制御の理由は説明できる（詳細については§6・4・4参照）．

$$M-R \xrightarrow{n\,C_2H_4} M\text{-}(C_2H_4)_n\text{-}R \xrightarrow{H_2} \begin{array}{c} H\text{-}(C_2H_4)_n\text{-}R \\ + \\ M-H \xrightarrow{m\,C_2H_4} M\text{-}(C_2H_4)_m\text{-}H \end{array} \tag{5・136}$$

5・5・3 アルケンメタセシス反応

アルケンメタセシス反応が注目されるようになったのは，石油化学工業プロセスとして次のようなプロピレン（C_3 アルケン）とエチレン C_2 およびブテン C_4 の相互変換技術（トリオレフィンプロセス，§6・4・5参照）が見いだされたことに端を発する．

$$2\,CH_3CH=CH_2 \xrightleftharpoons[]{L_nM} CH_3CH=CHCH_3 + CH_3CH=CH_2 + CH_2=CH_2 \tag{5・137}$$

アルケンメタセシスでは，アルキル遷移金属錯体から M=C 結合をもつカルベン錯体が生成してこれが活性種となる．カルベン錯体は (5・138) 式に示すように次にアルケンと反応してメタラシクロブタン環を形成し，それがアルケンを放出してカルベン錯体になる反応が基本である．このカルベン錯体はさらに別のアルケンと反応して二重結合の組替え反応を触媒的に促進する．

このようなメタラシクロブタン中間体を経由する機構は，Y. Chauvin が概念を提唱して，R. R. Schrock と R. H. Grubbs らにより実験的に証明された．実際，§4・1・4 およびこの項でも述べたように，多くの金属カルベン錯体が合成単離され，これらカルベン錯体とアルケンとの反応からメタラシクロブタン錯体が合成単離されている．

$$\underset{}{\overset{M}{\underset{C}{\parallel}}} + \underset{}{\overset{C}{\underset{C}{\parallel}}} \rightleftharpoons \underset{\text{メタラシクロブタン}}{\begin{array}{c} M \\ C\diagup\diagdown C \\ \,|\quad\,| \\ C\diagdown\diagup C \end{array}} \tag{5・138}$$

触媒的アルケンメタセシス反応に関係して，(5・139)式において述べる Tebbe（テッベ）錯体の反応挙動が参考になる．**Tebbe 錯体**は，カルベン錯体が Lewis 酸 Al(CH$_3$)$_2$Cl と μ-メチレン結合を形成して安定化したものと見なすことができるので，カルベン錯体の前駆体である．Tebbe 錯体にピリジンのような Lewis 塩基存在下にアルケンを加えると Al(CH$_3$)$_2$Cl が除かれ，メタラシクロブタン錯体になる．

$$\text{Cp}_2\text{Ti}\underset{\text{Cl}}{\overset{\text{CH}_2}{\diagdown}}\text{Al}\underset{\text{CH}_3}{\overset{\text{CH}_3}{\diagup}} + \text{RCH}=\text{CH}_2 \xrightleftharpoons{\text{Py}} \text{Cp}_2\text{Ti}\diagdown\underset{\text{CH}_2}{\overset{\text{CH}_2}{\diagdown}}\text{C}\underset{\text{H}}{\overset{\text{R}}{\diagup}} + \text{Al(CH}_3)_2\text{Cl}\cdot\text{Py} \qquad (5\cdot139)$$

このようなメタラシクロブタン錯体は，カルベン錯体 Cp$_2$Ti=CH$_2$ がアルケンと反応して安定化した形になったものと見なすことができる．X 線結晶構造解析の結果によれば，メタラシクロブタンの 4 員環構造は折り紙のツルの羽のように折れ曲がった（puckered という）4 員環を形成している

このメタラシクロブタン錯体はほかのアルケンと反応するとアルケンのメチレン部分が交換して別の型のメタラシクロブタンになる．これらの反応は，チタンのカルベン錯体と，アルケンとの反応によるチタナシクロブタンの関与を考えることにより統一的に説明できる．

$$\text{Cp}_2\text{Ti}\text{□}-\text{R} + \text{D}_2\text{C}=\text{C}_6\text{H}_{10} \rightleftharpoons \text{Cp}_2\text{Ti}\text{□(D}_2)-\text{R} + \text{H}_2\text{C}=\text{C}_6\text{H}_{10} \qquad (5\cdot140)$$

チタンのカルベン錯体は，アルケンメタセシスおよびシクロプロパン化反応の触媒となるほか，ケトンやエステルなどさまざまなカルボニル化合物と反応してカルボニル基を含む化合物から酸素原子を除き，アルケンに変換する．この反応は，酸素原子と金属原子の含まれたメタラオキサシクロブタンを経由して進行し，Wittig 反応の生成物類似のアルケン類を与える．触媒反応ではないものの，カルボニル化合物を一段階でアルケンに変換する反応として注目すべき反応である[204]．合成単離されたメタラシクロブタン錯体を用いても，同様な Wittig 型の反応が進行する．また，アルキンのメタセシスも知られている（§6・5・2 参照）．

$$\text{Cp}_2\text{Ti(Cl)}-\text{Al(CH}_3)_2 + \text{O}=\text{C}_9\text{H}_8 \longrightarrow \text{Cp}_2\text{Ti}-\text{O}-\text{C}_9\text{H}_8 \longrightarrow \text{CH}_2=\text{C}_9\text{H}_8 \qquad (5\cdot141)$$

$$\text{Wittig 反応}\quad \text{O}=\text{C}_6\text{H}_{10} + \text{CH}_2=\text{P(C}_6\text{H}_5)_3 \xrightarrow{-\text{O}=\text{P(C}_6\text{H}_5)_3} \text{CH}_2=\text{C}_6\text{H}_{10}$$

Intermezzo　OMCOS の父 V. Grignard

　金属亜鉛とハロゲン化アルキルの反応により，アルキル亜鉛化合物が合成できることを見いだしてのち，この反応の発見者 E. Frankland は，水銀などの金属とハロゲン化アルキルの反応により，いくつかの新しいアルキル金属化合物の合成に成功した．また，ほかの研究者も同様の反応により，新しいアルキル金属化合物の合成に成功した．しかし，アルキル亜鉛はじめ，それまでに合成されたアルキル金属化合物の大部分は，空気中では分解し，水とは激しく反応する，扱いにくいものだった．したがって，有機合成へ応用できる例は限られていた．

　1899 年に，フランスのリヨン大学教授 P. A. Barbier はメチルヘプテノンとヨウ化メチルおよびマグネシウムを反応させ，この系を加水分解すると第三級アルコールが生成することを見いだした．この反応は今日でもケトンのカルボニル基にアルキル基を導入する方法として用いられ，Barbier (バルビエ) 反応といわれている．最初この反応は収率も低く，再現性もなかった．Barbier は，当時 28 歳の V. Grignard にこの反応の検討を行うことを勧めた．

　Grignard は，先生の勧めに従って，博士論文のテーマとしてこの反応を取上げ，その研究を始めた．彼はケトンが存在しない場合に，ハロゲン化アルキルとマグネシウムの反応で何ができるかを調べ，ハロゲン化アルキルと金属マグネシウムの反応で有機マグネシウム化合物が生成することを見いだした．また，この有機マグネシウム化合物を含む混合系をケトンと反応させると，加水分解後アルコールが生成することを見いだし，その結果を 1900 年に発表した．Grignard 反応剤の誕生である．Grignard はさらに猛烈に働き，翌年には 7 報の論文を出した．

　Grignard は，ハロゲン化アルキルと金属マグネシウムの反応生成物の反応性を広範に調べた．この系で生成するアルキルマグネシウム化合物は，ケトンだけでなく，アルデヒド，エステル，アミド，酸塩化物，二酸化炭素のカルボニル基とも反応し，これらの反応はカルボニル基の炭素原子にアルキル基を結合させる有力な手段になった．今日彼は，"有機金属化学の父"といわれている．彼の仕事には，遷移金属化合物は含まれていないので，"有機金属化学の父"というのは多少問題がある．しかし，有機合成指向の有機金属化学の道を拓いたという意味で，"OMCOS (organometallic chemistry directed toward organic synthesis) の父"とよんでもいいかもしれない．

　Grignard は 1912 年に，固体触媒の研究に従事していた，同じくフランス人の P. Sabatier とともにノーベル化学賞を授与された．しかし，Grignard はこの決定に不満であった．ノーベル賞受賞の晩餐会の席で Grignard は "ノーベル委員会は Sabatier と私にノーベル賞を授与するのではなく，まず，Sabatier に授賞し，次に Barbier 先生と私に授賞すべきだった" と述べたという．

文　献

1) F. Basolo, R. G. Pearson, "Mechanisms of Inorganic Reactions", 2nd Ed., John Wiley & Sons (1967).
2) "Soft and Hard Acid and Bases", ed. by R. G. Pearson, Dowden, Hutchinson & Rossi (1973); 田中元治, 森田 桂, 齋藤一夫, 化学と工業, **4**, 184 (1973); J. A. Davies, F. R. Hartley, *Chem. Rev.*, **81**, 79 (1981); R. G. Pearson, *J. Am. Chem. Soc.*, **85**, 3533 (1963).
3) W. A. Henderson, *J. Am. Chem. Soc.*, **20**, 5791 (1960).
4) C. A. Tolman, *J. Am. Chem. Soc.*, **92**, 2953 (1970).
5) W. Strohmeier, F. J. Müller, *Chem. Ber.*, **100**, 2812 (1967).
6) R. J. Angelici, *Acc. Chem. Res.*, **28**, 51 (1995).
7) P. C. Möhring, N. J. Coville, *Coord. Chem. Rev.*, **250**, 18 (2006).
8) C. A. Tolman, *J. Am. Chem. Soc.*, **92**, 2953 (1970).
9) C. A. Tolman, *Chem. Rev.*, **77**, 313 (1977).
10) K. W. Barnett, T. G. Pollmann, *J. Organomet. Chem.*, **69**, 413 (1974).
11) W. Partenheimer, *Inorg. Chem.*, **11**, 743 (1972).
12) W. Partenheimer, E. F. Hoy, *Inorg. Chem.*, **12**, 2805 (1973).
13) T. Fueno, O. Kajimoto, J. Furukawa, *Bull. Chem. Soc. Jpn.*, **41**, 782 (1966).
14) M. E. van der Boom, D. Milstein, *Chem. Rev.*, **103**, 1759 (2003).
15) R. H. Crabtree, D.-H. Lee, 'Activation of Substrates with Non-Polar Single Bonds', in "Fundamentals of Molecular Catalysis", ed. by H. Kurosawa, A. Yamamoto, p. 65, Elsevier, Amsterdam (2003).
16) V. V. Grushin, *Chem. Rev.*, **96**, 2011 (1996); P. G. Jessop, R. H. Morris, *Coord. Chem. Rev.*, **121**, 155 (1992); D. M. Heineckey, W. J. Oldham, Jr., *Chem. Rev.*, **93**, 913 (1993); G. J. Cubas, *Comments Inorg. Chem.*, **7**, 17 (1988).
17) A. Dedieu, A. Strich, *Inorg. Chem.*, **18**, 2940 (1979).
18) M. A. Esteruelas, L. A. Oro, *Chem. Rev.*, **98**, 577 (1998); S. Sabo-Etienne, B. Chaudret, *Chem. Rev.*, **98**, 2077 (1998); G. J. Kubas, *J. Organomet. Chem.*, **635**, 37 (2001).
19) 村上正浩, 伊藤嘉彦, 有機合成化学協会誌, **55**, 444 (1997); M. Murakami, Y. Miyamoto, Y. Ito, 有機合成化学協会誌, **60**, 1049 (2002).
20) J. Rajaram, J. A. Ibers, *J. Am. Chem. Soc.*, **100**, 829 (1978); J. Burgess, R. I. Haines, E. R. Hammer, R. D. W. Kemmit, M. A. R. Smith, *J. Chem. Soc., Dalton Trans.*, 2579 (1975); B. Rybtchinski, D. Milstein, *Angew. Chem. Int. Ed.*, **38**, 870 (1999).
21) Y. Nishihara, C. Yoda, K. Osakada, *Organometallics*, **20**, 2124 (2001).
22) K. P. J. Vollhardt, T. W. Weidman, *J. Am. Chem. Soc.*, **105**, 1676 (1983).
23) H. Suzuki, Y. Takaya, T. Takemori, M. Tanaka, *J. Am. Chem. Soc.*, **116**, 10779 (1994).
24) B. A. Arndtsen, R. G. Bergmann, T. A. Mobley, T. H. Peterson, *Acc. Chem. Res.*, **28**, 154 (1995); R. H. Crabtree, *Acc. Chem. Res.*, **95**, 987 (1995); C. Hall, R. N. Perutz, *Chem. Rev.*, **96**, 3125 (1996); A. E. Shilov, "Activation of Saturated hydrocarbons by Transition Metal Complexes", D. Reidel, Hingham MA (1984); A. E. Shilov, G. B. Shul'pin, *Chem. Rev.*, **97**, 2879 (1997).
25) C. A. Tolman, S. D. Ittel, A. D. English, J. P. Jesson, *J. Am. Chem. Soc.*, **101**, 1742 (1979).
26) G. W. Parshall, *Acc. Chem. Res.*, **8**, 113 (1975); G. W. Parshall, *Catalysis*, **1**, 335 (1977).
27) M. L. H. Green, *Ann. N. Y. Acad. Sci.*, **333**, 229 (1980); N. J. Cooper, M. L. H. Green, M. Mahtab, *J. Chem. Soc., Dalton Trans.*, **1979**, 1557; M. Berry, K. Elmitt, M. L. H. Green, *J. Chem. Soc., Dalton Trans.*, **1979**, 1950.
28) A. J. Janoxicz, R. G. Bergman, *J. Am. Chem. Soc.*, **104**, 3223, (1982).
29) M. Gupta, C. Hagen, R. J. Flesher, W. C. Kaska, C. M. Jensen, *Chem. Commun.*, **1996**, 2083; M. Gupta, C. Hagen, W. C. Kaska, R. E. Cramer, C. M. Jensen, *J. Am. Chem. Soc.*, **119**, 840 (1997); W.

Xu, G. P. Rosini, M. Gupta, C. M. Jensen, W. C. Kaska, K. Krogh-Jesperson, A. S. Goldman, *Chem. Commun.*, **1997**, 2273.
30) H. Chen, S. Schlecht, T. C. Sample, J. F. Hartwig, *Science*, **287**, 1995 (2000).
31) H. Tamura, H. Yamazaki, H. Sato, S. Sakaki, *J. Am. Chem. Soc.*, **125**, 16114 (2003); C. N. Iverson, M. R. Smith Ⅲ, *J. Am. Chem. Soc.*, **121**, 7696 (1999); H. Chen, S. Schlecht, T. C. Temple, J. F. Hartwig, *Science*, **287**, 1995 (2000); T. Ishiyama, N. Miyaura, *Pure Appl. Chem.*, **78**, 1369 (2006).
32) H.-P. Abicht, K. Issleib, *Z. Chem.*, **17**, 1 (1977); G. W. Parshall, *Acc. Chem. Res.*, **3**, 139 (1970); M. I. Bruce, *Angew. Chem., Int. Ed. Engl.*, **16**, 73 (1977); I. Omae, *Coord. Chem. Rev.*, **32**, 235 (1980).
33) S. Komiya, T. Ito, M. Cowie, A. Yamamoto, J. A. Ibers, *J. Am. Chem. Soc.*, **98**, 3874 (1976).
34) S. Murai, F. Kakiuchi, S. Sekine, Y. Tanaka, A. Kametani, N. Sonoda, N. Chatani, *Nature*, **366**, 529 (1993); M. Sonoda, F. Kakiuchi, N. Chatani, S. Murai, *Bull. Chem. Soc. Jpn.*, **70**, 3117 (1997).
35) 垣内史敏, 有機合成化学協会誌, **62**, 14 (2004); F. Kakiuchi, S. Murai, *Acc. Chem. Res.*, **35**, 826 (2002).
36) T. Matsubara, N. Koga, D. G. Musaev, K. Morokuma, *J. Am. Chem. Soc.*, **120**, 12692 (1998).
37) S. Jia, D. Piao, J. Oyamada, W. Lu, T. Kitamura, Y. Fujiwara, *Science*, **287**, 1992 (2000); W. D. Jones, *Science*, **287**, 1942 (2000); J. Hartwig, *Science*, **287**, 1995 (2000); C. Jia, T. Kitamura, Y. Fujiwara, 有機合成化学協会誌, **59**, 1052 (2001); C. Jia, T. Kitamura, Y. Fujiwara, *Acc. Chem. Res.*, **34**, 633 (2001).
38) S. Ko, Y. Na, S. Chang, *J. Am. Chem. Soc.*, **124**, 750 (2002).
39) Y. H. Huang, J. A. Gladysz, *J. Chem. Educ.*, **65**, 298 (1988).
40) J. W. Suggs, *J. Am. Chem. Soc.*, **100**, 640 (1988); K. Wang, T. J. Emge, A. S. Goldman, C. Li, S. T. Nolan, *Organometallics*, **14**, 4929 (1995).
41) C. P. Longes, M. Brookhart, *J. Am. Chem. Soc.*, **119**, 3165 (1997).
42) T. Shima, H. Suzuki, *Organometallics*, **24**, 3939 (2005).
43) G. Lesley, P. Nguyen, N. J. Taylor, T. B. Marder, A. J. Scott, W. Clegg, N. C. Norman, *Organometallics*, **15**, 5137 (1996).
44) T. Ishiyama, N. Miyaura, *J. Organomet. Chem.*, **680**, 3 (2003); 石山竜生, 有機合成化学協会誌, **61**, 1176 (2003).
45) T. Hayashi, T. Kobayashi, A. M. Kawamoto, H. Yamashita, M. Tanaka, *Organometallics*, **6**, 280 (1990).
46) M. Murakami, T. Yoshida, Y. Ito, *Organometallics*, **13**, 2900 (1994).
47) F. Ozawa, M. Sugawara, T. Hayashi, *Organometallics*, **13**, 3237 (1994).
48) H. Okinoshima, K. Yamamoto, M. Kumada, *J. Am. Chem. Soc.*, **94**, 9263 (1972).
49) Y. Obara, Y. Tsuji, T. Kawamura, *Organometallics*, **12**, 2853 (1993).
50) Y. Obara, Y. Tsuji, K. Nishiyama, M. Ebihara, T. Kawamura, *J. Am. Chem. Soc.*, **118**, 10922 (1996).
51) E. Shirakawa, T. Hiyama, *Bull. Chem. Soc. Jpn.*, **75**, 1435 (2002).
52) T. Y. Luh, M.-kit Leung, K.-Tsung Wong, *Chem. Rev.*, **100**, 3187 (2000).
53) P. Fitton, M. P. Johnson, J. E. McKeon, *Chem. Commun.*, **1968**, 6.
54) T. Schaub, M. Backes, U. Radius, *J. Am. Chem. Soc.*, **128**, 15964 (2006).
55) M. J. Burk, B. Segmuller, R. H. Crabtree, *Organometallics*, **6**, 2241 (1987); F. M. Connroy-Lewis, A. D. Redhouse, S. J. Simpson, *J. Organomet. Chem.*, **366**, 357 (1989).
56) J. K. Stille, K. S. Y. Lau, *Acc. Chem. Res.*, **10**, 434 (1977).
57) H. Urata, M. Tanaka, T. Fuchikami, *Chem. Lett.*, **1987**, 751.

58) A. L. Casado, P. Espinet, *Organometallics*, **17**, 954 (1998).
59) I. Bach, K.-R. Pörschke, R. Goddard, C. Kopiscke, C. Krüger, A. Rufinska, K. Seevogel, *Orgnometallics*, **15**, 4959 (1996).
60) L. J. Goossen, D. Koley, H. L. Hermann, W. Thiel, *Organometallics*, **24**, 2398 (2005).
61) A. A. C. Braga, G. Ujaque, F. Maseras, *Organometallics*, **25**, 3647 (2006).
62) M. Ahlquist, P. Fristrup, D. Tanner, Per-Ora Norrby, *Organometalics*, **25**, 2066 (2006).
63) H. M. Senn, T. Ziegler, *Organometallics*, **23**, 2980 (2004).
64) K. C. Lam, T. B. Marder, Z. Lin, *Organometallics*, **26**, 738 (2007).
65) F. Barrios-Landeros, J. F. Hartwig, *J. Am. Chem. Soc.*, **127**, 6944 (2005).
66) H. M. Senn, T. Ziegler, *Organometallics*, **23**, 2980 (2004).
67) K. C. Lam, T. B. Marder, Z. Lin, *Organometallics*, **26**, 758 (2007).
68) L. J. Goossen, D. Loley, H. Hermann, W. Thiel, *Chem. Comm.*, **2004**, 2141.
69) A. H. Roy, J. F. Hartwig, *J. Am. Chem. Soc.*, **125**, 13944 (2003); F. Barrios-Landeros, J. F. Hartwig, *J. Am. Chem. Soc.*, **127**, 6944 (2005).
70) J. F. Hartwig, *Inorg. Chem.*, **46**, 1936 (2007); J. F. Hartwig, *Acc. Chem. Res.*, **31**, 852 (1998).
71) V. V. Grushin, H. Alper, *Chem. Rev.*, **94**, 7 (1994).
72) T. Yamamoto, J. Ishizu, T. Kohara, T. Komiya, A. Yamamoto, *J. Am. Chem. Soc.*, **102**, 3758 (1980).
73) R. Kakino, I. Shimizu, A. Yamamoto, *Bull. Chem. Soc. Jpn.*, **74**, 371 (2001); R. Kakino, S. Yasumi, I. Shimizu, A. Yamamoto, *Bull. Chem. Soc. Jpn.*, **75**, 137 (2002).
74) L. J. Goossen, N. Rodriguez, K. Goossen, *Angew. Chem. Int. Ed.*, **47**, 3100 (2008).
75) A. Yamamoto, R. Kakino, I. Shimizu, *Helv. Chim. Acta.*, **84**, 2996 (2001); A. Yamamoto, *Pure Appl. Chem.*, **74**, 1 (2002); A. Yamamoto, *J. Organomet. Chem.*, **689**, 4499 (2004).
76) A. M. Jones, M. Utsunomiya, C. D. Incavito, J. F. Hartwig, *J. Am. Chem. Soc.*, **128**, 1828 (2006); G. Gatti, J. A. Lopez, C. Mealli, A. Musco, *J. Organomet. Chem.*, **483**, 77 (1994).
77) H. Narahashi, A. Yamamoto, I. Shimizu, *Chem. Lett.*, **33**, 348 (2004); H. Narahashi, A. Yamamoto, I. Shimizu, *J. Organomet. Chem.*, **693**, 283 (2008); K. Nagayama, I. Shimizu, A. Yamamoto, *Bull. Chem. Soc. Jpn.*, **72**, 799 (1999); H. Narahashi, I. Shimizu, A. Yamamoto *J. Organomet. Chem.*, **693**, 283, (2008).
78) R. Kuwano, Y. Kondo, Y. Matsuyama, *J. Am. Chem. Soc.*, **125**, 12104 (2003).
79) S. Komiya, M. Hirano, 'Activation of Substrates with Polar Single Bond', in "Fundamentals of Molecular Catalysis", ed. by H. Kurosawa, A. Yamamoto, p. 115, Elsevier, Amsterdam (2003).
80) S. Komiya, M. Hirano, 'Activation of Substrates with Polar Single Bond', in "Fundamentals of Molecular Catalysis", ed. by H. Kurosawa, A. Yamamoto, p. 132, Elsevier, Amsterdam (2003).
81) J. Tsuji, K. Sato, H. Okamoto, *Tetrahedron Lett.*, **1982**, 5189; J. Tsuji, K. Sato, H. Okamoto, *J. Org. Chem.*, **49**, 1341 (1984); J. Tsuji, I. Minami, *Acc. Chem. Res.*, **20**, 140 (1987).
82) R. Kakino, I. Shimizu, A. Yamamoto, *Bull. Chem. Soc. Jpn.*, **74**, 371 (2001); R. Kakino, S. Yasumi, I. Shimizu, A. Yamamoto, *Bull. Chem. Soc. Jpn.*, **75**, 137 (2002).
83) J. Tsuji, I. Shimizu, I. Minami, Y. Ohashi, *Tetrahedron Lett.*, **23**, 4809 (1982); *idem.*, *J. Org. Chem.*, **50**, 1523 (1985).
84) A. Yamamoto, R. Kakino, I. Shimizu, *Helv. Chim. Acta.*, **84**, 2996 (2001); A. Yamamoto, *Pure Appl. Chem.*, **74**, 1 (2002); A. Yamamoto, *J. Organomet. Chem.*, **689**, 4499 (2004).
85) K. T. Aye, D. Colpitts, G. ferguson, R. J. Puddephatt, *Organometallics*, **7**, 1454 (1998); A. A. Zolta, F. Frolow, D. Milstein, *Organometallics*, **9**, 1300 (1990).
86) Y.-S. Lin, A. Yamamoto, 'Activation of C−O Bonds: Stoichiometric and Catalytic Reactions', in "Activation of Unreactive Bonds and Organic Synthesis", Topics in Organometallic Chemistry, ed.

by S. Murai, H. Alper, R. A. Gossage, V. V. Grushin, M. Hidai, Y. Ito, W. D. Jones, F. Kakiuchi, G. van Koten, Y.-S. Lin, p. 161, Springer, Berlin (1999); A. Yamamoto, Y. Kayaki, K. Nagayama, I. Shimizu, *Synlett.*, **2000**, 925; A. Yamamoto, R. Kakino, I. Shimizu, *Helv. Chim. Acta.*, **84**, 2996 (2001).
87) L. J. Goossen, D. Kdey, H. L. Herrmann, W. Thiel, *Organometallics*, **25**, 54 (2006).
88) K. Sano, T. Yamamoto, A. Yamamoto, *Chem. Lett.*, **1984**, 941; K. Sano, T. Yamamoto, A. Yamamoto, *Bull. Chem. Soc. Jpn.*, **57**, 2741 (1984).
89) K. Osakada, M.-K. Doh, F. Ozawa, A. Yamamoto, *Organometallics*, **9**, 2197 (1990).
90) T. Yoshida, T. Matsuda, T. Okano, T. Kitami, S. Otsuka, *J. Am. Chem. Soc.*, **101**, 2027 (1979).
91) T. Yoshida, S. Otsuka, *J. Am. Chem. Soc.*, **99**, 2134 (1977).
92) O. Blum, D. Milstein, *J. Am. Chem. Soc.*, **124**, 11456 (2002).
93) P. W. Atkins, J. C. Green, M. L. H. Green, *J. Chem. Soc.*, **A**, 3350 (1977).
94) T. Yamamoto, K. Sano, A. Yamamoto, *Chem. Lett.*, **1982**, 907.
95) P. J. Perez, J. C. Calabrese, E. E. Bunel, *Organometallics*, **20**, 337 (2001).
96) T. Yamamoto, J. Ishizu, A. Yamamoto, *J. Am. Chem. Soc.*, **103**, 6863 (1981).
97) C. A. Tolman, S. D. Ittel, A. D. English, J. P. Jesson, *J. Am. Chem. Soc.*, **101**, 1742 (1979).
98) S. Ueno, E. Mizushima, N. Chatani, F. Kakiuchi, *J. Am. Chem. Soc.*, **128**, 16516 (2006).
99) M. E. van der Boom, S. Y. Liou, Y. Ben-David, A. Vigalok, D. Milstein, *Angew. Chem., Int. Ed. Engl.*, **36**, 624 (1997); D. Milstein, *Pure Appl. Chem.*, **75**, 445 (2003).
100) P. L. Watson, *J. Chem. Soc., Chem. Commun.*, **1983**, 219.
101) Y. K. Gun'ko, P. B. Hithcock, M. F. Lappert, *J. Organomet. Chem.*, **499**, 213 (1995).
102) W. D. Jones, R. M. Chin, T. W. Crane, D. M. Baruch, *Organometallics*, **13**, 4448 (1994); W. D. Jones, D. A. Vicic, R. M. Chin, J. H. Roache, A. W. Myers, *Polyhedron*, **16**, 3115 (1997).
103) R. J. Angelici, *Polyhedron*, **16**, 3099 (1997).
104) C. Bianchini, M. V. Jimenez, A. Meli, S. Moneti, F. Vizza, V. Herrera, R. A. Sanchez-Delgado, *Organometallics*, **14**, 2342 (1995); C. Bianchini, J. A. Casares, M. V. Jimenez, A. Meli, S. Moneti, F. Vizza, V. Herrera, R. Sanchez-Delgado, *Organometallics*, **14**, 4850 (1995).
105) P. T. Matsunaga, G. L. Hillhouse, *Angew. Chem. Int., Ed. Engl.*, **33**, 1748 (1996).
106) K. Osakada, M. Maeda, Y. Nakamura, T. Yamamoto, A. Yamamoto, *J. Chem. Soc., Chem. Commun.*, **1986**, 42.
107) K. Osakada, H. Hayashi, M. Maeda, T. Yamamoto, A. Yamamoto, *Chem. Lett.*, **1986**, 597.
108) K. Osakada, T. Chiba, Y. Nakamura, T. Yamamoto, A. Yamamoto, *Chem. Comm.*, **1986**, 1589.
109) H. Kuniyasu, A. Ohtaka, T. Nakazono, M. Kinomoto, H. Kurosawa, *J. Am. Chem. Soc.*, **122**, 2375 (2000).
110) 有澤美枝子, 山口雅彦, 有機合成化学協会誌, **65**, 1213 (2007).
111) K. Hiraki, T. Matsunaga, H. Kawano, *Organometallics*, **13**, 1878 (1994).
112) M. Aresta, A. Dibenedetto, A. Quaranta, M. Lanfranchi, A. Tripicicchio, *Organometallics*, **19**, 4199 (2000).
113) H. Werner, G. Hörlin, W. D. Jones, *J. Organomet. Chem.*, **562**, 45 (1998).
114) K. Kong, C. Cheng, *J. Am. Chem. Soc.*, **113**, 6313 (1991).
115) V. Grushin, *J. Am. Chem. Soc.*, **19**, 1888 (2000).
116) M. Sakamoto, I. Shimizu, A. Yamamoto, *Chem. Lett.*, **1995**, 1101.
117) F. Ozawa, 'Reductive Elimination', p. 479, in "Fundamentals of Molecular Catalysis", ed. by H. Kurosawa, A. Yamamoto, Elsevier, Amsterdam (2003); K. Osakada, 'Transmetalation', p. 233 in "Fundamentals of Molecular Catalysis", ed. by H. Kurosawa, A. Yamamoto, Elsevier Amsterdam (2003).

118) F. Ozawa, T. Ito, Y. Nakamura, A. Yamamoto, *Bull. Chem. Soc. Jpn.*, **54**, 1868 (1981).
119) F. Ozawa, T. Ito, A. Yamamoto, *J. Am. Chem. Soc.*, **102**, 6457 (1980).
120) F. Ozawa, A. Yamamoto, T. Ikariya, R. H. Grubbs, *Organometallics*, **1**, 1481 (1982).
121) たとえば, T. A. Albright, J. K. Birdett, M.-H. Whangbo, "*Orbital Interactions in Chemistry*", Wiley Interscience, New York (1985).
122) K. Tatsumi, R. Hoffmann, A. Yamamoto, J. K. Stille, *Bull. Chem. Soc. Jpn.*, **54**, 1857 (1981).
123) K. Tatsumi, A. Nakamura, S. Komiya, A. Yamamoto, T. Yamamoto, *J. Am. Chem. Soc.*, **106**, 8181 (1984).
124) S. Komiya, T. A. Albright, R. Hoffmann, J. K. Kochi, *J. Am. Chem. Soc.*, **98**, 7255 (1976).
125) F. Ozawa, K. Kurihara, T. Yamamoto, A. Yamamoto, *J. Organomet. Chem.*, **279**, 233 (1985).
126) T. Yamamoto, A. Yamamoto, S. Ikeda, *J. Am. Chem. Soc.*, **93**, 3350 (1971).
127) S. Komiya, Y. Abe, A. Yamamoto, T. Yamamoto, *Organometallics*, **2**, 1466 (1983).
128) K. Osakada, H. Onodera, Y. Nishihara, *Organometallics*, **24**, 190 (2005).
129) J. Hartwig, 'Palladium-Catalyzed Synthesis of Aryl Ethers and Related Compounds Containing S and Se' in "Handbook of Organopalladium Chemistry for Organic Synthesis", ed. by E. Negishi, p. 1097, Wiley Interscience (2002).
130) J. Hartwig, *Acc. Chem. Res.*, **31**, 852 (1998).
131) J. Hartwig, *Inorg. Chem.*, **46**, 1936 (2007).
132) J. P. Stambuli, Z. Weng, C. D. Incarvito, J. F. Hartwig, *Angew. Chem. Int. Ed.*, **46**, 7674 (2007).
133) M. Yamashita, J. F. Hartwig, *J. Am. Chem. Soc.*, **126**, 5344 (2004); M. Yamashita, J. V. C. Vicario, J. Hartwig, *J. Am. Chem. Soc.*, **125**, 16347 (2003).
134) B. S. Williams, A. W. Holland, K. I. Goldberg, *J. Am. Chem. Soc.*, **121**, 252 (1999).
135) D. Barañano, J. Hartwig, *J. Am. Chem. Soc.*, **117**, 2937 (1995); G. Mann, D. Barañano, J. F. Hartwig, A. L. Rheingold, I. A. Guzei, *J. Am. Chem. Soc.*, **120**, 9205 (1998).
136) A. L. Schwan, *Chem. Soc. Rev.*, **33**, 218 (2004).
137) K. Kayaki, A. Yamamoto, '1,1-Insertion into Metal-Carbon Bond', in "Fundamentals of Molecular Catalysis", ed. by H. Kurosawa, A. Yamamoto, p. 373, Elsevier, Amsterdam (2003).
138) A. Wojcicki, *Adv. Organomet. Chem.*, **11**, 87 (1973); F. Calderazzo, *Angew. Chem., Int. Ed. Engl.*, **16**, 299 (1977).
139) H. Brunner, B. Hammer, I. Bernal, M. Draux, *Organometallics*, **2**, 1595 (1983); T. C. Flood, K. D. Campbell, H. H. Downs, S. Nakanishi, *Organometallics*, **2b**, 1590 (1983).
140) H. Berke, R. Hoffmann, *J. Am. Chem. Soc.*, **100**, 7224 (1978); S. Sakaki, K. Kitaura, K. Morokuma, K. Ohkubo, *J. Am. Chem. Soc.*, **105**, 2280 (1983).
141) W. T. Boese, P. C. Ford, *J. Am. Chem. Soc.*, **117**, 8381 (1995); P. C. Ford, S. Massik, *Coord. Chem. Rev.*, **262**, 39 (2002).
142) F. Ozawa, A. Yamamoto, *Chem. Lett.*, **1981**, 289.
143) S. Sakaki, K. Kitaura, K. Morokuma, K. Ohkubo, *J. Am. Chem. Soc.*, **105**, 2280 (1983).
144) Y. Kayaki, H. Tsukamoto, M. Kaneko, I. Shimizu, A. Yamamoto, *J. Organomet. Chem.*, **622**, 199 (2001).
145) P. Margl, T. Ziegler, *Organometallics*, **15**, 5519 (1996); P. Margl, T. Zeigler, *J. Am. Chem. Soc.*, **118**, 7337 (1996).
146) G. P. C. M. Dekker, C. J. Elsevier, K. Vrieze, P. W. N. M. van Leeuwen, *Organometallics*, **11**, 1598 (1992).
147) F. Ozawa, T.-I. Son, K. Osakada, A. Yamamoto, *J. Chem. Soc., Chem. Commun.*, **1989**, 1067.
148) H. des Abbayes, J.-Y. Salaün, *Dalton Trans.*, **2003**, 1041.
149) F. Francalanci, A. Gardano, L. Abis, T. Fiorani, M. Foa, *J. Organomet. Chem.*, **243**, 87 (1983).

150) Y. Yamamoto, H. Yamazaki, *Coord. Chem. Rev.*, **8**, 225 (1972); A. Wojcicki, *Adv. Organomet. Chem.*, **11**, 21 (1973); E. Singleton, H. E. Oosthuizen, *Adv. Organomet. Chem.*, **22**, 209 (1983).
151) J. G. P. Delis, P. G. Aubel, K. Vrieze, P. W. N. L. van Leeuwen, N. Veldman, A. L. Spek, F. J. R. Neer, *Organometallics*, **16**, 2948 (1997).
152) Y. Yamamoto, H. Yamazaki, *Inorg. Chem.*, **11**, 211 (1972).
153) 伊藤嘉彦, 村上正浩, 有機合成化学協会誌, **49**, 184 (1991).
154) 杉野目道紀, 高分子, **57**, 130 (2008).
155) A. Wojcicki, *Adv. Organomet. Chem.*, **12**, 31 (1974).
156) H. S. Klein, *J. Chem. Soc., Chem. Commun.*, **1968**, 377.
157) W. Keim, J. Herwig, G. Pelzer, *J. Org. Chem.*, **62**, 422 (1997).
158) H. L. M. Wojcinski, M. T. Bover, A. Sen, *Inorg. Chim. Acta*, **1998**, 8.
159) R. R. Schrock, *J. Am. Chem. Soc.*, **96**, 6796 (1971).
160) J. Schwarz, *Pure Appl. Chem.*, **52**, 733 (1980).
161) D. L. Reger, P. J. McElligott, *J. Organomet. Chem.*, **216**, C12 (1981).
162) D. L. Reger, E. C. Culbertson, *J. Am. Chem. Soc.*, **98**, 2789 (1976); D. L. Reger, E. C. Culbertson, *Inorg. Chem.*, **16**, 3104 (1977).
163) S.-I. Murahashi, M. Yamamura, N. Mita, *J. Org. Chem.*, **42**, 2870 (1977).
164) K. Maruyama, T. Ito, A. Yamamoto, *J. Organomet. Chem.*, **155**, 359 (1978); K. Maruyama, T. Ito, A. Yamamoto, *Bull. Chem. Soc. Jpn.*, **52**, 849 (1979); T. Sugino, Y. Shiraiwa, M. Hasegawa, K. Ichikawa, *Bull. Chem. Soc. Jpn.*, **52**, 3629 (1979).
165) H. Zhao, A. Ariafard, Z. Lin, *Organometallics*, **25**, 812 (2006).
166) P. Foley, G. M. Whitesides, *J. Am. Chem. Soc.*, **101**, 2732 (1979).
167) R. H. Grubbs, T. M. Trnka, M. S. Sanford, 'Transition Metal-Carbene Complexes in Olefin Metathesis and Related Reactions', in "Fundamentals of Molecular Catalysis", ed. by H. Kurosawa, A. Yamamoto, p. 187, Elsevier, Amsterdam (2003).
168) J. M. Takacs, E. C. Lawson, F. Clement, *J. Am. Chem. Soc.*, **119**, 5956 (1997).
169) I. Schwarz, M. Braun, *Chem. Eur. J.*, **5**, 2301 (1999).
170) R. Ogawa, T. Nakajima, I. Shmizu, *Chem. Lett.*, 278 (2008).
171) R. Epstein, 'The Formation and Transformation of Allenic-Acetylenic Carbanions' in "Comprehensive Carbanion Chemistry", ed. by E. Buncel, T. Durst, Wlsevier Science, New York (1984); B. J. Brisdon, R. A. Walton, *Polyhedron*, **14**, 1259 (1995); 生越専介, 黒沢英夫, 有機合成化学協会誌, **61**, 16 (2003).
172) 辻 二郎, 萬代忠勝, OMニュース, 14 (1995).
173) 小笠原正道, 有機合成化学協会誌, **66**, 100 (2008).
174) E. R. Evitt, R. G. Bergman, *J. Am. Chem. Soc.*, **101**, 3973 (1979).
175) J. L. Davidson, M. Green, F. G. A. Stone, A. J. Welch, *J. Chem. Soc., Dalton Trans.*, **1979**, 2044.
176) P. M. Maitlis, *J. Organomet. Chem.*, **200**, 161 (1980).
177) Y.-S. Lin, A. Yamamoto, *Organometallics*, **17**, 3466 (1998).
178) Y.-S. Lin, A. Yamamoto, *Bull. Chem. Soc. Jpn.*, **71**, 723 (1998).
179) W. Tom, W. -K. Wng, J. A. Gladysz, *J. Am. Chem. Soc.*, **101**, 1589 (1979); C. P. Casey, M. A. Andrews, J. E. Rinz, *J. Am. Chem. Soc.*, **101**, 741 (1979).
180) K. H. Dötz, P. Tomuschat, *Chem. Soc. Rev.*, **28**, 187 (1999).
181) J. E. Bäckvall, B. Åkermark, S. L. Ljunggren, *J. Am. Chem. Soc.*, **101**, 2411 (1979); J. K. Stille, R. Divakarluni, *J. Organomet. Chem.*, **169**, 239 (1979).
182) H. Kurosawa, T. Majima, N. Asada, *J. Am. Chem. Soc.*, **102**, 6996 (1980).
183) A. Panunzi, A. DeRenzi, G. Pajaro, *J. Am. Chem. Soc.*, **92**, 3488 (1970).

184) T. Yamamoto, O. Saito, A. Yamamoto, *J. Am. Chem. Soc.*, **103**, 5600 (1981).
185) T. Hayashi, T. Hagihara, M. Konishi, M. Kumada, *J. Am. Chem. Soc.*, **105**, 7767 (1983).
186) H. Kurosawa, S. Ogoshi, N. Chatani, Y. Kawasaki, S. Murai, *Chem. Lett.*, **1990**, 1745; K. L. Granberg, J. E. Bäckvall, *J. Am. Chem. Soc.*, **114**, 6858 (1992); S. Ogoshi, H. Kurosawa, *Organometallics*, **12**, 2869 (1993); 黒沢英夫, 有機合成化学協会誌, **46**, 356 (1988).
187) R. Hoffmann, A. R. Otte, A. Wilde, S. Menzer, D. J. Williams, *Angew. Chem. Int., Ed. Engl.*, **34**, 100 (1995).
188) 佐竹彰治, 有機合成化学協会誌, **58**, 736 (2000).
189) G. Evard, R. Thomas., I. Bernal, *Inorg. Chem.*, **15**, 52 (1976).
190) G. Davies, J. Hibberd, S. J. Simpson, *J. Organomet. Chem.*, **246**, C16 (1983).
191) Y. H. Lai, W. Tam, K. P. C. Vollhardt, *J. Organomet. Chem.*, **216**, 97 (1981).
192) トランスメタル化に関する総説: K. Osakada, 'Transmetalation', in "Fundamentals of Molecular Catalysis", ed. by H. Kurosawa, A. Yamamoto, p. 233, Elsevier Amsterdam (2003); K. Osakada, T. Yamamoto, *Coord. Chem. Rev.*, **198**, 379 (2000).
193) H. Nakazawa, F. Ozawa, A. Yamamoto, *Organometallics*, **2**, 241 (1983).
194) 小澤文幸, 山本明夫, 日本化学会誌, **1987**, 773.
195) J. A. Casares, P. Espinet, B. Fuentes, G. Salas, *J. Am. Chem. Soc.*, **129**, 3508 (2007).
196) A. L. Cadaso, P. Espinet, *J. Am. Chem. Soc.*, **120**, 8978 (1998); A. L. Casado, P. Espinet, A. M. Gallego, *J. Am. Chem. Soc.*, **122**, 11771 (2000).
197) P. Espinet, A. M. Echavarren, *Angew. Chem. Int. Ed.*, **43**, 4704 (2004).
198) J. W. Labadie, J. K. Stille, *J. Am. Chem. Soc.*, **105**, 6129 (1983); J. Ye, R. K. Bhatt, J. R. Falck, *J. Am. Chem. Soc.*, **116**, 1 (1994).
199) S. Komiya, M. Bundo, T. Yamamoto, A. Yamamoto, *J. Organomet. Chem.*, **174**, 343 (1979).
200) G. J. Kubas, "Metal Dihydrogen and σ-Bond Complexes, Structure, Theory, and Reactivity" Kluwer Academic/Plenum Publishers, New York (2001).
201) R. N. Perutz, S. Sabo-Etienne, *Angew. Chem. Int. Ed.*, **46**, 2578 (2007).
202) P. L. Watson, G. W. Parshall, *Acc. Chem. Res.*, **18**, 51 (1985); P. L. Watson, *J. Am. Chem. Soc.*, **105**, 6491 (1983).
203) M. E. Thompson, S. M. Baxter, A. R. Bulls, B. J. Burger, M. C. Nolan, B. D. Santarisiero, W. P. Schaefer, J. E. Bercaw, *J. Am. Chem. Soc.*, **109**, 203 (1987).
204) S. H. Pine, *Org. React.*, **43**, 1 (1993).

6

錯体触媒反応

6・1 固体触媒と錯体触媒

　触媒には不均一系触媒（固体触媒）と均一系触媒がある．不均一系触媒の有用な触媒作用を初めて見いだしたのは，フランスのP. Sabatierである．彼は，ニッケル，鉄の細かい粉末を水素ガス気流でエチレン，アセチレンと加熱すると，エタンができることを見いだし，さらにもっと分子量の大きい有機不飽和化合物も水素化されるという事実を見いだした．この発見は，常温で液状の不飽和脂肪酸エステルを含む魚油を硬化して，マーガリン等にする食品工業の基礎にもなった．Sabatierはこの発見により1912年にV. Grignardとともにノーベル化学賞を受賞した．

　金属表面で起こるこの現象は，発見当初から神秘的な作用であるとの印象があった．この現象に対して触媒作用(catalysis)という言葉を提案したのは，スウェーデンの化学者J. J. Berzeliusである．また，ラトビアのリガの出身でライプチッヒ大学の教授として物理化学の基礎を開いたF. W. Ostwaldは，1909年に触媒と化学平衡の研究に対してノーベル化学賞を受賞している[1]．

　このような金属あるいは金属酸化物を用いる固体触媒表面の解析には多くの困難が伴うため，固体触媒の研究は容易ではなかった．しかし最近は，各種の物理化学的測定手段が発達してきたので，固体触媒表面の構造に関しても，かなりの情報が得られるようになった．2007年のノーベル化学賞がアンモニア合成触媒など固体表面の化学の研究に従事してきたG. Ertlに与えられた事実はその反映である．

　一方，遷移金属錯体を用いる触媒反応の研究では，金属錯体を分子として扱えるから，触媒分子の構造や，反応基質との相互作用，活性化および生成物への変換過程についても，実験化学的手段や分光学的手法を用いて詳細に解明することができる．そのため，固体触媒反応に比べて研究がずっとやりやすく，各種触媒作用の機構もかなり詳細に明らかにされている．

　固体触媒と遷移金属錯体触媒はそれぞれ次のような利点を有する．

固体触媒の利点
1) 触媒と反応基質や生成物との分離が簡単であり,回収,再使用が容易である.
2) 錯体触媒に比べて固体触媒では,高温で反応させることができるなど,一般に反応条件の選択がそれほど厳しくない(触媒として堅牢である).
3) 生成物への触媒混入による生成物純度の低下が起きにくい.

錯体触媒の利点
1) 金属錯体を分子として取扱うことができるから,分子レベルで触媒活性種の構造解析が可能である.
2) 触媒活性種と考えられる錯体を合成するか,あるいは類似錯体を合成し,実験化学的および分光学的手法を用いて,反応基質の活性化や生成物に変換される過程などを詳細に研究することができる.
3) 触媒活性種の構造解析や反応性を計算化学的手法により検討し,触媒反応時の活性化状態や合理的な触媒サイクルを提案し,その妥当性を検討できる.

ただし,一見均一に溶解しているようにみえる触媒反応系でも,触媒作用を示す物質が完全に溶解して均一になっているかどうかの確認がむずかしい場合もあり,また固体触媒を用いる研究においても,極微量の,活性の高い触媒が溶液中に溶け出して,反応を促進している場合もあるので,扱っている**触媒系が均一系**か,**不均一系**かの厳密な区別は必ずしも容易ではない.

本章では,遷移金属錯体触媒反応の機構を5章で述べた素反応過程,1) 中心金属への配位子の配位と金属からの解離,2) 酸化的付加反応と還元的脱離反応,3) 挿入反応と逆挿入反応(引き抜き反応),4) 錯体に結合した配位子の反応,5) メタセシス反応(トランスメタル化,アルケンメタセシス,σ結合メタセシスを含む)の組合わせとして理解するとともに,錯体触媒を用いる触媒反応の応用例を述べる[2].なお,これまでに知られている遷移金属錯体を触媒とする均一系触媒反応や有機合成反応は,膨大な数に及んでおり,本書ではアルケン,アルキン,一酸化炭素の関与する触媒反応および炭素ー炭素結合の生成を伴うクロスカップリング反応に限定して述べる.その他の反応については,ほかの成書を参照してほしい.単純な酸や塩基による均一系触媒反応がこれまで研究されてきているがここでは扱わない.

6・2 触媒サイクルの検討

錯体触媒による触媒サイクルは,金属錯体の素反応の組合わせとして図6・1のように模式化することができる.

錯体触媒反応では,通常,錯体触媒を溶媒に溶かし,均一溶液として使用する.たとえ

6・2 触媒サイクルの検討

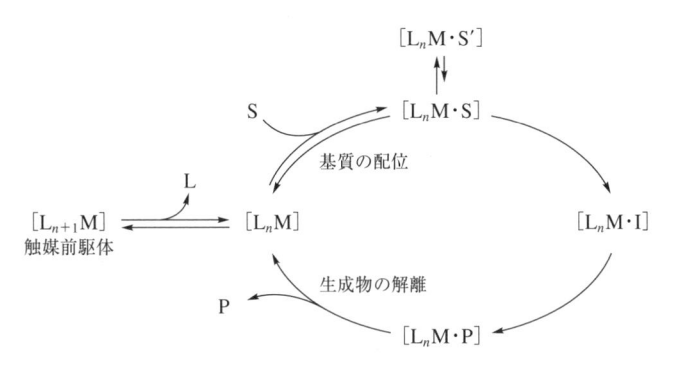

図 6・1 触媒サイクル. Sは反応基質, Iは反応中間体, Pは生成物を示す.

ば, $Pd[P(C_6H_5)_3]_4$ は, パラジウムを用いる多くの触媒反応において使用される $Pd(0)$ 錯体であり, 空気中では酸化されやすいが熱的にはかなり安定な, 配位的に飽和した錯体である. しかし, この錯体はそのままの形で触媒になるわけではない. この錯体に結合した配位子である $P(C_6H_5)_3$ が溶液中で錯体から一部解離して, 配位不飽和な錯体を生成し, その錯体が触媒活性を示す. したがって, $Pd[P(C_6H_5)_3]_4$ はこのパラジウム触媒系の**前駆体**(precursor)である.

実際の触媒反応では, $Pd(0)$ 錯体 $Pd[P(C_6H_5)_3]_4$ を用いなくても, 空気中でも安定な2価の酢酸パラジウム $Pd(OAc)_2$ と $P(C_6H_5)_3$ の混合系を触媒前駆体として用いて, 似たような反応を起こさせることができる. その理由は, 反応系中で $Pd(OAc)_2$ の還元反応が進行して, $Pd(0)$ に何個かの $P(C_6H_5)_3$ が結合した反応活性な触媒が生成するためである. ただ, この混合系触媒を用いるときは, 系中で $Pd(II)$ 錯体が $Pd(0)$ 錯体に還元されるときに微量の水分により PR_3 が酸化されてホスフィンオキシド OPR_3 が生成するので, PR_3 のみを用いる場合とは配位子の影響が多少異なる可能性があることに注意する必要がある.

触媒反応の活性種は, 反応基質Sを取込み, それを錯体上で反応中間体Iを経て, 生成物Pに変換する. この触媒系は, その後, 生成物Pを触媒サイクルの外に放出し, 自らは最初の形に戻る. このようなサイクルが一回りすると, 錯体あたり1分子の生成物が放出される. 単位時間あたりの, 触媒サイクルの回転数は, 触媒回転頻度 (turnover frequency: **TOF**) とよばれる. 錯体触媒1モルあたりの回転数を触媒回転数 (turnover number: **TON**) という.

TOF の大きな触媒は, 反応基質を高速で生成物に変換する. しかし, その触媒が短時間で活性を失う (失活する) 場合には, TON は小さくなる. あまり TON の小さい触媒は実用的な触媒とはいえない.

触媒反応が進行する場合に, 触媒サイクルにおける各素反応の速度は均等で, 滑らかに

触媒サイクルが回るわけではなく，どこかの段階で反応速度が遅い素反応がある．たとえば，図6・1の触媒サイクル中で，[L$_n$M・S] から [L$_n$M・I] に移行する段階の反応速度がその前段階の反応速度に比べて小さければ，触媒活性種は [L$_n$M・S] の段階でとどまり，その後，活性化エネルギーの山を乗り越えて [L$_n$M・P] に変換されて生成物Pを放出する．錯体自身は [ML$_n$] に戻り，触媒サイクルが一回転する．図6・1の [L$_n$M・S] から [L$_n$M・I] に移る段階を触媒サイクルにおける速度制御段階〔turnover limiting step〕とよぶ．触媒反応がゆっくりと回転していて反応系中で速度制御段階より前にある化学種*が十分な濃度で存在する場合には，それをNMRで観測できる場合がある．触媒サイクルには図6・1に示すように，おもな触媒作用を担う触媒サイクルのほかに，触媒サイクルの外側に触媒サイクルからはずれた場所に化学種* [L$_n$M・S′] が存在することがある．さらに触媒活性種である [L$_n$M] 自身を観測することはできなくても，配位子が結合して配位的に飽和した化学種 [L$_{n+1}$M] が触媒サイクルの外側に安定な化学種として存在することがある．このような化学種は触媒前駆体ともよばれ，触媒サイクル外にあっても触媒活性種と平衡状態にあり，ただちに触媒活性種となり得るので，このような状態にある化学種もNMRで観測できることがある．また，その錯体の結晶を単離してX線結晶構造解析等の手法により分子構造を知ることができる場合もある．最近では，計算化学的手法が進歩してきたので，触媒サイクル中に存在する化学種が活性化される段階についても，かなり信頼性のある解析結果が得られるようになりつつある．

6・3　炭素－炭素結合の生成を伴うカップリング反応
6・3・1　炭素－ハロゲン結合の開裂を伴う触媒的カップリング反応

有機合成は，炭素－水素結合，炭素－炭素結合，あるいは炭素－ヘテロ元素結合の開裂あるいは結合により既存の有機化合物を修飾したり，変換したりすることによって，より付加価値の高い化合物をつくりあげていく作業である．そのような作業を行うための手段として，既知の有機化合物の一部をほかの有機化合物の一部と連結して，新しい物質を合成する手段をもっていれば，有機合成において有利になる．

錯体触媒を用いる有機基のカップリング反応は，有機合成への応用において，素反応の組合わせにより触媒反応を設計できる可能性を示した好例である．同一の有機基を連結する場合を**ホモカップリング反応**，異なった有機基を連結する反応を**クロスカップリング反応**という．錯体触媒を用いるクロスカップリング反応の最初の例は，玉尾皓平，熊田　誠ら[3]，および R. J. Corriu ら[4] により報告された．この反応では，ニッケル錯体を触媒とし

---

* 速度制御段階より前にある状態および触媒サイクルの外側にある化学種を resting state という．

て，クロロベンゼンなどのハロゲン化アリールと Grignard（グリニャール）反応剤を反応させてアリール基とアルキル基を連結することができる．この方法は，その後ほかの遷移金属錯体を触媒とする合成反応へと拡張され，今日では，炭素－炭素結合形成の有力な手段として合成化学者により広く用いられている．

玉尾らの見いだした触媒反応は先行する基礎研究の蓄積の上に開発された．山本明夫らは，有機金属化合物の基礎研究の一環として行った研究において，(6・1)式に示すように，二座配位子であるビピリジンを有するジエチルニッケル錯体の還元的脱離反応がクロロベンゼンの添加によって促進されることを見いだし報告している[5]．

$$(bpy)Ni(C_2H_5)_2 + C_6H_5Cl \rightleftharpoons (bpy)Ni(\eta^2\text{-}C_6H_5Cl)(C_2H_5)_2 \xrightarrow{-C_2H_5-C_2H_5} (bpy)Ni(C_6H_5)(Cl)$$

(6・1)

この反応では，まず，ジエチルニッケル錯体 $Ni(C_2H_5)_2(bpy)$ のニッケル原子にクロロベンゼンがπ配位したアレーン錯体が得られる．この配位により2本の $Ni-C_2H_5$ 結合が活性化され，二つのエチル基の**還元的脱離反応**が促進されて n-ブタンが生成する．π配位したクロロベンゼンはニッケルに配位することにより活性化され，C_6H_5-Cl 結合の切断と，それに続く**酸化的付加反応**が連続的に進行してフェニルニッケルクロリド錯体 $Ni(C_6H_5)(Cl)(bpy)$ が得られる．

玉尾らは，山本らの結果を有機合成に利用する可能性を見逃さず，ハロゲン化アリールと Grignard 反応剤を用いてアリール基とアルキル基を触媒的に結合させるクロスカップリング反応に発展させた．この触媒反応発見の鍵は，有機ニッケル錯体に関する基礎的研究において見いだされた還元的脱離反応と酸化的付加反応の二つの素反応を，トランスメタル化と結びつけることにより，アルキル基とアリール基の触媒的カップリング反応を起こさせる手段を見いだした点にある．すなわち，(6・1)式で生成するフェニル基と Cl 基を有する $Ni(C_6H_5)(Cl)(bpy)$ が Grignard 反応剤 RMgX と反応すれば，**トランスメタル化反応**により，$Ni(C_6H_5)(R)(bpy)$ を与え，これが次の段階で C_6H_5Cl と反応すれば，(6・1)式に示されている反応と同様に，R と C_6H_5 が還元的に脱離して C_6H_5-R 結合を生成し，結果として触媒サイクルが回転するはずである．有機合成への応用を指向したこのようなアイディアを抱くか否かに，その後の大きな展開に結びつくかどうかの分かれ道があった*．

---

* その当時は，炭素－炭素結合生成を伴う還元的脱離の概念は確立されていなかった．また，有機基間の結合により遷移金属の0価錯体が化学種として生成するかどうかも明確ではなかった．

6. 錯体触媒反応

　触媒として用いる遷移金属化合物としては，ニッケルのほかに，パラジウム錯体が同様のクロスカップリング反応の触媒となることが，その後，多くの日本の研究者により見いだされ[6]，今日では，ニッケルやパラジウムのほか，鉄やその他各種の遷移金属錯体が触媒として用いられている．また配位子としてはビピリジンのほか，各種の第三級ホスフィンを用いて反応を制御することができる．遷移金属としてパラジウムを使用したときには，反応操作が比較的簡単であり，各種ホスフィン配位子との組合わせを工夫して，合成目的に合致した反応系を構築できる．そのため，この方法を採用する合成化学者が増加し，特に日本では，多くの研究者がさまざまな配位子を有する各種の遷移金属錯体を用い，いろいろなトランスメタル化剤と組合わせた触媒反応系を開発した．このクロスカップリング反応の発見を端緒として OMCOS（Organometallic Chemistry directed toward Organic Synthesis）とよばれる大きな研究分野が世界的に発展した．

　一般的な触媒的クロスカップリング反応の反応機構を素反応の組合わせをもとに触媒サイクルとして書くと，図 6・2 のようになる．この触媒サイクルでは，反応機構の基本的概念を示すため，中心金属 M に結合した補助配位子は省略してある．m−R はトランスメタル化剤として用いる有機典型元素化合物，Ar−X はハロゲン化アリールを表す．実際の触媒反応では，遷移金属の種類，配位子の種類，有機典型元素化合物の種類の組合わせによりさまざまな反応系が存在する．触媒サイクルを形成している各素反応の研究によって，たとえば，触媒反応の触媒回転速度を制御しているのがどの段階なのかを理解し，その素反応の反応速度を促進する条件を見いだすことにより，触媒反応の最適化が実現できる[7]．

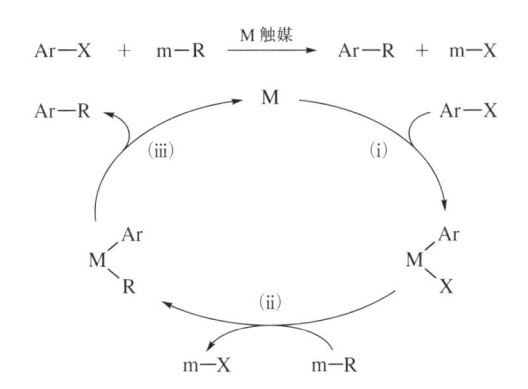

図 6・2　アリール基とアルキル基の触媒的クロスカップリング反応の概念図

　パラジウム錯体を用いる触媒的カップリング反応を図 6・2 を用いて説明しよう．パラジウム錯体を用いる触媒反応は，通常パラジウム(0)とパラジウム(II)錯体の間で進行し，パラジウム(II)錯体は平面四角形構造をとる．まず，i) パラジウム(0)錯体（図中 M）への

ハロゲン化アリール Ar—X の酸化的付加反応により M が M(Ar)(X) になる過程，ii) この M(Ar)(X) に結合したハロゲン X が RMgX のような有機典型元素化合物 m—R とのトランスメタル化により，アルキル基とアリール基が中心金属に結合した錯体 M(Ar)(R) になる過程，および，iii) 還元的脱離によりカップリング生成物 Ar—R を放出してパラジウム(0)錯体に戻る過程である．それぞれの素反応については，§5・2, §5・5・1 で述べた．

トランスメタル化剤 m—R の選択はカップリング反応において重要である．有機化合物中の官能基と反応しないような官能基許容性のあるトランスメタル化剤を用いることができれば，カップリング反応の前に反応基質の官能基を保護する必要がないから合成反応として使いやすくなる．ニッケル錯体を触媒とする玉尾-熊田-Corriu 反応では反応性の高いアルキルマグネシウム化合物を用いるが，パラジウム錯体を触媒とする場合，これにかわるトランスメタル化剤として，亜鉛（根岸反応），スズ（小杉-右田-Stille 反応），ケイ素（檜山反応），ホウ素（鈴木-宮浦反応）などの有機典型元素化合物を用いる有用な触媒反応が次々に開発された．また炭素－炭素三重結合を含むカップリング反応（薗頭-萩原反応）も開発された．そして 2010 年度のノーベル化学賞はパラジウム触媒を用いるクロスカップリング反応を開発した研究者のうち，亜鉛化合物などをアルキル化剤として使用する方法を開発したパーデュー大学の根岸英一，有機ホウ素化合物を用いるクロスカップリング反応を開発した北海道大学の鈴木 章に授与された*．

また，クロスカップリング反応としては，炭素－炭素のカップリングのほかに，窒素，酸素，硫黄などのヘテロ原子を含む化合物と有機基をカップリングさせ，アミン，エーテル，スルフィドなどの有機化合物を触媒的に合成する方法（Buchwald-Hartwig 反応）が相次いで開発された．以下，それぞれの触媒反応について簡単に説明を加える．

a 玉尾-熊田-Corriu 反応

ニッケルあるいはパラジウム錯体を触媒とし，アルキル，アリール，アルケニルおよびアリルの Grignard 反応剤 m—R をトランスメタル化剤として用いて，ハロゲン化アリールの sp² 炭素に結合したハロゲンをトランスメタル化剤の R 基に置き換える反応を**玉尾-熊田-Corriu 反応**という．この型の触媒反応はまた，アリール基のクロスカップリング反応およびホモカップリング反応に用いられる．

クロスカップリング反応中に遷移金属にアルキル基が結合する場合，アルキル基の β 水素脱離反応が起きやすいため，アルキル基とのクロスカップリングの適用範囲には制限があった．しかし，その後の研究により，適切な第三級ホスフィンを用いることで，β 水素

---

* 2010 年のノーベル化学賞はデラウエア大学の R. Heck にもクロスカップリング反応研究者として同時に授与されたが，本書では Heck の研究は反応機構が異なるので，クロスカップリングではなく，アリール化合物のビニル化として扱っている．

を有するアルキルマグネシウム化合物とハロゲン化アリールとの間でもクロスカップリング反応が可能になった．さらにニッケル触媒の配位子として剛直な"やっとこ"型配位子，ピンサー型配位子を用いることにより，sp^2-sp^3 炭素間結合を形成するアリールマグネシウム化合物とハロゲン化アルキルとのカップリング反応が実現されるようになった[8]．

ハロゲン化アリールとしては，ヨウ化物が最も反応しやすく，臭化物，塩化物の順に反応性は低下するが，ニッケル触媒では (6・2)式に示すように，塩化物も用いることができる[9]．

$$\begin{array}{c}\text{Cl} \\ \text{Cl}\end{array} + C_4H_9MgBr \xrightarrow{NiCl_2(dppp)} \begin{array}{c}(dppp)\\Ni-C_4H_9\\ \\Ni-C_4H_9\\(dppp)\end{array} \xrightarrow{還元的脱離} \begin{array}{c}C_4H_9\\ \\C_4H_9\end{array} \quad (6・2)$$

さらに，反応系にジエンを加えた場合に，それが二量化することにより安定化配位子となり，ハロゲン化アルキルとアルキニルマグネシウム化合物やアリールマグネシウム化合物との間でもクロスカップリング反応が可能となった[10]．

$$R-X + R'-MgX \xrightarrow{NiCl_2, 1,3-ジエン} R-R' \quad (6・3)$$
R = アルキル　R' = アルキニル，アリール
X = Cl, Br, OTs

不斉配位子を含むニッケル触媒 NiL* を用いることによりクロスカップリング反応は (6・4)式に示すように，不斉炭素-炭素結合生成反応に展開できる[11]．

不斉アミノホスフィン配位子 L* を有するニッケル触媒の存在下に，ラセミ体のアルキル Grignard 反応剤とブロモエテンとのクロスカップリング反応は，立体選択的に進行して高い光学純度の生成物を 100% に近い収率で与える．この反応においては，不斉配位子をもつビニルニッケル中間体がラセミ体の Grignard 反応剤の一方のエナンチオマーと速やかに反応し，立体化学を保持してトランスメタル化された後，還元的脱離反応によって

$$\begin{array}{c}H\ CH_3\\C_6H_5\ MgCl\end{array} + \diagup\!\!\!\diagdown Br \xrightarrow{NiL^*} \begin{array}{c}H\ CH_3\\C_6H_5\end{array}\!\!\diagdown \quad (6・4)$$

ビニル基を有するカップリング生成物を与える．この際，反応性の低いアルキル Grignard 反応剤は，反応系中で速やかにラセミ化をするため，結果として動的速度論的分割を経て，高収率で不斉生成物が得られる．

重縮合反応による高分子合成　芳香族ジハロゲン化物とジ Grignard 反応剤を用いると，ニッケル触媒の存在下にシクロファンを 1 段階で合成できる[12]．

$$\text{Cl-Y-Cl} + \text{XMg(CH}_2\text{)}_n\text{MgX} \xrightarrow[-\text{MgX}_2]{\text{NiCl}_2\text{(dppe)} 触媒} \text{シクロファン生成物} \quad (6 \cdot 5)$$

同様のやり方で有機ジハロゲン化物と反応系中で発生させる Grignard 反応剤を用いて重縮合反応を起こさせると，高分子化合物が得られる[13]．

$$\text{X-C}_6\text{H}_4\text{-X} + \text{Mg} \xrightarrow{\text{NiCl}_2 触媒} \text{-(C}_6\text{H}_4\text{)}_n\text{-} + \text{MgX}_2 \quad (6 \cdot 6)$$

$$\text{X-(C}_4\text{H}_2\text{S)-X} + \text{Mg} \xrightarrow{\text{NiCl}_2\text{L}_2 触媒} \text{-(C}_4\text{H}_2\text{S)}_n\text{-} + \text{MgX}_2 \quad (6 \cdot 7)$$

$$\text{X-(CH}_2\text{)}_n\text{-X} + \text{Mg} \xrightarrow{\text{CuBrL}_2 触媒} \text{-(CH}_2\text{)}_n\text{-} + \text{MgX}_2 \quad (6 \cdot 8)$$

このような芳香環が繋がった高分子化合物は，ラジカル反応により合成した化合物より規則性の高い構造をしている．これらの高分子化合物は熱的に安定で，空気とも反応しにくく，ポリアセチレンと同様にヨウ素等の適当な添加物 (dopant) で処理することにより導電性が大きく向上することが知られている[14]．

b 根岸反応

トランスメタル化剤として有機亜鉛化合物を用いてニッケルあるいはパラジウム錯体を触媒とするクロスカップリング反応が根岸らにより開発された．このほか，根岸らは (6・9) 式に示すようにアルミニウムや亜鉛化合物を用いるカップリング反応も開発している[15]．

$$\text{C}_6\text{H}_5\text{-CO-(CH}_2\text{)}_3\text{-I} + \text{RO-(CH}_2\text{)}_2\text{Zn} \xrightarrow[-\text{ZnI}_2]{\text{Ni(acac)}_2 触媒} \underset{76\%}{\text{C}_6\text{H}_5\text{-CO-(CH}_2\text{)}_5\text{-OR}} \quad (6 \cdot 9)$$

$$\text{RC}{\equiv}\text{CH} \xrightarrow{\text{HAl}(i\text{-C}_3\text{H}_7)_2} \underset{\text{H}}{\overset{\text{R}}{\diagdown}}\text{C=C}\underset{\text{Al-}i\text{-C}_3\text{H}_7}{\overset{\text{H}}{\diagup}} + \text{Ar-X} \xrightarrow{\text{Ni}[\text{P(C}_6\text{H}_5)_3]_4} \underset{\text{H}}{\overset{\text{R}}{\diagdown}}\text{C=C}\underset{\text{Ar}}{\overset{\text{H}}{\diagup}} \quad (6 \cdot 10)$$

このような手法を組合わせて,各種不飽和化合物の幾何異性体をつくり分けることができる.アルキンからアルケニルアルミニウムを合成してそれを利用する反応はカルボアルミニウム化反応と名付けられ,天然物合成などに応用されている.

c 小杉-右田-Stille 反応

官能基に対する許容性の高い有機スズ化合物をアルキル化剤として用いる,(6・11)式に示すようなパラジウム触媒によるクロスカップリング反応がまず小杉正紀,右田俊彦により,ついで J. K. Stille らにより相次いで開発された.小杉-右田-Stille 反応または Stille カップリングとよばれる[16].

$$R-X + R'-Sn\diagup \xrightarrow{Pd^0} R-R' + \diagup Sn-X \quad (6・11)$$

ただ,有機スズ化合物には毒性を有するものがあるので,最近はトランスメタル化剤として次に示すような有機ケイ素,ホウ素など,毒性の少ないほかの金属化合物の方が使用される傾向がある.

d 有機ケイ素化合物を用いる反応(檜山反応)

マグネシウムやスズなどのアルキル化合物と比べて,有機ケイ素化合物は強い共有結合性の Si-C 結合をもち,やや求核性に劣るため,そのままではアルキル化剤としてトランスメタル化に用いることはできない.しかし,(6・12)式に示すように,KF や,$(C_4H_9)_4NF$ (TBAF) のような形でフッ化物イオンを添加して,$RSiY_3$ をシリカートイオンに変換すると,Si-R 結合の反応性が増し,アルキル基をトランスメタル化剤として用いることが可能になる[17],[18].

$$\begin{array}{c} RSiY_3 + KF \\ \updownarrow \\ X-Pd-R' + K^+\left[\begin{array}{c}F\\|\\Y-Si\cdots Y\\|\\R\end{array}\right]^- \xrightleftharpoons[-KF]{-XSiY_3} R-Pd-R' \end{array} \quad (6・12)$$

この方法は,比較的高価なフッ化物イオンを使用する必要があるなどの問題点があったが,その後フッ素化合物を使用しない方法も開発されている[19].

e 有機ホウ素化合物を用いる反応(鈴木-宮浦反応)

前述のように,トランスメタル化剤として有機マグネシウム化合物,有機亜鉛化合物,有機アルミニウム化合物,有機スズ化合物,有機ケイ素化合物が用いられ,それぞれに特

色のある反応性を示すことが明らかになっている．しかし，反応条件や，反応基質が制限される場合や，毒性の懸念される反応剤を使う必要があるなど，合成手法としては，それぞれ一長一短がある．その点，毒性の低い有機ホウ素化合物を利用する鈴木-宮浦反応は，取扱いが容易で，官能基に対する許容性も大きいなどの特長を有するため，実験室レベルだけではなく，工業的にも広く使用されるようになった[20]．

有機ホウ素化合物をトランスメタル化剤として用いるパラジウム触媒反応は次のような特長を有する．

1) 求核性の大きなトランスメタル化剤と異なり，各種の官能基が存在しても使用することができる．
2) 塩基性条件下に反応は進行する．塩基の存在下では，有機ホウ素化合物は第四級化され，ホウ酸塩になるが，この第四級塩においてホウ素に結合したアルキル基は中性の有機ホウ素化合物のアルキル基より求核性が大きく，有機パラジウム錯体にトランスメタル化しやすい．

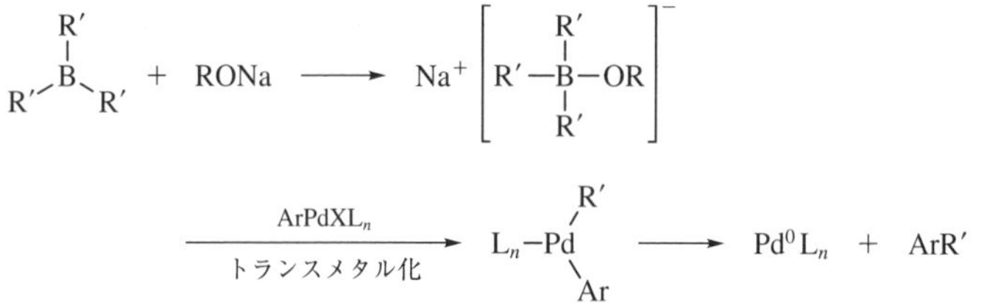

$$(6 \cdot 13)$$

3) 多様な構造のアルキルおよびアルケニルホウ素化合物が簡便に合成可能であり，汎用性に優れている．
4) 有機ホウ素化合物のB−C結合は水に対し安定であり，取扱いやすい．

§3・5・1で述べたように，ボランBH₃と各種アルケンの反応により，(3・45)式, (3・46)式に示すような，各種の有機ホウ素化合物が合成されており，クロスカップリング反応に応用されている．たとえば，BH₃と1,5-シクロオクタジエンの反応により得られる9-BBN-Hはアルケンと反応させるとヒドロホウ素化生成物を与える．得られたアルキルホウ素化合物を用いて，クロスカップリング反応により各種有機化合物が効率よく合成できる．図6・3にヒドロホウ素化によく用いられるボラン化合物をあげる．

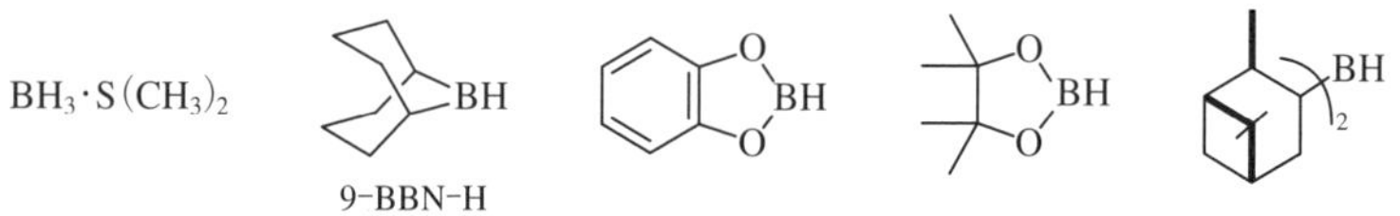

図6・3　典型的なヒドロホウ素化剤の例

共役ジエンの立体選択的合成　鈴木-宮浦反応の有機合成における有用性が明らかになった例として立体特異的なジエン合成がある．たとえば，(6・14)式に示すように，アルキンのヒドロホウ素化により得られる Z 型ビニルホウ素化合物を E 型ハロゲン化ビニルとカップリングさせることにより，Z,E-ジエンが選択的に合成できる．

$$\underset{Z体}{\overset{R}{\diagdown}\mathrm{Br}} + \underset{Z体}{(\mathrm{HO})_2\mathrm{B}\diagup\diagdown R'} \xrightarrow{\text{Pd 触媒, 塩基}} \underset{Z,E体}{\overset{R}{\diagdown}\diagup\diagdown R'} \quad (6\cdot14)$$

このような立体特異的カップリング反応は，複雑な天然物合成を達成する場合において威力を発揮する．実際，岸 義人らは保護基を含めて分子量 6000 に及ぶパリトキシン合成の最終段階において，パラジウム触媒を用いる触媒的クロスカップリング反応を応用し，Z,E-ジエンを含む複雑な構造のパリトキシンを穏和な反応条件下に高収率で合成することに成功し，この合成法の有用性を示した[21]．

f 有機銅化合物を経由するアルキンのカップリング反応（薗頭-萩原反応）

塩化銅はアルキンと反応すると，アルキニル銅錯体になる．このアルキニル銅錯体をトランスメタル化剤としてパラジウム(0)錯体触媒の存在下に，ハロゲン化アリールまたはハロゲン化アルケニルとアルキンの触媒的カップリング反応（薗頭-萩原反応）を起こさせることができる．このアルキニル銅錯体はあらかじめ合成単離する必要はなく，(6・15)式に示すようにハロゲン化銅とアルキンをパラジウム触媒と塩基の存在下に混合して用いればよい．

$$\mathrm{RX} + \mathrm{HC}\equiv\mathrm{CR'} \xrightarrow[\text{アミン}]{\text{Pd 触媒, CuI}} \mathrm{RC}\equiv\mathrm{CR'} \quad \begin{array}{l} \mathrm{R} = \text{アリール} \\ \mathrm{R'} = \text{アリール，アルケニル} \\ \mathrm{X} = \mathrm{Cl, Br, I, OTf} \end{array} \quad (6\cdot15)$$

この触媒反応では，1) パラジウム(0)錯体にハロゲン化アリールが酸化的付加してアリールパラジウム錯体が生成し，2) それがアルキニル銅中間体のアルキニル基とのトランスメタル化反応により，アリール基とアルキニル基が結合したアルキニル(アリール)パラジウム錯体になり，3) その還元的脱離によりアリールアルキンが触媒的に生成するという機構で反応が進行すると考えられる[22]．

薗頭-萩原反応は反応条件が穏和であり，各種の官能基が付いていても反応の障害にならないため，各種のアルキン誘導体を触媒的に合成するのに利用されている．

g 触媒的炭素-ヘテロ元素結合形成反応（Buchwald-Hartwig 反応）

有機合成では，炭素-炭素結合形成とともに，炭素-ヘテロ元素結合の形成反応も重要である．酸アミド，アルコキシド，スルフィドおよび関連化合物は，求電子性が大きい反

6・3 炭素－炭素結合の生成を伴うカップリング反応

応剤に対しては，触媒がなくても反応する．しかし，ハロゲン化アリールのような，弱い求電子剤を用いて炭素－ヘテロ元素結合，C–O，C–N，C–S 結合を形成させるためには触媒を必要とする[23]．

$$\text{Ar－X} + \text{HYAr}' \xrightarrow[25\sim80\,^\circ\text{C, 塩基}]{\text{PdL}_n 触媒} \text{Ar－YAr}' + 塩基\cdot\text{HX} \quad (6\cdot16)$$

X = Cl, Br, I, OTf, OTs　Y = NR, O, S

　ハロゲン化アリール Ar–X とヘテロ原子 Y を有する有機化合物 HYAr' との反応により炭素－ヘテロ元素結合生成物を得るためには，図 6・4 のアミノ化反応の例に示すように，まずパラジウム錯体によるハロゲン化アリール ArX の酸化的付加段階が触媒反応の出発点になる．その後，X と NAr'R とのアニオン交換による金属－窒素結合形成とそれに続く還元的脱離によりアミン化合物が得られる．実際，さまざまなアミン，エーテル，およびスルフィド化合物が合成されている[24]．この形式の反応は Buchwald–Hartwig 反応ともよばれる．

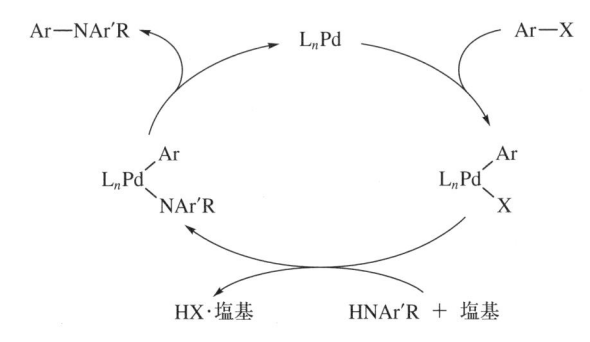

図 6・4　パラジウム錯体触媒によるハロゲン化アリールのアミノ化反応

6・3・2　炭素－酸素結合の開裂を利用する触媒的カップリング反応

　これまで述べたカップリング反応ではすべて，有機ハロゲン化物を反応基質として用いている．有機ハロゲン化物は低原子価遷移金属錯体と反応すると，C–X 結合が簡単に切断し，酸化的付加により有機遷移金属錯体を生成するので，触媒反応に利用しやすいためである．しかし，反応基質の有機ハロゲン化物を合成する場合には，反応終了後に，塩基を用いて反応系を中和し，生成する金属ハロゲン化物を除去するなどの反応操作が必要であり，環境への負荷も大きく，必ずしも望ましい方法とはいえない．

　§5・2 で述べたように，有機ハロゲン化物以外の有機化合物でも，特定の結合が遷移金属錯体との反応により，選択的に切断される方法がいくつか知られている．以下，炭素－ヘテロ原子結合，あるいは炭素－水素結合の開裂を利用した触媒反応について述べる．

a アリル化反応（辻-Trost 反応）

炭素−酸素結合を有する有機化合物と遷移金属錯体との反応により炭素−酸素結合が切断される反応を利用する有機合成反応として，パラジウム錯体を利用するアリル化反応がよく研究されている．§5・2・1b の ii) で述べたように，電子豊富なパラジウム(0)錯体がカルボン酸アリルエステル，あるいは炭酸アリルエステルと反応すると，炭素−酸素結合の酸化的付加が起きて π-アリルパラジウム(II)錯体が生成する．

カルボン酸アリルエステルとパラジウム(0)錯体との反応により生成する π-アリルパラジウム(II)錯体は，図 6・5 に示すように，求核剤 Nu と反応すると，Nu がアリル基に結合した化合物を与えるとともにパラジウム(0)錯体を再生して触媒サイクルが成立する．この触媒的カップリング反応は**辻-Trost 反応**とよばれ，前述のクロスカップリング反応と同様に，遷移金属錯体を用いる触媒反応として有機合成で幅広く活用されている．

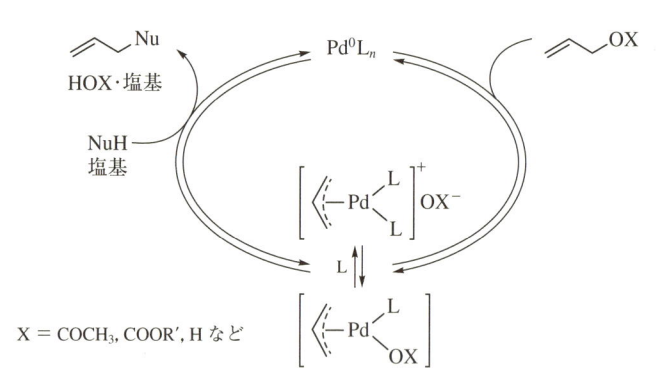

図 6・5 アリル化合物の炭素−酸素結合開裂を伴う酸化的付加と π-アリル配位子への求核攻撃による触媒的アリル化反応

アリル化反応の立体化学に関する研究によれば，アリル−OX とパラジウム(0)錯体の反応に際して，図 6・6 に示すように，Pd(0)原子はアリル平面の OX 基に対して反対側からアリル基を攻撃し（立体反転），その際に OX は金属原子の反対側から脱離して π-ア

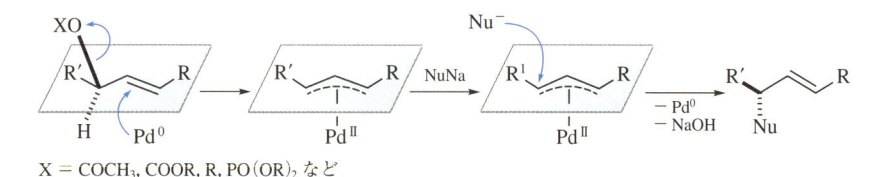

X = COCH$_3$, COOR, R, PO(OR)$_2$ など

図 6・6 Pd(0)錯体へのアリル化合物の酸化的付加および π-アリル錯体への求核剤による攻撃の立体化学

6・3 炭素−炭素結合の生成を伴うカップリング反応

リルパラジウム錯体を形成する．生成したπ-アリルパラジウム錯体に対する求核剤 Nu⁻ の攻撃は，アリル平面に対し，金属の反対側から進行する．したがって，反応全体としては，立体保持で触媒的アリル化反応が進行する．

この反応において，OX が OCOOR のとき，すなわち炭酸アリルエステルを用いる場合には，酸化的付加反応が起きる際に脱炭酸反応が起きる．このときに π-アリルパラジウムアルコキシドが中間に生成し，これが塩基として求核剤 Nu−H と反応し，H を引き抜いて，Nu⁻ と ROH を発生する．したがって，反応系に塩基を加えなくても中性条件下で反応が進行するので，この方法は汎用性に優れた合成反応として利用されている．

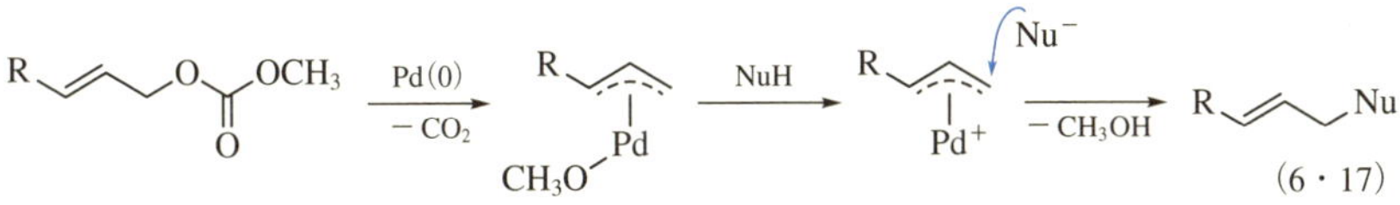

$$R\text{-CH=CH-CH}_2\text{-O-C(O)-OCH}_3 \xrightarrow[-CO_2]{Pd(0)} [\text{π-allyl-Pd-OCH}_3] \xrightarrow{NuH} [\text{π-allyl-Pd}^+ \cdots Nu^-] \xrightarrow{-CH_3OH} R\text{-CH=CH-CH}_2\text{-Nu} \quad (6\cdot17)$$

b カルボン酸無水物の炭素−酸素結合開裂を利用する合成反応

辻-Trost 反応では，アリル−酸素結合開裂による π-アリル錯体の形成が反応の駆動力になっているが，遷移金属錯体の種類によっては，アリル基のない化合物でも，炭素−酸素結合の切断は進行する[25), 26)]．たとえば，カルボン酸無水物は，電子豊富な低原子価遷移金属錯体と反応すると，図 6・7 に示すように 2 箇所で炭素−酸素結合が切断され，二種類のアシル(カルボキシラト)錯体を生成する可能性がある．このアシル(カルボキシラト)錯体は H_2 と反応してアルデヒドとカルボン酸を与える．

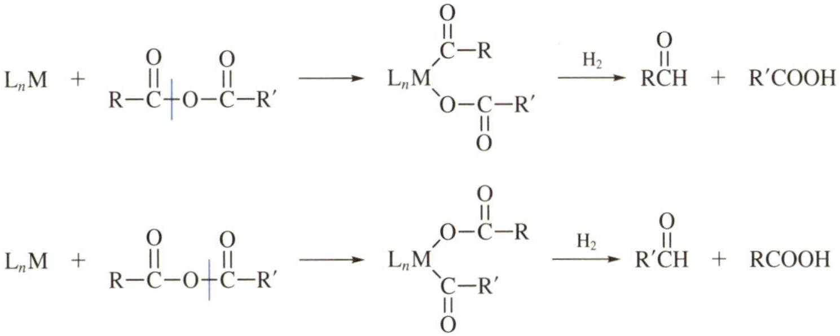

$$L_nM + R\text{-C(O)-O-C(O)-R'} \longrightarrow L_n M(\text{C(O)R})(\text{OC(O)R'}) \xrightarrow{H_2} RCHO + R'COOH$$

$$L_nM + R\text{-C(O)-O-C(O)-R'} \longrightarrow L_n M(\text{OC(O)R})(\text{C(O)R'}) \xrightarrow{H_2} R'CHO + RCOOH$$

図 6・7 カルボン酸無水物と遷移金属錯体の反応における二種類の炭素−酸素開裂反応および水素との反応

ここで同種類のカルボン酸から得られるカルボン酸無水物の水素化反応を用いれば，(6・18)式に示すように触媒的にアルデヒドとカルボン酸が得られる．

$$(RCO)_2O + H_2 \xrightarrow{Pd \text{ 触媒}} RCHO + RCOOH \quad (6\cdot18)$$

6. 錯体触媒反応

　これらの酸無水物の反応性を用いれば，ピバル酸無水物 $(t\text{-}C_4H_9CO)_2O$ のような立体的に嵩高いカルボン酸無水物の存在下にカルボン酸からアルデヒドを直接触媒的に合成できる．すなわち，カルボン酸はピバル酸無水物 $(t\text{-}C_4H_9CO)_2O$ と反応して，(6・19)式に示すように，混合酸無水物 $RCOOCO\text{-}t\text{-}C_4H_9$ と $t\text{-}C_4H_9COOH$ を生成する．得られる混合酸無水物は水素と反応してアルデヒドと $t\text{-}C_4H_9COOH$ を与える．結果として，カルボン酸はピバル酸無水物の存在下に水素化されてアルデヒドに触媒的に変換されることになる．

$$\text{RCOOH} + (t\text{-}C_4H_9CO)_2O + H_2 \xrightarrow{\text{Pd}[P(C_6H_5)_3]_4 \text{触媒}} \text{RCHO} + 2\,t\text{-}C_4H_9COOH$$

$$\text{RCOOH} + (t\text{-}C_4H_9CO)_2O \longrightarrow \text{RCOOCO-}t\text{-}C_4H_9 + t\text{-}C_4H_9COOH$$

$$\text{RCOOCO-}t\text{-}C_4H_9 + H_2 \longrightarrow \text{RCHO} + t\text{-}C_4H_9COOH$$

(6・19)

　カルボン酸無水物の C-O 結合切断を利用する有機合成は，アルデヒドのほかケトン類の合成にも応用できる．実際，図 6・8 に示すように，カルボン酸無水物とアルキルボロン酸との反応によりケトンが得られる．すなわち，(i) パラジウム(0)錯体はカルボン酸無水物と反応し酸化的付加により，アシル(カルボキシラト)パラジウム錯体に変換される．(ii) この中間体はアルキルボロン酸とのトランスメタル化によりアルキル化され，アルキル(アシル)錯体になる．(iii) そのような錯体の還元的脱離が起きればケトンが放出され，パラジウム(0)錯体が再生して，触媒サイクルが回転して触媒的にケトンが生成する．ハロゲン化合物を用いないカップリング反応として合成化学的に有用である．

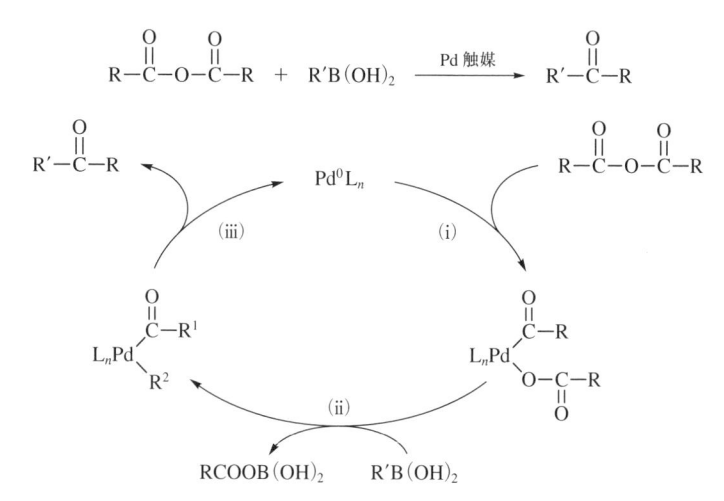

図 6・8　カルボン酸無水物とアルキルボロン酸からケトンの触媒的合成反応の機構

6・4 アルケン類を利用する触媒反応

通常，オレフィンとは，石油から得られる不飽和炭化水素を指し，原油中のナフサ留分に含まれるアルケン，ジエン等の不飽和炭化水素を示す．アルケンとオレフィンは区別せずに用いられることが多いが，IUPACの正式命名法ではアルケンである．

本節では，アルケンのほか，アルキン，ジエン等のオレフィン類を反応基質とする触媒的反応について述べる．これらの触媒反応は，工業的に重要なだけでなく，有機金属化合物の素反応の役割を理解する上でも重要である．実際，これらの基礎研究を通して有機金属化学が体系化されてきた歴史がある．

6・4・1 アルケンの触媒的水素化反応

アルケンの触媒的水素化に関しては，固体触媒を用いる水素化反応が最も古い例として報告されているが，反応機構の詳細については不明であった．一方，均一系触媒によるアルケン類の水素化は，Wilkinson（ウィルキンソン）触媒の発見を契機に，多くの研究者により研究され，アルケンの炭素－炭素二重結合だけでなく，炭素－酸素，さらに炭素－窒素多重結合の水素化に有効な金属錯体触媒も開発された．アルケンの水素化反応の詳細な機構が解明されるとともに，不斉配位子を有する金属錯体触媒によるアルケン，ケトン，イミン類などの不飽和化合物の触媒的不斉水素化も可能になった．触媒を用いる不斉合成では，遷移金属中心の周囲の立体的環境を制御するのがむずかしい固体触媒に比べ，不斉配位子の設計が容易な錯体触媒の方がずっと有利である．ここでは，アルケンの水素化を例に，有機金属化合物の素反応の組合わせについて述べる．

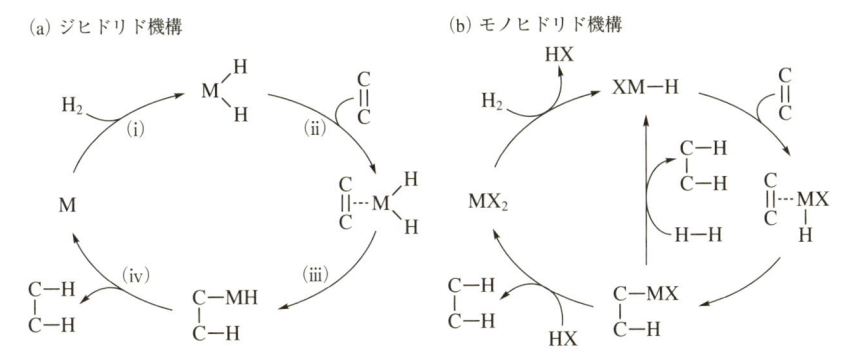

<u>アルケンの触媒的水素化反応の機構</u>　アルケンの水素化反応の機構に関しては，G. Wilkinson が開発したロジウム錯体 $RhCl[P(C_6H_5)_3]_3$ を用いる触媒反応について詳細な研究が行われた[27]．ロジウム触媒によるアルケンの触媒的水素化反応の機構は，図 6・9 (a)に示すように，(i) ロジウム錯体への水素分子 H_2 の酸化的付加によるジヒドリド錯体

図 6・9　アルケンの触媒的水素化反応の機構

の生成*，(ii) 金属－ジヒドリド錯体へのアルケンの配位，(iii) 金属－ヒドリド結合への配位アルケンの挿入反応と，(iv) それにより生成するアルキルヒドリド錯体のヒドリドとアルキル基の還元的脱離による飽和炭化水素化合物の生成と触媒の再生の4段階の素反応からなっていると考えられる.

この触媒サイクルのうち，いくつかの素反応は可逆的である．図6・9(a)では，水素分子が遷移金属錯体に最初に配位してジヒドリド錯体を形成する反応経路を考えたが，場合によってはアルケンが最初に配位し，次に水素が酸化的に付加する経路を考慮する必要がある．この触媒サイクル(a)では，金属中心は酸化と還元を繰返し起こすことになる.

一方，図6・9(b)には，モノヒドリド錯体が活性種となる機構を示す．触媒前駆体である MX_2 錯体が塩基の存在下に H_2 と反応し，金属ヒドリド錯体が生成する．この錯体にアルケンが配位，挿入してアルキル錯体となり，次に H_2 がこのアルキル錯体と反応し，σ結合メタセシス（§5・5・2参照）を起こせば，アルケンの水素化物が放出され，金属ヒドリドが生成して，次の触媒サイクルを回す．また，系中に存在するHXとの反応によりアルカン生成物を与えるとともに MX_2 錯体を再生する場合もある．この場合，図6・9(a)の水素が酸化的付加する場合と異なり，金属中心の酸化状態は変化しない.

アルケンの触媒的水素化反応の立体化学はシス付加であることがこれまでの研究により確立されている．したがって，ヒドリド錯体にアルケンが配位し，挿入反応，還元的脱離反応を経て進行する触媒反応の素反応過程は次のように表すことができる.

(6・20)

6・4・2 アルケンの触媒的不斉水素化反応

自然に存在する有機化合物のなかには，不斉中心を有する化合物が多数存在し，そのなかには生理活性作用を示すものが多い．たとえばアミノ酸や炭水化物は一方の異性体のみが生理活性を示す．このような生理活性を有する化合物をつくるのに触媒的な不斉合成が有力な手段を提供する．以前には人工的に不斉触媒反応を達成するのはきわめて困難であるとされてきたが，有機金属錯体触媒を用いる合成手法が進歩するにつれ，多くの不斉金属錯体触媒が開発され，それを用いる不斉触媒反応が一般的手法として確立されてき

---

* H_2 が遷移金属錯体と反応してジヒドリドになる過程で H_2 分子が金属に結合しているが，水素－水素結合の切断はまだ起きていない状態で side-on 型で金属に結合した化学種の存在が認められるようになり，σ結合錯体とよばれている．この件については，§2・4・10 および §5・2・1 において述べている.

た[27)〜29)]. なかでも, W. S. Knowles や L. Horner らは, 前述の Wilkinson 触媒で用いていたトリフェニルホスフィン配位子を不斉ホスフィン配位子にかえた不斉ロジウム触媒を用いるデヒドロアミノ酸の不斉水素化によりパーキンソン氏病の特効薬である L-ドーパ〔L-dopa, L-β-(3,4-dihydroxyphenyl)alanine〕の工業的製造法〔(6・21)式〕を確立した. この技術は不斉錯体触媒を用いる人工的不斉触媒反応の初期の成功例として注目され, 不斉触媒反応の発展の先駆けとなった.

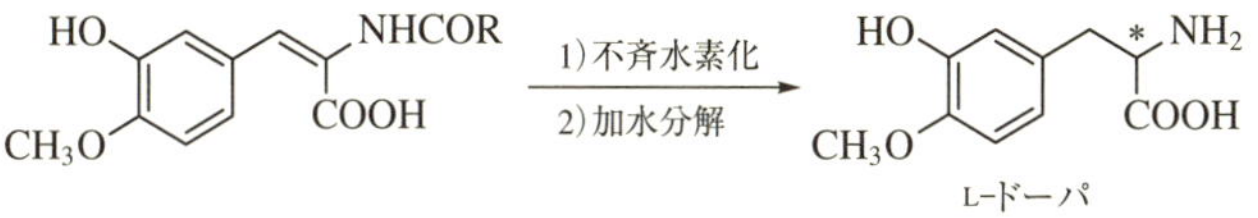

$$(6 \cdot 21)$$

不斉触媒反応によく用いられる不斉ホスフィン配位子の例を図 6・11 に示す.

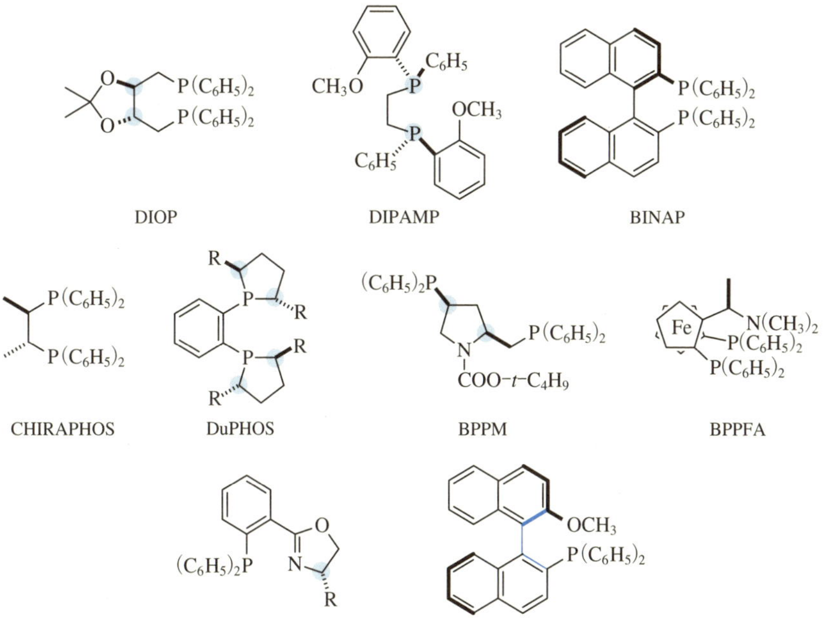

図 6・10 触媒的不斉水素化反応に用いられる不斉ホスフィン配位子

不斉ホスフィン配位子としては, H. B. Kagan の開発した, 酒石酸から誘導される DIOP 配位子の発見をきっかけにホスフィン原子上に不斉中心をもつ配位子からキレート型ホスフィン配位子の骨格に不斉中心をもつ二座配位子や C_2 対称性を有する多くの不斉二座ホスフィン配位子がこれまで開発されてきた. アルケンの種類によっては, PHOX （phosphinooxazoline）のようなキレート型 PN 配位子や不斉単座ホスフィン，たとえば，MOP〔2-(diphenylphosphino)-2′-methoxy-1,1′-binaphthyl〕の使用が有効な場合もある[30]．とくに官能基をもたない 2, 3, 4 置換アルケン類の不斉水素化には，イリジウム－PHOX 錯体が有効な不斉触媒となる[31]．

アルケンの水素化反応は図 6・9(a) に示したように，金属へのアルケンの配位とそれに続く，水素の酸化的付加反応，アルケンの挿入，引き続く還元的脱離反応を経て進行する．ここで不斉配位子 L* をもつ錯体 ML* を触媒として用いた場合，図 6・11 に示すように，アルケンのエナンチオトピックな一方の面のいずれかが不斉配位子の立体的要因により優先的に配位し，このアルケンにヒドリド配位子がシス付加して，ヒドリドとアルキル基が還元的脱離すれば，水素化生成物は R 体か，S 体のいずれかが優先的に生成することになる．このように，遷移金属錯体を用いるアルケン類の不斉水素化反応において生成

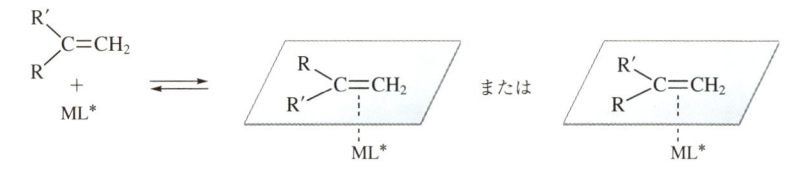

図 6・11　不斉配位子 L* によるアルケンの配位方向の制御

Intermezzo　千里馬常有　伯楽不常有

"1 日に千里を走るような名馬はいつでもいるが，名馬を見いだす鑑識眼をもった伯楽はなかなか得られない"ということわざが中国にある．

優れた研究指導者 (mentor) のもとでは，優れた弟子が育つ．優れた指導者のもとにやる気のある研究者が来れば，指導者の影響力は弟子に及び，優れた研究者に成長する．その弟子がまたよい弟子を育てれば，高い豊かな樹木が生長するように，Research Group が育つ．多くのリサーチスクールのツリーが豊かにそびえている国では，科学技術力が充実している．

過去に日本でも，有機化学関係では東北大学の真島利行教授，錯体化学では東京大学の柴田雄次教授，理論化学では東京大学の水島三一郎教授，工業化学では京都大学の喜多源逸教授などのグループが大きなリサーチツリーに育ち，国の内外に多くの人材を供給した．不斉合成でノーベル化学賞を受賞した野依良治教授は，京都大学工学部で喜多源逸教授門下の野崎 一教授に認められ，助手に採用された後，若くして名古屋大学の平田義正教授に講座担当の権限をもった助教授として招かれ，思う存分その手腕をふるって次つぎとすばらしい業績をあげ，それがノーベル賞にまでつながった．名伯楽としての野崎 一教授，平田義正教授の鑑識眼が光っている．

物の立体化学は，アルケン類の配位錯体の安定性（熱力学的安定性）により決定されることが多い．

これに対して，不斉水素化反応の初期の研究例である不斉ロジウム触媒によるデヒドロアミノ酸の不斉水素化反応では，水素化生成物（アミノ酸）の立体化学が中間体であるアルケン錯体と水素との反応性の差，すなわち速度論的要因により決定されていることが明らかにされている．水素化反応の速度論的研究やヒドリドあるいはアルケン配位錯体の錯体化学的な研究により，J. Halpern は，生成物の立体化学の決定段階が中間に生成するアルケン配位錯体に対する水素の酸化的付加の段階であることを明らかにした．すなわち，図 6·12 に示すように，熱力学的に安定なアルケン錯体を経由するのではなく，微量に生成するより不安定なアルケン錯体が水素と速やかに反応して，予想される生成物とは逆のエナンチオマーを与える．このように不斉ロジウム触媒による反応生成物の立体化学が，熱力学的要因によって制御されるのでなく，速度論的要因によって決定されている．不斉水素化反応の初期の研究は不斉触媒の性質や反応基質，さらに反応条件によって生成物の立体化学が微妙に決定されることを示す好例である[32]．

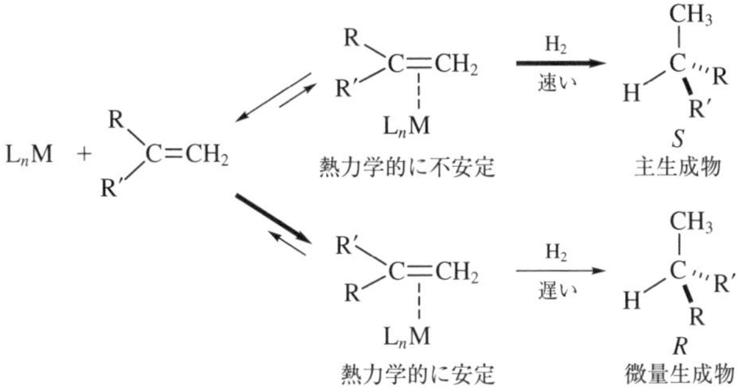

図 6·12　不斉ロジウム触媒によるアルケン類の不斉水素化反応機構

不斉水素化反応の研究において先駆的な研究をした W. S. Knowles および野依良治は，不斉酸化反応の研究において優れた成果をあげた K. B. Sharpless とともに 2001 年ノーベル化学賞を受賞した．

6·4·3 アルケンの異性化反応

§5·3·2 で述べたように，アルケンのシス挿入反応と β 水素脱離反応は可逆的である．したがって，水素化条件下では飽和炭化水素を生成する側に反応は進行するが，還元的脱離が遅いか，反応系中に水素が存在しない場合，二重結合はより安定なアルケンへと異性化する．すなわち，図 6·13(a) に示すように，アルケンの挿入方向が Markovnikov（マ

ルコフニコフ)則に従えば，アルキル基の枝分かれした内部アルキル錯体を与える．β 水素脱離がもとの炭素でなく隣接した炭素上にある水素で起きれば二重結合の位置が移動して新たなアルケンを与える．この反応をアルケンの異性化反応とよぶ．アルケンの関与する触媒反応では，二重結合の異性化も無視できない場合がある．

このような挿入脱離を繰返すアルケンの異性化以外に，図 6・13(b) に示すように二重結合のアリル位の水素を引き抜き，π-アリル錯体を経由する機構で異性化が進行する場合がある．図 6・13(b) に示すように，アリル位を重水素で標識した基質を用いる詳細な実験から重水素が 1,3 移動していることがわかった．

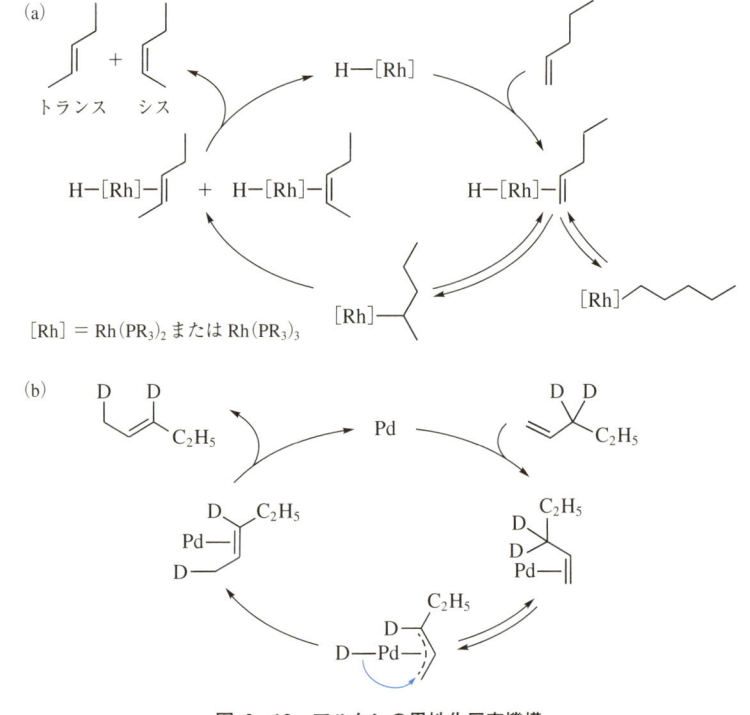

図 6・13 アルケンの異性化反応機構

6・4・4 アルケンの重合
a ポリエチレンの合成

石油から得られるアルケン類（オレフィン）の最も重要な用途はその重合物であるポリアルケンの製造である．ポリエチレン，ポリプロピレンなどのポリアルケンは第二次世界大戦後，安価な包装材として大量に生産されるようになり，使用後は大量に使い捨てられ

ている．現在世界で，ポリエチレンとポリプロピレンをあわせた生産量だけでも約2億トンにのぼる．

エチレンからポリエチレンが得られるという事実は，第二次世界大戦前に英国の Imperial Chemical Industries (ICI) 社における基礎研究において偶然見いだされた．その後，ポリエチレンの生成機構に関する詳細な研究により，エチレン高圧下で酸素など少量のラジカルが存在すると，それが開始剤となって重合し，可塑性に富んだ透明の高分子化合物になるということがわかった．当初，ポリエチレンは海底電線の被覆材等に使用されたが，その後見いだされた最も重要な用途は電波探知機（レーダー）の高周波被覆用であった．レーダーの優劣は，第二次世界大戦中において，戦局の帰趨を決定する重要な因子になった．戦後，ポリエチレンは包装材としての用途が開発され，石油化学製品の花形となった．

このような応用が展開したことによって，ポリエチレンの製造には高温，高圧が必要であるという観念がその後"常識"となった．この"常識"は，ドイツのマックスプランク石炭研究所の K. Ziegler らが，遷移金属化合物と有機アルミニウム化合物から生成する混合触媒を使えば，エチレンは常温常圧下でも重合するという事実を発見することにより打ち破られた．Ziegler らが最初に見いだしたのは $TiCl_4$ とトリアルキルアルミニウム AlR_3 の混合触媒系であり，遷移金属化合物と有機典型元素化合物の混合系触媒は発見当初に Ziegler 型触媒といわれていた．エチレンが $TiCl_4-Al(C_2H_5)_3$ 混合触媒により重合するという情報は，イタリアの Montecatini 社に伝えられ，同社と密接な関係のあったミラノ大学の G. Natta らはただちに研究を展開して，$TiCl_3-AlR_3$ の混合触媒によるプロピレンの立体規則的重合触媒（Ziegler-Natta 触媒）の発見など次々と目覚ましい成果をあげた．1963 年に，Ziegler と Natta はアルケン類の重合に関する画期的な発見により，ノーベル化学賞を受賞している．この発見後，有機遷移金属化合物を用いる重合反応の研究は飛躍的な進歩を遂げ，高分子化学は大きく発展した．

塩化チタンと有機アルミニウム化合物の混合物からなる Ziegler-Natta 触媒は，重合反応において暗褐色の不溶性固体となるため，実際の活性種の構造は解明できずにブラックボックス状態におかれ，重合の機構に関しては，かなり長い期間，手探り状態の研究が続いた．今日では，この重合は，P. Cossee が提案した図 6・14 のような機構で進行するものと一般に認められている．

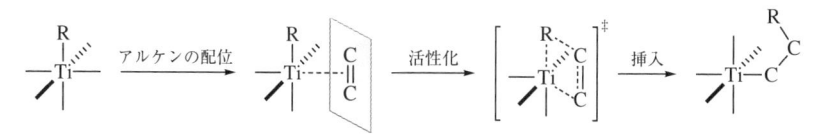

図 6・14 Cossee の提案した有機チタン化合物によるアルケンの重合機構[33]

Cosseeはこの提案において，TiCl$_4$あるいはその還元により生成するTiCl$_3$がAlR$_3$によりアルキル化されて生成するアルキルチタン化合物が重合の活性種になると仮定した．このアルキルチタン化合物にアルケンがπ配位して活性化され，アルケンの挿入反応により重合反応が開始されると考えた．この機構は，その後多くの実験結果とともに，計算化学による解析結果との組合わせにより合理的であるとして支持されている．実際にTiCl$_4$-Al(C$_2$H$_5$)$_3$のエチル基を^{14}Cで標識した触媒を用いた場合に，高分子末端に標識されたエチル基が存在していることが確認された．これは，重合反応がCosseeの機構によりTi-C結合へのアルケンの挿入により進行していることを示す実験的証拠である[34]．この重合開始反応に続いて，アルケンが連続してTi-C結合間に挿入すれば高分子鎖が伸長する．

このような重合反応の初期の過程でアルキル基のβ水素脱離が起きれば，末端に二重結合をもつアルケンの二量体，三量体などの低分子量のオリゴマーとチタンヒドリド錯体が生成する．このチタンヒドリド錯体にエチレンがさらに挿入すると，エチルチタン錯体が生成し，このエチルチタン錯体がさらにエチレンと反応して挿入反応を繰返して起こせば，成長反応が新たに進行する〔(6・22)式〕．このような反応を連鎖移動反応という．結果として，エチレンは消費されるが，高分子化合物の重合度は大きくならない．たとえば2分子のエチレンが挿入した段階でこのような連鎖移動反応が起きれば，エチレンの二量体である1-ブテンが触媒的に生成する．

$$\text{Ti}-(\text{CH}_2\text{CH}_2)_n\text{C}_2\text{H}_5 \xrightarrow[-\text{CH}_2=\text{CH}(\text{CH}_2\text{CH}_2)_{n-1}\text{C}_2\text{H}_5]{\beta\text{水素脱離}} \text{Ti}-\text{H}$$
$$\downarrow \text{C}_2\text{H}_4$$
$$\text{Ti}-\text{C}_2\text{H}_5 \xrightarrow{n\text{C}_2\text{H}_4} \text{Ti}-(\text{CH}_2\text{CH}_2)_n\text{C}_2\text{H}_5$$

(6・22)

Al(C$_2$H$_5$)$_3$とエチレンの反応において，微量のニッケルが存在した場合に，エチレンの二量体である1-ブテンがおもに得られた．アルキルチタンのかわりにブチルニッケル錯体を生成し，(6・22)式と似たような連鎖移動反応を起こしたためと考えられる．

b　ポリプロピレンの合成

G. Nattaらは先に述べたように，Ziegler-Natta触媒を各種の単量体の重合へと展開して，プロピレンのほか各種アルケンの重合，アセチレンの重合など多くの成果をあげた．

立体規則性重合の発展　Nattaらの研究の特筆すべき成果は，使用する混合触媒の組合わせにより2種類の立体規則性高分子化合物を得たことである．TiCl$_3$-AlR$_3$の混合触媒を用いて行ったプロピレンの重合では結晶性のポリプロピレンが得られた．その結晶構造の解析からこの高分子は，図6・15(a)に示すようにトランスジグザグ構造のつくる平

面の片側にメチル基が揃って突き出し，平面の逆側では水素原子が突き出した立体配置をしていることがわかった．指揮者のタクトのもとにラインダンスが行われている形である．Nattaはこのようなポリマーをイソタクチックポリプロピレン（isotactic polypropylene）と命名した．一方，VCl$_4$-Al(C$_2$H$_5$)$_2$Cl混合系のような均一系触媒を用いてプロピレンを重合させた場合には，(b)に示すようにメチル基が，交互に突き出したようなポリマーが得られた．Nattaはこの型の高分子をシンジオタクチックポリプロピレン（syndiotactic polypropylene）と命名した．シンジオタクチックポリプロピレンの"syndio"とは"一つ置き"の意味である．これらの高分子化合物は結晶状態ではらせん状をしている．

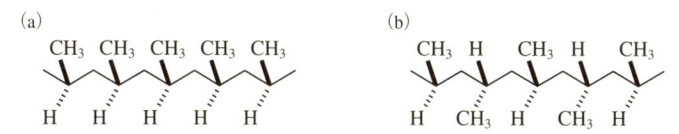

図 6・15 イソタクチックポリプロピレン(a)とシンジオタクチックポリプロピレン(b)の構造

また，重合条件によってはアタクチック（atactic）とよばれる，立体規則性をもたない高分子化合物が得られる．このポリプロピレンは室温でろう状の物質であり，あまり用途がない．一方，立体規則性が高くて結晶性がよすぎると成形性に難点が生じる．したがって，プロピレンの重合では，いかにバランスよく立体規則性の高い高分子化合物を効率よく得るかが重要な課題であり，多くの研究が行われた．

プロピレンの重合において立体規則性（タクチシティー，tacticity）の高い高分子化合物を得るためには，次のような条件が満たされていなければならない．

1) プロピレンのメチル基が付いた方を頭とし，無置換側を尾とすると，プロピレンの挿入反応において，頭-尾の挿入の規則性が保たれていなければならない．
2) π配位したプロピレンの二重結合の開き方（金属とRがプロピレンに付加挿入する形式）は一定でなければならない（Cosseeの機構では，シス付加で進行する）．
3) 平面分子であるプロピレンが重合して立体規則性の高いポリプロピレンが得られるためには，プロピレンのプロキラルな面のどちらかを選択して挿入反応が起きなければならない．

アルケンの配位挿入反応の制御　プロピレンの金属－アルキル結合への配位挿入反応は，Markovnikov型付加により第一級炭素が金属に結合したアルキル錯体を与えるか，逆Markovnikov型付加反応によりメチル基の結合した第二級炭素が金属に結合した錯体を与える場合がある．前者の挿入形式を1,2挿入〔(6・23)式〕，後者を2,1挿入〔(6・24)式〕という．

$$\underset{CH_3}{\overset{\overset{\delta-\ \ \ \ \delta+}{M-R^{\delta-}}}{CH_2=CH}} \xrightarrow[1,2挿入]{CH_2=CHCH_3} \underset{CH_3}{M-CH_2-CH-R} \Longrightarrow \underset{CH_3}{M(CH_2-CH)_n R} \quad (6・23)$$

$$\underset{CH_3}{\overset{M-R}{HC=CH_2}} \xrightarrow[2,1挿入]{CH_2=CHCH_3} \underset{CH_3}{M-CH-CH_2-R} \Longrightarrow \underset{CH_3}{M(CH-CH_2)_n R} \quad (6・24)$$

プロピレンの挿入において，M−R 結合における R のカルボアニオン性が大きければ，(6・23)式型の 1,2 挿入が起きやすいが，Ti−C 結合の分極およびプロピレン分子の分極の程度はあまり大きくないため，2,1 挿入も併発して起こり立体規則性が低下する場合がある．

Natta らが使った $TiCl_3$ と $Al(C_2H_5)_3$ との反応によって得られる触媒系は，イソタクチックポリプロピレンを優先的に与えるものの，初期の研究で得られたポリプロピレンのタクチシティーはそれほど高くなかった．Ziegler-Natta 触媒系では，触媒の調整後にただちに不均一になるため，有機金属錯体化学のレベルで重合反応の立体規則性を制御する要因を解析することは容易ではなかった．立体規則性ポリプロピレンは各種の用途を有し，とくにタクチシティーの高いポリプロピレンは優れた性能をもつため，多くの化学工業会社で集中的な研究開発が行われた[35]．

1970 年代後半，W. Kaminsky らによりシクロペンタジエニル型配位子をもつ前期遷移金属錯体とメチルアルモキサン（またはメチルアルミノキサンともいう）MAO との組合わせからなる単一活性種をもつ分子性の重合触媒（シングルサイト型触媒あるいはメタロセン型触媒という）が発見された．この発見により重合反応の立体規則性の制御因子の解明が進み，タクチシティーの高いポリプロピレンの製造技術が格段に進歩した．重合反応は，図 6・16 に示すように，配位不飽和なアルキルジルコニウム錯体が生成して，プロピレンが金属に配位活性化され，アルキル基が移動挿入する．新たに生成するアルキル基が配位プロピレンに連続して移動挿入して高分子鎖が成長する．この際，配位子の立体構造

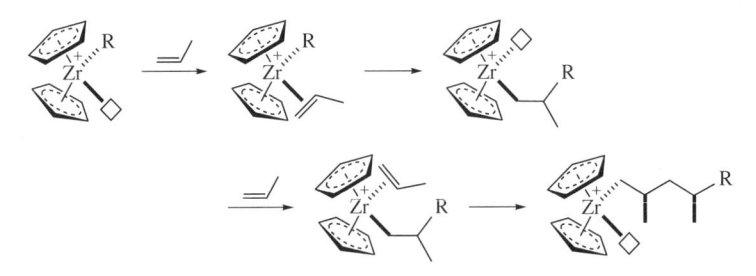

図 6・16 アルキルジルコニウム触媒によるプロピレンの重合反応

6・4 アルケン類を利用する触媒反応

や，成長する高分子鎖の立体的影響でポリマーの立体規則性が決定されると考えられる[36]．

分子性で溶媒に可溶なメタロセン型触媒の登場により，Ziegler-Natta 触媒の中心金属の役割の解明も進み，金属錯体の構造と生成する高分子化合物の立体規則性との関係が詳細に研究された[37]．その結果，メタロセン型触媒による重合反応は，Ziegler-Natta 触媒における重合と同様に，Cossee が提案した機構で進行することが明らかになった．重合開始剤として用いるジルコニウム錯体の配位子の立体構造を制御すると，たとえば，図 6・17 (a)に示すように，ジルコニウムに結合したインデニル基をメチレン鎖でつないだ C_2 対称をもつアンサ*-メタロセン型触媒を用いるとイソタクチックポリプロピレンが得られる．インデニル基の立体障害を避けるように高分子鎖の配座が決まり，これに対し挿入の四中心遷移状態が最も安定なトランス構造をとるようにプロピレンが配位して，高分子鎖 R が移動挿入する．この繰返しで，メチル基が一方に揃ったイソタクチックの高分子化合物が生成する．一方，(b)のようにフルオレニル基とシクロペンタジエニル基をつないだ C_S 対称性の配位子を有する錯体ではシンジオタクチックな高分子化合物が得られる．この場合も同様に高分子鎖が配位子の立体障害を避けるように伸長するために，メチル基は交互に位置する．

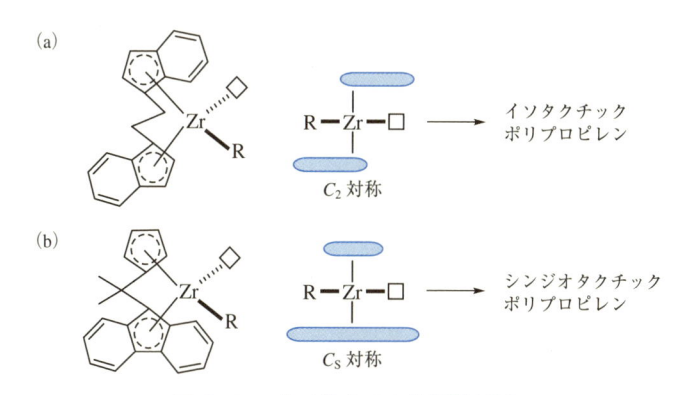

図 6・17　プロピレンの立体規則性重合

ここで用いる MAO は，トリメチルアルミニウムの部分的加水分解により生成する $-(Al(CH_3)-O)_n-$ 結合を有するメチルアルミニウム化合物である．MAO は遷移金属－アルキル結合形成のためのアルキル化剤として働くとともに，(6・25)式に示すように，ジアルキル型遷移金属化合物のアルキル基の一つを引き抜くことによってカチオン型モノアルキル遷移金属錯体を形成して触媒活性種の安定化と反応性促進作用に寄与するものと考えられる．この反応で生成したカチオン型モノアルキル遷移金属錯体は，空の配位座（あ

---

* ansa. 取っ手型．

るいは MAO がゆるく結合した配位座）を有し，アルケンのπ配位，挿入を容易にする作用があると考えられる．

$$\begin{pmatrix} L \\ L \end{pmatrix} M \begin{matrix} R \\ R \end{matrix} \xrightarrow{CH_3-(Al-O)_n Al(CH_3)_2} \begin{bmatrix} \begin{pmatrix} L \\ L \end{pmatrix} M \begin{matrix} \Diamond \\ R \end{matrix} \end{bmatrix}^+ \begin{bmatrix} CH_3 & R \\ CH_3-(Al-O)_n Al(CH_3)_2 \end{bmatrix}^-$$

□ = 空の配位座　　　(6・25)

分子性で単一活性種を有するシングルサイト型重合触媒には，シクロペンタジエニル型配位子のほかにも，アルコキシド型やアミド型配位子など，各種の配位子を有する錯体が設計され，アルケンの反応性，得られる高分子の分子量および分子量分布などに及ぼす影響が検討されている[38]．遷移金属と適切な配位子を選ぶことにより，分子量のきわめて大きな高分子化合物から，ランダム共重合物，ブロック共重合物，さまざまな官能基の付いた高分子化合物など各種高分子化合物が市場の要求に応じて製造されている[39]．

Ziegler-Natta 触媒のような前期遷移金属錯体触媒と異なり，ニッケルなどの後期遷移金属錯体は β 水素脱離反応による連鎖移動反応が併発するため高分子量の重合物を与える触媒にはならないという重合研究の初期の考え方は，その後の研究により修正されるようになった．V. C. Gibson ら，M. Brookhart らは，窒素上に嵩高い置換基を有するジイミン型の配位子を有するニッケル，パラジウムなど 10 族のカチオン型モノアルキル錯体が，エチレンの高重合触媒になることを見いだした[40),41)]．重合開始時に生成するジアルキル型遷移金属錯体が酸と反応して生ずる，空の配位座を有するカチオン性モノアルキル遷移金属錯体がアルケンの配位とそれに続く挿入反応に適した反応場を提供しているものと考えられる．成長段階で配位子上にある嵩高い置換基の影響により，高分子鎖上の β 水素が中心金属に近づきにくくなり，結果として β 水素脱離が抑制されて高重合反応が起きるものと考えられる．

$$\begin{pmatrix} L \\ L \end{pmatrix} M \begin{matrix} R \\ R \end{matrix} \xrightarrow[-RH]{H[O(C_2H_5)_2]_2 BAr_4} \begin{bmatrix} \begin{pmatrix} L \\ L \end{pmatrix} M \begin{matrix} \Diamond \\ R \end{matrix} \end{bmatrix}^+ BAr_4^- \quad (6・26)$$

以上のように，遷移金属触媒の選択範囲が広がったため，用いるアルケン類の選択範囲が拡大し，極性アルケン類の重合や，極性と非極性アルケン類の共重合，あるいは一酸化炭素とアルケンの共重合（§6・4・7b 参照）などが実現されるようになった[42)]．

6・4・5　アルケンのメタセシス反応

Ziegler-Natta 触媒の発見を契機として，各種の遷移金属化合物と有機典型元素化合物の混合触媒系を用いる，さまざまなアルケンの重合反応が研究された．その過程で，環状ア

ルケンが MoCl$_5$–Al(C$_2$H$_5$)$_3$ および WCl$_5$–Al(C$_2$H$_5$)$_3$ 系の混合触媒[43]ならびにアルミナ（酸化アルミニウム）に担持した MoO$_3$ のような固体触媒[44]により開環重合することが見いだされた．このような環状アルケン類の重合は従来の Ziegler-Natta 触媒に適用された Cossee の重合機構では説明できない．そこで，同位体で標識された環状アルケンを用いた実験を行うことにより，重合が環内の炭素－炭素二重結合の切断反応を伴って進行していることがわかった．その後，カルベン錯体の化学や，アルケンメタセシスの化学が進歩するとともに，環状アルケンの重合反応が開環メタセシス型反応機構により進行していることが明らかになった．

$$n \, \bigcirc \xrightarrow{\text{MoCl}_3\text{–Al(C}_2\text{H}_5)_3} -\!\!\left(\text{CH}_2\text{CH}_2\text{CH}_2\text{CH}=\text{CH}\right)\!\!-_n \quad (6\cdot 27)$$

この環状アルケン重合の発見以前から，類似の触媒系を用いるアルケンのメタセシス反応が，プロピレンからブテンおよびエチレンの混合物を製造する技術として開発されていた．この反応は平衡反応なのでアルケン類の需要に応じて必要なアルケンを優先的に製造できる．Phillips Petroleum 社によりトリオレフィンプロセスとして工業化された．

$$\begin{array}{c}\text{CH}_3\\ \text{CH}\\ \|\\ \text{CH}_2\end{array} + \begin{array}{c}\text{CH}\\ \text{CH}\\ \|\\ \text{CH}_2\end{array} \xrightleftharpoons{\text{触媒}} \begin{array}{c}\text{CH}_3\text{CH}=\text{CHCH}_3\\ +\\ \text{CH}_2=\text{CH}_2\end{array} \quad (6\cdot 28)$$

このアルケンメタセシス反応は遷移金属触媒を利用して，結合強度の大きい C=C 結合を C–C 結合より優先的に切断する反応として注目され，その反応機構に関していろいろな仮説が提出され，激しい論争の的になった．1970 年に Y. Chauvin[45]はカルベン錯体とメタラシクロブタン錯体の相互変換を鍵とする推定反応機構（図 6・18）を提案した．この仮説はその後 R. H. Grubbs[46]，R. R. Schrock[47]らの錯体化学的研究により実験的に証明

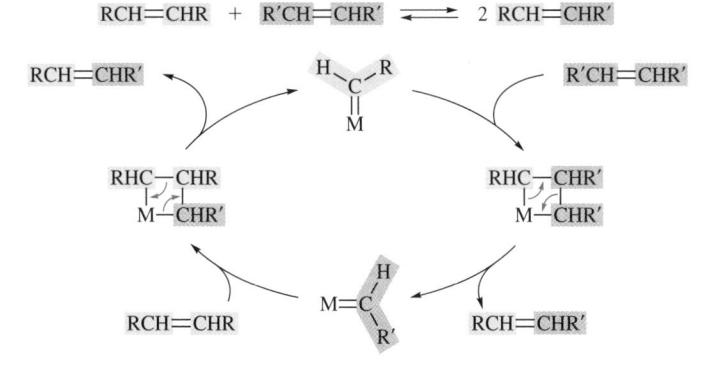

図 6・18　カルベン錯体によるアルケンメタセシス反応の機構

され，反応機構に関する論争は決着をみた．アルケンメタセシスの反応機構を提案したChauvinとこの機構を実験的に実証し，有機材料開発や有機合成への応用展開に貢献したGrubbsとSchrockは，2005年にノーベル化学賞を受賞した．

アルケンメタセシスの素反応過程については§5・5・3において説明した．触媒サイクルはこれら素反応の組合わせからなっている．図6・18にまとめて示すようにまずR基をもつカルベン錯体 M=CHR がアルケン R'CH=CHR' と反応してメタラシクロブタン錯体を与える．このメタラシクロブタンが炭素－炭素結合の開裂を伴って組替えを起こすと，RCH=CHR' アルケンの放出を伴って新たな R' 基をもつカルベン錯体 M=CHR' が生成する．さらにこのカルベン錯体とアルケン RCH=CHR がメタラシクロブタンの生成を経て組替え反応を起こすと，アルケン RCH=CHR' が放出され，R基をもつカルベン錯体に戻り触媒サイクルが回る．

アルケン二重結合がカルベン錯体の金属上に優先して配位することが触媒反応の鍵段階であり，結果として炭素－炭素二重結合が炭素－炭素単結合に優先して切断され，アルケン二重結合の組替え反応が起きることになる．このアルケンメタセシス反応は，二重結合の組替えにとどまらず，以下に述べるような環状アルケンを原料とする機能性高分子材料の合成やジエン化合物から複雑な構造をもつ中員環から大員環化合物の効率的な合成反応へと応用され，有機材料や精密有機合成において必須の手法として定着している．

<u>触媒活性を有する金属－カルベン錯体</u>　　GrubbsおよびSchrockが開発したメタセシス反応を促進するカルベン錯体の代表例を，図6・19に示す．各種カルベン錯体のアルケンに対する相対的反応性は，Ti < W < Mo < Ru の順に周期表を右に移るに従って増大する[48]．アルケンメタセシスの応用への展開として，環状アルケン類の**開環メタセシス重合**（ring-opening metathesis polymerization: ROMP）や分子内にあるアルケン部分のメタセシスによる**閉環メタセシス反応**（ring-closing metathesis: RCM）があり，工業プロセスとして稼働している例もある．最近では，カルベン錯体の配位子を工夫することにより，E-アルケンを選択的に合成することも可能になっている．また不斉中心を有する不斉カルベン錯体も開発され，立体選択的なメタセシス反応も可能となっている．

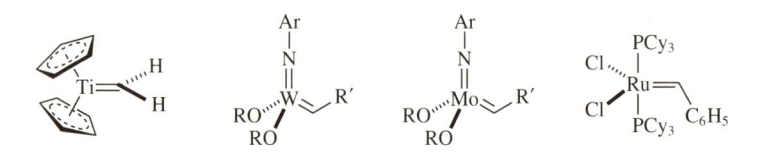

図 6・19　遷移金属カルベン錯体の例

a 環状アルケンの開環重合

カルベン錯体により環状アルケンの二重結合を開裂し，高分子化合物を与える反応を開

環メタセシス重合(ROMP)とよぶ．Grubbs のルテニウム錯体 Ru(=CHC$_6$H$_5$)Cl$_2$(PCy$_3$)$_2$ を触媒として用いたシクロヘキセンの開環メタセシス重合の例を図 6・20 に示す．まずカルベン錯体と環状アルケンの反応でメタラシクロブタンが生成し，その結合の組替えにより末端に金属－炭素二重結合をもつ新たなカルベン錯体が生成する．このカルベン錯体が環状アルケンと同様の反応を繰返し起こせば高重合物が得られる．環状アルケンとしてノルボルネンを用いると主鎖に 5 員環構造をもつ高分子化合物が得られる．とくに Grubbs カルベン錯体は水や酸素などに安定であり分子内に多くの官能基がある環状アルケンに対しても開環メタセシス重合の触媒となり，官能基を有する高分子化合物が効率よく得られる．

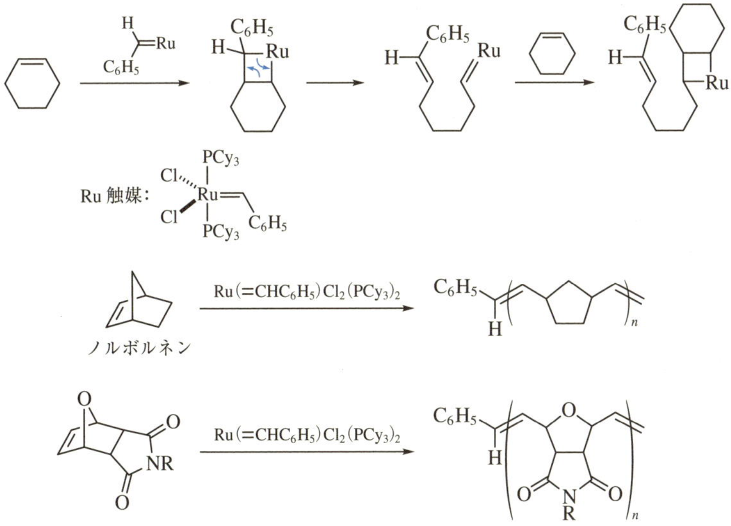

図 6・20　環状アルケンの開環メタセシス重合

b 閉環メタセシス反応: 環状化合物の効率的合成への応用

遷移金属カルベン錯体は，先に述べたように，環状アルケンの開環メタセシス重合 (ROMP) の触媒として作用するとともに，分子内に二重結合が 2 箇所以上あるアルケン類から環状アルケン類への閉環メタセシス (RCM) の触媒にもなる．まず，カルベン錯体は図 6・21 に示すように，末端二重結合と反応してメタラシクロブタンの生成とその結

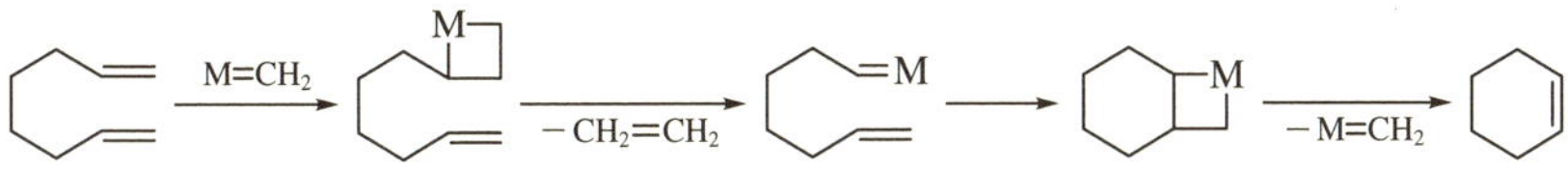

図 6・21　末端ジエンの閉環メタセシス反応による環状アルケンの合成機構

合組替えを経由して末端に金属-炭素二重結合をもつカルベン錯体を与える．この錯体が分子内にあるほかの二重結合と反応して環状アルケンを生成し，カルベン錯体に戻り触媒として再生される．

末端ジエンの閉環反応を用いれば，通常の有機合成法では合成が困難な環状アルケン類を触媒的に合成できる．特に官能基許容性の高いルテニウムカルベン錯体を用いる方法は，生理活性を有する環状化合物を短い工程で合成するのに強力な手法を提供する．図6・22 に示すように，立体障害の少ない末端アルケン部位がルテニウムに選択的に配位する結果，望む位置で閉環反応が起き，大環状化合物が収率よく得られる．このような閉環メタセシス反応による環状化合物の合成手法の出現が精密有機合成化学にもたらしたインパクトは非常に大きい．

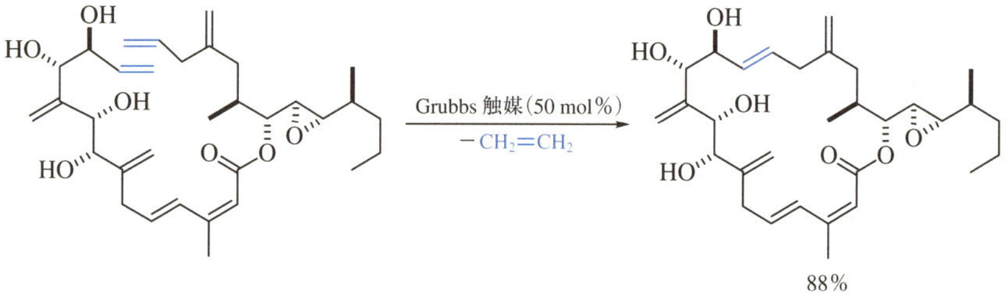

図 6・22　末端ジエン部分の選択的環化反応を利用する大環状化合物の合成例

図 6・23 に示すような多数の環構造からなる複雑な多環状化合物シガトキシン CTX3 は，亜熱帯地方の海に生息する"エイ"などに含まれる毒物であり，特異な生理活性を示す．フグ毒テトラドトキシンの数百倍の毒性を有し，摂取するとドライアイス症候群といわれる強烈な中毒症状を呈する．シガトキシン CTX3 は多数の不斉炭素を有する 13 個のエーテル環のつながった分子長 3 nm に及ぶ巨大分子である．これまでの有機合成の方法ではその合成は困難であったが，東北大学の平間正博らのグループはその全合成に取組み，110 工程からなる全合成に成功した．Grubbs カルベン錯体を触媒に用いると，青色

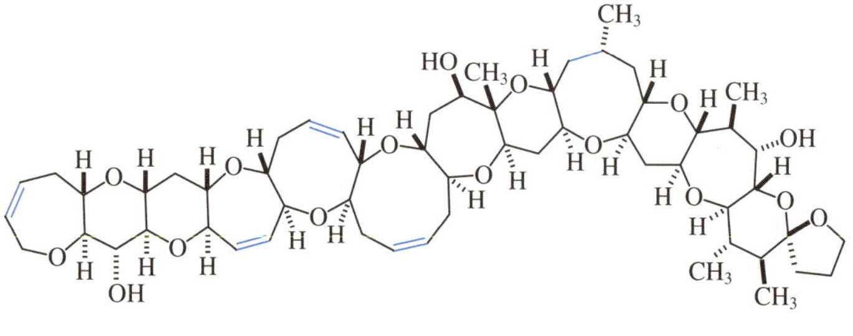

図 6・23　閉環メタセシス反応を用いるシガトキシン CTX3 の合成

で示した炭素-炭素二重結合を特異的に形成させることにより内部アルケンを有する大環状アルケンを効率的に合成することができる．特に，中央部の9員環は，左右のユニットに末端ビニル基を導入しておいて，閉環メタセシス反応により高収率で構築できる[49]．このような合成法が実現したことにより，シガトキシン CTX3 のワクチンの製造が可能になった．

6・4・6 アルケンの触媒的アリール化反応（溝呂木-Heck 反応）

アルケンにアリール基等の置換基を導入する反応，あるいはアリール基の側からいえば，アリール基にビニル基を導入する過程〔(6・29)式〕は，炭素-炭素結合形成を伴う官能基導入反応として有機合成において非常に有用であり[50]，発見者の名前から**溝呂木-Heck 反応**とよばれる*．パラジウム触媒が有効であり，パラジウム(0)錯体 $Pd[P(C_6H_5)_3]_4$ がよく用いられる．

$$ArX + \underset{}{\diagup\!\!\!\diagdown} R + 塩基 \xrightarrow{Pd触媒} Ar\diagup\!\!\!\diagdown R + 塩基\cdot HX \quad (6\cdot 29)$$

アルケンのアリール化反応は図 6・24 の触媒サイクルに示すように，(i) Pd(0)錯体 PdL_2 への ArX の酸化的付加と，(ii) それにより生成するアリールパラジウム錯体 $Pd(Ar)(X)L_2$ がアルケンと反応して Pd−Ar 結合へのアルケンの挿入，(iii) 生成するアルキルパラジウム錯体の β 水素脱離による置換アルケンの放出と $Pd(H)(X)L_2$ の生成，(iv) このヒドリドパラジウム錯体と塩基との反応による $Pd(0)L_2$ 錯体の再生という四つの素

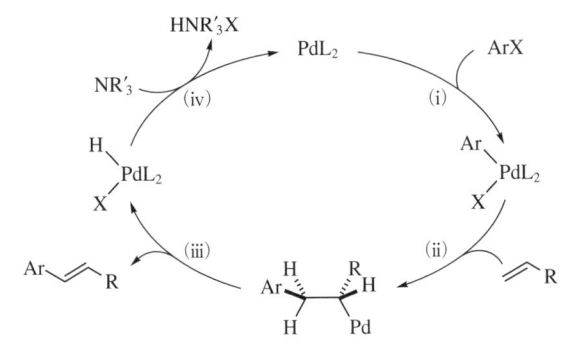

図 6・24 溝呂木-Heck 反応の反応機構

---

* 2010 年のノーベル化学賞はパラジウム触媒を用いるクロスカップリング反応への貢献に対して，根岸英一，鈴木 章と並んで，R. Heck に授与された．以下に述べるように，溝呂木-Heck 反応の機構はほかのクロスカップリング反応と異なっており，クロスカップリングのなかに両方の反応を含める分類法には問題がある．本書では別々のカテゴリーに属する反応として扱う．

6. 錯体触媒反応

反応の組合わせにより進行すると考えられる．

この反応機構の妥当性は，図6・25に示すように，ブロモベンゼンと trans および cis-β-メチルスチレンとの反応における生成物の立体化学を精査することにより明らかになった．実際，トランス体のβ-メチルスチレンとの反応からは E 体の三置換アルケンが優先的に得られる．この結果は C_6H_5Br の Pd(0) 錯体への酸化的付加により生成するフェニルパラジウム錯体の C_6H_5-Pd 結合へアルケンがシス挿入した後，炭素-炭素結合が回転し，金属-炭素-炭素-β 位水素が共平面（ペリプラナー）となるような位置から引き抜かれるという機構を支持している．シス体からも，同様にシス付加，回転，β 水素脱離を経て Z 体の三置換アルケンが得られる．このように，引き抜かれる水素が一つの場合には，一義的に置換アルケンが得られる．

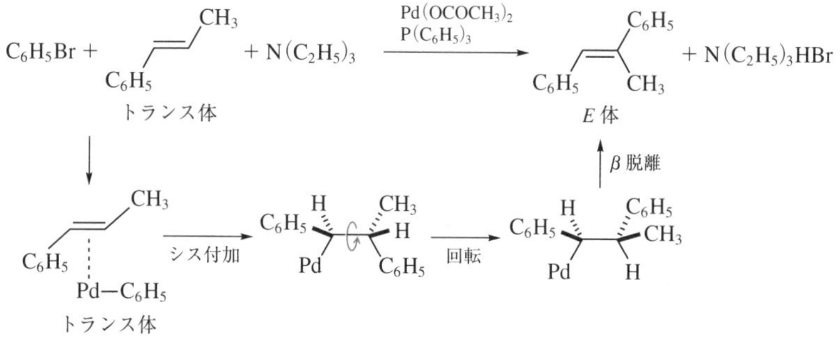

図 6・25 *trans*-メチルスチレンの溝呂木-Heck 反応の立体化学

引き抜かれる水素が複数ある場合には，(6・30) 式に示すように，β 水素脱離の方向によって複数の異性体が生成する可能性がある．すなわち，アリール基側の炭素に結合した水素と他方の炭素に結合している水素とのどちらかを引き抜いて異なる置換アルケンを与えることになる．

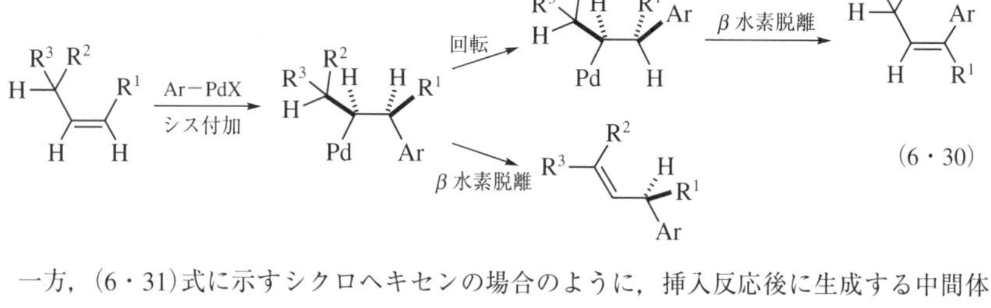

(6・30)

一方，(6・31) 式に示すシクロヘキセンの場合のように，挿入反応後に生成する中間体において，β 位の水素が共平面を形成できない環状アルケンの場合，隣接位にある β 位の水素を引き抜き，形式的にアルケン類の異性化した生成物を与える．

6・4 アルケン類を利用する触媒反応   263

$$\text{(6・31)}$$

溝呂木-Heck 反応において，ハロゲン化アリールのかわりにハロゲン化ビニルを使用した場合には，反応は (6・32)式に示すように，ハロゲン化ビニルの酸化的付加によるビニルパラジウム錯体の生成，アルケンの配位挿入，β水素脱離を経て，ジエン化合物を触媒的に合成することができる．

$$RCH=CH_2 + R'CH=CHX + 塩基 \xrightarrow[-塩基\cdot HX]{Pd 触媒} R'CH=CH-CH=CHR$$
$$\text{(6・32)}$$

6・4・7 アルケンへの官能基の導入反応

遷移金属錯体触媒を用いることによって，アルケンに各種の官能基を導入し，付加価値の高い中間原料を合成することができる．ホルミル基，シアノ基，シリル基，ボリル基，ヒドロキシ基などの官能基を導入した例が知られている．いずれの触媒反応も有機金属化合物の素反応の組合わせとして理解できる．

a アルケンのヒドロホルミル化反応: オキソ法

水素と一酸化炭素を高圧下でアルケンと反応させ，ホルミル基をアルケンに導入してアルデヒドを合成する方法はヒドロホルミル化反応[51]（**オキソ法**ともいう）といわれ，1938年にドイツの O. Roelen により発明された，均一系触媒反応プロセスとしても重要な工業的合成法である．触媒としてはコバルトカルボニル $Co_2(CO)_8$ が最初に採用された．その後，(6・33)式のような置換アルケンのヒドロホルミル化において直鎖と分岐アルデヒドをつくり分ける必要から，ロジウム触媒に第三級ホスフィン配位子を添加した触媒系が開発された．プロピレンのヒドロホルミル化反応により選択的に得られる直鎖アルデヒド

$$RCH=CH_2 + CO \xrightarrow[Rh 触媒]{Co 触媒または} RCH_2CH_2CHO + \underset{\underset{CH_3}{|}}{R}CHCHO \quad \text{(6・33)}$$

は，アルドール反応により二量化し，さらに水素化されて，炭素鎖の長いアルコールへ変換される．この工業プロセスは，プラスチックスの可塑剤として有用なフタル酸ジオクチルの原料となる長鎖アルコールを合成するのに重要である．

ヒドロホルミル化の反応機構は，コバルト触媒の場合もロジウム触媒を使用した場合と同様と考えられる[52]．

コバルト触媒を用いるアルケンのヒドロホルミル化反応は，図 6・26 に示すように，以下の (i)～(vi) の素反応の連続により進行していると考えられる．まず，(i) 触媒前駆体である二核コバルトカルボニル錯体が水素と反応してヒドリドコバルト錯体を生成する．続いて一つのカルボニル配位子が解離し，活性種である配位的に不飽和なヒドリドコバルト錯体が生成する．(ii) 系中に発生したヒドリドコバルト錯体へのアルケンの配位と，(iii) それに続く挿入反応によるアルキルコバルト錯体の生成，(iv) アルキルコバルト錯体への CO 挿入によるアシルコバルト錯体の生成，(v) このアシルコバルト錯体への H_2 の酸化的付加によるアシルジヒドリド錯体の生成，(vi) アシル基とヒドリドの還元的脱離によるアルデヒドの脱離を伴うヒドリドコバルト錯体の再生，の順序に従って進行しているものと考えられる．

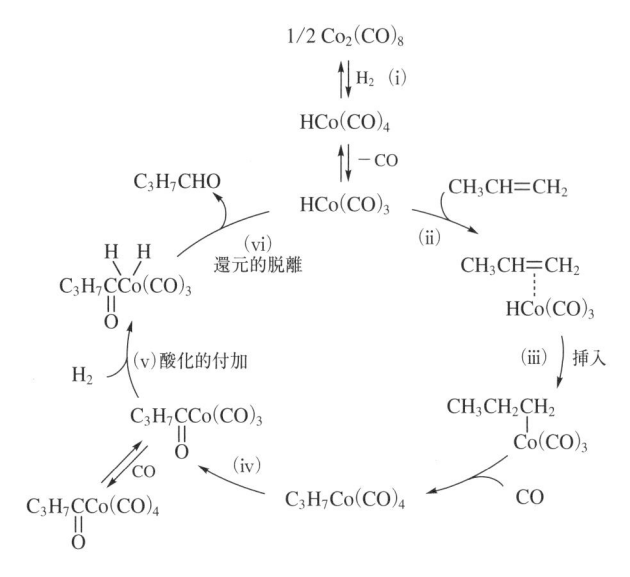

図 6・26 コバルトカルボニル錯体を触媒に用いるヒドロホルミル化反応の機構

触媒反応が円滑に進行するためには，触媒系中で生成した活性種が反応基質を受け入れるための配位座をもつことが必要である．したがって，反応の途中で 18 電子則を満たす

6・4 アルケン類を利用する触媒反応

配位飽和錯体が生成する場合には，配位子の一部，（たとえばCO）が溶液中で錯体から解離するか，アルケンやCOの挿入反応により空の配位座を与えるように，配位不飽和錯体を生成する必要がある．

この反応サイクル中では繁雑になるのを避けるため細かく示さなかったが，ヒドリドコバルト錯体へのプロピレンの挿入反応の位置選択性が (6・33) 式に示したように生成物の直鎖/分岐比を決定する重要な要因である．配位したプロピレンの挿入方向を制御するためには立体的要因が大きくかかわっている．実際，このコバルト触媒系に第三級ホスフィン配位子を添加すると，配位子の立体的要因により直鎖アルキルコバルト錯体が優先的に生成し，直鎖状アルデヒドの収率が向上する．ただ，ホスフィン配位子の添加は触媒反応の反応速度を低下させる負の効果もある．

$$\begin{array}{c}CH_3\\CH-Co(CO)_3\\CH_3\end{array} \rightleftarrows \begin{array}{c}CH_3\\ \parallel \\ H-Co(CO)_3\end{array} \rightleftarrows CH_3CH_2CH_2-Co(CO)_3 \tag{6・34}$$

置換アルケンから得られる枝分かれしたオキソ生成物 (iso 体) は不斉炭素を有するから，不斉配位子を有する触媒を用いた場合に不斉ヒドロホルミル化によりキラルなアルデヒド化合物が得られる．たとえばスチレン誘導体のヒドロホルミル化では，枝分かれしたキラルなアルデヒド (iso 体) が主生成物として得られる．不斉配位子として，これまでさまざまな不斉ホスフィンが開発されている．(6・35) 式に BINAPHOS を用いた例を示す．この方法で得られるキラルなアルデヒドは 92% ee であり，酸化すると鎮痛剤 (S)-イブプロフェンになる．

(6・35)

L*: 不斉ホスフィン配位子 (R,S)-BINAPHOS

b　アルケンのアルコキシカルボニル化反応とポリケトンの合成

アルケンのヒドロホルミル化反応に関連した触媒反応として，アルケンのアルコキシカルボニル化（ヒドロエステル化ともいわれる）がある．この反応では，後期遷移金属錯体触媒を用いて，アルコールの存在下に，エチレンやプロピレンなどのアルケンと一酸化炭素からエステル類が得られる．

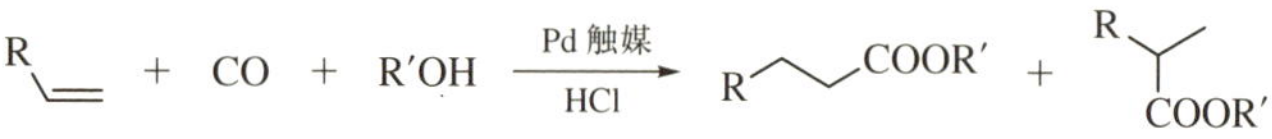
Pd 触媒
HCl
CO
R′OH
COOR′
(6・36)

触媒としてはパラジウムのほかに，ニッケルやコバルト錯体も用いられる．パラジウム錯体の場合を例として触媒反応機構を図6・27に示す．まず，パラジウム(0)錯体がアルコールなどのプロトン酸と反応して触媒活性種であるヒドリドパラジウム錯体を与える．このヒドリド錯体へのアルケンの挿入反応によりアルキルパラジウム錯体が生成する．それに続くCOとアルコールの反応には2通りの可能性がある．一つはアルキル−パラジウム結合間にCOが挿入してアシル錯体となり，それがアルコールと反応してカルボン酸エステルを生成する経路(a)であり，もう一つは，パラジウムに配位したCOがアルコールと反応してアルコキシカルボニル基が生成し，それがアルキル基と還元的脱離反応を起こしてカルボン酸エステルになる経路(b)である．カルボニル錯体における配位COの反応性に関して§5・4・1において述べたように，塩基存在下において配位COがアルコールによる求核攻撃を受けてアルコキシカルボニル中間体を経由する反応経路(b)の可能性は除外できない．

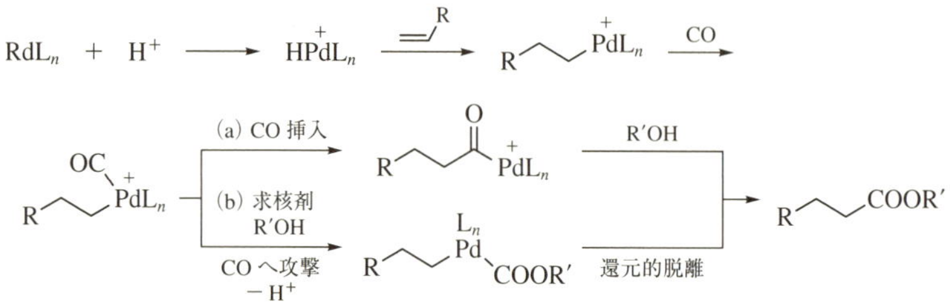
RdLn + H+
HPdLn
PdLn
CO
(a) CO 挿入
(b) 求核剤
R′OH
CO へ攻撃
− H+
R′OH
還元的脱離
COOR′

図 6・27　パラジウム錯体触媒によるアルケンのアルコキシカルボニル化反応の機構

このように，配位COに対して外圏からアルコールが求核攻撃して生成するアルコキシカルボニル錯体を経由する触媒的エステル生成反応と同様に，水やアミンとの反応によりヒドロキシカルボニル錯体あるいはカルバモイル錯体を経由するカルボン酸や酸アミド生成反応も研究されている（§6・8参照）．一酸化炭素の関与する触媒反応系については，モデル錯体の反応性について詳細な基礎的研究が必要である．

このアルコキシカルボニル化においてエチレンを反応基質として用いれば，プロピオン

酸メチルが得られる．触媒として単座の第三級ホスフィン配位子を有するカチオン性パラジウム触媒が有効である．一方，二座の1,3-ビス(ジフェニルホスフィノ)プロパンを用いた場合，図6・28に示すように，エチレンとCOが1：1の交互重合した高分子化合物が選択的に得られ，エチレンまたはCOが2回連続して挿入する反応は全く観測されない．反応の詳細な解析の結果，Pd–C結合へのCOの挿入は速いが，エチレンの挿入が触媒回転速度の制御段階になっているものと考えられている．二座配位子を用いることにより，成長する高分子鎖と空配座がシス位に固定され挿入反応が促進されているものと考えられる．

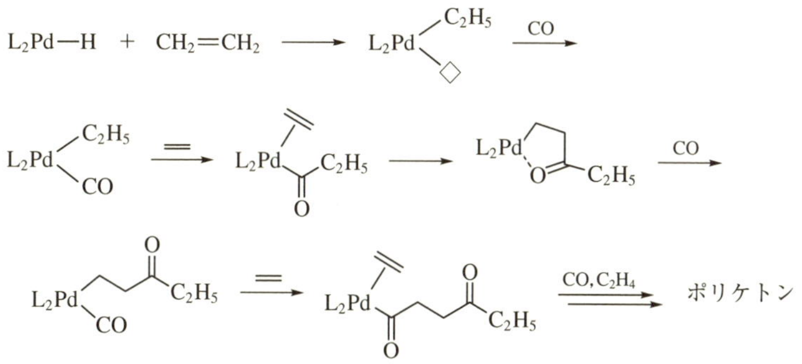

図6・28　エチレンとCOとの交互共重合によるポリケトンの生成

C アルケンのヒドロシアノ化反応

アルケン類の二重結合にHCNが付加する反応は**ヒドロシアノ化反応**とよばれる．ヒドロシアノ化触媒としてはコバルトカルボニル錯体や，第三級ホスフィンあるいはホスファイト配位子を有するニッケル触媒が有効である．ニッケル触媒を用いるヒドロシアノ化では末端アルケンに逆Markovnikov型でH–CNが付加したニトリル化合物がおもに得られる．このヒドロシアノ化反応は(6・37)式に示すように，ブタジエンと2分子のHCNからアジポニトリルを合成するのに利用されている．アジポニトリルは6,6-ナイロンを製造するのに重要な中間体である．

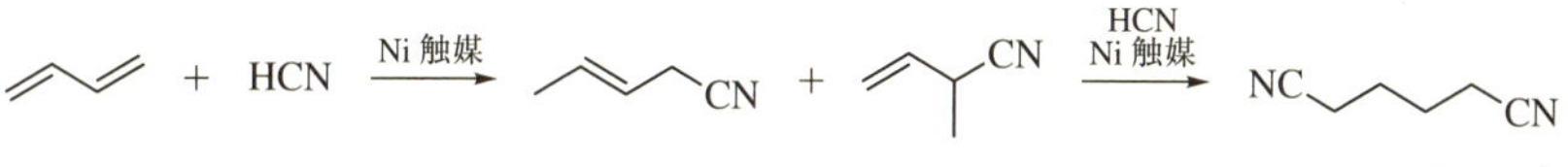

(6・37)

この触媒反応では，図6・29に示すように，(i) 4配位のニッケル錯体NiL_4から配位子が解離して触媒活性種である配位不飽和なNiL_3を生成する．錯体化学的な詳細な研究の結果，この配位子の解離段階が触媒回転速度の制御段階であることが明らかになってい

る．(ii) 続いて HCN の酸化的付加によるヒドリドニッケル錯体の生成，(iii) ブタジエンの配位，シス挿入，π-アリル錯体の生成と，(iv) その後の還元的脱離を経て 3-ペンテンニトリルと 2-メチル-3-ブテンニトリルが約 7：3 の割合で生成する．分岐した 2-メチル-3-ブテンニトリルは，ニッケル錯体と $ZnCl_2$ あるいは $B(C_6H_5)_3$ の Lewis 酸の存在下に直鎖の 3-ペンテンニトリルへ異性化する．このとき生成する内部アルケンは，ヒドロホルミル化反応と同様に，反応条件下に末端アルケンへと異性化した後，二段目の HCN 付加が進行してアジポニトリルへと変換される．

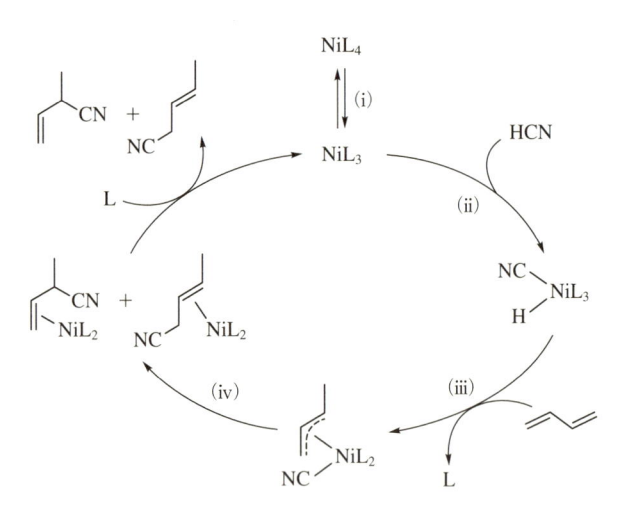

図 6・29 ニッケル触媒によるブタジエンのヒドロシアノ化反応

d アルケンのヒドロケイ素化反応

アルケン等の不飽和有機化合物に Si−H 結合を有する化合物が付加する反応は**ヒドロケイ素化反応**（ヒドロシリル化）とよばれ，有機ケイ素化合物を合成する上で重要な反応である[53]．この反応は白金，ロジウムはじめ各種の遷移金属錯体の添加により触媒的に進行することが知られている．

$$R_3SiH \ + \ \underset{}{\diagup\hspace{-0.5em}=\hspace{-0.5em}\diagdown} \ \xrightarrow{RhCl[P(C_6H_5)_3]_3 触媒} \ R_3Si-\overset{|}{\underset{|}{C}}-\overset{|}{\underset{|}{C}}-H \quad (6・38)$$

アルケンのヒドロケイ素化の反応機構はアルケンの水素化反応機構と多くの点で類似している．すなわち，図 6・30 に示すように，ヒドロシランが酸化的付加によりシリル（ヒドリド）錯体を生成する．この中間体へのアルケンの挿入の仕方により 2 通りの触媒サイクルが考えられる．サイクル(a)は Chalk-Harrod 機構とよばれ，金属−水素結合間にアルケンが挿入する．一方，サイクル(b)は修正 Chalk-Harrod 機構とよばれ，金属−Si 結合間

にアルケンの挿入が起きることを仮定している．どちらの機構を経由するかは遷移金属の種類などにより支配される．

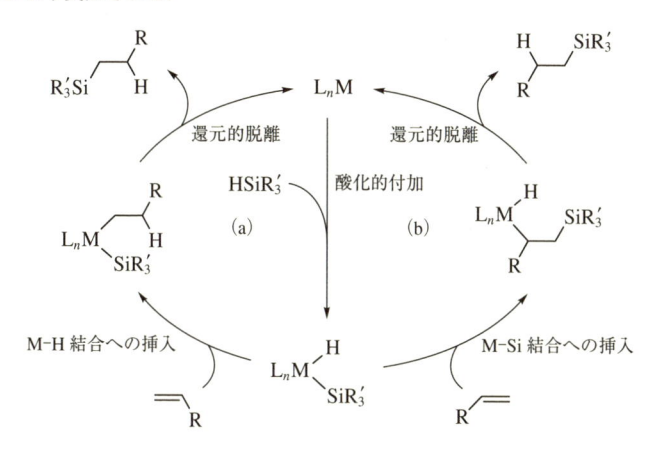

図 6・30 アルケンの触媒的ヒドロケイ素化反応の機構

e アルケンの触媒的ヒドロアリール化反応

芳香族化合物中の炭素－水素結合が遷移金属錯体の作用により開裂すると，遷移金属－炭素結合および遷移金属－水素結合を有する錯体が生成する．ここで生成する遷移金属－炭素および遷移金属－水素結合の高い反応性を用いて，アルケンにアリール基を導入する方法（あるいはアリール化合物にアルケンを導入する反応）が村井眞二らにより開発された[54]．

反応の鍵段階であるアレーンの炭素－水素結合の活性化には，(6・39)式に示すように，アシル基のような，遷移金属錯体に対して配位できる配向基の存在が必要である．アシル基が遷移金属錯体に配位することにより，アシル基の近傍に遷移金属を引き付け，アシル置換基のオルト位にある炭素－水素結合を活性化する．このようにしてヒドリド金属ア

(6・39)

リール錯体が生成し，アルケンの配位と金属−水素結合への挿入の後，還元的脱離により反応が進行しているものと考えられる．

村井らの発見を契機に炭素−水素結合の活性化を基軸としてアルキル基，カルボニル基，アルケニル基，ヘテロ元素の導入など，複雑な構造を有する有機化合物の芳香環の特定位置に官能基を触媒的に導入する方法が研究されている．これらの反応で利用される配向基としては，カルボニル基，シアノ基，イミノ基，含窒素複素環などさまざまであり，金属錯体触媒も適切に選択する必要がある．さらに近年，芳香族化合物だけでなく脂肪族化合物の炭素−水素結合活性化と官能基導入反応も開発されており，錯体触媒化学に新たな展開が見られる．

f アレーンの炭素−水素結合活性化を利用するアルケニル化反応

配向基をもたない単純アレーンとアルケンとの反応によるアレーンのアルケニル化反応がパラジウム(II)−銅(II)−酸素からなる触媒系により進行することが知られている[55]．たとえば，(6・40)式に示すように，ベンゼンとスチレンとの反応では，まず，酢酸パラジウムのカルボキシ基が協奏的にアレーンの炭素−水素結合を活性化し，アリール−パラジウム結合をもった中間体を形成し，この中間体がさらにスチレンと反応することによりスチルベンとともに[56]パラジウム(0)を生成する．このパラジウム(0)錯体は銅(II)−酸素の再酸化系により，もとのパラジウム(II)に酸化されて触媒サイクルが完成する（§6・4・7g 参照）．

$$\text{(6・40)}$$

配向基をもたないこのような芳香族化合物のアルケニル化反応は**藤原-守谷反応**とよばれている．単純な芳香族化合物の sp² 炭素−水素結合へ官能基を導入する手法であるが，置換ベンゼンを用いる場合，位置選択性の制御は比較的困難とされている．

g アルケンの酸化：Wacker 法

アルケンに酸素を含む官能基を導入する手法として，パラジウム錯体触媒を用いる **Wacker 法**（Hoechst-Wacker 法ともいう）がある．錯体触媒による穏和な条件下でのアルケン類の触媒的酸化反応であり，ドイツの Wacker Chemie 社により開発された．アルケ

6・4 アルケン類を利用する触媒反応

ン類の酸素による直接的酸化反応は多くの場合にラジカル的な反応で，反応の制御がむずかしいことが多く，選択性よく目的とする化合物を合成することは困難であった．パラジウム錯体を用いてエチレンを触媒的に酸化し，アセトアルデヒドを穏和な条件下で合成するWacker法は，錯体触媒を工業的に利用した初期の例として注目された．

エチレンの酸化によるアセトアルデヒドの触媒的合成　この触媒反応においては，主触媒であるパラジウム(II)錯体がエチレンからアセトアルデヒドを合成し，その際に生成するパラジウム(0)錯体が $CuCl_2$-酸素の共触媒系によりパラジウム(II)錯体に再酸化させる経路を組合わせることによって，パラジウムが触媒的に働く．反応をまとめると(6・41)式のようになる．

$$CH_2=CH_2 + 1/2\, O_2 \xrightarrow{PdCl_2,\, CuCl_2} CH_3CHO \tag{6・41}$$

エチレンが塩化パラジウムの存在下に水と反応してアセトアルデヒドに酸化されるという事実は，すでに1894年に F. C. Phillips により観察されていたが〔(6・42)式〕[56]，これは塩化パラジウムがパラジウム金属に還元されて沈殿する化学量論的反応であった．

$$CH_2=CH_2 + H_2O + PdCl_2 \longrightarrow CH_3CHO + Pd^0 + 2\,HCl \tag{6・42}$$

Wacker Chemie 社の研究者は，(6・42)式の反応において生成するパラジウム(0)種が銅(II)塩 $CuCl_2$ によりパラジウム(II)に再酸化され，その際に生成する1価の銅塩 CuCl が空気により再酸化されて $CuCl_2$ を再生することを見いだした．これらの基本反応を組合わせることにより，(6・43)式に示すようなエチレンの酸化的触媒プロセスが開発された．

$$\begin{aligned}
C_2H_4 + PdCl_2 + H_2O &\longrightarrow CH_3CHO + Pd^0 + 2\,HCl \\
Pd^0 + 2\,CuCl_2 &\longrightarrow PdCl_2 + 2\,CuCl \\
\underline{+)\quad 2\,CuCl + 2\,HCl + 1/2\,O_2 &\longrightarrow 2\,CuCl_2 + H_2O\quad} \\
C_2H_4 + 1/2\,O_2 &\longrightarrow CH_3CHO \\
\Delta H &= -243\ \text{kJ mol}^{-1}
\end{aligned} \tag{6・43}$$

触媒反応の機構は現在もなお確定していないが，図6・31に示すような有機金属化合物の素反応の組合わせから成り立っている．この触媒反応は，電子不足なパラジウム(II)に π 配位したエチレンが水分子により求核的に攻撃されることにより開始される．§5・4・2で述べたように，配位したアルケンの求核剤による攻撃は極性溶媒中ではトランス付加により進行し，β-ヒドロキシエチルパラジウム錯体が生成する．この錯体が(6・44)式の

$$\underset{\text{CH}_2\text{—Pd}^+}{\text{HO—CH}_2} \rightleftharpoons \underset{\overset{\|}{\text{CH}_2}}{\text{HO—CH}} \overset{\text{H}}{\underset{\text{Pd}^+}{|}} \rightleftharpoons \underset{\text{CH}_3}{\overset{\text{O—H}}{\text{CH}}}-\text{Pd}^+ \tag{6・44}$$

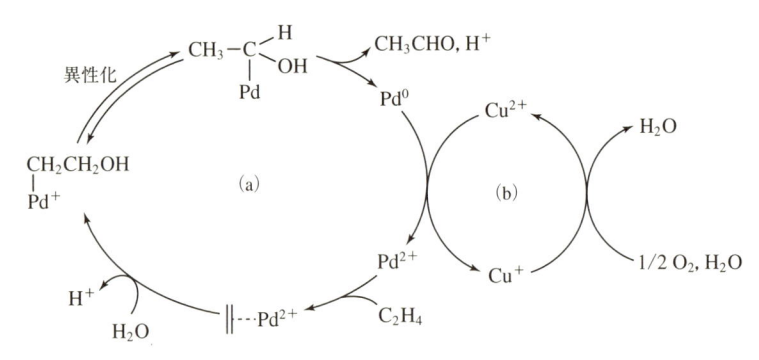

図 6・31　Wacker 法によるエチレンの触媒的酸化反応の機構

ように，β 水素引き抜き反応を経て α-ヒドロキシエチル基に異性化し，OH 基から H^+ が脱離するとともに，アセトアルデヒドが生成するものと考えられる．

図 6・31 の触媒サイクル (a) において生成するパラジウム (0) 錯体は共触媒として加えられた Cu(II) により再酸化され，主サイクル (a) が回る．パラジウム (0) 錯体の酸化に際して生成する Cu(I) は，図 6・31 のサイクル (b) に示すように，酸素により再酸化されて Cu(II) になる．パラジウム (0) 錯体の酸化剤としては銅イオン以外にもいろいろあるが，酸素により再酸化される銅イオンはこのような酸化還元系を組むのに最も適している．

Wacker 法の反応機構は，発見以来実験的および計算化学的手法により研究されてきたが，触媒反応機構に関してはまだ完全には決着がついていない．この反応について長期間にわたって研究を続けてきた P. M. Henry らによる重水素同位体を用いた研究および反応速度論的研究の結果では，反応条件により反応機構が異なることがわかっている[57],[58]．すなわち，Henry らは，Cl^- イオンおよび $CuCl_2$ の濃度が高い場合にはパラジウム (II) に配位したエチレンが外部から水分子により攻撃される機構（外圏機構）が優先するのに対し，工業的製法の条件に近い Cl^- イオン濃度および $CuCl_2$ 濃度が小さい場合には，水分子が先にパラジウム (II) に結合した後，配位したエチレンをシス付加により攻撃（内圏機構）すると考えている．ここでは反応機構の詳細に関する議論は省略する．

アセトアルデヒドの主要な用途は酢酸および無水酢酸の製造である．しかし，酢酸の製造については，後述するメタノールのカルボニル化による製法が出現したため，Wacker 法の競争力は低下した．もともとこの方法は，水銀塩を用いるアセチレンの水和反応による旧来法を駆逐して出現したものであるが，化学工業の世界では常に革新的な方法を用いる新しい相手との競争が避けられない．

アルケンの酸化によるケトン類の触媒的合成　エチレンのかわりに 3 個以上の炭素原子を有するアルケンを用いると，Wacker 型酸化反応によるアセトアルデヒドの合成と同

様の反応機構によりケトンが得られる．

$$R\text{—}CH=CH_2 + 1/2\, O_2 \xrightarrow{PdCl_2,\ CuCl} R\text{—}CO\text{—}CH_3 \quad (6\cdot 45)$$

このような末端アルケンからケトン類の触媒的合成法は実験室的に利用されている．たとえば，アルケンにアルコキシカルボニル基のような官能基が存在していても，末端アルケンが優先的に酸化されてカルボニル化合物へ変換される．内部アルケンはほとんど酸化されない[59]．

$$CH_2=CH\text{—}CH_2\text{—}CH=CH\text{—}COOR \xrightarrow[\text{空気}]{PdCl_2,\ CuCl} CH_3\text{—}CO\text{—}CH_2\text{—}CH=CH\text{—}COOR \quad (6\cdot 46)$$

アルケンのアセトキシル化反応　　パラジウム錯体は有機不飽和化合物からアルデヒドやケトンを合成する触媒として用いられるばかりでなく，アルケンのアセトキシル化反応の触媒となり，エチレンから酢酸ビニルを合成する触媒として用いられる．この反応は I. I. Moiseev の発見した次のような反応に基づいて発展した[60]．

$$C_2H_4 + NaOCOCH_3 + PdCl_2 \longrightarrow CH_2=CHOCOCH_3 + 2\,NaCl + CH_3COOH + Pd^0 \quad (6\cdot 47)$$

この反応で生ずるパラジウム(0)を Wacker 法と同様に酸化するような酸化還元系を組めば，酢酸パラジウムとエチレンの存在下に酢酸との反応により，アセトキシエチルパラジウム錯体を経て，酢酸ビニルが触媒的に得られる．

$$\begin{array}{c} C_2H_4 + CH_3COOH + 1/2\,O_2 \xrightarrow{Pd\,触媒} CH_2=CHOCOCH_3 \\ \downarrow \\ C_2H_4 + Pd(OCOCH_3)_2 \longrightarrow CH_3CO_2Pd\text{—}CH_2\text{—}CH_2\text{—}OCOCH_3 \end{array} \quad (6\cdot 48)$$

酢酸ビニルは工業的に重要な中間物であるから，この方法を触媒プロセスとして実用化することは重要だった．クラレ社は，シリカに担持したパラジウム触媒を用い，気相系でエチレン，酸素，酢酸を反応させる方法によって酢酸ビニルを工業的に生産することに成功した[61),62]．

エチレンのかわりにプロピレンを用いると (6・49) 式に示すような反応経路を経て，酢酸アリルが位置選択的に得られる[63]．

$$CH_2=CH\text{—}CH_3 + CH_3COOH + 1/2\,O_2 \xrightarrow{Pd,\ SiO_2} CH_3COO\text{—}CH_2\text{—}CH=CH_2 + H_2O \quad (6\cdot 49)$$

環状アルケンも同様にパラジウム触媒と酸化剤の組合わせにより，気相あるいは液相反応系で酸化されて，環状アリルエステルが収率よく得られる[64].

$$\text{C}_6\text{H}_{10} + \text{CH}_3\text{COOH} \xrightarrow[\text{酸化剤}]{\text{Pd(OCOCH}_3)_2} \text{C}_6\text{H}_9\text{OCOCH}_3 \qquad (6\cdot50)$$

6・5 アルキン類を利用する触媒反応

6・5・1 アセチレンの低重合および高重合

アルキンは，三重結合を有する不飽和炭化水素の一般名であり，無置換のアルキン（エチン）をアセチレンという．アセチレンは，石灰をコークスとともに電気炉で加熱することによって得られる炭化カルシウム CaC_2（カルシウムカーバイトともいう）の加水分解により大規模に製造されており，このようにして得られるアセチレンは，電気化学工業において各種の有機化合物を製造する際の重要な中間原料であった．その後，天然ガスの主成分であるメタンおよびナフサのクラッキングの際に生成する比較的安価に得られるアセチレンが原料として用いられるようになった．

<u>アセチレンの低重合</u>　W. Reppe（1892～1969）は第二次世界大戦中にアセチレンの応用に関して，"レッペ化学"といわれる広範な応用研究を行い，アセチレンから各種の有用な有機化合物を合成した．そのような研究において，ニッケル系触媒を用いるとアセチレンの環状三量化および四量化により，ベンゼンおよびシクロオクタテトラエンが触媒的に合成できることが報告された．

$$3\,\text{HC}\equiv\text{CH} \xrightarrow{\text{Ni(CO)}_2[\text{P(C}_6\text{H}_5)_3]_2\,\text{触媒}} \text{C}_6\text{H}_6 \qquad (6\cdot51)$$

$$4\,\text{HC}\equiv\text{CH} \xrightarrow{\text{Ni(CN)}_2\,\text{または}\,\text{Ni(CO)}_4\,\text{触媒}} \text{C}_8\text{H}_8 \qquad (6\cdot52)$$

この反応では，触媒系に配位子を添加しない場合には，環状の四量体シクロオクタテトラエンが生成するが，トリフェニルホスフィンのような配位子を添加すると，環状四量体ではなく，環状三量体のベンゼンが得られる．触媒反応の選択性が配位子の添加により制御される，有機金属化学の初期の例のひとつである．その後有機金属化学の進歩とともに，アルキンの配位した錯体の反応性が次第に明らかになった．

シクロペンタジエニルコバルト錯体を触媒として用いるアルキンの環状三量化反応[65]においては，まずアルキンがコバルトに2分子配位して酸化的カップリングによる環化したメタラシクロペンタジエン錯体を与える．この中間体は単離可能であり，詳細な検討の結果，3番目のアルキンがコバルトに配位し，Diels-Alder反応に似た形式の環化反応か，

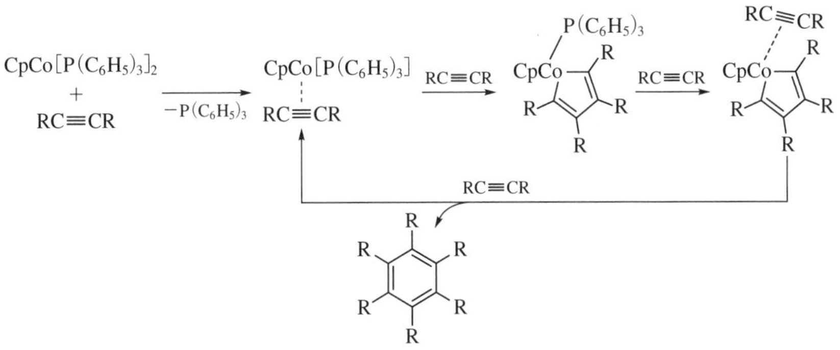

6・5 アルキン類を利用する触媒反応　　275

図 6・32　コバルト錯体によるアルキン環状三量化反応の機構

あるいは金属-炭素結合へのアルキンの挿入，還元的脱離によって分子内環化反応が起き，ベンゼン誘導体が得られることがわかった．

アルキン三量化反応の触媒としてはコバルト触媒以外にも Wilkinson 錯体 $RhCl[P(C_6H_5)_3]_3$ やニッケル(0)触媒も有効である[66]．

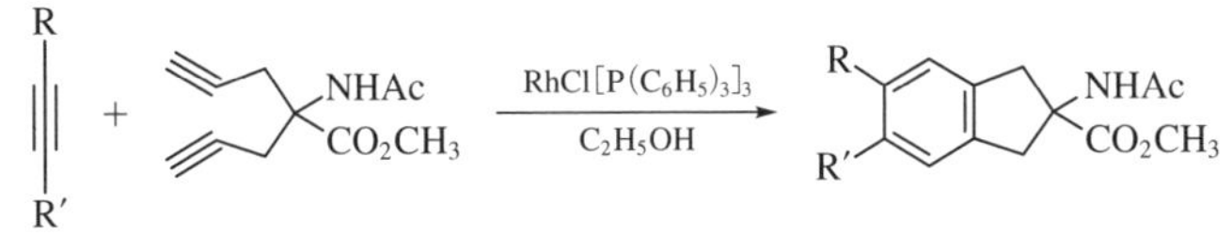

$$(6・53)$$

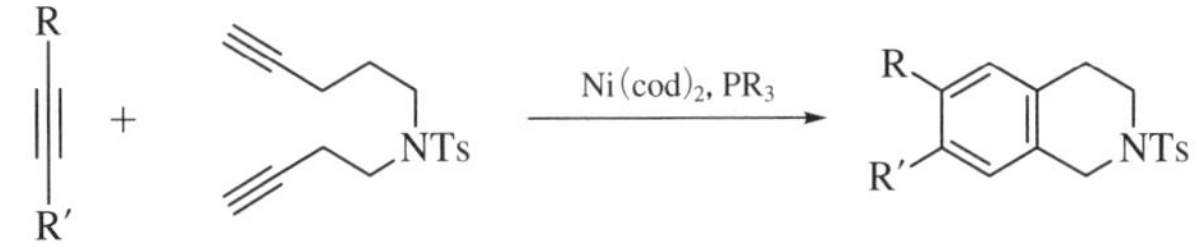

$$(6・54)$$

また，炭素-炭素三重結合を有するアルキンと，炭素-窒素三重結合を有するニトリルをコバルト触媒の存在下に反応させると，三重結合を有するアルキンとニトリルの環化反応が進行し，ピリジン誘導体が得られる[67]．

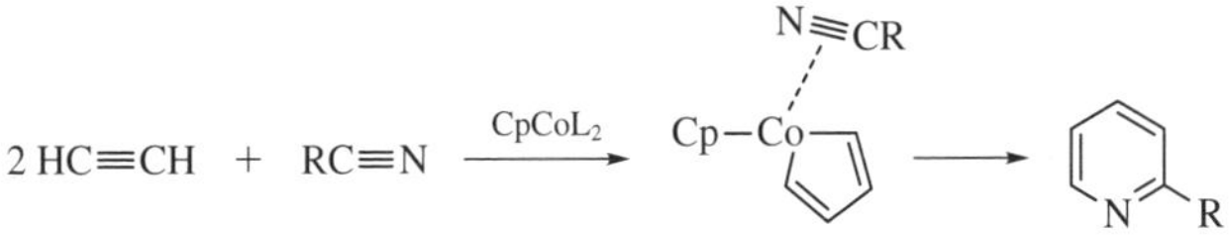

$$(6・55)$$

このような不飽和三重結合を有するアルキンの混合環化反応を応用すると，アセチレンと 2-シアノピリジンからビピリジンが触媒的に合成できる．

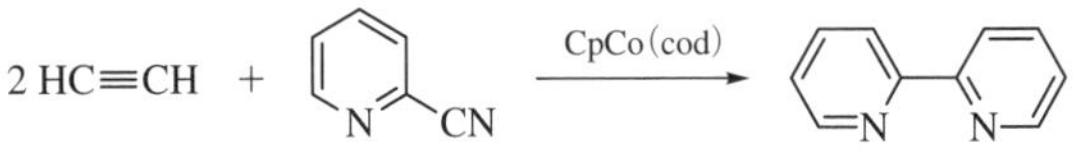

$$(6・56)$$

このほか，ルテニウムやパラジウムなど各種の遷移金属錯体を触媒として用いる，アセチレンの環状三量化反応を利用する環状有機化合物の合成法がいろいろ報告されている[68)〜70)]．

ポリアセチレンおよびベンゼンの合成　Natta は Ziegler 触媒によりエチレンが穏和な条件下で重合することを知るとすぐに，アセチレンに対する Ziegler 触媒の反応性を検討した．しかし，得られた重合物は，真っ黒で溶媒にほとんど溶けない固体が主であり，有用な生成物は得られそうもなかった．この型の触媒系に関しては，その後，池田朔次らにより詳細な研究が行われ，$TiCl_4-Al(C_2H_5)_3$ 系のような塩素を含む触媒系では，アセチレンの環状三量化によりベンゼンが主として生成し，$Ti(OC_4H_9)_4-Al(C_2H_5)_3$ のような塩素を含まない混合触媒系では共役二重結合が連結した，不溶性の黒色重合物が主生成物として得られることがわかった[71)]．

この黒色不溶性の化合物を分解して，末端基について調べたところ，アルキル基が化合物末端に結合していることがわかり，この重合は金属-アルキル結合間へのアセチレンの挿入反応により進行していると結論された[34)]．さらに，重合反応を低温で行った場合には，まず s-シス型ポリアセチレンが生成し，温度を上げると s-トランス型ポリアセチレンに異性化することがわかった．

これらの実験事実を踏まえて，チタン化合物と有機アルミニウム化合物の Ziegler 型触媒によるアセチレンの反応機構を図 6・33 にまとめて示す．アルキル-チタン結合に 3 分子のアセチレンが挿入した段階で環化反応が起きればアルキルベンゼンが得られ，生成し

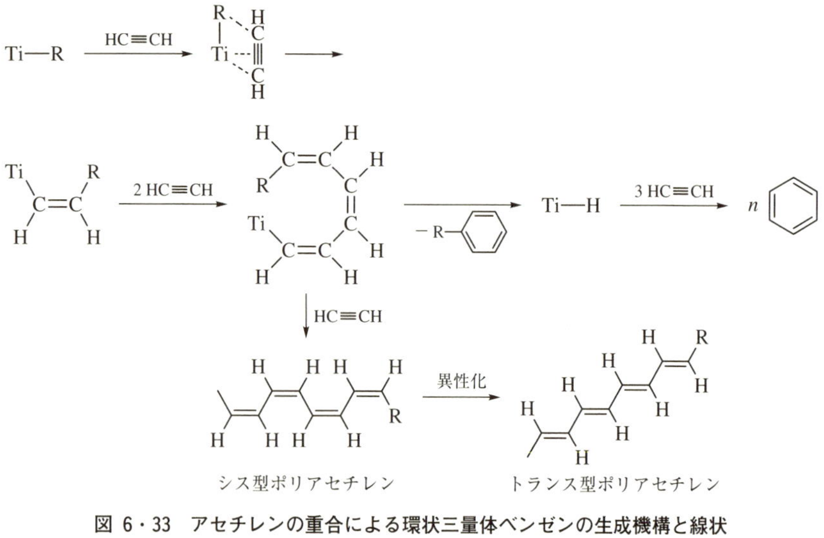

図 6・33　アセチレンの重合による環状三量体ベンゼンの生成機構と線状のポリアセチレンの生成機構

Ziegler 触媒の秘密はどのようにしてドイツからイタリアに伝えられたのか

Ziegler 触媒によりエチレンが重合するという発見に続いて，ミラノ工科大学の G. Natta のグループから，同様の触媒によりプロピレンも重合するという結果が発表され，その後各種のモノマーの重合について次々と斬新な成果が発表された．当時，Natta のグループでどうしてそれほど早く Ziegler 触媒の研究結果を知り，発展できたのか，いろいろ憶測が行われた．

1951 年に K. Ziegler は，$Al(C_2H_5)_3$ とエチレンを反応させると，エチレンがアルミニウムとエチル基の間に挿入し，鎖が延長してポリマーになるという結果を得て，その結果をフランクフルトで行われた学会で講演した．その講演を聞いたミラノ工科大学の Natta は，金属とエチル基の間にエチレンが挿入反応を起こす，というのはこれまでの高分子化学の反応では見られない新規の反応であることに注目し，ミラノに帰ってから，イタリア最大の化学会社 Montecatini 社の重役をしている親しい友人に，この結果は将来性に期待がもてる．Ziegler の研究を援助して共同研究をした方がいいと勧めた．その提案に基づき，Montecatini 社は Ziegler の研究を援助し，そのかわりに Ziegler のところで得た新しい実験結果はミラノに知らせる，という協定を結んだ．またミラノの Natta グループからマックスプランク石炭研究所に有機アルミニウム化合物の取扱いの実験に習熟するよう若い研究員を派遣した．

エチレンの重合実験に関する新発見が Ziegler の研究所で行われたのはイタリアから P. Chini らの若い優秀な研究者がやってきてしばらくしてからだった．新発見の結果は，取り決めに従ってミラノに報告され，Natta たちも同じようにエチレンが重合することを見いだした．その後イタリアでの休暇をとるためにミラノを訪れ，Natta と Montecatini 社の幹部に会った Ziegler は，エチレン重合は自分の方でもう少し研究したいと述べた．しかし，Natta たちはその時すでにプロピレンも重合するという結果を得ていた．Natta は実験のメモに"今日われわれはプロピレンを重合した"と簡潔に記していた．

しかし，そのことを Natta は Ziegler には言わなかったようである．このことを後で知らされた Ziegler は激怒したらしい．しかし，彼は"私は Natta がそれを報告せずにいたことに対して，少なからず不快に感じた"と控えめに述べている．Natta が先にプロピレンの重合に成功したという事実は協定に違反するものではない．ただ，Ziegler の怒りも理解できる．その後 Natta のグループでは各種のモノマーの重合について，すばらしい速度で次々と新しい事実を発見していった．その結果は元をたどれば，Ziegler の発見に基づくものである．二人は 1963 年に共同でノーベル化学賞を受賞する．

たチタン-水素結合にさらにアセチレンがシス挿入し，環化反応を起こせば，ベンゼンが触媒的に得られる．また，この段階で環化せずに，さらにアセチレンが連続的にシス挿入すれば，共役二重結合によりアセチレン単位が繋がったシス型ポリアセチレンが生成する．このシス型の高分子化合物が熱的に安定なトランス型に異性化するとトランス型ポリアセチレンになる．

このようにして得られるポリアセチレンは，そのままではそれほど高い電気伝導性を示さないが，この高分子化合物をヨウ素などの電子受容性の添加物（ドーパント）で処理すると電気伝導度が大きく上がり，$10^3 \Omega^{-1} cm^{-1}$以上の高い電気伝導性を有する高分子材料となる．通常，絶縁体と考えられている有機化合物からも電気伝導性をもった材料をつくり出すことができる，という発見であった．この発見により，白川英樹，A. MacDiarmid，A. J. Heegerは2000年のノーベル化学賞を受賞した[72]．この分野の研究により新たな電子材料が開発できる可能性が認識され，各種の共役系高分子材料の研究が活発に行われるようになった[73]．

アセチレンを用いて有用な化合物を合成する反応としては，古くから銅触媒を用いたカップリング反応が知られている．末端エチニル基のカップリング反応が酸素と塩化銅の存在下に進行するという事実は，1869年にC. Glaserにより報告され（Glaserカップリング反応）[74]，A. Baeyerはこのカップリング反応をインジゴの合成に応用している．さらに，合成ゴムの原料であるクロロプレン（2-クロロブタジエン）は，塩化銅を主成分とするNieuwland触媒により，アセチレンを二量化してビニルアセチレンとし，それを塩化水素と反応させて合成される．

$$2\,HC{\equiv}CR \xrightarrow{CuCl} CH_2{=}CH-C{\equiv}CH \xrightarrow[CuCl]{HCl} H_2C{=}CH-\underset{}{\overset{Cl}{C}}=CH_2 \quad (6\cdot 57)$$
クロロプレン

この反応では，(6・58)式のように，まずCuClとアセチレンの反応によりアルキニル銅錯体が生成する．銅-炭素結合にアセチレンが挿入し，次にHClとの反応によりビニルアセチレンが得られる．このカップリング生成物がHClと反応することによりクロロプレンになるものと考えられる．

$$Cu-C{\equiv}CH \xrightarrow{HC{\equiv}CH} \underset{H}{\underset{|}{C}}{=}\underset{H}{\underset{|}{C}}\!\!\begin{array}{c}Cu\\ \end{array}\!\!\begin{array}{c}C{\equiv}CH\\ \end{array} \xrightarrow[-CuCl]{HCl} H_2C{=}CH-C{\equiv}CH \quad (6\cdot 58)$$

この合成プロセスでは非常に爆発しやすいジビニルアセチレンやアルキニル銅化合物が生成する危険があるので，現在はブタジエンを原料とする合成法により置き換えられてい

る.

このように,銅塩の存在下にアルキニル化合物のカップリング反応が円滑に進行するという知見は,その後ジアルキン,ポリアルキンの合成に広く応用され,有機合成において重要な手法となった[75].

6・5・2 アルキンのメタセシス反応

炭化水素不飽和結合のメタセシスは,アルケンに限らず,アルキンに関しても (6・59)式のように進行する[76]. モリブデンやタングステンの金属カルビン錯体が触媒となる.

$$2\,R-C\equiv C-R' \xrightarrow{\text{触媒}} R-C\equiv C-R + R'-C\equiv C-R' \quad (6・59)$$

アルキンのメタセシスでは, (6・60)式に示すように,カルビン錯体とアルキンの環化反応により中間体として生成するシクロメタラブタジエンが関与しているものと考えられる. ここで,二重結合の組替えが起きて,アルケンメタセシスと同様に環が開裂すれば新たなカルビン錯体とアルキンが生成する.

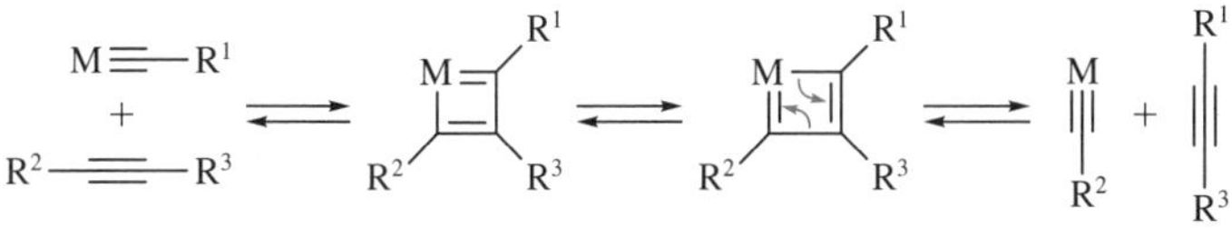

$$\text{(6・60)}$$

ここで,アルキンとの反応にカルベン錯体を触媒として用いると, (6・61)式に示すように,まず金属カルベン錯体とアルキンの間で環化反応が起き,メタラシクロブテン錯体が生成する. この錯体において二重結合の異性化と開環により新たなカルベン錯体を与える. このカルベン錯体がアルキンと連続的に反応すれば,共役二重結合の連結した高分子化合物が得られる[77].

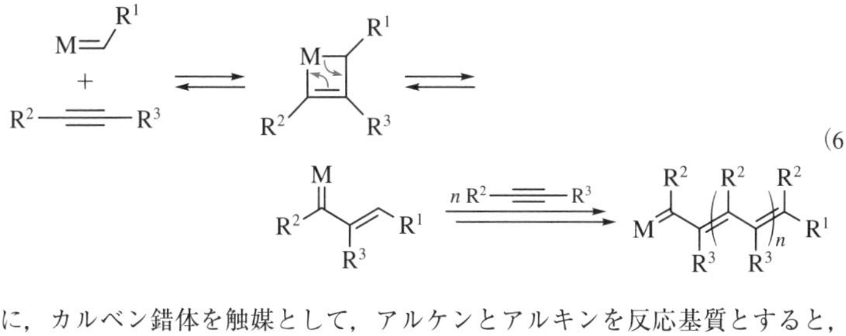

$$\text{(6・61)}$$

さらに,カルベン錯体を触媒として,アルケンとアルキンを反応基質とすると,エン-インメタセシス反応が進行して共役ジエンが生成する(図6・34). まず,カルベン錯体が (6・61)式に示すように,アルキンと反応してメタラシクロブテンを与える. この環状化合物が開環してビニル置換カルベン錯体を与え,これがエチレンと反応して共役二重結

合の連結したジエンを生成する．

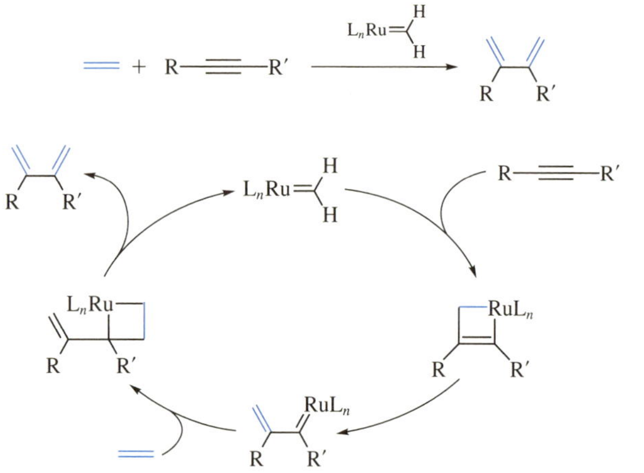

図 6・34　エチレンのエン-インメタセシス反応による共役ジエンの合成

6・5・3　アルキンとほかの反応基質を用いる触媒反応

アルキン自身を反応基質として用いる触媒反応については，§6・5・1および§6・5・2において述べたが，本項では，アルキンとともにほかの基質を利用する触媒反応について述べる．

　アクリル酸，メタクリル酸およびエステルの合成　　アセチレンと一酸化炭素の反応により得られるアクリル酸およびそのエステルの触媒的合成は，W. Reppe による先駆的研究以来詳細に研究されてきた反応である[78]．

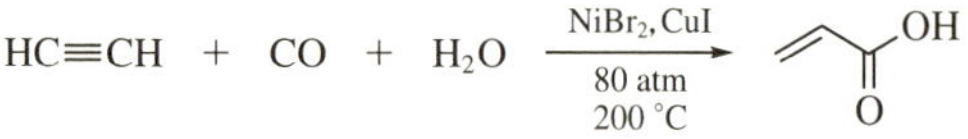

$$HC{\equiv}CH + CO + H_2O \xrightarrow[200\ ℃]{NiBr_2, CuI \atop 80\ atm} CH_2{=}CHCOOH \qquad (6・62)$$

アセチレンは炭化カルシウムと水の反応により製造されてきたが，石油化学工業の発展と，それに伴う製造原料の価格の変遷に伴い，この方法によりアセチレンからアクリル酸を合成する方法は，コスト面で不利となり，現在はプロピレンを原料とし，固体触媒を用いる，もっと安価な方法により置き換えられている．

6・6　ジエンの重合

　共役ジエンは遷移金属錯体触媒により低重合および高重合反応を起こす．その反応機構は単純アルケンの触媒反応と多くの場合に共通する素反応の組合わせにより理解できる．

6・6・1 1,3-ジエンの低重合

遷移金属錯体を触媒として用いるジエン類の低重合に関しては，マックスプランク石炭研究所の G. Wilke らによる，先駆的研究がある[79]．

ブタジエンの低重合では，ニッケルやコバルトなどの単一の低原子価錯体触媒が用いられ，触媒の種類により二量体あるいは三量体などさまざまな生成物が得られる．ニッケル触媒による二量体の生成は，図 6・35 に示すように，ニッケル(0)錯体と第三級ホスフィンのような安定化配位子 L との反応により生成する，配位不飽和なニッケル錯体が触媒活性種と考えられる．このニッケル錯体に 2 分子のブタジエン分子が配位し，配位したブタジエンの間でカップリング反応が起きると，環状二量化生成物である 1,5-シクロオクタジエンおよび 4-ビニルシクロヘキセンが触媒的に得られる．この触媒反応の反応中間体，ビス-アリル型ニッケル錯体は，二つの配位ジエンの酸化的カップリング（§6・5・1 参照）により生成するメタラシクロペンタンを経由してより安定な π-アリル錯体を与えるものと考えられる．実際，この中間体は単離され，その構造は錯体化学的方法により確立された．さらに，この単離された錯体によりブタジエンの触媒的二量化反応が穏和な条件下で進行することも確認された（図 6・35）．ビス-アリル型ニッケル錯体がジアルキルニッケル錯体を経由して還元的に脱離するとすれば，1,5-シクロオクタジエンあるいは 4-ビニルシクロヘキセンが触媒的に生成する経路が合理的に説明できる．

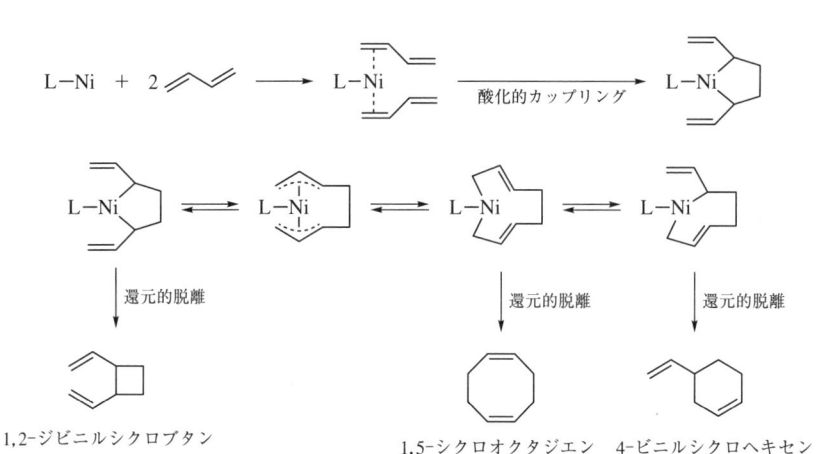

図 6・35 Ni(0)触媒によるブタジエンの二量化

Wilke らは，ニッケル錯体触媒の存在下，図 6・36 に示すようにブタジエンの環状三量化により，*trans,trans,trans*-シクロドデカトリエンを触媒的に与える反応を見いだすとともに，ニッケル(0)錯体とブタジエンを低温で反応させると，ニッケル中心に 3 分子のブ

タジエンが環状に結合した錯体と環化直前のπ-アリル基がニッケルに配位した錯体との単離合成に成功した．この結果は，3分子のブタジエンがニッケル原子のまわりに集まり，中間体を経由して2個のアリル基がカップリングして環状のシクロデカトリエンになるという，ブタジエンの環化低重合の過程を示すものであった．

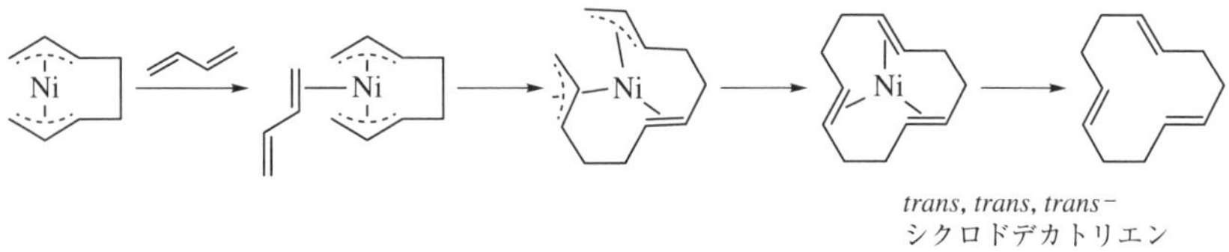

trans, trans, trans-シクロデカトリエン

図 6・36　Ni(0)触媒によるブタジエンの三量化

このような，Wilke らの一連の研究は明快であり，触媒反応の機構について説得力のある実験的証拠を提供するものであった．それと同時に，錯体化学的基礎研究が，有用な成果を生み出し，工業的な応用へも繋がり得ることを示すものだった．Wilke はこのような基礎研究をとおして有機金属化学の体系化だけでなく工業的触媒プロセス開発にも大きく貢献した．この発見を契機として錯体触媒の研究が一気に加速した．

Ni 触媒で得られたシクロデカトリエンは，四塩化チタンと有機アルミニウム化合物の混合系からなる Ziegler 型触媒の存在下，ブタジエンの環状三量化により，触媒的に得られる〔(6・63)式〕．

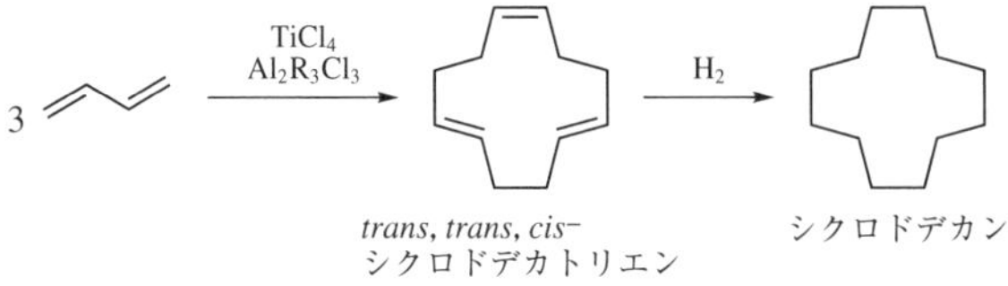

$$3 \xrightarrow{\text{TiCl}_4, \text{Al}_2\text{R}_3\text{Cl}_3} \text{trans, trans, cis-シクロデカトリエン} \xrightarrow{\text{H}_2} \text{シクロデカン} \quad (6 \cdot 63)$$

このような 1,3-ブタジエンの環状三量化により得られるシクロデカトリエンは水素化すれば簡単にシクロデカンに変換される．シクロデカトリエンはナイロン 12 の原料になるのでこの反応は，ブタジエンを用いてナイロン 12 を合成する新しい方法を提供するプロセスとして注目された．

一方，ブタジエンの低重合反応系に，水，アルコール，アミン，カルボン酸，シアン化水素，シラン化合物などの酸性化合物 HY を加えると，官能基 Y の結合した線状二量体が主生成物になる．たとえば，パラジウム錯体の存在下にフェノールとブタジエンを反応させると，2種類のフェノキシオクタジエンが得られる[80]．§6・4・7c のヒドロシアノ化反応と同様にパラジウム錯体と HY との反応によりヒドリドパラジウム錯体が生成し，2分子のブタジエンの連続挿入，還元的脱離により2種類の生成物が得られるものと考えられる．

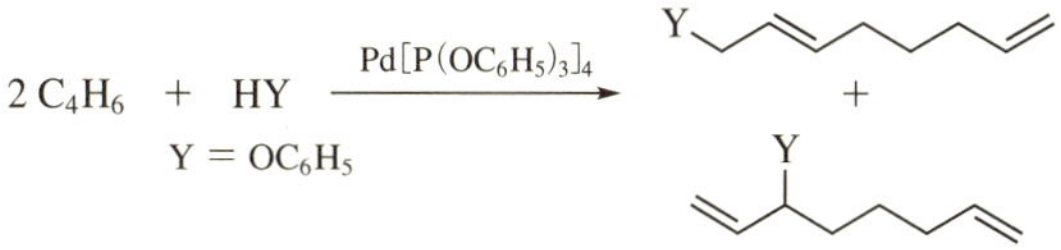

$$2\,\mathrm{C_4H_6} + \mathrm{HY} \xrightarrow{\mathrm{Pd[P(OC_6H_5)_3]_4}} \begin{array}{c} \text{Y}\diagup\!\!\!\diagup\!\!\!\diagdown \\ + \\ \diagup\!\!\!\diagdown\text{Y}\diagdown\!\!\!\diagup\!\!\!\diagdown \end{array} \qquad (6\cdot64)$$

$$\mathrm{Y = OC_6H_5}$$

6・6・2　1,3-ジエンの高重合

1,3-ブタジエンやイソプレンの重合体は天然ゴムとほとんど同じ性質を有する合成ゴムの原料として重要である．1,3-ブタジエンを原料とする合成ゴムは，アルキルリチウムのような有機典型元素化合物のほか，各種の遷移金属錯体を重合開始剤として合成されている[81]．

1,3-ジエンの重合形式　ブタジエンの重合は，アルキル遷移金属錯体，あるいはヒドリド錯体とブタジエンの反応により得られる η^3 型のアリル金属錯体あるいは η^1-アリル金属錯体により開始され，その後ブタジエンが連続的に挿入反応を繰返し起こすことにより，高分子化合物となる．

ブタジエンの挿入形式には，図6・37に示すように，1,2挿入，および1,4挿入の2通りの挿入形式が存在する．ジエンの1,2挿入により重合が進行する場合には，ビニル基が高分子鎖の幹にぶら下がった形の重合物が得られ，1,4挿入では高分子鎖の骨格内に二重結合を有する重合物が得られる．合成ゴム原料として重要な1,4重合体は硫黄などを用いて高分子鎖の間に架橋反応を起こすと網目構造をもった高分子化合物が合成できる．この物質はゴム状弾性を有している．さらに架橋剤を加えて加熱処理すると（架橋反応，加硫という），固い樹脂状の物質が得られる．

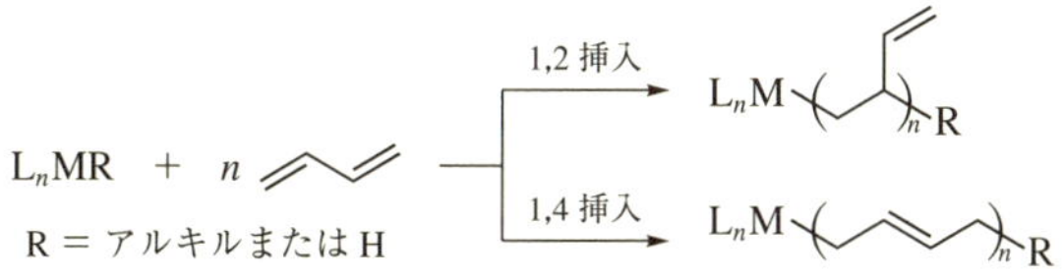

図 6・37　1,3-ブタジエンの2種類の重合形式

金属－水素結合を有する錯体にブタジエンが配位挿入する場合には，(6・65)式に示すように，金属ヒドリド錯体にジエンが二つの二重結合を通じて二座配位（シソイド型配位，s-cis 配位）し，続いて挿入反応を起こすとアンチ型の π-アリル遷移金属錯体になる．このようなジエンの挿入反応が同一形式で続いて起きれば，cis-1,4 重合物が得られ，シン型の π-アリル錯体からは trans-1,4 重合物が生成するであろう．

一方，(6・66)式に示すようにジエンが金属ヒドリド錯体に片方の二重結合を通じて η^2 配位し，重合する場合も考えられる．このようにして挿入反応が進行すれば，ビニル基がポリマーの幹にぶら下がったポリ1,2-ブタジエンが得られる．

$$\text{H-CH=CH-CH}_2\text{-M} \longrightarrow \underset{anti\text{-}\pi\text{-}\mathcal{T}\mathcal{Y}\mathcal{V}錯体}{\text{CH}_3\text{-CH}\cdots\text{CH}\cdots\text{CH}_2\text{-M}} \longrightarrow \text{CH}_2\text{=CH-CH-M} \qquad (6\cdot65)$$

$$\text{CH}_2\text{=CH-CH-M} \longrightarrow \underset{syn\text{-}\pi\text{-}\mathcal{T}\mathcal{Y}\mathcal{V}錯体}{\text{CH}_3\text{-CH}\cdots\text{CH}\cdots\text{CH}_2\text{-M}} \longrightarrow \text{CH}_2\text{=CH-CH-M} \qquad (6\cdot66)$$

　天然ゴムは，*Hevea Brasiliensis* とよばれる中南米原産のゴムの木の幹に切り傷をつけ，ゴムの木から分泌される樹脂を集めて生ゴムとして収穫し，それを加工することによって製造される[82]．生ゴムは，ゴムの木のなかで進行する生合成反応によって，2-メチルブタジエン（イソプレン）が *cis*-1,4 重合により連結された線状重合体になったものである．得られた生ゴムを加硫処理して，必要な型に入れて成型する．一方，イソプレンの 1,4 重合体には，トランス型がある．こちらは常温では固体で，人間の体温程度でやわらかくなる性質をもっているため，チューインガムの材料として適している（ただし，現在のチューインガムはポリ酢酸ビニルを主原料とするものが多い）．さらに，ブタジエンの 2 位にクロロ基をもつ 2-クロロブタジエン（クロロプレン）の重合物は，耐油性合成ゴムとして広く利用されている．

6・7　一酸化炭素を利用する触媒反応

　一酸化炭素は石炭，石油などの化石燃料から得られる不飽和化合物であり，重要な工業原料である．現代の化学工業は石油が安価な炭化水素原料として利用できることを前提として成立しているが，石炭やメタンの埋蔵量は石油より多いから，これからは石油と並び，天然ガス（メタン）と石炭の重要性が増すと思われる．メタンや石炭は本節で述べるように，一酸化炭素の形に変換して利用するのが有力な方法である．金属錯体触媒を用いる一酸化炭素を反応基質とするカルボニル化反応はこれまで多く研究されてきた．一酸化炭素の利用法としては，§5・3・1 で述べた金属－炭素結合への 1,1 挿入反応，および金属に配位した CO への求核剤による求核攻撃がある．工業プロセスとしては，金属－炭素結合への CO の挿入反応を利用するアルケンのヒドロホルミル化，およびカルボキシル化に関連して §6・4・7 で述べた．ここでは，それ以外の一酸化炭素の重要な利用反応について述べる．

　工業原料としての一酸化炭素の製造　　一酸化炭素は (6・67) 式のように，石炭から得られるコークスと水蒸気との反応や，天然ガスや石油系炭化水素（あわせて -CH$_2$- で表す）の水蒸気改質〔(6・68) 式〕，または部分酸化により水素ガスとの混合物として製造される〔(6・69) 式〕．このような反応で製造される CO と H$_2$ の混合ガスは，合成ガスまたはシンガス（syngas）とよばれ，化学工業においてきわめて重要な原料である．メタンか

ら得られる合成ガスは，COと水素の比が1:3であり，銅酸化物を主体とする固体触媒の存在下に有用な化学工業原料であるメタノールへと変換されている．この場合，メタノールの製造にはCOに対して2当量の水素が必要であり，過剰量の水素は系に二酸化炭素を加えて水性ガスシフト反応（WGSR）の逆反応を利用することにより，無駄なく水素がメタノールへと変換されている〔(6・70)式〕．

$$C + H_2O \longrightarrow CO + H_2 \qquad (6\cdot67)$$

$$CH_4 + H_2O \longrightarrow CO + 3H_2$$
$$-CH_2- + H_2O \longrightarrow CO + 2H_2 \qquad (6\cdot68)$$

$$-CH_2- + 1/2\,O_2 \longrightarrow CO + H_2 \qquad (6\cdot69)$$

$$CO + 2H_2 \longrightarrow CH_3OH \qquad (6\cdot70)$$

$$CO + H_2O \underset{>200\,°C}{\overset{Fe/C 触媒}{\rightleftarrows}} CO_2 + H_2 \qquad (6\cdot71)$$

この水性ガスシフト反応は，高温条件下に固体触媒上で進行する反応なので，実際の反応機構を確定するのは困難であるが，鉄カルボニル錯体の反応性から類推すると，次のような反応が進行していると考えられる．鉄原子に配位して活性化されたCOは水のOH⁻イオンにより外圏から求核的な攻撃を受け，ヒドロキシカルボニル基にかわり，それが脱炭酸してヒドリド錯体を与える．ヒドリド錯体はさらにH⁺と反応してジヒドリド錯体になる．このジヒドリド化合物は脱水素しつつ新たなCOと結合すると，もとのカルボニル錯体になり，触媒サイクルを形成する．

6・7・1 メタノールのカルボニル化反応による酢酸合成：Monsanto法

現在，酢酸の全生産額の10%程度は発酵法によってつくられているが，残りの大部分は化学合成により製造されている．酢酸の最も重要な用途は，酢酸ビニルの製造である

が，酢酸は溶剤として用いられる酢酸エステルの原料としても重要である．これまでの酢酸製造法は，原料が石炭から石油へそして天然ガスへと変化するに伴い，水銀塩を用いるアセチレンの水和反応による方法から，§6・4・7gで述べたようなエチレンのWacker法によって得られるアセトアルデヒドの酸化へ，さらに現在主流になっているメタノールのカルボニル化法へと大きな変遷を遂げている．メタノールのカルボニル化は1960年以来BASF社のコバルト触媒を用いる方法により行われてきたが，この方法は210℃, 700気圧というような厳しい条件を必要とするため，その後，ずっと穏和な条件で操業できる**Monsanto**(モンサント)**法**により置き換えられた[83]~[85]．

Monsanto法では，ロジウム錯体触媒を用い，HIを助触媒（メディエーター）として，メタノールをカルボニル化することにより酢酸が合成される．

$$CH_3OH + CO \xrightarrow[HI]{Rh 触媒} CH_3COOH \quad (6・72)$$

この触媒反応は錯体触媒を用いる工業的反応の比較的初期の成功例として注目され，錯体触媒を用いるプロセスの有用性を示すものとして評価された．

<u>メタノールのカルボニル化反応の機構</u>　この触媒反応が円滑に進行するためには，助触媒としてのHIの存在が必須である．メタノールは，このHIと反応するとCH$_3$Iと水を生成する．

$$CH_3OH + HI \rightleftharpoons CH_3I + H_2O \quad (6・73)$$

触媒の前駆体として加えられたハロゲン化ロジウム(III)は，COとI$^-$存在下に還元されてロジウムの1価錯体になる．このロジウム(I)錯体は，(6・73)式により生成したCH$_3$Iとの酸化的付加によりメチルロジウム(III)錯体に変換される．このメチルロジウム錯体が一酸化炭素と反応し，CO挿入反応によりアセチルロジウム錯体になる．この錯体から還元的脱離によりCH$_3$COIを生成し，このCH$_3$COIが水により加水分解されると酢酸を与

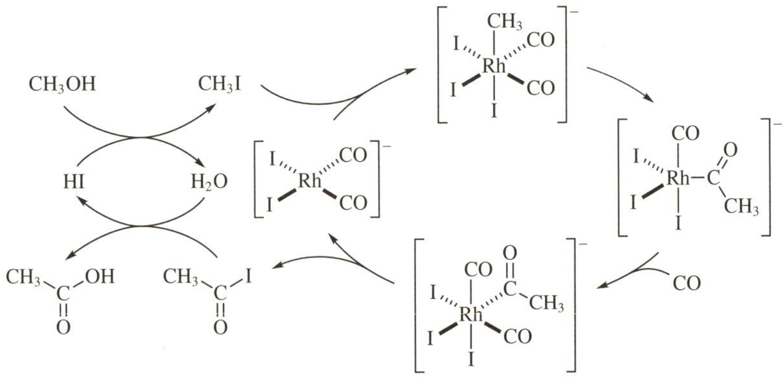

図6・38　メタノールのカルボニル化反応による酢酸合成(Monsanto法)

え.この際に生成するHIは再び助触媒として反応系に加わり,触媒反応が進行する(図6・38).

ロジウム-ヨウ素触媒系は,コバルト触媒に比べて高価であるが,触媒活性ははるかに高い.それは触媒反応サイクルの速度制御段階である,ロジウム(I)錯体へのCH_3Iの酸化的付加反応がコバルトの場合よりずっと速いためである.

6・7・2 酢酸メチルのカルボニル化反応による無水酢酸の合成

ロジウム錯体を利用するメタノールのカルボニル化反応に関連して,酢酸メチルのカルボニル化反応による無水酢酸の製造法がEastman Chemicals社により開発された[86].無水酢酸はセルロースと反応させて酢酸セルロースに変換後,写真用フィルムベースや化学繊維に加工されている.

$$CH_3COOCH_3 + CO \xrightarrow[HI]{Rh 触媒} \underset{O\ \ O}{CH_3\overset{\|}{C}O\overset{\|}{C}CH_3} \quad (6・74)$$

このカルボニル化反応においてもHIを助触媒として用いる.まず,原料である酢酸メチルがHIと反応してCH_3IとCH_3COOHを与える.CH_3Iは,Monsanto法と同様にCH_3COIに変換され,系中に存在するCH_3COOHと反応して,無水酢酸を生成し,助触媒のHIを再生する.系中に生成するCH_3Iのロジウム錯体への酸化的付加反応と続いて起きるCOの挿入反応が重要な素反応となっている.

$$\begin{aligned}
CH_3COOCH_3 + HI &\longrightarrow CH_3I + CH_3COOH \\
CH_3I + CO &\longrightarrow CH_3COI \\
CH_3COOH + CH_3COI &\longrightarrow (CH_3CO)_2O + HI
\end{aligned} \quad (6・75)$$

6・8 配位COへの求核反応を利用する触媒反応

これまで述べた一酸化炭素の利用に関する方法は,遷移金属-炭素結合へのCOの移動挿入を素反応過程に含む触媒プロセスである.これに対して,水性ガスシフト反応で述べたように,遷移金属に配位したCOに対して,水が求核剤として金属に直接配位することなく(**外圏機構**)直接反応する触媒反応がある.この場合には,金属に配位したCOの求電子性が高いほど反応性が増大する.そのような反応が進行するためには,触媒として用いる遷移金属の酸化数が大きいほど反応性は高くなる.さらに,§6・4・7bにおいて議論したように,アルコールの存在下に配位COへの求核攻撃が進行する場合もある.

水やアルコールと同様に,金属に配位したCOはアンモニアを含む窒素塩基による求核攻撃を受けてカルバモイル基が金属に結合した錯体になる.この基本反応を利用すれば,

図 6・39 に示すように，反応条件を変化させることより尿素，カルバミン酸，およびオキサミド誘導体が合成できる[87]．このような配位 CO の求核攻撃により生成する錯体と，それらの錯体から生成する生成物の可能な組合わせを図 6・39 にまとめて示す．

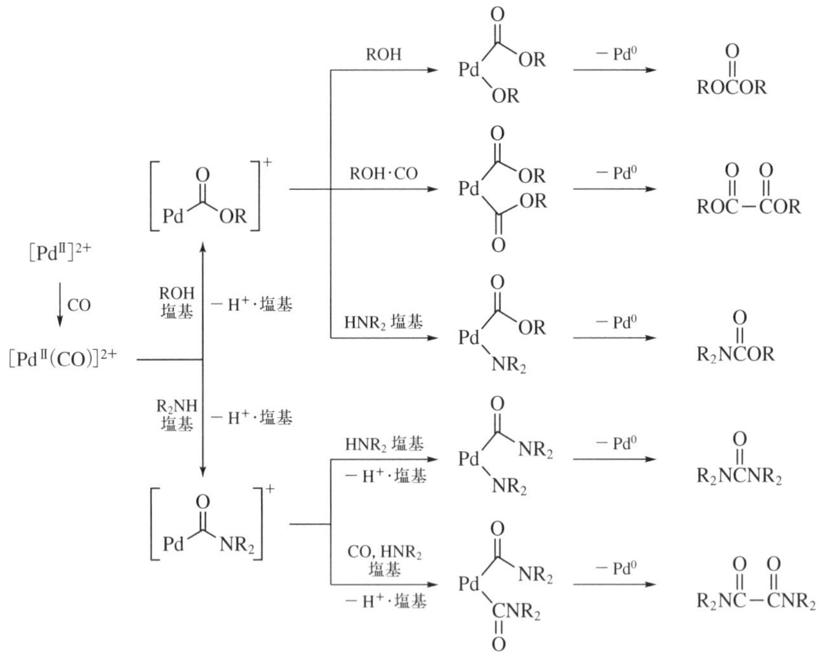

図 6・39 配位 CO の求核攻撃による炭酸エステル，シュウ酸エステル，カルバミン酸エステル，尿素，オキサミド生成の可能な経路

6・8・1 ハロゲン化アリールのカルボニル化反応によるカルボン酸エステル生成とダブルカルボニル化反応による α-ケト酸誘導体の合成

ハロゲン化アリールのカルボニル化によるカルボン酸エステルの触媒的合成は R. Heck により初めて報告された[88]．

$$\text{Ar–X} + \text{CO} + \text{Nu}^- \xrightarrow{\text{Pd 触媒}} \text{Ar–CO–Nu} + \text{X}^- \quad (6 \cdot 76)$$

パラジウム錯体を用いるカルボン酸エステルあるいはカルボン酸アミドの合成経路としては 2 通り考えられる（図 6・40）．一つは，求核性のアルコキシ基あるいはアミノ基がパラジウムに結合した CO 配位子を攻撃して，アルコキシカルボニル基またはカルバモイル基を有する錯体を生成し，これがパラジウムに結合しているアリール基と還元的に脱離

し，カルボン酸エステルまたはカルボン酸アミドを生成する経路(a)である．もう一つはArXがPd(0)錯体へ酸化的付加することにより生成するArPdX型錯体のAr−Pd結合へのCO挿入によりアシルパラジウム錯体が生成し，これが求核剤の攻撃により，カルボン酸エステルまたはカルボン酸アミドを生成する経路(b)である．

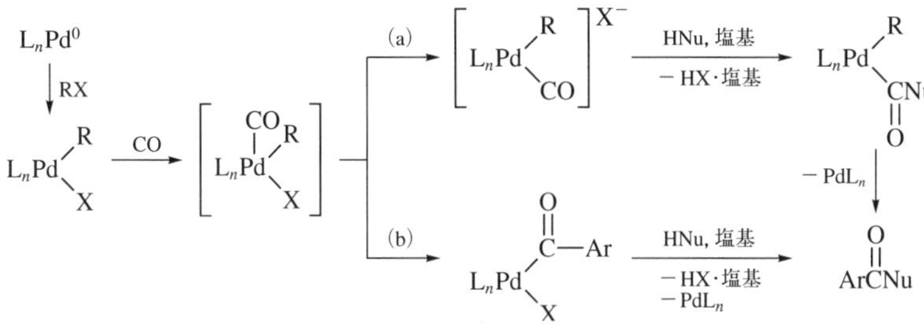

図6・40 COを利用してカルボン酸エステル類を合成する反応経路

これまでの研究では，CO挿入反応により生成するアシルパラジウム錯体が関与する機構が想定されている場合が多いが，配位COが先に求核剤により攻撃される経路を考慮しないと，実験結果が統一的に説明できないことがある．カルボニル化反応の反応機構を考える場合には注意を要する[89]〜[92]．

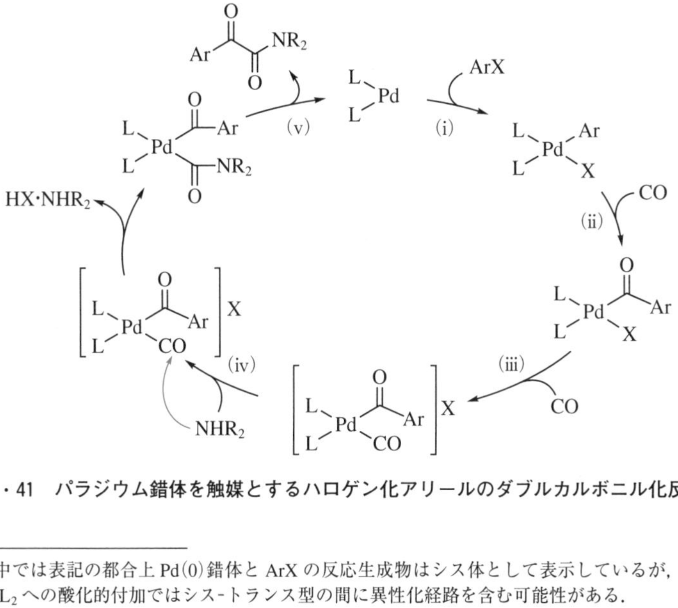

図6・41 パラジウム錯体を触媒とするハロゲン化アリールのダブルカルボニル化反応[*]

---

[*] 図中では表記の都合上Pd(0)錯体とArXの反応生成物はシス体として表示しているが，ArXのPdL$_2$への酸化的付加ではシス-トランス型の間に異性化経路を含む可能性がある．

ハロゲン化アリールに CO を導入する既知のプロセスの大多数は 1 分子の CO を有機化合物中に導入するモノカルボニル化反応であるが，図 6・41 に示すように，2 分子の CO を導入するダブルカルボニル化反応も可能になった．カルボニル基 2 個を含む有機化合物は高い反応性が期待され，有機合成上新しい手法になる可能性がある．実際，モデル錯体の反応性に関する知見に基づき，ハロゲン化アリール RX のダブルカルボニル化反応が達成され，その機構が明らかにされた（図 6・41）．すなわち，(i) Pd(0) 錯体への ArX の酸化的付加による ArPdX 型錯体の生成，(ii) Ar–Pd 結合への CO の配位挿入によるアシルパラジウム錯体の生成，(iii) パラジウムへの CO の配位，(iv) 配位 CO への求核剤による攻撃によるカルバモイル基（またはアルコキシカルボニル基）の生成，(v) アシル基とカルバモイル基の還元的脱離による α-ケトアミド（またはアシル基とアルコキシカルボニル基の脱離による α-ケトエステル）の生成という素反応の組合わせにより触媒反応が進行している[93]．ここで求核剤としてアルコールを用いればアシル基とアルコキシカルボニル基を有する中間体を経て α-ケト酸誘導体が得られる．

6・8・2 炭酸エステルおよびシュウ酸エステルの合成

炭酸エステルはリチウムイオン電池等の溶媒に用いられ，また，炭酸エステルを含む高分子材料であるポリカーボネートは，安価で，耐光性，耐候性に優れた透明性の高い樹脂として用いられ，CD や DVD などの記録媒体として世界で年数百万トン生産されている．これまでポリカーボネートは，毒性の高いホスゲン $COCl_2$ を 1 成分とし，水酸化ナトリウムを含む塩化メチレンのような溶媒中でビスフェノールとの界面重縮合法により製造されてきた．近年，有毒なホスゲンを使用しない合成法として，炭酸ジフェニルとビスフェノールからエステル交換によりポリカーボネートを製造する方法が見出された[94]〜[96]．

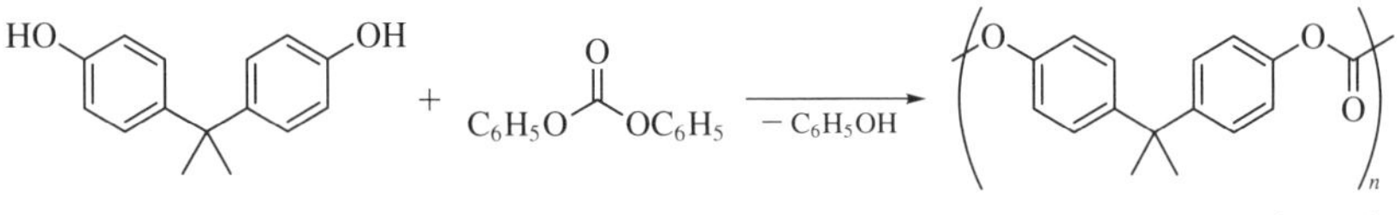

$$(6 \cdot 77)$$

このように工業的に有用な炭酸エステルの合成法として，アルコール類のカルボニル化反応が知られている．この際，CO 1 分子を含む炭酸エステルと，2 分子の CO を含むシュウ酸エステルが得られる．パラジウム触媒を用いて酸素下におけるエタノールからシュウ酸エチルを触媒的に合成する反応の最初の例が，D. M. Fenton により報告された[97]．

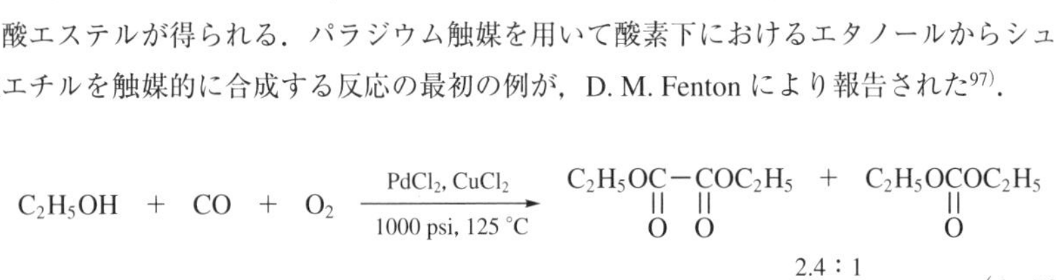

$$(6 \cdot 78)$$

この方法は，副生する水が反応を阻害するため，高価な脱水剤を使用しないと進行しないなどの欠点を有し，また，シュウ酸エステルのほかに炭酸エステルが生成して生成物の選択性制御などに問題があった．

宇部興産社は，$PdCl_2$-$CuCl_2$系を活性炭上に担持した固体触媒と亜硝酸エステルRONOを助触媒として利用する触媒系を開発し，カルボニル化によって炭酸エステルおよびシュウ酸エステルをそれぞれ工業的につくり分けることに成功した[98]（図6・42）．シュウ酸エステルはアンモニアと反応させると遅効性肥料として優れたオキサミドになり，水素化還元すると，重要な工業原料であるエチレングリコールになる．

このパラジウム触媒によるカルボニル化法では，図6・42に示すように反応中に生成するNO（一酸化窒素，亜硝酸ガス）がアルコールと反応して，亜硝酸アルキルを系中で生成し，これが助触媒として機能する．メタノールを用いる低圧条件下では，炭酸ジメチルが選択的に得られる[99),100]．一方，ブタノールを溶媒に用いて炭酸メチルの合成条件より高圧，高温下で反応させることにより，シュウ酸ジブチルが得られる．この触媒系は固体触媒反応であるが，液相に溶け出したパラジウム種に配位しているCOへのORイオンの求核攻撃によるアルコキシカルボニル基の生成が重要な素反応段階と考えられる．パラジウムに結合したアルコキシカルボニル基とアルコキシ基から炭酸エステルが脱離し，さらに2個のアルコキシカルボニル基の還元的脱離反応によりシュウ酸エステルが生成する．

アルコールとNOとから系中で生成する助触媒である亜硝酸アルキルは，還元されて生成するパラジウム(0)錯体をパラジウム(II)錯体に再酸化するとともに，亜硝酸メチルと亜硝酸ブチルの反応性の違いを巧みに利用し，操業条件を少しかえただけで炭酸エステルとシュウ酸エステルがつくり分けられる．

$$n\,CO + 2\,RONO \xrightarrow[\substack{\sim 1\,atm,\,\sim 100\,°C \\ R = CH_3}]{Pd/C} ROCOR{\parallel \atop O} + 2\,NO$$

$$n\,CO + 2\,RONO \xrightarrow[\substack{50\sim 100\,atm,\,80\sim 100\,°C \\ R = C_4H_9}]{Pd/C} \underset{O\ \ O}{ROC-COR} + 2\,NO$$

$$2\,NO + 2\,ROH + 1/2\,O_2 \longrightarrow 2\,RONO + 2\,H_2O$$

図6・42 パラジウム-活性炭触媒による炭酸エステルおよびシュウ酸エステル合成法

このように，遷移金属錯体触媒によるカルボニル化反応は，材料開発や有機合成において重要な基礎反応である．金属に配位したCOの反応性に関するさらなる基礎的情報の蓄積により，新しい合成法の開発が行われるであろう．

参 考 書

- "Applied Homogeneous Catalysis with Organometallic Compounds", ed. by B. Cornils, W. Herrmann, VCH, Weinheim (1996).
- A. Yamamoto, "Organotransition Metal Chemistry: Fundamental Concepts and Applications", John Wiley & Sons, New York (1986).
- "Fundamentals of Molecular Catalysis", ed. by H. Kurosawa, A. Yamamoto, Elsevier, Amsterdam (2003).
- J. F. Hartwig, "Organotransition Metal Chemistry: From Bonding to Catalysis" University Science Books, Sausalito, California (2010). ["ハートウィグ有機遷移金属化学", 小宮三四郎, 穐田宗隆, 岩澤伸治監訳, 東京化学同人(2015).]
- L. S. Hegedus, B. C. G. Söderberg, "Transition Metals in the Synthesis of Complex Organic Molecules", 3rd Ed., University Science Books, Sausalito, California (2010). ["ヘゲダス遷移金属による有機合成", 第3版, 村井眞二訳, 東京化学同人(2011).]

文 献

1) G. Ertl, *Angew. Chem. Int. Ed.,* **48**, 6600 (2009).
2) G. W. Parshall, S. D. Ittel, "Homogeneous Catalysis: The Application and Chemistry of Catalysis by Soluble Transition Metal Complexes", 2nd, Ed., Wiley Interscience Publication, New York (1992).
3) K. Tamao, K. Sumitani, M. Kumada, *J. Am. Chem. Soc.,* **94**, 4374 (1972); K. Tamao, K. Sumitani, Y. Kiso, A. Zembayashi, A. Fujioka, S. Kodama, I. Nakajima, A. Minato, M. Kumada, *Bull. Chem. Soc. Jpn.,* **49**, 1958 (1976).
4) R. J. Corriu, J. P. Masse, *J. Chem. Soc., Chem. Commun.,* **1972**, 144.
5) M. Uchino, A. Yamamoto, S. Ikeda, *J. Organomet. Chem.,* **24**, C63 (1970); T. Yamamoto, M. Abla, *J. Organomet. Chem.,* **535**, 209 (1997).
6) M. Yamamura, I. Moritani, S.-I. Murahashi, *J. Organomet. Chem.,* **91**, C39 (1975); S. Baba, E. Negishi, *J. Am. Chem. Soc.,* **98**, 629 (1976); J. F. Fauvarque, A. Jutand, *Bull. Soc. Chim. Fr.,* **1976**, 765.
7) S. L. Buchwald, *Acc. Chem. Res.,* **41**, 1439 (2009). クロスカップリングに関する総説.
8) V. Vechorkin, V. Proust, X. Hu, *J. Am. Chem. Soc.,* **125**, 10099 (2001).
9) M. Kumada, K. Tamao, K. Sumitani, *Org. Synth.,* **58**, 127 (1978).
10) 寺尾潤, 神戸宣明, 化学, **82**, 17 (2007); J. Terao, N. Kambe, *Acc. Chem. Res.,* **41**, 1545 (2008). この場合には, アート型の反応中間体の関与が提案されている; J. Terao, H. Watanabe, A. Ikumi, H. Kuniyasu, N. Kambe, *J. Am. Chem. Soc.,* **124**, 4222 (2002); 寺尾潤, 神戸宣明, "最新有機合成化学 ヘテロ原子・遷移金属化合物を用いる合成", 奈良坂紘一, 岩澤伸治編, p. 123, 東京化学同人(2005).
11) T. Hayashi, M. Fukushima, M. Konishi, M. Kumada, *Tetrahedron Lett.,* **21b**, 79 (1980); T. Hayashi, M. Konishi, M. Fukushima, T. Mise, M. Kagotani, M. Tajika, M. Kumada, *J. Am. Chem. Soc.,* **104**, 180 (1982); T. Hayashi, M. Tajika, K. Tamao, M. Kumada, *J. Am. Chem. Soc.,* **98**, 3718 (1976).
12) K. Tamao, S. Kodama, T. Nakatsu, Y. Kiso, M. Kumada, *J. Am. Chem. Soc.,* **97**, 4405 (1975).
13) T. Yamamoto, Y. Hayashi, A. Yamamoto, *Bull. Chem. Soc. Jpn.,* **51**, 2098 (1978); T. Yamamoto, K. Sanechika, A. Yamamoto, *J. Polym. Sci., Polym. Lett. Ed.,* **18**, 9 (1980); T. Yamamoto, K. Sanechika, A. Yamamoto, *Bull. Chem. Soc. Jpn.,* **56**, 1497 (1983); *idem, ibid.,* **56**, 1503 (1983).
14) T. Yamamoto, T. Yamamoto, Z. Zhou, T. Kanbara, M. Shimura, K. Kizu, T. Maruyama, Y. Nakamura, T. Fukuda, B.-L. Lee, N. Ooba, S. Tomaru, T. Kurihara, T. Kaino, K. Kubota, S. Sasaki, *J. Am. Chem. Soc.,* **118**, 10389 (1996); T. Yamamoto, *Bul. Chem. Soc. Jpn.,* **72**, 621 (1999).

15) E. Negishi, "Handbook of Organopalladium Chemistry for Organic Synthesis", ed. by E. Negishi, p. 229, Vol. 1, Wiley Interscience (2004).
16) V. Farina, B. Krishnamurthy, W. J. Scott, *Org. React.*, **50**, 1 (1997); P. Espinet, M. Echavarren, *Angew. Chem. Int. Ed.*, **43**, 4704 (2004).
17) 檜山爲次郎, "化学 元素が彩る暮らしと未来", p. 110, クバプロ (2006); T. Hiyama, *J. Organomet. Chem.*, **653**, 58 (2002).
18) C. E. Denmark, R. F. Ramzi, *Acc. Chem. Res.*, **35**, 835 (2003).
19) C. Dash, M. M. Shaikh, P. Ghosh, *Eur. J. Inorg. Chem.*, **2009**, 1608.
20) 宮浦憲夫, 鈴木 章, 有機合成化学協会誌, **46**, 848 (1988); N. Miyaura, *J. Organomet. Chem.*, **54**, 653 (2002).
21) J. Uenishi, J.-M. Beau, R. W. Armstrong, Y. Kishi, *J. Am. Chem. Soc.*, **109**, 4756 (1987).
22) K. Sonogashira, in "Metal-catalyzed Cross-coupling Reactions", ed. by F. Diedrich, P. J. Stang, Wiley-VCH, Weinheim (1998).
23) J. Hartwig, *Nature*, **455**, 314 (2008).
24) J. Hartwig, 'Palladium-Catalyzed Amination of Aryl Halides and Related Reactions', in "Handbook of Organopalladium Chemistry for Organic Synthesis", ed. by E. Negishi, p.1051, Wiley Interscience (2002).
25) L. J. Goossen, N. Rodriguez, K. Goossen, *Angew. Chem. Int. Ed.*, **47**, 3100 (2008).
26) A. Yamamoto, *Adv. Organomet. Chem.*, **34**, 111 (1992); A. Yamamoto, R. Kakino, I. Shimizu, *Helv. Chim. Acta.*, **84**, 2996 (2001).
27) 触媒の不斉合成反応に関する総説: B. R. James, "*Homogeneous Hydrogenation*", Wiley, New York (1973); B. R. James. *Adv. Organomet. Chem.*, **17**, 319 (1979); B. R. James, 'Addition of Hydrogen and Hydrogen Cyanide to Carbon−Carbon Double and Triple Bonds', in "Comprehensive Organometallic Chemistry", ed. by G. Wilkinson, F. G. A. Stone, E. W. Abel, p.285, Pergamon Press, Oxford (1982); J. Halpern, *J. Organomet. Chem.*, **200**, 133 (1980).
28) R. Noyori, "Asymmetric Catalysis in Organic Synthesis", Wiley, New York (1994).
29) W. A. Nugent, T. V. RajanBabu, M. J. Burk, *Science*, **259**, 479 (1993).
30) 林 民生, 有機合成化学協会誌, **52**, 900 (1994).
31) S. J. Roseblande, A. Pfaltz, *Acc. Chem. Res.*, **40**, 1402 (2007).
32) J. Halpern, A. C. S. Chan, P. P. Reley, J. J. Pluth, *Adv. Chem. Ser.*, **173**, 16 (1979); A. C. S. Chan, J. Halpern, *J. Am. Chem. Soc.*, **102**, 838 (1980); A. C. S. Chan, J. J. Pluth, J. Halpern, *J. Am. Chem. Soc.*, **102**, 5952 (1980).
33) P. Cossee, *J. Catal.*, **3**, 80 (1964).
34) 池田朔次, 工業化学雑誌, **70**, 1880 (1967).
35) 檜原真弓, 三谷 誠, 藤田照典, 触媒, **50**, 32 (2008); 寺尾 浩, 永井 直, 藤田照典, 有機合成化学協会誌, **66**, 55 (2008).
36) H. Sinn, W. Kaminsky, H.-J. Vollmer, E. Woldt, *Angew. Chem. Int. Ed.*, **19**, 390 (1980).
37) W. Kaminsky, *J. Chem. Soc., Dalton Trans.*, **1998**, 1413.
38) 寺尾浩志, 永井 直, 藤田照典, 有機合成化学協会誌, **66**, 444 (2008).
39) T. Mitsugi, T. Fujita, *Chem. Soc. Rev.*, **37**, 1264 (2008).
40) G. J. P. Britovsek, V. C. Gibson, D. F. Wass, *Angew. Chem. Int. Ed.*, **38**, 428 (1999).
41) M. Shiotsuki, P. S. White, M. Brookhart, J. L. Templeton, *J. Am. Chem. Soc.*, **129**, 4058 (2007).
42) F. C. Rix, M. Brookhart, P. S. White, *J. Am. Chem. Soc.*, **118**, 4746 (1996); 野崎京子, 触媒, **47**, 539 (2005).
43) G. Natta, G. Dallasta, G. Mazzani, *Angew. Chem., Int. Ed. Engl.*, **76**, 765 (1964).
44) H. S. Eleuterio, U. S. Patent, 3,074,918 (1963).

45) Y. Chauvin, *Angew. Chem., Int. Ed. Engl.*, **45**, 3741 (2006).
46) R. G. Grubbs, *Angew. Chem., Int. Ed. Engl.*, **45**, 3760 (2006).
47) R. R. Schrock, *Angew. Chem., Int. Ed. Engl.*, **45**, 3748 (2006).
48) R. H. Grubbs, T. M. Trnka, M. S. Sanford, 'Transition Metal−Carbene Complexes in Olefin Metathesis and Related Reactions', in "Fundamentals of Molecular Catalysis", ed. by H. Kurosawa, A. Yamamoto, p. 208, Elsevier, Amsterdam (2003).
49) M. Hirama, T. Oishi, H. Uehara, M. Inoue, M. Maruyama, H. Oguri, M. Satake, *Science*, **294**, 1904 (2001); M. Inoue, K. Miyazaki, H. Uehara, M. Maruyama, M. Hirama, *Proc. Natl. Acad. Sci. U.S.A.*, **101**, 12013 (2004); M. Inoue, M. Hirama, *Acc. Chem. Res.*, **37**, 961 (2004); M. Hirama, *Chem. Rec.*, **5**, 240 (2005).
50) R. F. Heck, "Palladium Reagents in Organic Syntheses", Academic Press, London (1985).
51) "New Syntheses with Carbon Monoxide", ed. by J. Falbe, Springer (1980); C. D. Frohoring, C. W. Kohlpaintener, H.-W. Bohnen, in "Applied Homogeneous Catalysis with Organometallic Compounds", 2nd Ed., ed. by B. Cornils, A. Herrmann, p. 31, Wilely-VCH, Weinheim (2002).
52) A. Stefani, G. Consiglio, C. Botteghi, P. Pino, *J. Am. Chem. Soc.*, **95**, 6504 (1973).
53) J. L. Speier, *Adv. Organomet. Chem.*, **17**, 407 (1979); J. F. Harrod, A. J. Chalk, in "Organic Syntheses via Metal Carbonyls", Vol. 2, ed. by J. Pino, p. 673, Wiley Interscience, New York (1977).
54) S. Murai, F. Kakiuchi, S. Sekine, Y. Tanaka, A. Kamatani, M. Sonoda, A. Chatani, *Nature*, **366**, 529 (1993); "不活性結合・不活性分子の活性化 革新的な分子変換反応の開拓", 日本化学会編, 化学同人 (2011).
55) C. Jia, T. Kitamura, Y. Fujiwara, *Acc. Chem. Res.*, **34**, 633 (2001).
56) F. C. Phillips, *J. Am. Chem. Soc.*, **16**, 255 (1894).
57) P. M. Henry, "Handbook of Organopalladium Chemistry for Organic Synthesis", ed. by E. Negishi, p. 2119, Vol 2, Wiley Interscience, New York (2002).
58) J. A. Keith, P. M. Henry, *Angew. Chem. Int. Ed.*, **48**, 9038 (2009).
59) J. Tsuji, M. Kaito, T. Yamada, T. Mandai, *Bull. Chem. Soc. Jpn.*, **51**, 1915 (1978).
60) I. I. Moiseev, *Dokl. Akad. Nauk SSSR*, **133**, 77 (1960).
61) 安井昭夫, 化学, **33**, 170 (1978).
62) 中村征四郎, 触媒, **35**, 467 (1993).
63) 石岡領治, 佐野健一, 触媒, **33**, 28 (1991).
64) A. Heumann, B. Akermark, *Angew. Chem. Int. Ed. Engl.*, **23**, 453 (1984); A. Heumann, B. Akermark, S. Hansson, T. Rein, *Org. Synth.*, **68**, 109 (1990).
65) H. Yamazaki, Y. Wakatsuki, *J. Organomet. Chem.*, **139**, 147, 169 (1977); Y. Wakatsuki, K. Aoki, H. Yamazaki, *J. Am. Chem. Soc.*, **101**, 1123 (1979).
66) S. Kotha, E. Brachmackary, *Tetrahedron Lett.*, **38**, 3561 (1997); Ni 触媒: Y. Sato, T. Nishimata, M. Mori, *Heterocycles*, **44**, 443 (1997).
67) Y. Wakatsuki, H. Yamazaki, *Synthesis*, **1977**, 26; Y. Wakatsuki, H. Yamazaki, *J. Chem. Soc., Dalton Trans.*, **1978**, 1278; H. Bönnemann, *Angew. Chem., Int. Ed. Engl.*, **17**, 505 (1978).
68) K. Tatsumi, K. Ito, *J. Am. Chem. Soc.*, **122**, 4310 (2000).
69) 斎藤慎一, 山本嘉則, 有機合成化学協会誌, **59**, 346 (2001).
70) 山本芳彦, 有機合成化学協会誌, **63**, 112 (2005).
71) H. Shirakawa, S. Ikeda, *J. Poym. Sci., Polym. Chem. Ed.*, **12**, 1924 (1974).
72) 白川英樹・山本明夫対談, 現代化学, **445**, 32 (2008).
73) "合成金属 ポリアセチレンからグラファイトまで", 化学増刊 **87**, 白川英樹, 山邊時雄編, 化学同人 (1980).
74) C. Glaser, *Ber. Dtsch. Chem. Ges.*, **2**, 422 (1869).

75) P. Siemens, R. C. Livingston, F. Diederich, *Angew. Chem. Int. Ed.*, **39**, 2633 (2000).
76) R. H. Grubbs, T. M. Trnka, M. S. Sanford, 'Transition Metal−Carbene Complexes in Olefin Metathesis and Related Reactions', in "Fundamentals of Molecular Catalysis", ed. by H. Kurosawa, A. Yamamoto, Elsevier, Amsterdam (2003).
77) T. Masuda, 'Acetylene Polymerization', in "Catalysis in Precision Polymerization", ed. by S. Kobayashi, Chapter 2.4, p. 67, Wiley, Chichester (1997).
78) J. Henkelmann, in "Applied Homogeneous Catalysis with Organometallic Compounds", ed. by B. Cornils, W. A. Herrmann, VCH, Weinheim (1996).
79) P. Heimbach, P. W. Jolly, G. Wilke, *Adv. Organomet. Chem.*, **8**, 29 (1970); G. Wilke, *J. Organomet. Chem.*, **200**, 349 (1980).
80) 高橋成年, 芝野敏樹, 萩原信衛, 工業化学雑誌, **72**, 184 (1969).
81) 鶴田禎二, "アニオン重合", 講座重合反応論 4, 化学同人 (1973).
82) 中川鶴太郎, "ゴム物語", 科学全書 12, 大月書店 (1984).
83) D. Forster, *Adv. Organomet. Chem.*, **17**, 255 (1979).
84) J. F. Roth, J. H. Craddock, A. Hershman, F. E. Paulik, *Chem. Technol.*, **1**, 600 (1971).
85) B. Cornils, W. Herrmann, in "Applied Homogeneous Catalysis with Organometallic Compounds", Vol. 1, ed. by B. Cornils, W. A. Herrmann, p. 104, VCH, Weinheim (1996).
86) S. W. Polichnowski, *J. Chem. Educ.,* **63**, 206 (1986).
87) K. Hiwatari, Y. Kayaki, K. Okita, T. Ukai, I. Shimizu, A. Yamamoto, *Bull. Chem. Soc. Jpn.*, **77**, 2237 (2004).
88) P. E. Garrou, R. F. Heck, *J. Am. Chem. Soc.*, **98**, 4115 (1976).
89) S. Komiya, Y. Akai, K. Tanaka, T. Yamamoto, A. Yamamoto, *Organometallics*, **4**, 1130 (1985).
90) Y.-S. Lin, A. Yamamoto, *Organometallics*, **17**, 3466 (1998).
91) F. Ozawa, H. Soyama, H. Yanagihara, I. Aoyama, H. Takino, K. Izawa, T. Yamamoto, A. Yamamoto, *J. Am. Chem. Soc.*, **107**, 3235 (1985).
92) T. Kobayashi, M. Tanaka, *J. Organomet. Chem.*, **233**, C64 (1982).
93) F. Ozawa, N. Kawasaki, H. Okamoto, T. Yamamoto, A. Yamamoto, *Organometallics,* **6**, 1640 (1987).
94) 府川伊三郎, 化学と教育, **54**, 39 (2006).
95) 高木雅敏, 触媒, **42**, 272 (2000).
96) 石井宏寿, 化学と工業, **54**, 1045 (2001).
97) D. M. Fenton, P. J. Steinwand, *J. Org. Chem.*, **39**, 701 (1974).
98) S.-I. Uchiumi, K. Ataka, T. Matsuzaki, *J. Organomet. Chem.*, **576**, 279 (1999); 内海晋一郎, 触媒, **23**, 477 (1981).
99) 松崎徳雄, 触媒, **41**, 53 (1999).
100) 松崎徳雄, 大段恭二, 浅野正之, 田中秀二, 西平圭吾, 千葉泰久, 日本化学会誌, **1999**, 15.

本書全般にわたる参考書

- 山本明夫, "有機金属化学 基礎と応用（化学選書）", 裳華房（1982）.
- R. H. Crabtree, "The Organometallic Chemistry of the Transition Metals", 6th Ed., John Wiley & Sons, New York（2014）.
- A. Yamamoto, "Organotransition Metal Chemistry: Fundamental Concepts and Applications", Wiley Interscience, New York（1986）.
- C. Elschenbroich, A. Salzer, "Organometallics: A Concise Introduction", 2nd Ed., VCH Verlag, Weinheim（1992）.
- C. Elschenbroich, "Organometallics", 3rd Ed, Wiley-VCH, Weinheim（2006）.
- G. O. Spessard, G. L. Miessler, "Organometallic Chemistry", 2nd Ed, Oxford University Press（2009）.
- P. Powell, "Principles of Organometallic Chemistry", 2nd Ed., Chapman and Hall, London（1988）.
- R. C. Mehrotra, A. Singh, "Organometallic Chemmistry: A Unified Approach", John Wiley, New York（1991）.
- J. F. Hartwig, "Organotransition Metal Chemistry: From Bonding to Catalysis", University Science Books, Sausalito, California（2010）.［"ハートウィグ有機遷移金属化学（上・下）", 小宮三四郎, 穐田宗隆, 岩澤伸治監訳, 東京化学同人（2015）.］

索　引

あ

アクリル酸
　——の合成　280
アゴスチック相互作用　54
アシル錯体
　——の脱カルボニル化反応　104
　——への求核攻撃　207
アセトキシル化反応
　アルケンの——　273
アタクチック　253
アート錯体　62, 134
アミノ化反応　209
　ハロゲン化アリールの——　241
アラン　80
アリルエステル
　——の酸化的付加反応　170
アリル化反応　242
アリル錯体
　——の $\eta^3 \to \eta^1$ 変換　131
アリル配位子
　——の立体化学　210
　——への求核攻撃　209
アリルパラジウム錯体
　——からのβ水素脱離によるジエンの生成　204
ROMP → 開環メタセシス重合
アルカン
　——の炭素－水素結合の酸化的付加反応　158
　——のボリル化反応　159
アルキリジン錯体　119
アルキリデン錯体　114, 117
アルキル金錯体　134

アルキル錯体
　——のα水素脱離反応　196
アルキル銅錯体　134
アルキン
　——のカップリング反応　240
　——のジボリル化反応　164
　——の挿入反応　205
アルキン錯体　107
アルケニル化反応　270
アルケン
　——の異性化反応　249
　——の酸化　270
　——の重合　250
　——の触媒的水素化反応　245
　——の触媒的不斉水素化反応　246
　——の1,2挿入反応　197
　——のビスシリル化反応　164
　——のヒドロアシル化反応　162
　——のメタセシス反応　256
アルケン配位子
　——の性質　147
　——への求核攻撃　104, 208
アルケンメタセシス反応　214, 219, 257
アルコキシカルボニル化反応　266
アルコール
　——の酸素－水素結合，炭素－酸素結合の酸化的付加反応　173
RCM → 閉環メタセシス反応
α水素脱離反応　196
アレン
　——の挿入反応　204

アレーン
　——の炭素－水素結合の酸化的付加反応　156
アレーン錯体　48
安定化配位子　143
安定度定数　147

い

EAN則 → 有効原子番号則
EAN電子数　122
異性化反応
　アルケンの——　249
イソシアニド　51
　——の挿入反応　193
イソシアニド錯体
　——への求核攻撃　207
イソタクチックポリプロピレン　253
イソローバル　22, 25
η　38
η^2-アルキン錯体　41
η^2-アルケン錯体　37, 105, 129
η^2-H_2 錯体　53, 153
η^2型 H_2 配位錯体　53, 152
η^2型 C-H 配位錯体　54
η^3-アリル錯体　42, 107
η^3-ベンジル錯体　170
η^4型 C_4 錯体　43
η^4-ジエン錯体　109
η^5型錯体　46
η^5-シクロペンタジエニル錯体　110
　——への求核攻撃　212
η^6-アレーン錯体　111
η^6-アレーン配位子
　——への求核攻撃　213

索　引

η[7]-シクロヘプタトリエニル錯体　112
一酸化炭素
　　——の挿入反応　188
　　——を利用する触媒反応　284
一酸化窒素　52
移動挿入　188
移動挿入機構　189
イブプロフェン　265
イミノアシル錯体　194
インデニル基　255

う，え

Wilkinson 錯体　150
Wilkinson 触媒　245

AO → 原子軌道
エステル
　　——の合成　280
エチレン
　　——の触媒的酸化反応　272
エチレン配位子
　　——の回転運動　129
　　——への水酸化物イオンの反応　208
HSAB 原理　140
エーテル
　　——の炭素－酸素結合の酸化的付加反応　175
NHC → N-複素環状カルベン
エネルギー相関図　39
　　金属－アルケン結合の——　39
fac 型　102, 103
mer 型　102, 103
MAO → メチルアルモキサン
MO → 分子軌道
MOCVD　81
エン-インメタセシス反応　279
end-on 型　52

お

OMCOS　234

オキシ水銀化　70
オキソ法　263
オクタシラキュバン　87
オービタル　12
オルトメタル化反応　160
オレフィン　214
オレフィンメタセシス反応 → アルケンメタセシス反応

か

開環メタセシス重合　257, 258
　　環状アルケンの——　259
外圏機構　287
回転木戸機構　128
カテネーション　82
貨幣金属　132
カーボンナノチューブ　113
空配位座　199
カルビン　114
カルビン錯体　114, 118
カルベノイド　68
カルベン　114
カルベン錯体　114, 115, 257, 258
　　——の共鳴構造　118
カルボアルミニウム化反応　238
カルボニル化反応
　　酢酸メチルの——　287
　　メタノールの——　286
カルボニル錯体　48
　　18 電子則に従う——　120
　　——への求核攻撃　206
カルボラン　73
カルボン酸エステル
　　——の酸化的付加反応　169
カルボン酸無水物
　　——の酸化的付加反応　172
　　——の炭素－酸素結合開裂　243
還元的脱離反応　180, 233
環縮小反応　173
環状酸無水物
　　——の酸化的付加反応　172
環状三量化反応
　　アルキンの——　274
環すべり　132
γ水素脱離反応　202

き

気相蒸着法　81
逆供与　37, 38
　　金属→アルケンの——　39
逆挿入反応　187
挟　角　146
共有結合半径
　　典型元素の——　58
極性転換　140
Gilman 反応剤　62, 103, 134
均一系触媒　229, 230
金属－カルベン炭素結合
　　——の 1,1 挿入反応　196
金属－金属結合
　　——の酸化的付加反応　154
金属－炭素 π 結合　36

く～こ

クプラート　103
Grubbs (型) カルベン錯体　114, 115, 259, 260
Grignard 反応剤　64
クロスカップリング反応　232, 234
結合解離エネルギー　30
　　アルキル遷移金属化合物の——　33
　　ジメチル水銀の——　31
　　典型元素化合物の——　30
　　メチル金属化合物の——　35
結合性分子軌道　14
原子価軌道　23
原子価結合法　18
原子軌道　11, 12
後期遷移金属　29
交互共重合
　　エチレンと CO との——　267
合成ガス　2
合成ゴム　283
小杉-右田-Stille 反応　238
Cossee の機構　251

索 引

こ

固体触媒　229, 230
コバルトカルボニル錯体　264
混成軌道　18
　　d軌道が関与する——　21
コンタクトイオン対　60

さ

錯形成定数　147
酢酸
　　——の合成　285, 286
錯体触媒　229, 230
櫻井-細見反応　91
サルバルサン　94
酸化数　26
酸化的付加反応　100, 149, 233
　　——のエンタルピー変化　151
三中心2電子結合　19
サンドイッチ型錯体　111
3配位T型錯体　181

し

ジアリールスルフィド
　　——の酸化の付加反応　177
ジアルキル錯体
　　——の還元的脱離反応　183
ジアルキルマグネシウム　65
ジエチルパラジウム錯体
　　——と一酸化炭素の反応　190
ジエン
　　——の重合　280
　　——の挿入反応　202
　　——の立体選択的合成　240
ジエン配位子
　　——への求核攻撃　212
CO 配位子
　　——へのヒドリドイオンの攻撃　104
シガトキシン　260
σ結合錯体　54, 150, 217
σ結合メタセシス反応　214, 217
1,5-シクロオクタジエン　106, 109

シクロオクタテトラエン配位子
　　——の回転運動　130
シクロファン　236
シクロブタジエン　45, 109
シクロブタジエン鉄錯体　110
シクロヘキシン　41
シクロペンタジエニル　106
シクロペンタジエニルナトリウム　63
シクロペンタジエニル配位子　46
　　——の異性化　132
　　——の分子軌道　46
支持配位子　102
ジシラン
　　——の酸化的付加反応　164
シス型ジアルキル錯体
　　——の還元的脱離経路　182
シス型ポリアセチレン　276
シス付加　152
ジヒドリド機構　245
ジフェニルマグネシウム　66
ジベンジリデンアセトン　106
ジボラン　20
　　——の分子軌道　20
ジボリル化反応
　　アルキンの——　164
Simmons-Smith 反応　68, 69
シュウ酸エステル
　　——の合成　290
重縮合反応　237
修正 Chalk-Harrod 機構　268
18電子則　119, 123
16電子則　119, 125
Schlenk の平衡　64, 65
Schrock 型カルベン錯体　114, 115, 117, 196
触媒回転数　231
触媒回転頻度　231
触媒サイクル　230, 231
触媒前駆体　231, 232
触媒的水素化反応　245
触媒的不斉水素化反応　246
シリコーン　83, 88
シリルエノールエーテル　90
シンガス　2
シングルサイト型重合触媒　256
シンジオタクチックポリプロピレン　253

す〜そ

水蒸気改質　284
水性ガス　3
水性ガスシフト反応　285
水素化アルミニウム　80
水素化反応　245
　　アルケンの——　245
水素化ホウ素イオン　77
水素化ホウ素ナトリウム　73
水素分子
　　——の酸化的付加反応　152
垂直配位　40
鈴木-宮浦反応　238
スチルベン　162
Stille カップリング　→ 小杉-右田-Stille 反応
Speier 触媒　85
スルフィナト錯体　195
前期遷移金属　29
前駆体　231

挿入反応　187
1,1 挿入反応　187, 188
1,2 挿入反応　187, 197
速度制御段階　232
薗頭-萩原反応　240
素反応　139
ソフト　140

た

第三級ホスフィン配位子　143
タクチシティー　253
脱カルボニル化反応　188
脱水素カップリング
　　ベンゼンとスチレンの——　162
脱離反応　187
Taft の置換基定数　141
WGSR → 水性ガスシフト反応
ダブルカルボニル化反応　192, 193
　　ハロゲン化アリールの——　288, 289

玉尾-熊田-Corriu 反応 235
単座配位子 143
炭酸アリルエステル
　──の酸化的付加反応 171
炭酸エステル
　──の合成 290
炭素-硫黄結合
　──の酸化的付加反応 176
　──を生成する還元的脱離反応 186
炭素-酸素結合
　──の酸化的付加反応 168
　──を生成する還元的脱離反応 185
炭素-水素結合
　──の酸化的付加反応 156
炭素-炭素結合
　──の酸化的付加反応 154
　──を生成する還元的脱離反応 180
炭素-窒素結合
　──の酸化的付加反応 178
　──を生成する還元的脱離反応 185
炭素-ハロゲン結合
　──の酸化的付加反応 164
炭素-ヘテロ元素結合形成反応 240
炭素-リン結合
　──の酸化的付加反応 178
　──を生成する還元的脱離反応 186

ち〜と

チオフェン
　──の酸化的付加反応 176
Ziegler-Natta 触媒 251
Chalk-Harrod 機構 268
Zeise 塩 40, 105
辻-Trost 反応 242
d^2sp^3 混成軌道 20, 21
TON → 触媒回転数
TOF → 触媒回転頻度
Tebbe 錯体 117, 220
テトラエチル鉛 93
Dewar-Chatt-Duncanson モデル 37

電気陰性度 28, 57
電子供与 37, 38
　アルケン→金属の── 39
電子数の計算
　遷移金属錯体の── 124
銅 240
動的な挙動 127
L-ドーパ 247
ドーパント 278
トランス型ポリアセチレン 276
トランス付加 208
トランスメタル化反応 101, 214, 233
トランソイド型 202
トリオレフィンプロセス 219
トリフェニルスズ 93
トリフェニルホスフィン配位子 160
トリブチルスズ 93
トリメチルアルミニウム
　──の分子軌道 27
Tolman の円錐角 143

な 行

二座配位子 146
二酸化硫黄
　──の挿入反応 195
二窒素 52
ニッケル錯体 233
ニッケル触媒 236
ニッケロセン 47
根岸反応 237
ノルボルナジエン 110
ノルボルネン 259

は

π-アリル錯体 42, 107
　──の分子軌道 43
π-アリル配位子
　──の異性化反応 130
　──への求核攻撃 242
π-アリルパラジウム錯体 242

π-アルケン錯体 105
配位子 16
　──の異性化反応 129
　──の還元的脱離に及ぼす電子の効果 184
　──の電子的影響 141
　──の配位と解離 140
　──の反応 205
　──の立体的影響 143
配位子のすべり 132
配位不飽和錯体 157
π 結合 17
　エチレンと白金の── 37
配向基 160
　──を有する化合物の炭素-水素結合の酸化的付加反応 160
橋架けカルボニル基 50
Vaska 錯体 100, 150
八面体錯体
　──から平面四角形錯体へのエネルギー準位の変化 126
Buchwald-Hartwig 反応 240, 241
ハード 140
波動関数 12
バナドセン 48
ハーフサンドイッチ型錯体 111
Hammett の置換基定数 148
パラジウム触媒 208
Barbier 反応 221
ハロゲン化アリール
　──のアミノ化反応 241
　──の酸化的付加反応 165, 167
半金属 → メタロイド
反結合性分子軌道 14

ひ

ビス-アリル型ニッケル錯体 281
ビスシリル化反応
　アルケンの── 164
ヒドリド 3
ヒドリド錯体
　──の合成 113
　──へのアルケンの挿入反応 104

索引

ヒドロアシル化反応
　アルケンの―― 162
ヒドロアリール化反応 269
ヒドロケイ素化反応 83, 268
ヒドロシアノ化反応 267
　ブタジエンの―― 268
ヒドロシリル化反応 → ヒドロケイ素化反応
ヒドロホウ素化剤 239
ヒドロホウ素化反応 74
ヒドロホルミル化反応 263, 264
　アルケンの―― 263
ピナコリル基 163
ビニリデン錯体 118
ビニルエステル
　――の酸化的付加反応 170
2,2′-ビピリジン 52, 102
檜山反応 238
ピンサー型 159

ふ

Fischer 型カルベン錯体 114, 115
　――の安定化 115
　――の合成 115
VB 法 → 原子価結合法
1,10-フェナントロリン 52
フェロセン 3
　――の分子軌道 46
不均一系触媒 229, 230
N-複素環状カルベン 116
節 面 12
藤原-守谷反応 270
不斉水素化反応 247
　アルケンの―― 246
不斉炭素-炭素結合生成反応 236
不斉ヒドリド錯体 111
不斉ホスフィン配位子 247
不斉ルテニウムアレーン錯体 111
不斉ロジウム触媒 247
ブタジエン
　――の金属ヒドリド錯体への挿入反応 203
　――の三量化 282
　――の二量化 281

ブタジエン鉄錯体
　――の分子軌道 44
t-ブチルエテン 158
フラクショナル 127
フラグメント軌道 23, 25
フラーレン錯体 112
フルオレニル基 255
プロピレン 254
　――の立体規則性重合 255
E-ブロモスチレン
　――の酸化的付加反応 166
フロンティア軌道 23, 24
分子軌道 13
分子軌道法 13
分子状水素錯体 53
分子内メタル化反応 160

へ

閉環メタセシス反応 258, 259
　末端ジエンの―― 259
平面四角形錯体
　――へ八面体錯体からのエネルギー準位の変化 126
Hoechst-Wacker 法 38, 270
$β$ 水素脱離反応 60, 199
$β$ 脱離反応 197
　水素原子以外の―― 200
ヘテロ元素-ヘテロ元素結合
　――の酸化的付加反応 163
Berry の擬回転機構 127, 128
ペリプラナー配座 197
ベンザイン 42
ベンゼン
　――の生成機構 276
ペンタメチルシクロペンタジエニル基 158

ほ

補助配位子 143
ホスフィン 52
ホスフィン錯体
　――の分子軌道 52
ホモカップリング反応 232
ホモレプチック 32, 121

ボラン 73, 239
　――の分子軌道 19
ポリアセチレン 276
　――の生成機構 276
ポリエチレン 250, 251
ポリエン錯体 130
ポリケトン 267
ポリシラン化合物 86
ポリシロキサン化合物 88
ポリプロピレン 252
ポリボラン 73
ホルミル基
　――の炭素-水素結合の酸化的付加反応 162

ま 行

溝呂木-Heck 反応 261
　メチルスチレンの―― 262
水俣病 71
$μ$ 50, 122
無水酢酸
　――の合成 287
メタクリル酸
　――の合成 280
メタセシス反応 214
　アルキンの―― 279
　アルケンの―― 256
メタラサイクル化合物 101, 202
メタラサイクル構造 41
メタラシクロブタン中間体 219
メタララクトン 172, 173
メタロイド 2
メタロセン 110
　――のエネルギー順位 47
メタロセン型触媒 254
メチルアルミノキサン → メチルアルモキサン
メチルアルモキサン 254
メチルパラジウム錯体
　――と一酸化炭素の反応 191
面内配位 40
モノヒドリド機構 245

や行

Monsanto 法　285, 286

有機亜鉛化合物　67, 237
有機アルミニウム化合物　77
有機インジウム化合物　80
有機カドミウム化合物　69
有機カリウム化合物　64
有機ガリウム化合物　80
有機カルシウム化合物　67
有機ケイ素化合物　83
有機ゲルマニウム化合物　91
有機水銀化合物　69
有機スズ化合物　92, 238
有機ストロンチウム化合物　67
有機タリウム化合物　80
有機銅化合物　133
有機ナトリウム化合物　63
有機鉛化合物　93
有機バリウム化合物　67
有機ベリリウム化合物　66
有機ホウ素化合物　73, 74, 239
有機ボラン化合物　160
有機マグネシウム化合物　64
有機リチウム化合物　61
有効原子番号則　119

溶媒分離型イオン対　60
四中心遷移状態　246

ら～わ

ラクトン
　——の酸化的付加反応　171
ラダラン　87

リガンド → 配位子
リガンドグループ軌道　46
Rieke 法　65
リチウムクプラート　134
リチオ化反応　61
立体規則性重合　252

ルテニウムカルベン錯体　260
ルテニウム触媒　161
ルテニウム多核錯体
　——による炭素－水素結合,
　　　　炭素－炭素結合の
　　　　　活性化　163

Reformatsky 反応　68
連鎖移動反応　252

Wacker 法　208, 270, 272

人名索引

Allen, A. D.　5
Allred, A. L.　28
Arduengo, A.　116

Baeyer, A.　278
Banks, R. J.　5
Barbier, P. A.　5, 221
Bercaw, J. E.　218
Berry, R. S.　127
Berzelius, J. J.　229
Boyd, T. A.　5
Brookhart, M.　256
Brown, H. C.　5, 74, 75
Brunner, J. T.　51
Buchwald, S. L.　165, 167, 240
Bunsen, R.　5, 7, 9, 50

Cahours, A.　5
Chatt, J.　5, 36
Chauvin, Y.　117, 219, 257
Colonius, H.　5
Corriu, R. J.　5, 233
Cossee, P.　251
Crafts, J. M.　5
Crawfoot-Hodgkin, D.　5

Dewar, M. J. S.　5, 36
Duncanson, L. A.　5, 36

Ertl, G.　229

Fenton, D. M.　290
Fischer, E. O.　4, 5, 114
Frankland, E.　5, 7, 9, 67, 84, 221
Friedel, C.　5, 84
Fujiwara. Y（藤原祐三）　162

Gibson, V. C.　256
Gilman, H.　58
Glaser, C.　278

Grignard, V.　5, 8, 221, 229
Grubbs, R. H.　117, 219, 257

Haber, F.　59
Hagihara. N（萩原信衛）　240
Hallwachs, W.　5
Halpern, J.　249
Hartwig, J. F.　165, 167, 240
Heck, R. F.　261, 288
Heeger, A. J.　278
Henry, P. M.　272
Herrman, D. F.　5
Herrmann, W. A.　115
Hieber, W.　5, 114
Hirama. M（平間正博）　260
Hiyama. T（檜山爲次郎）　238
Hoffmann, R.　24, 47, 123
Holtz, J.　5
Horner, L.　247
Hyde, J. F.　83

Iguchi. M（井口基成）　5

Kagan, H. B.　247
Kaminsky, W.　254
Kealey, T. J.　5
Kekulé, S.　8
Kelvin, L.　51
Kipping, F. S.　84, 89
Kishi. Y（岸 義人）　240
Knowles, W. S.　247, 249
Koffey, R. S.　5
Kolbe, H.　9, 50
Kosugi. M（小杉正紀）　238
Kumada. M（熊田 誠）　5, 85, 89, 232

Ladenburg, A.　84
Langer, C.　50
Lewis, G. H.　5

Liebig, J.　7
Lucas, H. J.　5

MacDiarmid, A.　278
Mendeleev, D. I.　5, 8, 9, 81
Midgeley, T.　5
Migita. T（右田俊彦）　238
Miller, S. A.　3, 5
Miyaura. N（宮浦憲夫）　76, 238
Mizoroki. T（溝呂木勉）　261
Moiseev, I. I.　273
Mond, L.　2, 5, 8, 50
Moritani. I（守谷一郎）　162
Murai. S（村井眞二）　161, 269

Natta, G.　4, 251, 252, 277
Negishi. E（根岸英一）　235, 237
Nelson, W. K.　5
Noyori. R（野依良治）　249

Ostwald, F. W.　229

Pauling, L.　18, 28
Pauson, P. L.　3, 5
Peachey, S. J.　5
Pearson, R. G.　141
Phillips, F. C.　271
Piper, P. S.　5
Pope, W. J.　5

Reppe, W.　274, 280
Rochow, E. G.　5, 28, 84
Roelen, O.　5, 263
Rundle, R. E.　5

Sabatier, P.　221, 229
Schaferik, T.　5
Schlenk, W. J.　5, 58, 59
Schrock, R. R.　117, 196, 219,

257

Senoff, C. V.　5
Sharpless, K. B.　249
Sirakawa. H（白川英樹）　278
Smidt, J.　5
Solvay, E.　50
Sonogashira. K（薗頭健吉）　240
Speier, J. L.　5
Stille, J. K.　238
Suzuki. A（鈴木　章）　76, 235, 238

Tamao. K（玉尾皓平）　5, 232
Tebbe, F. N.　117

Tebboth, J. A.　5
Timms, P. I.　5
Tolman, C. A.　142, 143
Tremain, J. F.　5
Trost, B. M.　5, 242
Tsuji. J（辻　二郎）　5, 242
Tsutsui. M（筒井 稔）　5

Vaska, L.　5
Vol'pin, M. E.　5

Wilke, G.　5, 281
Wilkinson, G.　4, 5, 114, 245

Winkler, C. A.　91
Winstein, S.　5
Wittig, G.　58
Wöhler, F.　7
Woodward, R. B.　4

Yamamoto. A（山本明夫）　5, 184, 233

Zeise, W. C.　4, 5
Zeiss, H. H.　5
Ziegler, K.　4, 5, 6, 58, 251, 277

山　本　明　夫
1930 年 東京に生まれる
1954 年 早稲田大学理工学部 卒
1959 年 東京工業大学大学院理工学研究科博士課程 修了
東京工業大学名誉教授，同 栄誉教授
早稲田大学理工学術院理工学研究所名誉研究員
専攻 有機金属化学
工 学 博 士

第 1 版第 1 刷　2015 年 9 月 11 日 発行

有 機 金 属 化 学
──基礎から触媒反応まで──

Ⓒ 2015

著　者　　山　本　明　夫
発行者　　小　澤　美　奈　子
発　行　　株式会社 東京化学同人
東京都文京区千石 3 丁目 36-7(☏112-0011)
電話 03-3946-5311・FAX 03-3946-5317
URL: http://www.tkd-pbl.com/

印　刷　美研プリンティング株式会社
製　本　株式会社 松 岳 社

ISBN978-4-8079-0857-8
Printed in Japan
無断転載および複製物 (コピー, 電子データなど) の配布, 配信を禁じます.